普通高等教育"十一五"国家级规划教材
普通高等教育电气工程与自动化类系列教材

电机及拖动基础

下 册

第 5 版

张晓江　顾绳谷　主　编
唐海源　姚守猷　副主编

机械工业出版社

全书分上、下两册，包括"电机学"及"电力拖动基础"两门课程的主要内容。本书为下册，主要为电力拖动部分，内容包括：电力拖动系统动力学基础、交流和直流电动机电力拖动、多电动机拖动系统以及拖动系统电动机的选择等。重点介绍电力拖动系统的运行性能与分析计算。本书是修订第 5 版，内容有所增删，部分安排做了调整：增加了直流电动机 PWM 调速方式；删除了一些过时的交流异步电动机起动、调速方法；增加了近年来在工业领域广泛使用的软起动器—三相异步电动机组合、变频器—三相异步电动机组合等内容；作为应用实例，简要介绍了近年来高速发展的高铁动车组列车牵引电机系统的工作原理；有关 MATLAB/Power System Blockset 应用于电力拖动系统的内容也得到进一步充实。本书给出了部分习题参考答案，并配有电子课件以及习题解答与学习指导（注：带"*"的章节为选读内容）。

本书配套有电子课件，并且单独出版了《电机及拖动基础实验》以及《电机及拖动基础习题解答与学习指导》。

本书可作为高校本科自动化、电气工程及其自动化等专业的教材，也可以作为电气类或自动化类其他专业有关课程以及"运动控制"课程的基础教材，对广大工程技术人员也有重要的参考价值。

本书配套资源可登录 www.cmpedu.com 注册下载。

图书在版编目（CIP）数据

电机及拖动基础．下册/张晓江，顾绳谷主编．—5 版．—北京：机械工业出版社，2016.11（2024.6 重印）

普通高等教育"十一五"国家级规划教材

ISBN 978 7-111-54630-6

Ⅰ．①电⋯ Ⅱ．①张⋯ ②顾⋯ Ⅲ．①电机—高等学校—教材②电力传动—高等学校—教材 Ⅳ．①TM3②TM921

中国版本图书馆 CIP 数据核字（2016）第 201908 号

机械工业出版社（北京市百万庄大街22号　邮政编码100037）
策划编辑：王雅新　责任编辑：王雅新　王　荣
责任校对：刘　岚　封面设计：马精明
责任印制：张　博
北京中科印刷有限公司印刷
2024 年 6 月第 5 版第 16 次印刷
184mm×260mm・16.75 印张・382 千字
标准书号：ISBN 978-7-111-54630-6
定价：45.00 元

电话服务　　　　　　网络服务
客服电话：010-88361066　机　工　官　网：www.cmpbook.com
　　　　　010-88379833　机　工　官　博：weibo.com/cmp1952
　　　　　010-68326294　金　书　网：www.golden-book.com
封底无防伪标均为盗版　机工教育服务网：www.cmpedu.com

前　　言

本书的第 1 版（上、下册）于 1980 年问世，1982 年获机械工业出版社三十周年优秀图书一等奖；1988 年获全国机电类优秀教材二等奖。第 1 版在经过全国高校选用十余年后，进行了修订，于 1997 年出版了第 2 版，并被列为全国普通高等教育自动化专业的规划教材。2004 年 1 月本书经过进一步修订后，作为"21 世纪普通高等教育规划教材"，出版了第 3 版。第 3 版获得机械工业出版社 2004 年度科技进步二等奖。本书经过再次修订，2009 年 1 月出版了第 4 版，与第 3 版相比较，第 4 版内容有所增删，部分内容做了调整。第 4 版由教育部批准为"普通高等教育'十一五'国家级规划教材"。三十多年来，本书受到全国众多高校老师和同学的欢迎，选作教材使用，受到广泛好评。

为推动制造业高端化、智能化、绿色化发展，本书在 2023 年重印时，在相关章节融入了党的二十大报告的内容。

为了便于组织教学，这次第 5 版在修订时仍将"电机"及"电力拖动"两部分内容相对集中，分别安排在上、下两册中。

上册在第 4 版的基础上，内容做了适当的调整。第 5 版的修改主要本着结合专业特点和适当兼顾电机学科体系的原则进行，以所谓传统四大电机加控制电机作为总体安排，仍以拖动系统中的主要元件——交、直流电机为主要分析对象。整体内容有所增加，部分内容做了调整，第五章中直线异步电动机一节做了充实。增加了附录 G "两相异步电动机的不对称运行"。七个附录（附录 A、B、C、D、E、F、G）旨在使读者在解读之后，能粗略地了解电机学科在理论分析上的两种基本分析方法，合成磁场理论法与动态耦合电路法，两者各有优点，又有"异曲同工"之妙（附录 C），以及两相异步电动机不对称运行时的分析方法（附录 G）。继而使读者又可认识到现有四大类电机均有"优势"与不足之处。进入 20 世纪 80 年代后，电机学科经过与电力电子学科的交叉与渗透，衍生出了一种调速特性良好的"电子控制电动机"，或称"自控式同步电动机"或"无换向器电动机"（第六章第二节详述）。与此同时，经众多学者努力探索和求真，初步揭示了电机中机电能量转换"之所以然"之谜（附录 E、附录 F）。在"回顾与展望"中，向读者展示了电机学科的广阔前景。

第 5 版下册中删除了一些过时的电机起动、调速方法；增加了近年来在工业领域广泛使用的直流电机 PWM 调速方式，软起动器 – 三相异步电动机组合、变频器 – 三相异步电动机组合等内容；作为应用实例，简要介绍了近年来高速发展的高铁动车组列车牵引电机系统的工作原理；有关 MATLAB/Power System Blockset 用于电力拖动系统的内容也得到进一步充实；还增加了涵盖电力拖动主要内容的教学参考实验，可供不同院校参考（注：带"*"的章节为选读内容）。

本书采用的常用文字符号和图形符号均已参照我国现行国家标准，在第 5 版（上、下册）中，分别列表，进一步统一了符号。

本书可以作为高校本科自动化、电气工程及其自动化等专业的教材，也可以作为电气类或自动化类其他专业有关课程及"运动控制"课程的基础教材，对工程技术人员也有重要的参考价值。本书上、下册均附有部分习题的参考答案。

与本书配套，已经出版了《电机及拖动基础习题解答与学习指导》和《电机及拖动基础实验》两本教材。

本书第 5 版由合肥工业大学张晓江、顾绳谷主编，唐海源、姚守猷为副主编。上册由唐海源（除第五章第八节、附录 G 外）编写和修订，中山大学陈鸣编写了上册第五章第八节及附录 G；下册由张晓江编写和修订。

由于作者水平有限，谬误之处在所难免，欢迎广大读者不吝赐教。对在本书编写和出版过程中提出过意见、建议和帮助的同志表示衷心感谢。

为了配合课堂教学，本书上、下册均配有电子课件，欢迎使用本书作为教材的老师登录 www.cmpedu.com 注册下载。

编 者

目　录

前　言
下册　常用符号表
绪　言 ……………………………………… 1
第八章　电力拖动系统动力学基础 …… 6
　第一节　电力拖动系统的运动方程式…… 6
　第二节　工作机构转矩、力、飞轮惯量
　　　　　和质量的折算 ……………………… 11
　第三节　电动机和工作机构间速比可变
　　　　　的系统 …………………………… 14
　第四节　考虑传动机构损耗时的折算
　　　　　方法 ……………………………… 17
　第五节　生产机械的负载转矩特性 …… 22
　小结 ……………………………………… 24
　习题 ……………………………………… 24
第九章　直流电动机的电力拖动 ……… 26
　第一节　他励直流电动机的机械特性 … 26
　第二节　他励直流电动机的起动 ……… 33
　第三节　他励直流电动机的制动 ……… 46
　第四节　他励直流电动机的调速 ……… 55
　第五节　晶闸管—直流电动机系统 …… 64
　第六节　直流电动机 PWM 控制电路及
　　　　　机械特性 ………………………… 68
　第七节　他励直流电动机过渡过程的
　　　　　能量损耗 ………………………… 69
　第八节　串励直流电动机的电力拖动 … 72
　小结 ……………………………………… 75
　习题 ……………………………………… 77
第十章　三相异步电动机的机械特性
　　　　及各种运转状态 ……………… 80
　第一节　三相异步电动机机械特性的
　　　　　三种表达式 ……………………… 80
　第二节　三相异步电动机的固有机械
　　　　　特性与人为机械特性 …………… 85
　第三节　三相异步电动机的各种运转
　　　　　状态 ……………………………… 88
　第四节　根据异步电动机的技术数据

　　　　　计算异步电动机的参数 ………… 99
　第五节　绕线转子异步电动机调速及
　　　　　制动电阻的计算 ………………… 102
　小结 ……………………………………… 107
　习题 ……………………………………… 108
第十一章　三相异步电动机的起动
　　　　　及起动设备的计算 ………… 110
　第一节　三相异步电动机的起动方法…… 110
　第二节　改善起动性能的三相异步
　　　　　电动机 …………………………… 116
　第三节　三相笼型异步电动机定子
　　　　　对称起动电阻的计算 …………… 117
　第四节　三相笼型电动机起动自耦
　　　　　变压器的计算 …………………… 118
　第五节　三相绕线转子异步电动机
　　　　　转子对称起动电阻的计算 ……… 119
　第六节　三相异步电动机的起动过程…… 122
　第七节　三相异步电动机过渡过程的能量
　　　　　损耗 ……………………………… 125
　*本章附录　软起动器 ………………… 128
　小结 ……………………………………… 129
　习题 ……………………………………… 130
第十二章　三相异步电动机的调速 …… 133
　第一节　变极调速 ……………………… 133
　第二节　变频调速 ……………………… 136
　第三节　调节转差能耗调速 …………… 138
　*本章附录 …………………………… 150
　一、常用变频器的工作原理简介 ……… 150
　二、高铁动车组牵引电机驱动系统
　　　简介 ………………………………… 150
　小结 ……………………………………… 152
　习题 ……………………………………… 153
第十三章　多电动机拖动系统 ………… 154
　第一节　硬轴连接的双电动机拖动
　　　　　系统 ……………………………… 154
　第二节　同步旋转系统（电轴系统）… 157
　小结 ……………………………………… 166

习题 …… 167

第十四章 电力拖动系统电动机的选择 …… 169

第一节 电动机的发热和冷却及电动机工作制的分类 …… 171
第二节 连续工作制电动机的选择 …… 175
第三节 短时工作制电动机的选择 …… 186
第四节 断续周期工作制电动机的选择 …… 188
第五节 笼型异步电动机允许小时合闸次数的确定 …… 190
第六节 带冲击负载时电动机的选择 …… 192
第七节 电力拖动调速电动机功率的选择 …… 195
第八节 选择电动机功率的统计法或类比法 …… 200
第九节 电动机电流种类、形式、额定电压与额定转速的选择 …… 201
小结 …… 204
习题 …… 205

附录 …… 209

附录 A　MATLAB 语言简介 …… 209
附录 B　MATLAB 语言应用于计算的实例 …… 214
附录 C　电力拖动教学参考实验 …… 229
附录 D　电机及拖动常用图形符号 …… 250
下册部分习题参考答案 …… 253

参考文献 …… 258

下册常用符号表

A	A 相	K'_T	转矩允许过载倍数（选择电动机时，留有裕量的 K_T 值）
A	面积，电动机散热系数		
B	B 相	K_{st}	异步电动机起动转矩倍数
C	C 相	K_I	异步电动机起动电流倍数
C	电容	L	电感
C_T	转矩常数	N	每相串联匝数
C_e	电动势常数	n	转子转速
E	电动势（交流电动势有效值）	n_N	额定转速
E_a	电枢反电势	n_0	直流电机空载转速
e	电动势的瞬时值	n_s	交流电机同步转速
E_ϕ	相电动势	n_z	负载时转速
E_0	空载电动势	n_{st}	过渡过程开始时转速
F	磁动势，力	Δn	转速差
f	频率	P	功率
f_1	异步电动机定子频率	P_N	额定功率
f_2	异步电动机转子频率	P_e	电磁功率
f_N	额定频率	P_{mech}	机械功率
GD^2	飞轮惯量	P_k	堵转功率，短路功率
I	电流（交流电流有效值）	P_1	输入功率
I_a	直流电机的电枢电流	P_2	输出功率
I_f	直流电机励磁电流	R	电阻
I_m	交流励磁电流	R_f	直流电机励磁绕组电阻
I_μ	励磁电流中的无功分量	R_a	电枢电阻
I_N	额定电流	R_k	异步电动机短路电阻
I_0	空载电流	R_F	频敏电阻铁耗等效电阻
I_k	短路电流，堵转电流	R_T	绕线转子回路总电阻
I_{st}	起动电流	R_Ω	串接的电阻值
i	电流瞬时值	s	转差率
J	转动惯量	s_N	额定转差率
K_T	异步电动机转矩过载倍数	s_m	最大转矩时的转差率

T	转矩，时间常数	X	电抗
T_N	额定转矩	X_F	频敏电阻带铁心绕组电抗
T_e	电磁转矩	X_m	励磁电抗
T_k	堵转转矩	X_k	短路电抗
T_0	空载转矩	Z	阻抗
T_2	电动机轴上输出转矩	Z_m	励磁阻抗
T_{max}	（异步电动机）最大转矩	Z_k	短路阻抗
T_{mT}	最大制动转矩	$ZC\%$	负载持续率
T_z	负载转矩	α	晶闸管触发延迟角
T_{st}	起动转矩	η	效率
T_{MA}	拖动系统机械时间常数	η_N	额定效率
T_{tM}	机电时间常数	Φ	磁通量，热流量
T_{ta}	电枢电路电磁时间常数	θ	角度，温度
t	时间	θ_0	实际环境温度
t_g	电动机工作时间	θ_m	绝缘材料最高允许温度
t_{st}	起动时间	φ	相角，功率因数角
U	电压（交流电压有效值）	γ	液体的密度
U_N	额定电压	τ	温升
U_l	电源线电压	τ_Q	起始温升
U_0	空载电压	τ_W	稳定温升
U_k	短路电压，堵转电压	ω	角频率，电角速度
U_x	自耦变压器输出电压	Ω	转子机械角速度
U_ϕ	定子相电压	Ω_s	同步机械角速度
u	电压的瞬时值	Ω_{st}	机械角速度起始值
v	直线速度	Ω_x	机械角速度终了值
W	功，能量		

绪 言

一、电机及电力拖动技术的发展概况

电能是现代大量使用的一种能量形式。这种能量形式有许多优点，如生产和变换比较经济、传输和分配比较容易、使用和控制比较方便等。人类自从使用了电能，便从繁重的体力劳动中得到了解放，劳动生产率大大提高，并能完成手工劳动不易或不能完成的生产任务。电能已成为国民经济各部门中动力的主要来源。

电能的生产、变换、传输、分配、使用和控制等，都必须利用电机作为能量转换或信号变换的机电装置。在电力工业中，发电机和变压器是电站和变电所中的主要设备。在工业企业中，大量应用电动机作为原动机去拖动各种生产机械。如在机械工业、冶金工业、化学工业中，机床、挖掘机械、轧钢机、起重机械、抽水机、鼓风机等都要用大大小小的电动机来拖动；在自动控制技术中，各式各样的小巧灵敏的控制电机作为检测、放大、执行和解算元件被广泛应用。

不论是旋转电机的能量转换，还是控制电机的信号变换，都是通过电磁感应作用而实现的，因此分析电机内部的电磁过程及其所表现的特性时，要应用有关电磁学的规律，如基尔霍夫第一、第二定律，电磁感应定律和电磁力定律等。但是，电机毕竟是一种机械，除电磁规律以外，还涉及结构、工艺、材料等方面的问题，所以电机在拖动系统中是一种综合性的装置或元件。

电机的发明至今已有近200年的历史，其发展大体上可以分成三个时期：①直流电机的产生和形成；②交流电机的形成；③电机理论、设计和制造工艺逐步达到完善。

电机是随着生产发展而产生和发展的，到19世纪末，各种交、直流电机的基本类型及其基本理论和设计方法，大体上都已经建立起来了，而电机的发展反过来又促进社会生产力的不断提高。以前，电机的发展过程是由诞生到在工业上初步应用、各种电机的初步定型以及电机理论和电机设计计算的建立和发展。在由电气化时代进入原子能、计算机及自动化时代的今天，不仅对电机提出了诸如性能良好、运行可靠、单位容量的质量小、体积小等方面越来越多的要求，而且随着自动控制系统和计算装置的发展，在旋转电机的理论基础上，发展出多种高精度、快响应的控制电机，成为电机学科的一个独立分支。与此同时，电力电子学等学科的渗透使电机这一较为成熟的学科得到新的发展。

新中国成立以来，我国的电机制造工业发生了巨大变化，经过工程技术人员的努力，不仅建成了独立自主和完整的体系，而且有一些产品已经达到或接近世界先进水平。就各种拖动系统中的主要设备——电动机而言，已经研制成功 $2\times5000\text{kW}$ 的直流电动机、4700kW 的直流发电机和 42MW 的同步发电机。电力变压器的最大容量已做到 840MVA，电压最高达 750kV。在中小型电机和控制电机方面，自行设计和生产了 125 个系列，上千个品种，几千个规格的各种电机。由于生产上的需要，最近几年，对电机的新原理、新结构、新工艺、新材料、新的运行方式和调试方法，进行了许多摸索、研究和试验工作，取得了不少成就。

当前科学技术突飞猛进，因此电机在制造上也向着大型、巨型发展。中小型电机正向多用途、多品种方向发展，向高效节能方向发展。在应用上，由于计算机技术迅速发展，将会出现由机器人工作的无人工厂，以计算机作为这些工厂的"中枢神经"，使实现无人化成为可能。在这个时代里，某些特种电机必须具有快速响应、精确定位、快速起动和停止等比人的手脚更复杂而精巧的运动。理论上，在电机中应用了控制技术，使电机具有更良好的特性，使各类电机成为各种机电系统中一种极其重要的执行元件。因此，它将和电力电子学、计算机、控制论结合起来，发展成一门新的学科。

上面简述了电机的发展概况。同样，应用各种电动机拖动各种生产机械的电力拖动技术，其发展也是有一个过程的。

最初，电力拖动代替了蒸汽或水力的拖动。当时电动机拖动生产机械的方式是通过天轴实现的，称为"成组拖动"。它是由一台电动机拖动一组生产机械，从电动机到各生产机械的能量传递以及在各生产机械之间的能量分配完全用机械方法，靠天轴及机械传动系统来实现。电动机远离生产机械，车间里有大量的天轴、长带和带轮等。能量传递过程中的损耗大、效率低，生产率低，灰尘多，劳动条件与卫生条件很差，而且易出事故。另外，如果电动机发生故障，则成组的生产机械将停车，甚至整个生产可能停顿。这是一种陈旧落后的电力拖动方式。

为了克服上述缺点，自 20 世纪 20 年代以来，生产机械上广泛采用一种"单电动机拖动系统"。在这一系统中，一台生产机械用一台单独的电动机拖动。这样，电动机与生产机械在结构上配合密切，可以用电气方法调节每台生产机械的转速，从而进一步简化机械结构，而且易于实现生产机械运转的全部自动化。

但是，如果用一台电动机拖动具有多个工作机构的生产机械，则机械内部仍将保留着复杂的机械传动机构。因此，自 20 世纪 30 年代起，广泛采用了"多电动机拖动系统"，即每一个工作机构用单独的电动机拖动，因而生产机械的机械结构可大为简化。例如，具有三个主轴的龙门铣床用三台电动机拖动，每台电动机拖动一根主轴运动。某些生产机械的生产过程长而且连续，如造纸、印刷、纺织、轧制等机械，也都采用多电动机拖动系统。这些机械一般由多个分部组成，每一分部可用单独电动机拖动。

必须指出，在只有一个工作机构的生产机械上有时也采用多电动机拖动系统。例如，链式运输机的工作机构是一条长的链式运输带，它往往采用多台电动机拖动。

在多电动机拖动系统中，各台电动机可在机械上采用刚性连接或摩擦连接等。很多情况下也采用电气方法联系，如用电气控制线路及装置实现各电动机间的转速关系保持恒定（如电轴系统），维持某一参数（如张力）在容许范围内（如造纸、纺织、印刷、轧制等生产机械）以及各电动机间互相联锁（保证一定的起动运转、停车程序）等。

随着生产的发展，对上述单电动机拖动系统及多电动机拖动系统提出了更高的要求，如要求提高加工精度与工作速度，要求快速起动、制动及逆转，实现在很宽的范围

绪　言

内调速及整个生产过程自动化等。要完成这些任务，除电动机外，必须有自动控制设备，以组成自动化的电力拖动系统。

现代工业的电力拖动一般都要求局部或全部的自动化，因此必然要与各种控制元件组成的自动控制系统联系起来，而电力拖动则可视为自动化电力拖动系统的简称。在这一系统中可对生产机械进行自动控制，如实现自动控制起动、制动、调速、同步，自动维持转速、转矩或功率为恒定值，按给定程序或者实时根据要求而改变速度、改变转向和工作机构的位置，以及使工作循环自动化等。

随着电机、电器制造业以及各种自动化元件的发展，自动化电力拖动系统得到不断的更新与发展。

最初采用的控制系统是继电器—接触器型的，属于有触点断续控制系统，称为继电器—接触器自动控制系统。

新中国第一台水轮发电机组

20 世纪 30 年代初，出现了发电机—电动机组，使调速性能优异的直流电动机得到了广泛的应用。在直流电动机的拖动系统中，由于电机、电器、自动化元件及电力电子器件的不断更新与发展，在上述发电机—电动机组的基础上，发展成为采用交磁电机扩大机、磁放大器、可控离子变流器及晶闸管整流器等组成的自动化直流电力拖动系统。目前，晶闸管、IGBT 等直流自动电力拖动系统已得到广泛的应用，自动化的直流电力拖动成套设备正在向大容量的方向发展，并做到集中控制、集中监视。在自动化元件方面已有整套标准控制单元，控制装置集成化、小型化、微型化，做到结构上组合安装积木化；微型化的自动化装置可直接装于电动机机座上，做到与电动机一体化，节省专用的控制柜；设备可靠性高，维护简便，许多设备都可做到锁门运行，不需监视与维护。

与直流电动机相比，交流电动机具有结构简单、价格便宜、维护方便、转动惯量小等一系列优点，单机功率比直流电机高得多，电压容易做成高压，还能实现高速运转。

新中国首台 330 千伏超高压变压器

20 世纪 40 年代末到 50 年代，国外对串级及离子变频的交流调速系统进行了一些研究，并提出了无换向器电动机的原理。其后，晶闸管、大功率晶体管及 IGBT 等电力电子自关断器件的出现，为交流调速系统开辟了广阔的前途，目前已进入扩大应用及系列化阶段，性能指标进一步提高。串级调速系统、变频调速系统及自控式同步电动机（无换向器电动机）正在向大容量发展；控制系统已实现集成化，并且已经在工业中广泛应用；交流电力拖动已经逐渐取代直流拖动。

随着近代电力电子技术和计算机技术的发展以及现代控制理论的应用，自动化电力拖动正向着计算机控制的生产过程自动化的方向迈进。在一些现代化的工厂里，力求做到从原料进厂到产品出厂都是自动化或半自动化的，而且达到高速、优质、高效率地生产。但必须指出，在大多数综合自动化系统中，例如在计算机集成制造系统（CIMS）中，自动化的电力拖动系统仍然是不可缺少的组成部分。

目前，世界已处于信息化的时代。以信息化带动工业化，以工业化促进信息化，是我国实现现代化的道路。由于电力拖动是各类工业（特别是制造业）、各种生产机械的主要拖动方式，其理论与技术的发展，必将在我国实现现代化与工业化的进程中，起着十分重要的作用。

电机及拖动基础 下册 第 5 版

党的二十大报告中提出"加快构建新发展格局，着力推动高质量发展"。"坚持把发展经济的着力点放在实体经济上，推进新型工业化，加快建设制造强国、质量强国、航天强国、交通强国、网络强国、数字中国。实施产业基础再造工程和重大技术装备攻关工程，支持专精特新企业发展，推动制造业高端化、智能化、绿色化发展。巩固优势产业领先地位，在关系安全发展的领域加快补齐短板，提升战略性资源供应保障能力"。"推动经济社会发展绿色化、低碳化是实现高质量发展的关键环节。加快推动产业结构、能源结构、交通运输结构等调整优化。"

目前，我国的绿色环保新能源事业在党和国家政策的支持下，得到了飞速的发展，取得举世瞩目的成就。电机学作为一门古老的学科，在今天又焕发出新的青春活力。无论在风力发电系统中，还是在电动汽车上，或是在我国高端制造的靓丽名片——高铁上，电机都是主要的机电能量转换设备。

二、本课程的性质、任务与内容

本课程是自动化、电气工程及其自动化等专业的一门专业基础课。

本课程的任务是使学生掌握常用交流电机、直流电机、控制电机及变压器等的基本结构与工作原理以及电力拖动系统的运行性能、分析计算、电机选择与实验方法，为学习"电力拖动自动控制系统""自动控制理论""计算机控制技术"等课程准备必要的基础知识。

本课程主要研究电机与电力拖动系统的基本理论问题，同时也联系到科学实验与生产实际的内容，具有原"电机学"及"电力拖动基础"的基本内容。在学完本课程之后，应达到下列要求：

1）了解常用铁磁材料的特性，掌握磁路基本定律及计算方法。

2）熟悉常用交、直流电机及变压器的基本结构和工作原理，对交、直流电机绕组的基本形式及其连接规律要有一定的认识。

3）掌握交、直流电机及变压器稳态运行时的基本理论、运行性能及其分析方法。

4）在对称运行时，熟练运用等效电路计算变压器和三相异步电动机的性能。

5）掌握控制电机的工作原理、特性及用途。

6）掌握分析电动机机械特性及各种运行状态（起动、反接制动、能耗制动、回馈制动）的基本理论。

7）掌握电力拖动机械过渡过程的基本特性及其主要的分析方法，了解机械惯性和电磁惯性同时作用时对直流电力拖动过渡过程的影响。

8）掌握电力拖动系统中电动机参数调速方法的基本原理和技术经济指标。

9）掌握选择电机的原理与方法。

10）掌握电机与电力拖动系统的基本实验方法与技能，并具有熟练的运算能力。

11）了解电机与拖动今后发展的方向。

为了深入掌握本课程的有关内容，应在教学过程中选择适当分量的课外作业进行练习。习题内容可与实验内容结合起来。课外作业的主要内容为：

1）直流磁路的正问题计算。

2）直流电动机工作特性的计算。

3）变压器运行特性的计算。

4) 交流绕组磁动势的计算。
5) 三相异步电动机工作特性的计算。
6) 运动方程式中各参数折算的计算。
7) 他励直流电动机调速特性的计算。
8) 他励直流电动机过渡过程的计算。
9) 三相异步电动机机械特性的计算。
10) 三相异步电动机起动设备的计算。
11) 三相异步电动机调速特性的计算。
12) 三相异步电动机过渡过程的计算。
13) 硬轴连接双电动机拖动系统机械特性的计算。
14) 长期变化负载下电动机功率的计算。
15) 短期工作方式电动机功率的计算。
16) 断续工作方式电动机功率的计算。

本课程在教学过程中，必须进行必要的实验，其主要目的和要求为：

1) 通过实验，对交、直流电动机的工作特性及机械特性的性质、基本原理和理论计算加以验证。

2) 通过进行独立的实验操作，学会测定各种电机（包括变压器）的工作特性、电力拖动的机械特性及电机参数的方法，提高实验技能和熟练程度。

下面列出本课程的主要实验内容供选做：

1) 直流电动机工作特性的测定。
2) 直流发电机实验。
3) 单相变压器实验。
4) 三相变压器极性和联结组的测定。
5) 三相异步电动机实验。
6) 三相同步电动机的起动和 V 形曲线的测定。
7) 交流伺服电动机的特性测定。
8) 交、直流测速发电机实验。
9) 自整角机实验。
10) 他励直流电动机在各种运转状态下机械特性的测定。
11) 他励直流电动机飞轮惯量的测定。
12) 三相异步电动机起动与调速实验。
13) 三相绕线转子异步电动机各种运转状态下机械特性的测定。
14) 电轴系统示范实验。

本课程与"电力拖动自动控制系统""电力电子技术""电器控制"等课程的分工必须明确，以免有些内容遗漏或重复。在交、直流电机的起、制动及调速部分，本书只介绍其基本原理、方法、特性，以及调速方法的技术经济指标，而如何实现自动起、制动及调速的电路以及分析系统的动态特性等问题，不属于本书介绍的范围。这些内容应在一些后续课程中讲授。

第八章

电力拖动系统动力学基础

> **内容提要**
>
> 研究电力拖动系统动力学的目的是为介绍电力拖动的机械特性与过渡过程等内容做必要的理论基础准备。第一节及第二节分析运动方程式,对方程式中各参数(力、转矩、质量和飞轮惯量等)的折算方法进行分析研究;第三节介绍了电动机和工作机构间速比可变系统的有关问题;第四节讨论考虑传动机构损耗的简化折算方法与较准确的折算方法;最后,在第五节介绍几种典型生产机械的负载转矩特性。

第一节 电力拖动系统的运动方程式

"拖动"就是应用各种原动机使生产机械产生运动,以完成一定的生产任务。而用各种电动机作为原动机的拖动方式称为"电力拖动"。

一般情况下,电力拖动装置可分为电动机、工作机构、控制设备及电源四个组成部分(见图 8-1)。电动机把电能转换成机械动力,用以拖动生产机械的某一工作机构。工作机构是生产机械为执行某一任务的机械部分。控制设备是由各种控制电机、电器、自动化元件及工业控制计算机等组成的,用以控制电动机的运动,从而对工作机构的运动实现自动控制。为了向电动机及一些电气控制设备供电,在电力拖动系统中必须设有电源部分。

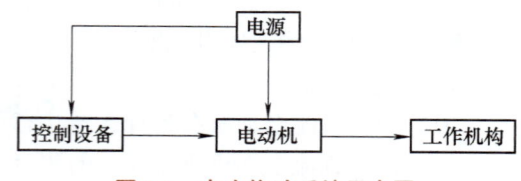

图 8-1 电力拖动系统示意图

需要指出的是,在许多情况下,电动机与工作机构并不同轴,而在两者之间有传动机构,它把电动机的运动经过中间变速或变换运动方式后再传给生产机械的工作机构。

下面我们将研究电力拖动系统中电动机带动负载的力学问题。

一、运动方程式

电动机在电力拖动系统中做直线运动(如直线电动机)或旋转运动时,由力学定律可知,必须遵循下列两个基本的运动方程式。

对于直线运动,方程式为

$$F - F_z = m\frac{dv}{dt} \tag{8-1}$$

式中　F——拖动力（N）；

　　　F_z——阻力（N）；

　　　$m\dfrac{dv}{dt}$——惯性力，如果质量 m 的单位为 kg，速度 v 的单位为 m/s，时间 t 的单位为 s，则惯性力的单位与 F 及 F_z 相同，为 N。

与直线运动时相似，旋转运动的方程式为

$$T - T_z = J\frac{d\Omega}{dt} \tag{8-2}$$

式中　T——电动机产生的拖动转矩（N·m）（拖动转矩 T 与电动机电磁转矩 T_e 相差一个空载转矩 T_0，$T = T_e - T_0$）；

　　　T_z——阻转矩（或称负载转矩）（N·m）；

　　　$J\dfrac{d\Omega}{dt}$——惯性转矩（或称加速转矩）。

转动惯量 J 可表示为

$$J = mr^2 = \frac{GD^2}{4g} \tag{8-3}$$

式中　m 与 G——旋转部分的质量（kg）与重力（N）；

　　　r 与 D——惯性半径与惯性直径（m）（注意：不是圆柱体的半径和直径）；

　　　g——重力加速度，$g = 9.81\text{m/s}^2$。

这样，由式（8-3）可见，转动惯量 J 的单位为 kg·m²。

运动方程式（8-2）的形式不够实用，在实际计算中常把它化为另一种形式。

在式（8-2）中，如将角速度 Ω（rad/s）化成用每分钟转数 n（r/min）表示的形式，即

$$\Omega = \frac{2\pi n}{60}$$

并用式（8-3）代入，即得式（8-2）的实用形式为

$$T - T_z = \frac{GD^2}{375}\frac{dn}{dt} \tag{8-4}$$

式中　GD^2——飞轮惯量（N·m²），$GD^2 = 4gJ$。

必须指出，式（8-4）中的数字 375 是具有加速度量纲的。

电动机电枢（或转子）及其他转动部件的飞轮惯量 GD^2 的数值可由相应的产品目录中查到，但是其单位目前有时仍然用 kg·m² 表示。为了转化成 N·m² 的单位，可将查到的数据乘以 9.81。

电动机的工作状态可由运动方程式表示出来。分析式（8-4）可知：

1) 当 $T = T_z$，$\dfrac{dn}{dt} = 0$ 时，则 $n = 0$ 或 $n = $ 常值，即电动机静止或等速旋转，电力拖动系统处于稳定运转状态下。

2) 当 $T > T_z$，$\dfrac{dn}{dt} > 0$ 时，电力拖动系统处于加速状态，即处于过渡过程中。

3) 当 $T<T_z$，$\dfrac{\mathrm{d}n}{\mathrm{d}t}<0$ 时，电力拖动系统处于减速状态，也是处于过渡过程中。

二、运动方程式中转矩的正负符号分析

应用运动方程式，通常以电动机轴为研究对象。由于电动机类型及运转状态的不同，以及生产机械负载类型的不同，电动机轴上的拖动转矩 T 及阻转矩 T_z 不仅大小不同，方向也是变化的。因此，运动方程式可写成下列一般形式

$$\pm T - (\pm T_z) = \frac{GD^2}{375} \frac{\mathrm{d}n}{\mathrm{d}t} \tag{8-5}$$

式（8-5）中，转矩 T 与 T_z 前均带有正负符号，一般可做如下规定：

如果预先规定某一旋转方向（如顺时针方向）为正方向，则转矩 T 的方向如果与所规定的正方向相同，上式 T 前带正号，相反时带负号。而阻转矩 $\pm T_z$ 在式（8-5）中已带有总的负号，因此其正负号的规定恰恰与转矩 T 的规定相反，即阻转矩 T_z 的方向如果与所规定的旋转正方向相同时，T_z 前取负号，相反时则取正号。

而在反转方向（如逆时针方向），则转矩 T 如果与反转的方向相同时取负号，相反时则取正号；阻转矩 T_z 如果与反转的方向相同时取正号，相反时则取负号。

上面的规定也可归纳为：**转矩 T 正向取正，反向取负；阻转矩 T_z 正向取负，反向取正。**

加速转矩 $\dfrac{GD^2}{375}\dfrac{\mathrm{d}n}{\mathrm{d}t}$ 的大小及正负符号由转矩 T 及阻转矩 T_z 的代数和来决定。

三、各种形状旋转体转动惯量的计算

通常，电动机转子以及生产机械的旋转部件大多数都是圆柱体，但是，也有非圆柱体的部件。特别是近年来随着制造业自动化程度的提高，焊接、喷涂、装配和上下料等各种类型的工业机器人越来越广泛地应用于生产第一线。这一类生产机械的转动惯量是机器人控制系统中的极其重要的参数。

图 8-2 是一个典型的 3 自由度机械臂的示意图。可以看到，对于第一个自由度的驱动电动机 M_1 而言，它的转动部件包括后面几节机械臂，不再是圆柱体了，它的转动惯量随着后面几个自由度的驱动电动机 M_2、M_3 输出角度的变化而变化。旋转体的转动惯量是机器人动力学系统数学模型中的重要参数，如果对这个参数的计算不准确，误差过大，则会导致机器人控制系统的性能降低，甚至导致控制系统不稳定。

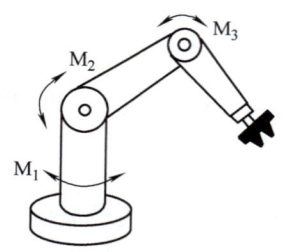

图 8-2　3 自由度机械臂的示意图

因此，我们有必要计算出各种形状旋转体转动惯量。计算旋转物体的转动惯量分两种情况，一种是旋转轴通过该物体的重心；另一种是旋转轴不通过该物体的重心。

1）旋转轴通过该物体的重心时，转动惯量可以按以下公式计算：

$$J = \sum_{i=1}^{k} r_i^2 \cdot \Delta m_i \tag{8-6}$$

式中　Δm_i——该物体某个组成部分的质量；

r_i——该部分 Δm_i 的重心到旋转轴的距离。

对质量连续分布的物体用相应的定积分计算：

$$J = \int_V r^2 \mathrm{d}m \tag{8-7}$$

2) 旋转轴为不通过该物体重心的任意轴时，这时该旋转物体的转动惯量是它围绕着不通过其重心的任意转轴旋转的转动惯量与它围绕穿过自身重心且平行于该任意轴线旋转的转动惯量 J' 之和。

如图 8-3 所示的一个旋转物体，它围绕某个不通过其重心的任意转轴旋转的转动惯量为 mL^2；它围绕穿过自身重心且平行于该任意轴的转轴旋转的转动惯量为 J'。这时，该物体总的转动惯量为

$$J = J' + mL^2 \tag{8-8}$$

式中　m——该物体的质量；

　　　L——两个平行转轴之间的距离。

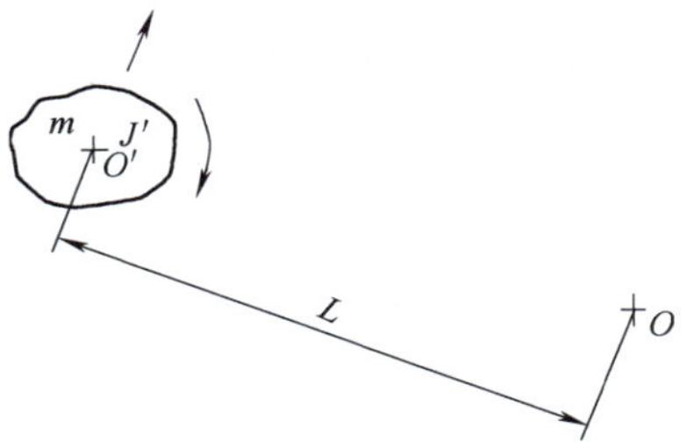

根据以上方法，可以推导出几种常见的旋转物体转动惯量的计算方法如下：

图 8-3　物体环绕任意转轴旋转

1) 以 ρ 为半径，以 O 为旋转轴线，质量为 m 的旋转小球（小球自身的半径与 ρ 相比充分小）（参见图 8-4）的转动惯量为

$$J = m\rho^2 \tag{8-9}$$

2) 以 ρ_1 为外径，以 ρ_2 为内径，以圆环柱体自身的中轴线 O 为旋转轴线，质量为 m 的圆环体（参见图 8-5）的转动惯量为

$$J = \frac{m}{2}(\rho_1^2 + \rho_2^2) \tag{8-10}$$

3) 以 ρ 为半径，以圆柱体自身的中轴线 O 为旋转轴线，质量为 m 的圆柱体（参见图 8-6）的转动惯量为

$$J = \frac{m}{2}\rho^2 \tag{8-11}$$

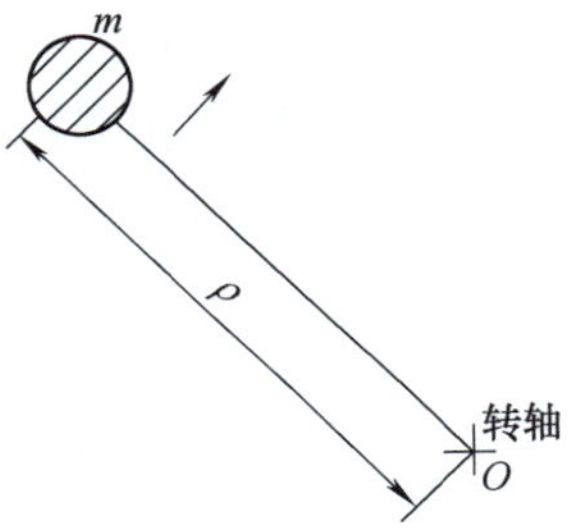

图 8-4　旋转小球

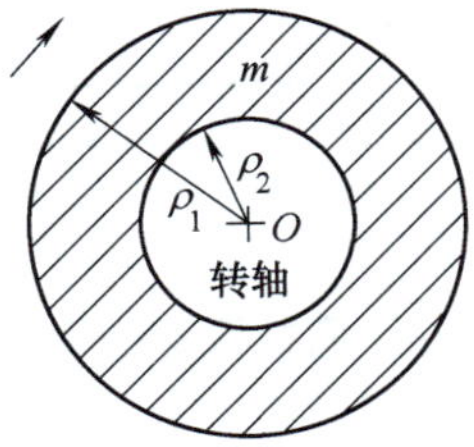

图 8-5　旋转圆环体

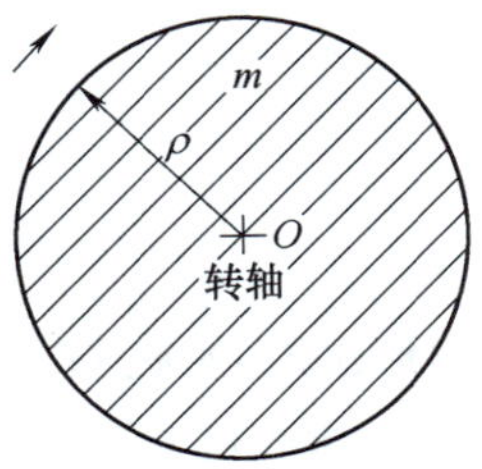

图 8-6　旋转圆柱体

4) 长度为 L，宽度为 d，质量为 m 的长方体（参见图 8-7），以垂直穿越其两个侧面（平行于另外 4 个侧面）并且通过其自身重心的轴线 O 为旋转轴线，其转动惯量为

$$J = \frac{m}{12}(L^2 + d^2) \tag{8-12}$$

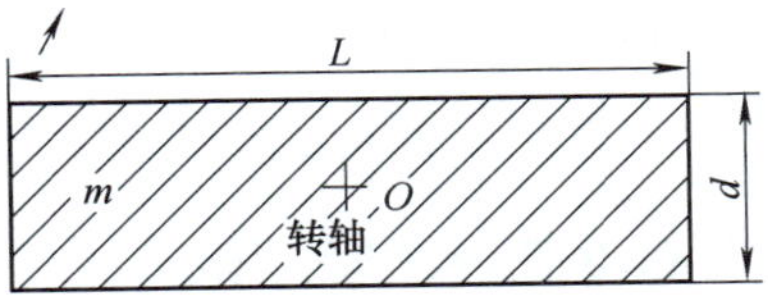

图 8-7　围绕通过自身重心的轴线旋转的长方体

如果宽度 d 与长度 L 相比充分小，即 $d \ll L$，则可以按式（8-13）计算：

$$J = \frac{m}{12}L^2 \tag{8-13}$$

5）长方体的质量为 m，以 O 为旋转轴线（见图 8-8）的转动惯量为

$$J = \frac{m}{3}(\rho_1^2 + \rho_2^2 + \rho_1\rho_2) \tag{8-14}$$

6）圆锥体的质量为 m，围绕自身中轴线旋转（见图 8-9），其转动惯量为

$$J = 0.3mr^2 \tag{8-15}$$

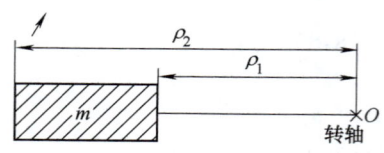
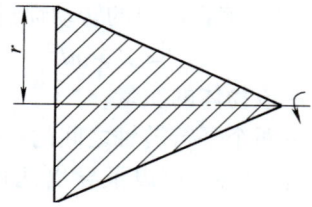

图 8-8　旋转长方体　　　　　图 8-9　旋转圆锥体

7）圆柱体（圆杆），转轴垂直于圆杆的轴线且穿过它的重心，如图 8-10 所示，其转动惯量为

$$J = \frac{m}{12}(L^2 + 3r^2) \tag{8-16}$$

8）圆柱体（圆杆），转轴垂直于圆杆的轴线且距离圆杆一端的距离为 d，如图 8-11 所示，则其转动惯量为

$$J = \frac{m}{12}(4L^2 + 3r^2 + 12dL + 12d^2) \tag{8-17}$$

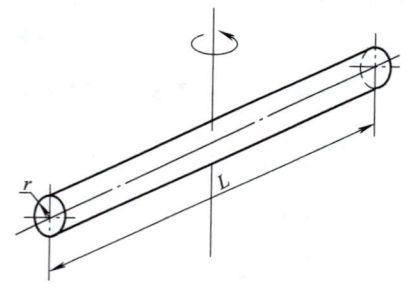
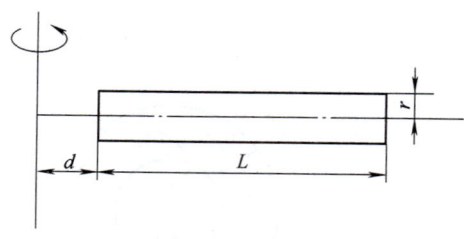

图 8-10　圆杆沿穿越重心的垂直转轴旋转　　　图 8-11　圆杆围绕有距离的垂直转轴旋转

当 $d = 0$ 时，即转轴紧靠圆杆一端，则有

$$J = \frac{m}{12}(4L^2 + 3r^2) \tag{8-18}$$

而当 $r \ll L$ 时，则有

$$J = \frac{m}{3}(L^2 + 3dL + 3d^2) \tag{8-19}$$

当 $d = 0$ 且 $r \ll L$ 时，则有

$$J = \frac{m}{3}L^2 \tag{8-20}$$

在计算出旋转部件的转动惯量以后，可以代入式（8-3）中换算成飞轮惯量 GD^2（$GD^2 = 4gJ$）。

[例 8-1] 有一个环形飞轮，其中有一个长方体支架，如图 8-12 所示。它的内环直径为 0.8m，外环直径为 1.2m，圆环体质量为 60kg，长方体的质量为 25kg，求出它的飞轮惯量。

解 圆环体转动惯量 $J_1 = \dfrac{m}{2}(\rho_1^2 + \rho_2^2) = \dfrac{60}{2} \times (0.6^2 + 0.4^2)\text{kg} \cdot \text{m}^2 = 15.6\text{kg} \cdot \text{m}^2$

长方体转动惯量 $J_2 = mL^2/12 = (25 \times 0.8^2/12)\text{kg} \cdot \text{m}^2 = 1.333\text{kg} \cdot \text{m}^2$

总的转动惯量 $J = J_1 + J_2 = 16.933\text{kg} \cdot \text{m}^2$

总的飞轮惯量 $GD^2 = 4gJ = 4 \times 9.8 \times 16.933\text{N} \cdot \text{m}^2 = 663.774\text{N} \cdot \text{m}^2$

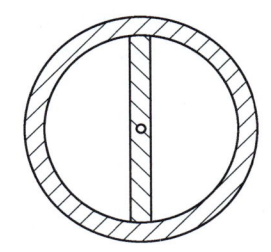

图 8-12 环形飞轮剖面图

第二节 工作机构转矩、力、飞轮惯量和质量的折算

实际拖动系统的轴通常不止一根，如图 8-13a 所示，图中采用 4 根轴，将电动机角速度 Ω 变成符合于工作机构需要的角速度 Ω_z。在不同的轴上各自有其本身的转动惯量及转速；也有相应的反映电动机拖动的转矩及反映工作机构工作的阻转矩。这种系统显然比一根轴的系统要复杂，计算起来也较为困难。

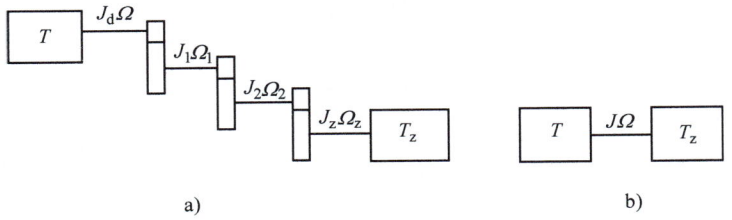

图 8-13 电力拖动系统示意图

a) 传动图　b) 等效折算图

要全面研究这个系统的问题，必须对每根轴列出其相应的运动方程式，还要列出各轴间互相联系的方程式，最后把这些方程式联系起来，才能全面地研究系统的运动。用这种方法研究是比较复杂的。就电力拖动系统而言，一般不需详细研究每根轴的问题，通常只要把电动机轴作为研究对象即可。

为此，我们引用折算的概念，把实际的拖动系统等效为单轴系统，折算的原则是保持两个系统传送的功率及储存的动能相同。这样，只要研究一根轴，如图 8-13b 中所示的电动机轴，即可解决整个拖动系统的问题，研究方法大为简化。

以电动机轴为折算对象，需要折算的参量为：工作机构转矩 T_z'，系统中各轴（除电动机轴外）的转动惯量 J_1、J_2、J_z。对于某些做直线运动的工作机构，还必须把进行直线运动的质量 m_z 及运动所需克服的阻力 F_z 折算到电动机轴上去。

一、工作机构转矩 T_z' 的折算

如图 8-13a、b 所示，用电动机轴上的阻转矩 T_z 来反映工作机构轴上的转矩 T_z' 的工作。折算的原则是系统的传送功率不变，暂不考虑中间传动机构的损耗。

按传送功率不变的原则，应有如下的关系：

$$T_z \Omega = T_z' \Omega_z$$

$$T_z = \frac{T_z'}{(\Omega / \Omega_z)} = \frac{T_z'}{j} \tag{8-21}$$

式中 j——电动机轴与工作机构轴间的转速比，$j = \Omega / \Omega_z = n / n_z$。

传动机构若是多级齿轮或带轮变速，且已知每级速比为 j_1、j_2、j_3、…，则总的速比 j 应为各级速比的乘积

$$j = j_1 j_2 j_3 \cdots$$

在一般设备上，电动机多数是高转速的，而工作机构轴多数是低转速的，故 $j \gg 1$。在有些设备上，如高速离心机等，电动机的转速比工作机构轴的转速低，这时 $j < 1$。

二、工作机构直线作用力的折算

某些生产机械具有直线运动的工作机构，如起重机的提升机构，其钢绳以力 F_z 吊质量为 m_z 的重物 G_z，以速度 v_z 等速上升或下降，示意图如图 8-14 所示。另外，如刨床工作台带动工件前进，以某一切削速度进行切削，也是直线运动机构的一例。无论是钢绳拉力或刨床切削力都将在电动机轴上反映一个阻转矩 T_z，折算原则与上述相同，也是以传送功率不变，同样传动损耗暂不考虑。今以图 8-14 为例，介绍折算方法。

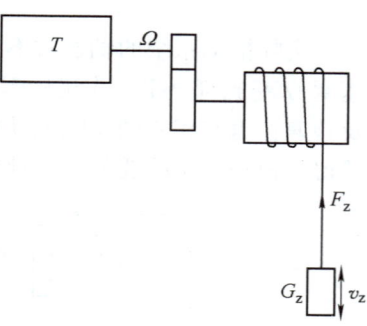

图 8-14 起重机示意图

折算时根据传送功率不变，可写出如下关系

$$T_z \Omega = F_z v_z$$

把电动机角速度 Ω（rad/s）换算成 r/min，则 $\Omega = 2\pi n / 60$，上式变成

$$T_z = 9.55 \frac{F_z v_z}{n} \tag{8-22}$$

式中 F_z——工作机构直线作用力（N）；
 v_z——重物提升速度（m/s）；
 T_z——力 F_z 折算为电动机轴上的阻转矩（N·m）；
 9.55——单位换算系数，$9.55 = 60 / 2\pi$。

三、传动机构与工作机构飞轮惯量的折算

在类似图 8-13a 所示的多轴系统中，必须将传动机构各轴的转动惯量 J_1、J_2、J_3、…及工作机构的转动惯量 J_z 折算到电动机轴上，用电动机轴上一个等效的转动惯量 J（或飞轮惯量 GD^2）来反映整个拖动系统转速不同的各轴的转动惯量（或飞轮惯量）的影响。各轴转动惯量对运动过程的影响直接反映在各轴转动惯量所储存的动能上，因此折算必须以实际系统与等效系统储存动能相等为原则。当各轴的角速度为 Ω、Ω_1、Ω_2、Ω_3、…、Ω_z 时，得下列关系

第八章　电力拖动系统动力学基础

$$\frac{1}{2}J\Omega^2 = \frac{1}{2}J_d\Omega^2 + \frac{1}{2}J_1\Omega_1^2 + \frac{1}{2}J_2\Omega_2^2 + \cdots + \frac{1}{2}J_z\Omega_z^2$$

$$J = J_d + J_1 \Big/ \left(\frac{\Omega}{\Omega_1}\right)^2 + J_2 \Big/ \left(\frac{\Omega}{\Omega_2}\right)^2 + \cdots + J_z \Big/ \left(\frac{\Omega}{\Omega_z}\right)^2 \tag{8-23}$$

把式（8-23）化成用飞轮惯量 GD^2（N·m²）及转速 n（r/min）表示的形式，考虑到 $GD^2 = 4gJ$，$\Omega = 2\pi n/60$，得

$$GD^2 = GD_d^2 + \frac{GD_1^2}{\left(\dfrac{n}{n_1}\right)^2} + \frac{GD_2^2}{\left(\dfrac{n}{n_2}\right)^2} + \cdots + \frac{GD_z^2}{\left(\dfrac{n}{n_z}\right)^2} \tag{8-24}$$

一般情况下，在系统总的飞轮惯量中，占最大比重的是电动机轴上的飞轮惯量，其次是工作机构轴上的飞轮惯量的折算值，占比重较小的是传动机构各轴上的飞轮惯量的折算值。

四、工作机构直线运动质量的折算

以图 8-14 为例，重物 G_z 提升或下放，在其质量 m_z 中储存着动能。由于重物的直线运动由电动机带动，是整个系统的一部分，因此必须把速度 v_z（m/s）的质量 m_z（kg）折算到电动机轴上，用电动机轴上的一个转动惯量为 J_z 的转动体与之等效。折算的原则是转动惯量 J_z 中及质量 m_z 中储存的动能相等，即

$$J_z \frac{\Omega^2}{2} = m_z \frac{v_z^2}{2}$$

把 $J_z = (GD_z^2)/4g$，$\Omega = 2\pi n/60$ 及 $m_z = G_z/g$ 代入上式并化简，得

$$(GD_z^2) = 365 \frac{G_z v_z^2}{n^2} \tag{8-25}$$

式中　$365 \approx (60/\pi)^2$。

通过以上四段分析，可以把多轴拖动系统（在系统中可包括旋转运动及直线运动部分）折算成一个单轴拖动系统（见图 8-13b）。这样，仅用一个运动方程式即可研究实际多轴系统的静态（稳定状态）与动态（过渡过程）问题（均暂未考虑传动机构中的损耗）。

[**例 8-2**]　求刨床拖动系统在电动机轴上总的飞轮惯量。刨床传动系统如图 8-15 所示。若电动机 M 的转速 $n = 420$r/min，其转子（或电枢）的飞轮惯量 $GD_d^2 = 110.5$N·m²，工作台重 $G_1 = 12050$N（相当于 1230kg 重），工件重 $G_2 = 17650$N（相当于 1800kg 重），各齿轮的齿数及飞轮惯量见表 8-1。齿轮 8 的节距为 $t_8 = 25.13$mm。

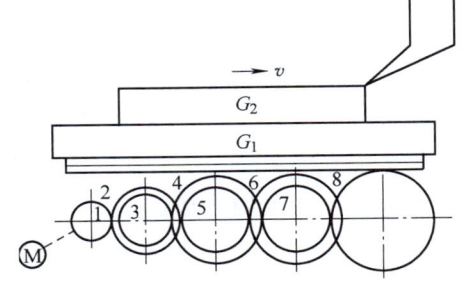

图 8-15　刨床传动系统图

表 8-1　各齿轮的齿数及飞轮惯量

齿　轮　号	1	2	3	4	5	6	7	8
齿数 z	20	55	30	64	30	78	30	66
飞轮惯量 $GD^2/$(N·m²)	4.12	20.10	9.81	28.40	18.60	41.20	24.50	63.75

解 把刨床运动分为旋转与直线运动两部分。

(1) 求旋转部分（不包括电动机转子或电枢）的 GD_a^2

$$GD_a^2 = GD_1^2 + \frac{GD_2^2 + GD_3^2}{(z_2/z_1)^2} + \frac{GD_4^2 + GD_5^2}{(z_2/z_1)^2 (z_4/z_3)^2} + \frac{GD_6^2 + GD_7^2}{(z_2/z_1)^2 (z_4/z_3)^2 (z_6/z_5)^2} +$$

$$\frac{GD_8^2}{(z_2/z_1)^2 (z_4/z_3)^2 (z_6/z_5)^2 (z_8/z_7)^2}$$

$$= \left[4.12 + \frac{20.10 + 9.81}{(55/20)^2} + \frac{28.40 + 18.60}{(55/20)^2 (64/30)^2} + \frac{41.20 + 24.50}{(55/20)^2 (64/30)^2 (78/30)^2} + \right.$$

$$\left. \frac{63.75}{(55/20)^2 (64/30)^2 (78/30)^2 (66/30)^2} \right] \text{N} \cdot \text{m}^2 = 9.81 \text{N} \cdot \text{m}^2$$

(2) 求直线运动部分的 GD_b^2

齿轮 8 的转速

$$n_8 = \frac{n}{(z_2/z_1)(z_4/z_3)(z_6/z_5)(z_8/z_7)} = \frac{420}{(55/20)(64/30)(78/30)(66/30)} \text{r/min} = 12.5 \text{r/min}$$

工作台及工件直线运动速度

$$v = z_8 t_8 n_8 = 66 \times 0.02513 \times 12.5 \text{m/min} = 20.8 \text{m/min} = 0.347 \text{m/s}$$

$$GD_b^2 = \frac{365(G_1 + G_2)v^2}{n^2} = \frac{365 \times (12050 + 17650) \times 0.347^2}{420^2} \text{N} \cdot \text{m}^2 = 7.40 \text{N} \cdot \text{m}^2$$

(3) 求刨床拖动系统在电动机轴上总的飞轮惯量 GD^2

$$GD^2 = GD_d^2 + GD_a^2 + GD_b^2 = (110.5 + 9.81 + 7.40) \text{N} \cdot \text{m}^2 = 127.71 \text{N} \cdot \text{m}^2$$

第三节　电动机和工作机构间速比可变的系统

在前两节中介绍了电动机和工作机构间转矩、力、飞轮惯量和质量的折算方法。本节将介绍电动机和工作机构间速比可变的系统。其典型的例子是工作机构做直线运动的生产机械，在其系统的终端，具有速比（输出直线速度 v_z 和输入角速度 Ω_z 之比）可变的变换机构，例如曲柄、连杆机构等。

图 8-16 是曲柄机构运动的示意图。电机拖动曲柄 r 以角速度 Ω_z 运动，经变换机构转变为工作机构 m_z 的直线运动。显然，直线速度 v_z 的大小和方向是变化的。

此时，工作机构的静阻力（图中为作用在活塞上的压力）为 F_z。反映在电动机轴上的阻转矩 T_z 为

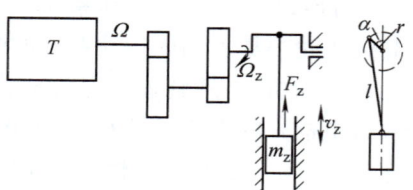

图 8-16　曲柄机构运动的示意图

$$T_z = \frac{F_z v_z}{\Omega} = F_z \rho \tag{8-26}$$

与前两节不同的是，此时速比 $\rho = v_z/\Omega$ 的大小是可变的。

由直线运动质量 m_z 在电动机轴上反映的加速（或动态）转矩 T_{az}，按照传送功率不变的原则，应取决于

$$T_{az} = m_z \frac{dv_z}{dt} \frac{v_z}{\Omega} = m_z \frac{dv_z}{dt} \rho \tag{8-27}$$

直线运动加速度 dv_z/dt 应该用电动机的角加速度表示，而且考虑到 $v_z = \Omega\rho$，则

$$\frac{dv_z}{dt} = \rho \frac{d\Omega}{dt} + \Omega \frac{d\rho}{dt} \tag{8-28}$$

将式（8-28）代入式（8-27），得

$$T_{az} = m_z \rho \frac{dv_z}{dt} = m_z \rho^2 \frac{d\Omega}{dt} + m_z \Omega \rho \frac{d\rho}{dt} \tag{8-29}$$

式中

$$m_z \rho^2 = J_z \tag{8-30}$$

J_z 是由质量 m_z 在电动机轴上反映的转动惯量，其值是可变的。

将式（8-30）两边取导数，可得

$$2m_z \rho \frac{d\rho}{dt} = \frac{dJ_z}{dt}$$

或

$$m_z \rho \frac{d\rho}{dt} = \frac{1}{2} \frac{dJ_z}{dt} \tag{8-31}$$

这样由式（8-29），得

$$T_{az} = J_z \frac{d\Omega}{dt} + \frac{\Omega}{2} \frac{dJ_z}{dt} \tag{8-32}$$

如果考虑到电动机与速比可变的变换机构之间还有速比不变的传动机构，则由式（8-23）可得折算到电动机轴上的全部加速（动态）转矩为

$$T_a = \left[J_d + \sum_{i=1}^{k} J_i \bigg/ \left(\frac{\Omega}{\Omega_i}\right)^2 + J_z \right] \frac{d\Omega}{dt} + \frac{\Omega}{2} \frac{dJ_z}{dt} \tag{8-33}$$

系统中折算到电动机轴上的总转动惯量 J 为

$$J = J_d + \sum_{i=1}^{k} J_i \bigg/ \left(\frac{\Omega}{\Omega_i}\right)^2 + J_z \tag{8-34}$$

式（8-34）中第一项和第二项为常数量，则

$$\frac{dJ}{dt} = \frac{dJ_z}{dt} \tag{8-35}$$

式（8-33）将具有如下形式：

$$T_a = J \frac{d\Omega}{dt} + \frac{\Omega}{2} \frac{dJ}{dt} \tag{8-36}$$

如果在系统中，具有 $\rho(\rho = v_z/\Omega)$ 可变的变换机构，则 ρ 的大小将与变换机构的位置有关，也就是说，是它的转角的函数，或者是与该转角成比例的电动机转子的行程（角度）φ 的函数。

因此折算到电动机轴上的阻转矩 T_z 将与电动机转子的行程（角度）有关，由式（8-26）可知

$$T_z = f_1(\varphi) \tag{8-37}$$

在 T_a 的表达式式（8-36）中，转动惯量 J 也是电动机转子行程（角度）的函数，即

$$J = f_2(\varphi) \tag{8-38}$$

在式（8-36）中，如果考虑

$$\Omega = d\varphi/dt \tag{8-39}$$

则式（8-36）中

$$\frac{d\Omega}{dt} = \frac{d\Omega}{d\varphi}\frac{d\varphi}{dt} = \Omega\frac{d\Omega}{d\varphi} \tag{8-40}$$

$$\frac{dJ}{dt} = \frac{dJ}{d\varphi}\frac{d\varphi}{dt} = \Omega\frac{dJ}{d\varphi} \tag{8-41}$$

将式（8-40）和式（8-41）代入式（8-36），得

$$T_a = J\Omega\frac{d\Omega}{d\varphi} + \frac{\Omega^2}{2}\frac{dJ}{d\varphi} \tag{8-42}$$

这样，对于电动机和工作机构间速比可变的系统，电动机轴上的运动方程式为

$$T - T_z = J\frac{d\Omega}{dt} + \frac{\Omega}{2}\frac{dJ}{dt} \tag{8-43}$$

或

$$T - T_z = J\Omega\frac{d\Omega}{d\varphi} + \frac{\Omega^2}{2}\frac{dJ}{d\varphi} \tag{8-44}$$

显然，式（8-43）和式（8-44）是电力拖动运动方程式的一般形式。对于所有部件速比不变的系统而言，式（8-43）将变为

$$T - T_z = J\frac{d\Omega}{dt}$$

这就是第一节中的式（8-2）了。

下面以曲柄机构为例，说明上述运动方程式一般形式的应用。

图 8-16 是曲柄机构的示意图。根据有关机械方面的教科书上的推导，由于曲柄半径 r 比连杆长度 l 小得多，所以可令 $r/l \approx 0$，于是折算到曲柄轴的阻转矩可表示为

$$T_z' = F_z \rho' \tag{8-45}$$

式中　F_z——做直线运动工作机构的静阻力。

设 v_z 为工作机构（滑块）的直线速度，Ω' 为曲柄的角速度，根据曲柄机构有关推导的结果，令 $r/l \approx 0$，得 $v_z = r\Omega'\sin\alpha$，则

$$\rho' = \frac{v_z}{\Omega'} = \frac{r\Omega'}{\Omega'}\sin\alpha = r\sin\alpha \tag{8-46}$$

式中　ρ'——曲柄轴与工作机构直线速度间的速比。将式（8-46）代入式（8-45），得

$$T_z' = F_z\rho' = F_z r\sin\alpha \tag{8-47}$$

而折算到电动机轴的阻转矩 T_z 为

$$T_z = \frac{F_z r\sin\alpha}{j} \tag{8-48}$$

式中　j——电动机轴到曲柄轴间的角速度比，$j = \Omega/\Omega'$。

又因为电动机的行程角度 $\varphi = j\alpha$，所以式（8-48）可变为

$$T_z = \frac{F_z r\sin(\varphi/j)}{j} \tag{8-49}$$

设折算到电动机轴上的转动惯量可以表示为

$$J = J_d + \sum_{i=1}^{k} J_i \Big/ \left(\frac{\Omega}{\Omega_i}\right)^2 + J_z \tag{8-50}$$

式中 $J_z = m\rho^2 = m\left(\dfrac{\rho'}{j}\right)^2$。将式（8-46）代入，得

$$J_z = m\frac{r^2 \sin^2\alpha}{j^2} = m\frac{r^2 \sin^2(\varphi/j)}{j^2} \tag{8-51}$$

由此可得

$$\frac{\mathrm{d}J}{\mathrm{d}\varphi} = \frac{\mathrm{d}J_z}{\mathrm{d}\varphi} = \frac{mr^2 \sin(2\varphi/j)}{j^3} \tag{8-52}$$

应用式（8-42），折算到电动机轴上的全部加速（动态）转矩为

$$T_a = \left[J_d + \sum_{i=1}^{k} J_i \bigg/ \left(\frac{\Omega}{\Omega_i}\right)^2 + \frac{mr^2 \sin^2(\varphi/j)}{j^2}\right]\Omega\frac{\mathrm{d}\Omega}{\mathrm{d}\varphi} + \frac{\Omega^2}{2}\frac{mr^2 \sin(2\varphi/j)}{j^3} \tag{8-53}$$

而曲柄机构电动机轴上的运动方程式为

$$T - \frac{F_z r\sin(\varphi/j)}{j} = \left[J_d + \sum_{i=1}^{k} J_i \bigg/ \left(\frac{\Omega}{\Omega_i}\right)^2 + \frac{mr^2 \sin^2(\varphi/j)}{j^2}\right]\Omega\frac{\mathrm{d}\Omega}{\mathrm{d}\varphi} + \frac{\Omega^2}{2}\frac{mr^2 \sin(2\varphi/j)}{j^3}$$

$$\tag{8-54}$$

第四节 考虑传动机构损耗时的折算方法

上节中讨论工作机构转矩、力、飞轮惯量与质量的折算方法时，均未考虑传动机构中的损耗，现介绍两种考虑传动机构中损耗的方法。

一、考虑传动机构损耗的简化方法

在图 8-13a、b 中，工作机构转矩及力的折算时，传动机构损耗的简化考虑方法可在折算公式中引入传动效率 η_c。当传送功率时，效率 η_c 的考虑方法因传送方向的不同而异。

1. 工作机构转矩 T'_z 的简化折算

现就工作机构转矩 T'_z 折算的两种情况，分别讨论如下：

（1）电动机工作在电动状态　此时由电动机带动工作机构，功率由电动机向工作机构传送，传动损耗由电动机承担，电动机发出的功率比生产机构消耗的功率大，按传送功率不变的原则，应有如下的关系，即

$$T_z\Omega = T'_z\Omega_z/\eta_c$$

$$T_z = \frac{T'_z}{\eta_c(\Omega/\Omega_z)} = \frac{T'_z}{\eta_c j} \tag{8-55}$$

（2）电动机工作在发电制动状态　此时由工作机构带动电动机，功率传送方向与电动状态时相反，即由工作机构向电动机传送，传动损耗功率由工作机构承担，传送到电动机轴上的功率较工作机构轴上的功率小。此时可得下列关系：

$$T_z\Omega = T'_z\Omega_z\eta_c$$

$$T_z = \frac{T'_z}{j}\eta_c \tag{8-56}$$

在式（8-55）及式（8-56）中，η_c 为传动机构总效率，在使用多级传动时，如各级效率为 η_{c1}、η_{c2}、η_{c3}、$\cdots$，则 η_c 应为各级效率的乘积，即

$$\eta_c = \eta_{c1}\eta_{c2}\eta_{c3}\cdots$$

不同种类的传动机构，其效率是不同的。例如，每对齿轮（用滚动轴承）的满载效率为 0.975~0.985，蜗轮蜗杆传动的满载效率为 0.5~0.7，这些数值可由机械工程手册上查到。总传动效率是各级效率的乘积，其值较低。例如，车床的满载效率为 0.7~0.8，刨床为 0.65~0.75。对于某一具体的生产机械，负载大小不同，效率也不同，往往空载效率比满载效率低。粗略计算时，一般可以不考虑这个差别，用满载效率值来计算。

2. 工作机构直线作用力的简化折算

以图 8-14 为例，考虑传动损耗时简化的折算方法的原则与上述相同，传动损耗也用传动效率考虑，根据功率传送方向，也有两种情况：

（1）电动机工作在电动状态　此时电动机带动工作机构，使重物提升。

$$T_z\Omega = \frac{F_z v_z}{\eta_c}$$

$$T_z = 9.55\frac{F_z v_z}{n\eta_c} \tag{8-57}$$

式中　η_c——提升传动效率。

（2）电动机工作在发电制动状态　此时工作机构带动电动机，使重物下放。

$$T_z = 9.55\frac{F_z v_z}{n}\eta_c' \tag{8-58}$$

式中　v_z——重物下放速度（m/s）；

　　　η_c'——下放传动效率。

在提升与下放时传动损耗相等的条件下，下放传动效率 η_c' 与提升传动效率之间有下列关系：

$$\eta_c' = 2 - \frac{1}{\eta_c} \tag{8-59}$$

式（8-59）可证明如下：

当重物下放时，功率由工作机构向电动机传送，传动损耗功率由工作机构承担。

提升与下放时的传动损耗功率相等，其值可表示为

$$\Delta P = \frac{F_z v_z}{\eta_c} - F_z v_z = F_z v_z\left(\frac{1}{\eta_c} - 1\right)$$

当重物下放时，工作机构功率即为传动机构的输入功率 P_1，其计算公式为

$$P_1 = F_z v_z$$

工作机构功率 P_1 克服传动损耗功率 ΔP 后，向电动机轴上传送机械功率 P_2，P_2 即为传动机构的输出功率，有

$$\begin{aligned}P_2 &= P_1 - \Delta P = F_z v_z - F_z v_z\left(\frac{1}{\eta_c} - 1\right)\\ &= F_z v_z\left(2 - \frac{1}{\eta_c}\right) = P_1\left(2 - \frac{1}{\eta_c}\right)\end{aligned} \tag{8-60}$$

由式（8-60）可见，当 $\eta_c < 0.5$ 时（这一情况出现在轻载或空钩提升或下放时），P_2 为负值，此时电动机轴上输入负的机械功率，即输出机械功率以克服部分传动损耗功率，电动机在轻载或空钩下放时不能发电，仍为电动状态。工作机构的功率此时不足

以克服传动机构的损耗功率，而必须求电动机助其一臂之力，即损耗功率由工作机构与电动机共同承担。

从式（8-60）即得

$$\eta_c' = \frac{P_2}{P_1} = 2 - \frac{1}{\eta_c}$$

由于传送惯性转矩（或加速转矩）$J(d\Omega/dt)$ 而引起的传动损耗在大多数情况下较小，因此在简化折算方法时，通常忽略不计。在飞轮惯量和质量的折算公式中就不乘任何系数了。

二、考虑传动机构损耗的较准确方法

1. 电力拖动系统处于稳定运转状态下

对于有些工作机构，其负载转矩是变化的，由于此时需要知道不同负载下的传动效率，利用式（8-55）～式（8-58）来折算是困难的。如采用下列方法则可比较准确地考虑传动机构中的损耗。

折算到电动机轴上的阻转矩 T_z 可表达为

$$T_z = T_{z0} + \Delta T \tag{8-61}$$

式中 T_{z0} ——不考虑传动损耗时折算到电动机轴上的阻转矩；

ΔT ——由于传动机构的摩擦所引起的附加转矩。ΔT 可看作空载的摩擦转矩 T_0 和由于传送 T_{z0} 所引起的附加摩擦转矩 ΔT_0 之和。ΔT_0 可近似地认为与 T_{z0} 成正比。于是可得

$$\left. \begin{array}{l} \Delta T = T_0 + \Delta T_0 \\ \Delta T_0 = c T_{z0} \end{array} \right\} \tag{8-62}$$

将式（8-62）代入式（8-61），得

$$T_z = T_{z0}(1+c) + T_0 \tag{8-63}$$

以提升或下放工作机构为例，式（8-63）可用以计算提升时的 T_z。当下放时，由于式（8-61）中 T_{z0} 为负值，将式（8-62）代入式 $T_z = -T_{z0} + \Delta T$，得下放时的 T_z，即

$$T_z = -T_{z0}(1-c) + T_0 \tag{8-64}$$

要利用式（8-63）及式（8-64）进行计算，如 T_0 为已知，则 c 的数值可通过额定传动效率 η_{cN} 求得。

由式（8-62）可得

$$c = \frac{\Delta T_{0N}}{T_{z0N}} = \frac{\Delta T_N - T_0}{T_{z0N}} \tag{8-65}$$

式中 ΔT_N ——额定负载下传动机构的总摩擦附加转矩，其值为

$$\Delta T_N = T_{z0N}\left(\frac{1-\eta_{cN}}{\eta_{cN}}\right)$$

2. 电力拖动系统处于加速运转状态下

在这种情况下，附加摩擦转矩 ΔT_0 不能认为与 T_{z0} 成正比，因为此时传送通过传动机构，除了 T_{z0} 外，还有惯性转矩。惯性转矩从系统的一个区段传送到另一个区段时，要发生变化。在个别情况下，惯性转矩的数值可能较大。

因此，在加速运转状态下，当计算附加摩擦转矩时，除了要考虑阻转矩外，还必须考虑从一个传动机构传送到另一个传动机构的惯性转矩。

下面以图 8-17 所示的等效拖动系统代替真实的拖动系统。在等效拖动系统中，各阻转矩及惯性转矩均已折算到电动机转速（相当于未考虑传动机构损耗时的折算值），因此系统中任一区段的角速度与角加速度分别等于电动机的角速度与角加速度。等效系统中传动机构的数目与真实系统中相等。

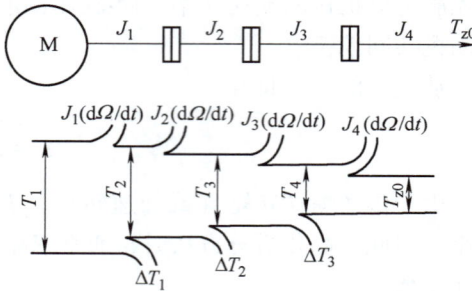

图 8-17 等效拖动系统及系统中传送转矩的变化图

当传动机构为 m 个时，则拖动系统由 $m+1$ 个部件组成，其中第一个部件包括电动机的电枢（或转子）、它的轴以及第一个传动机构的主动环节，而最后的第 $(m+1)$ 个部件则包括工作轴和最后第 m 个传动机构的从动环节。

在此情况下，某一部件的转矩应为传送到紧邻着它的下一部件去的转矩和部件摩擦损耗转矩之和，而摩擦损耗此时又附加了用以使部件加速应克服的一部分。

可以认为，每个部件的摩擦损耗均集中于传动机构中，并且每个部件（如第 i 个部件）的摩擦损耗转矩可表示为

$$\Delta T_i = T_{0i} + c_i T_i' \tag{8-66}$$

式中 ΔT_i——第 i 个部件的总摩擦转矩；
  T_{0i}——第 i 个部件的空载摩擦转矩；
  T_i'——进入第 i 个传动机构的转矩，它可表示为

$$T_i' = T_i - J_i \frac{d\Omega}{dt} \tag{8-67}$$

将式（8-67）代入式（8-66）得第 i 个部件的损耗转矩为

$$\Delta T_i = T_{0i} + c_i \left(T_i - J_i \frac{d\Omega}{dt} \right) \tag{8-68}$$

传送到第 $(i+1)$ 个部件的转矩为

$$T_{i+1} = T_i - J_i \frac{d\Omega}{dt} - \Delta T_i \tag{8-69}$$

将式（8-68）代入式（8-69），得

$$T_{i+1} = T_i(1 - c_i) - J_i(1 - c_i)\frac{d\Omega}{dt} - T_{0i} \tag{8-70}$$

如果对图 8-17 的等效拖动系统中的所有部件[即从前述的第一个部件开始到最后第 $(m+1)$ 个部件]均采用类似的方法，就能得到传送到每个部件轴的转矩表达式。

第一个部件的转矩为

$$T_1 = T(T \text{ 即为电动机输出的拖动转矩}) \tag{8-71}$$

传送到第二个部件上的转矩为

$$T_2 = T_1(1 - c_1) - J_1(1 - c_1)\frac{d\Omega}{dt} - T_{01} \tag{8-72}$$

传送到第三个部件上的转矩为

$$T_3 = T_2(1-c_2) - J_2(1-c_2)\frac{d\Omega}{dt} - T_{02} \tag{8-73}$$

将式（8-72）代入式（8-73），可得

$$T_3 = T_1(1-c_1)(1-c_2) - [J_1(1-c_1)+J_2](1-c_2)\frac{d\Omega}{dt} - T_{01}(1-c_2) - T_{02} \tag{8-74}$$

用同样的方法，可得传送到第四个部件上的转矩

$$T_4 = T_1(1-c_1)(1-c_2)(1-c_3) - [J_1(1-c_1)(1-c_2)+J_2(1-c_2)+J_3](1-c_3)\frac{d\Omega}{dt} - T_{01}(1-c_2)(1-c_3) - T_{02}(1-c_3) - T_{03} \tag{8-75}$$

……

传送到最后第 $(m+1)$ 个部件上的转矩为

$$T_{m+1} = T_1(1-c_1)(1-c_2)\cdots(1-c_m) - [J_1(1-c_1)(1-c_2)\cdots(1-c_m) + J_2(1-c_2)(1-c_3)\cdots(1-c_m) + \cdots + J_m(1-c_m)]\frac{d\Omega}{dt} - T_{01}(1-c_2)(1-c_3)\cdots(1-c_m) - T_{02}(1-c_3)\cdots(1-c_m) - \cdots - T_{0m} \tag{8-76}$$

工作轴的转矩为

$$T_{z0} = T_{m+1} - J_z\frac{d\Omega}{dt} \tag{8-77}$$

式中 J_z——工作机构的转动惯量（已折算到电动机轴上，但未考虑传动损耗时）。

把式（8-76）代入式（8-77）并除以乘积 $(1-c_1)(1-c_2)\cdots(1-c_m)$ 后，可整理成如下的形式：

$$T_1 - \left[\frac{T_{01}}{1-c_1} + \frac{T_{02}}{(1-c_1)(1-c_2)} + \cdots + \frac{T_{0m}+T_{z0}}{(1-c_1)(1-c_2)\cdots(1-c_m)}\right]$$
$$= \left[J_1 + \frac{J_2}{1-c_1} + \frac{J_3}{(1-c_1)(1-c_2)} + \cdots + \frac{J_z}{(1-c_1)(1-c_2)\cdots(1-c_m)}\right]\frac{d\Omega}{dt} \tag{8-78}$$

与下列电动机轴上的转矩式

$$T - T_z = J\frac{d\Omega}{dt}$$

相比较，可得 $T = T_1$

$$T_z = \frac{T_{01}}{1-c_1} + \frac{T_{02}}{(1-c_1)(1-c_2)} + \cdots + \frac{T_{0m}+T_{z0}}{(1-c_1)(1-c_2)\cdots(1-c_m)} \tag{8-79}$$

$$J = J_1 + \frac{J_2}{1-c_1} + \frac{J_3}{(1-c_1)(1-c_2)} + \cdots + \frac{J_z}{(1-c_1)(1-c_2)\cdots(1-c_m)} \tag{8-80}$$

式中 T_z——考虑传动损耗时折算到电动机轴上的阻转矩；

J——拖动系统在考虑传动损耗时折算到电动机轴上的等效转动惯量。

在极个别的情况下，当 $c_1=c_2=c_3=\cdots=c_m=c$ 时，式（8-79）及式（8-80）将变为

$$T_z = \frac{T_{01}}{1-c} + \frac{T_{02}}{(1-c)^2} + \cdots + \frac{T_{0m} + T_{z0}}{(1-c)^m} \tag{8-81}$$

$$J = J_1 + \frac{J_2}{1-c} + \frac{J_3}{(1-c)^2} + \cdots + \frac{J_z}{(1-c)^m} \tag{8-82}$$

第五节　生产机械的负载转矩特性

在运动方程式中，阻转矩（或称负载转矩）T_z 与转速 n 的关系 $T_z = f(n)$ 即为生产机械的负载转矩特性。

负载转矩 T_z 的大小和多种因素有关。以车床主轴为例，当车床切削工件时，主轴转矩和切削速度、切削量大小、工件直径、工件材料及刀具类型等都有密切关系。

根据统计，大多数生产机械的负载转矩特性可归纳为下列三种类型。

一、恒转矩负载特性

所谓恒转矩负载特性，就是指负载转矩 T_z 与转速 n 无关的特性，即当转速变化时，负载转矩 T_z 保持常值。

恒转矩负载特性多数是反抗性的，也有位能性的。

反抗性恒转矩负载特性的特点是，恒值转矩 T_z 总是反对运动的方向。根据第一节中对转矩 T_z 正负符号的规定，当正转时，n 为正，转矩 T_z 为反向，应取正号，即为 $+T_z$；而反转时，n 为负，转矩 T_z 为正向，应变为 $-T_z$，如图8-18所示。显然，反抗性恒转矩负载特性应画在第一与第三象限内。属于这类特性的负载有金属的压延、机床的平移机构等。

位能性恒值负载转矩则与反抗性的特性不同，它由拖动系统中某些具有位能的部件（如起重类型负载中的重物）造成，其特点是转矩 T_z 具有固定的方向，不随转速方向改变而改变。如图8-19所示，不论重物提升（n 为正）或下放（n 为负），负载转矩始终为反方向，即 T_z 始终为正，特性画在第一与第四象限内，表示恒值特性的直线是连续的。

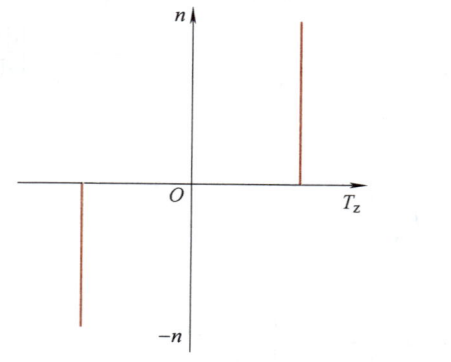

图8-18　反抗性恒转矩负载特性

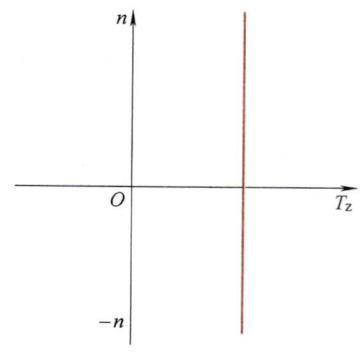

图8-19　位能性恒转矩负载特性

由图8-19可见，提升时，转矩 T_z 反对提升；下放时，T_z 却帮助下放，这是位能性负载的特点。

二、通风机负载特性

通风机负载的转矩与转速大小有关，基本上与转速的二次方成正比，即

$$T_z = Kn^2 \qquad (8\text{-}83)$$

式中 K——比例常数。

通风机负载特性如图 8-20 所示。属于通风机负载的生产机械有离心式通风机、水泵、油泵等，其中空气、水、油等介质对机器叶片的阻力基本上和转速的二次方成正比。

三、恒功率负载特性

一些机床，如车床，在粗加工时，切削量大，切削阻力大，此时开低速；在精加工时，切削量小，切削力小，往往开高速。因此，在不同转速下，负载转矩基本上与转速成反比，即

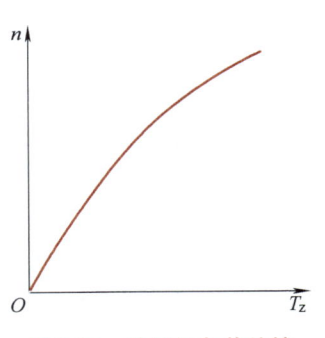

图 8-20　通风机负载特性

$$T_z = \frac{K}{n}$$

$$P_z = T_z \Omega = T_z \frac{2\pi n}{60} = \frac{T_z n}{9.55} = \frac{K}{9.55} = K_1 \qquad (8\text{-}84)$$

式中　K_1——常数，$K_1 = \dfrac{K}{9.55}$；

P_z——负载（切削）功率（W）。

可见，切削功率基本不变，负载转矩 T_z 与 n 的特性曲线呈现恒功率的性质，如图 8-21 所示。

必须指出，实际生产机械的负载转矩特性可能是以上几种典型特性的综合。例如，实际通风机除了主要是通风机负载特性外，由于其轴承上还有一定的摩擦转矩 T_0，因而实际通风机负载特性应为

$$T_z = T_0 + Kn^2 \qquad (8\text{-}85)$$

与式（8-85）相应的特性如图 8-22 所示。

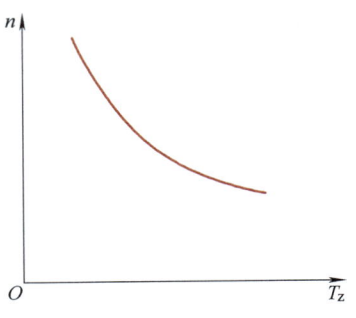

图 8-21　恒功率负载特性

又如，机床刀架等机构在平移时，负载的性质基本上是反抗性恒转矩负载，但从静止状态起动及当转速还很低时，由于润滑油没有散开，静摩擦系数比动摩擦系数大，摩擦阻力较大。另外，当传动机构在旋转时，有一些油或风的阻力，带一些通风机负载的性质，这导致在转速较高时，负载转矩 T_z 会略见增高，因此，机床平移机构的实际负载特性如图 8-23 所示。

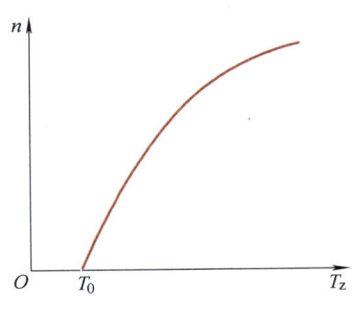

图 8-22　实际的通风机负载特性

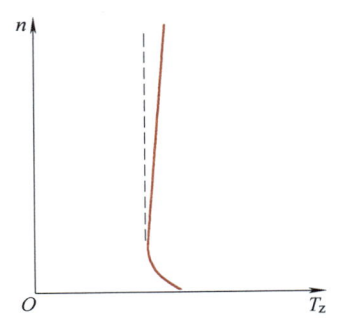

图 8-23　机床平移机构实际的负载特性

小 结

电力拖动系统主要研究电动机和生产机械之间的关系问题,具体表现在电机拖动转矩 T 与负载转矩 T_z 的关系上,用电力拖动运动方程式具体体现,即

$$T - T_z = \frac{GD^2}{375} \frac{dn}{dt}$$

把工作机构的转矩、力、飞轮惯量和质量折算到电动机轴上,电动机和生产机械就成为同轴连接的系统,有着同样的转速。$n = f(T)$ 的方程式和曲线称为电动机的机械特性,$n = f(T_z)$ 的方程式和曲线则称为负载转矩特性。把两者绘制在同一个图上,成了分析电力拖动系统的重要工具。它们在某种配合下,其交点可能是稳态运行点,利用电动机与负载的两种特性可以清楚地分析电力拖动系统的各种过渡过程,包括起动和制动过程。

习 题

8-1 起重机的传动机构如图 8-24 所示,图中各元件的数据见表 8-2。

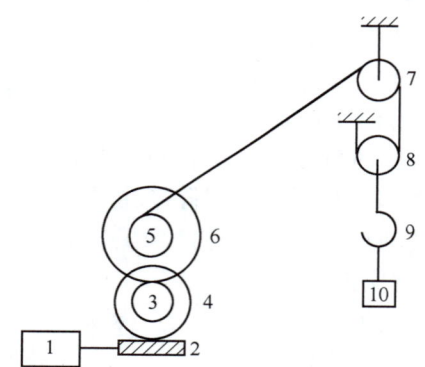

图 8-24 起重机传动机构图

表 8-2 图 8-24 中各元件的数据

编号	名称	齿数	$GD^2/(N \cdot m^2)$	重力/N	直径/mm
1	电动机		5.59		
2	蜗杆	双头	0.98		
3	齿轮	15	2.94		
4	蜗轮	30	17.05		
5	卷筒		98.10		50
6	齿轮	65	294.00		
7	导轮		3.92		150
8	导轮		3.92		150
9	吊钩			490	
10	重物(负载)			19620	

若起吊速度为 12m/min，传动机构效率为：当起吊重物时 $\eta_c = 0.7$；当空钩提升时 $\eta_0 = 0.1$。计算：

(1) 折算到电动机轴上的系统总飞轮惯量；
(2) 重物吊起及放下时折算到电动机轴上的阻转矩；
(3) 空钩吊起及放下时折算到电动机轴上的阻转矩；
(4) 阐明在（2）和（3）的各种情况下，电动机输入机械能还是输出机械能。

8-2 图 8-25 为一龙门刨的主传动图，齿轮 1 与电动机轴直接连接，各齿轮有下列数据：

切削力 $F_z = 9810\text{N}$；切削速度 $v_z = 43\text{m/min}$；传动效率为 0.8；齿轮 6 的节距为 20mm；电动机电枢的飞轮惯量为 $230\text{N} \cdot \text{m}^2$；工作台与床身的摩擦系数为 0.1。

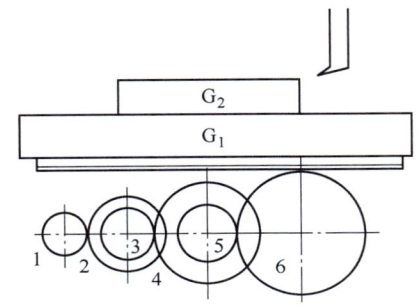

图 8-25 龙门刨床的主传动机构图

表 8-3 图 8-25 中各元件的数据

代号	名称	$GD^2/(\text{N} \cdot \text{m}^2)$	重力/N	齿数
1	齿轮	8.25		20
2	齿轮	40.20		55
3	齿轮	19.60		38
4	齿轮	56.80		64
5	齿轮	37.30		30
6	齿轮	137.20		78
G_1	工作台		14715	
G_2	工件		9810	

试计算：(1) 折算到电动机轴上的系统总飞轮惯量及负载转矩；
(2) 切削时电动机输出的功率；
(3) 空载不切削要求工作台有 2m/s^2 加速度时的电动机转矩。

第九章

直流电动机的电力拖动

> **内容提要**
>
> 本章的重点是他励直流电动机的机械特性及各种运转状态。
>
> 第一节至第四节分析他励直流电动机各种运转状态的物理概念、实用条件和四象限的固有机械特性及人为机械特性,介绍其起、制动与调速的方法和特性以及它们的过渡过程。
>
> 第五节介绍晶闸管——直流电动机系统的机械特性与调速性能。第六节介绍直流电机 PWM 控制系统主电路。
>
> 第七节分析他励直流电动机过渡过程的能量损耗,探讨减小这一损耗的方法。
>
> 最后,在第八节中分析串励直流电动机机械特性与运转状态的特点,并简单介绍复励直流电动机的机械特性。

第一节 他励直流电动机的机械特性

电动机的机械特性是指电动机的转速 n 与转矩 T_e 的关系 $n = f(T_e)$。机械特性是电动机机械性能的主要表现,它与运动方程式相联系,将决定拖动系统稳定运行及过渡过程的工作情况。

必须指出,机械特性中的转矩 T_e 是电磁转矩,它与电动机轴上的输出转矩 T_d 是不同的,其间相差一个空载转矩 T_0,当电动机工作在电动状态时,

$$T_e = T_d + T_0 \tag{9-1}$$

式中的 T_d 在稳态时与本书上册有关公式中的 T_2 相平衡,即 $T_d = T_2$。

在运动方程式(8-2)中,已将 T_z 作为负载转矩,则该式中的 T 应为轴上拖动转矩,即相当于式(9-1)中的 T_d,它与机械特性上的电磁转矩 T_e 不同,比后者小 T_0。

如果在运动方程式(8-2)中,将 T 视作电磁转矩 T_e,则式(9-1)中的 T_z 将为负载转矩与空载转矩 T_0 之和。

由于在一般情况下,空载转矩 T_0 与转矩 T_d 相比很小,只占 T_e 的很小一部分,在一般工程计算中可略去 T_0,而粗略地认为电磁转矩 T_e 与轴上的输出转矩 T_d 相等。

一、机械特性方程式

他励直流电动机的电路原理图如图 9-1 所示。图中,励磁电路中串联一调节电阻

r_Q，以调节励磁电流 I_f，从而调节磁通 Φ。

在上册中已导出直流电动机的几个基本方程式，即

电磁转矩　　　　$T_e = C_T \Phi I_a$

感应电动势　　　$E_a = C_e \Phi n$

电枢电路电动势平衡方程式　　$U = E_a + I_a R$

电动机的转速特性　　$n = \dfrac{U - I_a R}{C_e \Phi}$

由电磁转矩方程式 $I_a = T_e/(C_T \Phi)$ 代入转速特性方程式，即得机械特性方程式

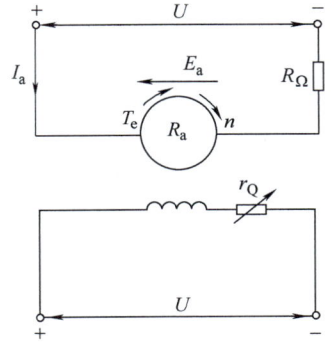

图9-1　他励直流电动机电路原理图

$$n = \frac{U}{C_e \Phi} - \frac{R}{C_e C_T \Phi^2} T_e \tag{9-2}$$

式中　R——电枢电路总电阻，包括 R_a 及电枢串联电阻 R_Ω；

　　　C_e——电动势常数，$C_e = pZ/(60a)$；

　　　C_T——转矩常数，$C_T = pZ/(2\pi a)$。

由上列两式可导出 C_e 和 C_T 的关系为

$$C_T = 9.55 C_e \tag{9-3}$$

在机械特性方程式（9-2）中，当 U、R、Φ 为常数时，即可画出一条向下倾斜的直线，如图9-2所示，这根直线就是他励直流电动机的机械特性 $n = f(T_e)$。由特性可见，转速 n 随转矩 T_e 的增大而降低，这说明电动机一加负载转速会有一些降落。

在式（9-2）中，当 $T_e = 0$ 时，$n = U/(C_e \Phi)$ 称为理想空载转速，即

$$n_0 = \frac{U}{C_e \Phi} \tag{9-4}$$

这相当于图9-2中直线交于纵轴的转速。

由式（9-4）可见，调节 U 或 Φ，可以改变理想空载转速 n_0 的大小。

必须指出，电动机的实际空载转速 n_0' 比 n_0 略低，如图9-2所示。这是因为电动机空载旋转时电磁转矩 T_e 不可能为零，必须等于 T_0（前已指出，$T_e = T_d + T_0$，空载时 $T_d = 0$，则 $T_e = T_0$），即电动机必须克服空载损耗转矩 T_0，此时电动机实际空载转速 n_0' 为

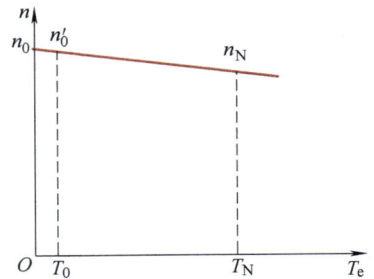

$$n_0' = n_0 - \frac{R}{C_e C_T \Phi^2} T_0 \tag{9-5}$$

式（9-2）右边第二项表示电动机带负载后的转速降，如用 Δn 表示，则

图9-2　他励直流电动机的机械特性

$$\Delta n = \frac{R}{C_e C_T \Phi^2} T_e = \beta T_e \tag{9-6}$$

式中　β——机械特性的斜率，$\beta = R/(C_e C_T \Phi^2)$。$\beta$ 越大，Δn 越大，机械特性越软。通常称 β 小的机械特性为硬特性，而 β 大的为软特性。

一般他励电动机，当没有电枢外接电阻时，机械特性都比较硬。如国产 Z2 系列他

励直流电动机,按规定 $\Delta n_N\%$ 为 (10~18)%,而大容量电动机为 (3~8)%。$\Delta n_N\%$ 为额定转速变化率,其值为

$$\Delta n_N\% = \frac{n_0 - n_N}{n_N} \times 100\% \tag{9-7}$$

式中 n_N——电动机的额定转速。

将式(9-4)及式(9-6)代入式(9-2),即得机械特性方程式的简单形式,即
$$n = n_0 - \beta T_e$$

最后,分析一下电枢反应对机械特性的影响。在上册中已简单分析了电枢反应:当电刷放在几何中性线上,电枢电流不大时,电枢反应的影响很小,可以忽略不计;但当电枢电流较大时,由于饱和的影响,产生去磁作用,使每极磁通量略有降低。由式(9-2)可见,磁通 Φ 降低,转速 n 就要回升,机械特性在负载大时呈上翘现象,如图 9-3 所示。为了避免上翘,往往在主磁极上加一个匝数很少的串励绕组,其磁动势可以抵消电枢反应的去磁作用。此时实质上已由他励变为积复励电动机,但由于串励磁动势较弱,其机械特性又与没有电枢反应的他励电动机相同,因此仍可视为他励电动机。上述串励绕组常称为稳定绕组。

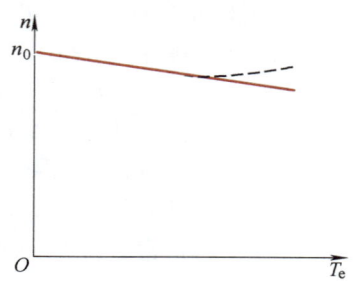

图 9-3 电枢反应对机械特性的影响

二、固有机械特性与人为机械特性

当他励电动机电压 U 及磁通 Φ 均为额定值 U_N 及 Φ_N,电枢没有串联电阻时的机械特性称为固有机械特性,其方程式为

$$n = \frac{U_N}{C_e \Phi_N} - \frac{R_a}{C_e C_T \Phi_N^2} T_e \tag{9-8}$$

按式(9-8)绘出的固有机械特性如图 9-4 中的直线 1。由于 R_a 较小,他励直流电动机的固有机械特性较硬。

人为机械特性可用改变电动机参数的方法获得,他励直流电动机一般可得下列三种人为机械特性。

1. 电枢串联电阻时的人为机械特性

此时 $U = U_N$,$\Phi = \Phi_N$,$R = R_a + R_\Omega$,电枢串联电阻 R_a 时,人为机械特性的方程式为

$$n = \frac{U_N}{C_e \Phi_N} - \frac{R_a + R_\Omega}{C_e C_T \Phi_N^2} T_e \tag{9-9}$$

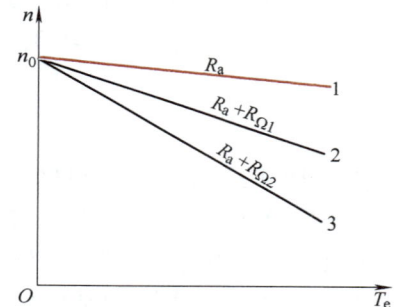

图 9-4 他励直流电动机的固有机械特性及电枢串联电阻时的人为机械特性

1—固有机械特性 2、3—电枢串联电阻为 $R_{\Omega 1}$、$R_{\Omega 2}$($R_{\Omega 2} > R_{\Omega 1}$)时的人为特性

由于电动机的电压及磁通保持额定值不变,人为机械特性具有与固有机械特性相同的理想空载转速 n_0,而其斜率 β 的绝对值则随串联电阻 R_Ω 的增大而加大,人为机械特性的硬度降低,如图 9-4 中直线 2 与 3 所示。由图 9-4 可见,在一定的负载转矩(例如在额定转矩 T_N)下,转速降 Δn 随串联电阻的加大而增加。人为机械特性由交纵坐标轴于一点($n = n_0$)但具有不同斜率的射线族组成。

2. 改变电压时的人为机械特性

此时电枢不串联电阻($R_\Omega = 0$),$\Phi = \Phi_N$,改变电压时的人为机械特性方程式为

第九章 直流电动机的电力拖动

$$n = \frac{U}{C_e \Phi_N} - \frac{R_a}{C_e C_T \Phi_N^2} T_e \tag{9-10}$$

比较式（9-8）及式（9-10）可见，改变电压时，n_0 随电压的降低而降低，特性的斜率则保持不变。一般他励电动机的电压向低于额定电压的方向改变，因此人为机械特性是几根平行线，它们低于固有机械特性 1，又与固有机械特性相平行，如图 9-5 所示。由于电枢中没有串联电阻，因此其特性较串联电阻时硬。

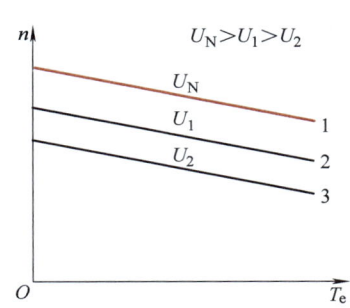

图 9-5 他励直流电动机电压不同时的人为特性

3. 减弱电动机磁通时的人为机械特性

一般他励直流电动机在额定磁通下运行时，电机已接近饱和。改变磁通实际上是减弱励磁。在励磁回路内串联电阻 r_Ω，并变化其值，即能使磁通 Φ 减弱，并在低于额定磁通 Φ_N 时调节 Φ 的大小（见图 9-1）。

此时 $U = U_N$，电枢不串联电阻，减弱磁通时人为机械特性的方程式为

$$n = \frac{U_N}{C_e \Phi} - \frac{R_a}{C_e C_T \Phi^2} T_e \tag{9-11}$$

$n = f(I_a)$ 特性方程式为

$$n = \frac{U_N}{C_e \Phi} - \frac{R_a}{C_e \Phi} I_a \tag{9-12}$$

由式（9-11）和式（9-12）可见，当 Φ 减弱时，理想空载转速 $n_0 = U_N/(C_e \Phi)$ 加大，短路（堵转）电流 $I_k = U_N/R_a = $ 常值，而短路（堵转）转矩 T_k 将随 Φ 的减弱而降低（因 $T_k = C_T \Phi I_k$）。

图 9-6 上绘出了 Φ 为不同数值时的 $n = f(I_a)$ 曲线，这些特性曲线都是直线，交横坐标轴于一点（$I_a = I_k$），磁通 Φ 越小，特性越软。

Φ 为不同数值时的人为机械特性 $n = f(T_e)$ 绘于图 9-7 上，图中，T_{kN}、T_{k1}、T_{k2} 分别为 Φ_N、Φ_1、Φ_2 时的短路（堵转）转矩，由于 $\Phi_N > \Phi_1 > \Phi_2$，故 $T_{kN} > T_{k1} > T_{k2}$，不同的特性在第一象限内有交点。一般情况下，电动机额定负载转矩 T_N 比 T_k 小得多，故减弱磁通使电动机转速升高。只有当负载特别重或磁通 Φ 特别小时，如再减弱 Φ，转速会发生反而下降的现象。

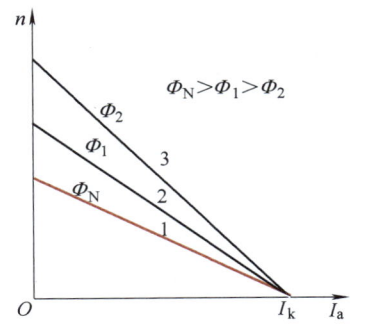

图 9-6 Φ 不同时的 $n = f(I_a)$ 曲线

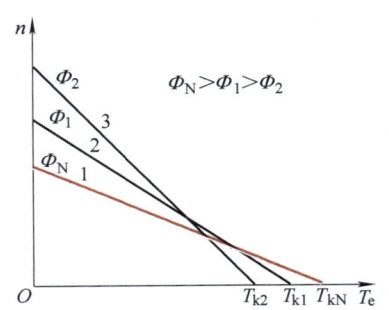

图 9-7 Φ 不同时的 $n = f(T_e)$ 曲线

三、机械特性的绘制

由机械特性方程式可见,欲计算或绘制机械特性,必须知道 $C_e\Phi$ 及 $C_T\Phi$ 等参数,而这些参数又和电动机绕组结构参数 p、a、Z 等有关,要把所有的参数都查清楚不太容易,特别是这些参数在电动机铭牌上更是不会标出的。

在设计时,往往根据电动机铭牌数据、产品目录或实测数据来计算机械特性。对计算有用的数据一般是 P_N、U_N、I_N 和 n_N。下面介绍固有机械特性与人为机械特性的计算及绘制方法。

1. 固有机械特性的绘制

他励直流电动机的固有机械特性是一条直线,只要求出线上两个点的数据,就可绘出这条直线。一般选择理想空载($T_e=0$,n_0)及额定运行(T_N,n_N)两点较为方便。

对于理想空载点

$$n_0 = \frac{U_N}{C_e\Phi_N}$$

式中,U_N 已知,$C_e\Phi_N$ 可由额定状态下的电枢电路电压方程式求得

$$C_e\Phi_N = \frac{E_N}{n_N} = \frac{U_N - I_N R_a}{n_N} \tag{9-13}$$

式中,I_N 及 n_N 均为已知,只有 R_a 为未知。

通常 R_a 的数值在铭牌上与产品目录中是找不到的。如果已有电动机,R_a 可以实测;如果设计时还没有电动机,可用下式估算 R_a 的数值,即

$$R_a = \left(\frac{1}{2} \sim \frac{2}{3}\right)\frac{U_N I_N - P_N}{I_N^2} \tag{9-14}$$

式中 P_N——额定输出功率(W)。

式(9-14)是一个经验公式,其中认为在额定负载下,电枢铜损耗占电动机总损耗的 1/2~2/3。

这样,按式(9-14)估算出 R_a,代入式(9-13)即可计算 $C_e\Phi_N$,因而得理想空载点。

至于另一额定点(T_N,n_N),

$$T_N = C_T\Phi_N I_N$$

式中,I_N 为已知数据,由式(9-3),$C_T\Phi_N = 9.55 C_e\Phi_N$,$C_e\Phi_N$ 前已算出,则 T_N 即可算出,因而额定点也可求得。

既已求出两个点,通过这两点的连线即为固有机械特性。

2. 人为机械特性的绘制

各种人为机械特性的计算较为简单,只要把相应的参数值代入相应的人为机械特性方程式即可。例如,电枢串联电阻 R_Ω 的人为机械特性可用式(9-9)求得,式中 U_N 为已知,R_a、$C_e\Phi_N$ 与 $C_T\Phi_N$ 的计算方法与前相同。根据串联电阻 R_Ω 的数值,假定一个转矩 T_e 值(一般用 T_N),用式(9-9)求出 n 值,这样得出人为机械特性上的一点(T_N,n),连接这点与理想空载点,即得电枢串联电阻的人为机械特性。

用类似的方法,可绘出改变电压 U 及减弱磁通 Φ 时的人为机械特性。

[例 9-1] 一台 Z2 型他励直流电动机的铭牌数据为:$P_N = 22\text{kW}$,$U_N = 220\text{V}$,$I_N = 116\text{A}$,$n_N = 1500\text{r/min}$,试计算其机械特性。

解 （1）估算 R_a

$$R_a = \frac{2}{3}\left(\frac{U_N I_N - P_N}{I_N^2}\right) = \frac{2}{3} \times \frac{220 \times 116 - 22000}{116^2}\Omega = 0.175\Omega$$

（由于 Z2 型直流电动机铜损占总损耗的比例较高，故式中取 $\frac{2}{3}$）

（2）计算 $C_e \Phi_N$

$$C_e \Phi_N = \frac{U_N - I_N R_a}{n_N} = \frac{220 - 116 \times 0.175}{1500}\text{V}/(\text{r/min}) = 0.133\text{V}/(\text{r/min})$$

（3）理想空载点

$$T_e = 0; \quad n = n_0 = \frac{U_N}{C_e \Phi_N} = \frac{220}{0.133}\text{r/min} = 1654\text{r/min}$$

（4）额定点

$$T_e = T_N = 9.55 C_e \Phi_N I_N = 9.55 \times 0.133 \times 116 \text{N} \cdot \text{m} = 147.3\text{N} \cdot \text{m}$$

四、电力拖动稳定运行的条件

前面已分析了生产机械负载转矩特性与电动机的机械特性，现在来讨论一下这两种特性的配合问题。

在生产机械运行时，电动机的机械特性与生产机械的负载转矩特性是同时存在的。为了分析电力拖动的运行问题，可以把两者画在同一个坐标图上。例如，在图 9-8 上示出由他励直流电动机带动恒转矩负载的 $n = f(T_e)$ 与 $n = f(T_z)$ 两种特性，前者相当于特性 3，而直线 1 及 2 对应两种不同负载的 $n = f(T_z)$ 特性。

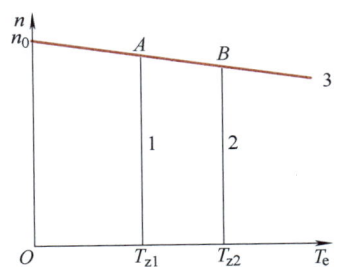

图 9-8 他励直流电动机带动恒转矩负载的两种特性

1、2—两种不同负载的 $n = f(T_z)$ 特性　3—$n = f(T_e)$ 特性

在电力拖动运动方程式中已指出，当转矩 T_e 与 T_z 方向相反、大小相等而相互平衡时，转速为某一稳定值，拖动系统处于稳态，或称静态。在图 9-8 上，两个特性的交点，如直线 1 与 3 的交点 A，转速都是 n_A，而 $T_e = T_z = T_{z1}$，因之交点 A 表明电力拖动系统的某一稳态运行点。

如负载增大，负载转矩特性由 1 变为 2，T_z 由 T_{z1} 增为 T_{z2}，此时由于惯性，转速开始时仍为 n_A，T_e 也还是由 A 点决定，即 $T_e = T_{z1} < T_{z2}$，平衡状态被破坏，$dn/dt < 0$，拖动系统进入动态减速过程，或称减速过渡过程状态。

在减速过程中，T_e 与 T_z 各按其本身的特性变化，由图 9-8 可见，随着 n 的下降，T_z 保持为 T_{z2} 不变，而 T_e 则不断增加 [电动机内部的物理过程为：随着 n 的下降，感应电动势 $E_a = C_e \Phi n$ 不断下降，而电枢电流 $I_a = (U - E_a)/R_a$ 则随 E_a 的下降而不断升高，$T_e = C_T \Phi I_a$ 随之不断增加]。只要 T_e 尚未增加到 T_{z2}（即还是 $T_e < T_{z2}$），这一过程继续进行下去，n 继续下降，一直到特性 3 与 2 的交点 B 点，$T_e = T_B = T_{z2}$，减速过程才结束，系统又转化为稳态，达到新的平衡，以新的转速 n_B 稳定运行。由此可见，稳态下电动机发出转矩的大小是由负载转矩的数值所决定的。

由前面的讨论可见，如果电动机的机械特性与负载转矩特性具有交点，则电力拖动系统可能稳定运行。但必须指出，如果交点处两特性配合情况不好，运行也有可能是不稳定的。这就是说，两种特性有交点仅是稳定运行的必要条件，但还不够充分。充分的条件是：如果电力拖动系统原在交点处稳定运行，由于出现某种干扰作用（如电网电压的波动、负载转矩的微小变化等），使原来转矩 T_e 与 T_z 的平衡变成不平衡，电动机转速便稍有变化，这时，当干扰消除后，拖动系统必须有能力使转速恢复到原来交点处的数值。电力拖动系统如能满足这样的特性配合条件，则该系统是稳定的，否则是不稳定的。下面我们举例说明。

图 9-9 表示他励电动机（特性为 2）拖动一恒转矩负载（特性为 1）。图 9-9a 中两特性的交点为 A，下面的分析将证明在 A 点可以稳定运行，因为如果出现瞬时扰动（如端电压升高）使 I_a 及 T_e 均瞬时增大，而使转速稍有增大（$+\Delta n$），当扰动消除后，负载转矩 T_z 就大于电动机转矩 T_e 而迫使转速下降，消除（$+\Delta n$）而恢复原值 n_A；同理如瞬时扰动引起转速稍有降低（$-\Delta n$），当扰动消失后，则由于 $T_z < T_e$，将使转速上升，也会恢复原值 n_A。由此可见，在 A 点系统能稳定运行。

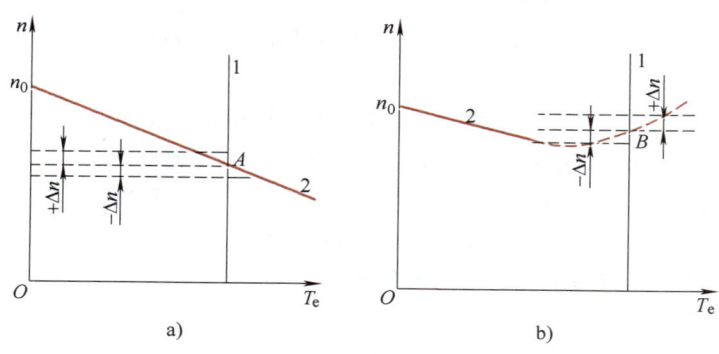

图 9-9 两种特性的不同配合
a）稳定运行 b）不稳定运行
1—恒转矩负载特性 2—电动机机械特性

图 9-9b 中，特性 2 为考虑电枢反应影响时电动机的机械特性，前已讨论过，该特性在负载大时呈上翘现象。在该图上直线 1 为负载较大时的负载转矩特性，它与特性 2 相交于 B 点，B 点处于特性 2 的上翘部分。特性 1 与 2 在 B 点这样的配合将导致不稳定运行，因为这时转速的微小增加将使 $T_e > T_z$，而使电动机继续加速；反之，转速稍有减小将导致 $T_e < T_z$，电动机将进一步减速。总之，在 B 点，不论转速瞬时微小增加或减小，拖动系统都没有恢复到原来转速 n_B 的能力，所以在 B 点系统的运行是不稳定的。

由图 9-9 的分析可见，对于恒转矩负载，要得到稳定运行，电动机需要具有向下倾斜的机械特性。如果电动机的机械特性向上翘，便不能稳定运行。

推广到一般情况，如果特性 $n = f(T_e)$ 与 $n = f(T_z)$ 在交点处的配合能满足下列要求，则系统的运行是稳定的，否则是不稳定的（对应于第一象限）：

"在交点所对应的转速之上应保证 $T_e < T_z$，而在这一转速之下则要求 $T_e > T_z$"。显然，这样的特性配合保证系统有恢复原转速的能力。

第九章 直流电动机的电力拖动

第二节 他励直流电动机的起动

一、他励直流电动机的起动方法

他励直流电动机起动时，必须先保证有磁场（即先通励磁电流），而后加电枢电压。当忽略电枢电感时，电枢电流 I_a 为

$$I_a = \frac{U - E_a}{R_a}$$

刚起动时，转速 $n=0$，$E_a=0$，电动机的电枢绕组电阻 R_a 很小，如直接加额定电压起动，I_a 可能突增到额定电流的十多倍。这样，电动机的换向情况恶化，产生严重的火花，而且与电流成正比的转矩将损坏拖动系统的传动机构。为此，在起动时，必须设法限制电枢电流。一般 Z2 型直流电动机的瞬时过载电流按规定不得超过额定电流的 1.5～2 倍。

为了限制起动电流，往往采用减压起动的方法。起动时，电压 U 比较低，电流 I_a 不大，随着转速的不断提高，电动势 E_a 也逐渐增长，但同时使电压 U 也在人为地不断升高，U 与 E_a 的差值使电流仍可保持在允许的数值范围以内。

在手工调节电压 U 时，U 不能升得太快，否则电流还会发生较大的冲击。为了保证限制电枢电流，手工调节必须小心地进行。

在自动化的系统中，电压的调节及电流的限制靠一些环节自动实现，较为方便。

上述起动方法适用于电动机的直流电源是可调的。当没有可调电源时，可在电枢电路中串联电阻以限制起动电流，在起动过程中再将起动电阻逐步切除。这种电阻分级起动方法一般应用在无轨电车及一些生产机械上。

图 9-10a 表示他励直流电动机分二级起动时的电路图。当电动机已有磁场时，接通触点 K，此时触点 K_1 和 K_2 断开，电枢和二段电阻 $R_{\Omega1}$ 及 $R_{\Omega2}$ 串联接入电网。设电压为 U，则起动电流

$$I_1 = \frac{U}{R_2}$$

式中 R_2——电枢电路内的总电阻，$R_2 = R_a + R_{\Omega1} + R_{\Omega2}$。

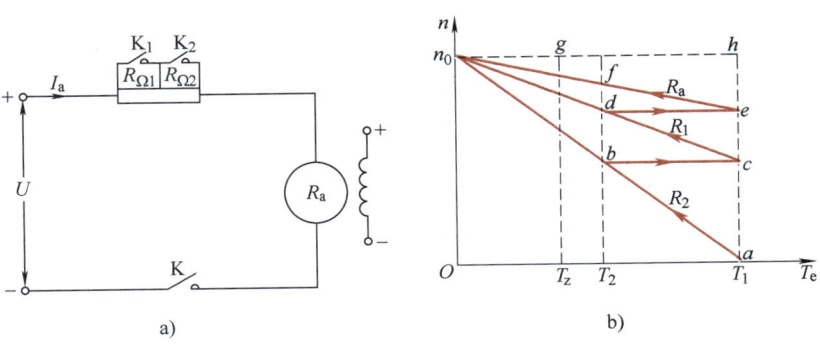

图 9-10 他励直流电动机分两级起动的电路和特性
a）电路图 b）特性图

由电流 I_1 所产生的起动转矩 T_1 如图 9-10b 所示。由于 $T_1 > T_z$，电动机开始起动，转速上升，转矩下降（见图 9-10b 中的特性 $a \to b$），加速度逐步变小。为了得到较大的加速度，到 b 点时把电阻 $R_{\Omega 2}$ 切除（控制线路使触点 K_2 接通），b 点的电流 I_2 称为切换电流。电阻 $R_{\Omega 2}$ 切除后，电枢电路只有总电阻 R_1（$R_1 = R_a + R_{\Omega 1}$），机械特性变成直线 $n_0 dc$ 了。电阻切换的瞬时，由于机械惯性，转速不能突变，电动势也保持不变，因而电流将随 $R_{\Omega 2}$ 被短接而突增，转矩也按比例增加。如果电阻设计恰当，可以保证 c 点的电流与 I_1 相等，电动机产生的转矩 T_1 保证电动机又获得较大的加速度。电动机由 c 点加速到 d 点，再切除电阻 $R_{\Omega 1}$（触点 K_1 闭合），运行点由 d 点过渡到固有特性上的 e 点，电动机电流又一次由 I_2 回升到 I_1（转矩由 T_2 增至 T_1），拖动系统继续加速到 g 点稳定运转，此时转速为 n_z，转矩 $T_e = T_z$，起动过程到此结束。

必须指出，分级起动时使每一级的 I_1（或 T_1）与 I_2（或 T_2）取得大小一致，可以使电动机有较均匀的加速度，并能改善电动机的换向情况，缓和转矩对传动机构与工作机械的有害冲击。

二、他励直流电动机起动电阻的计算

他励直流电动机分级起动时，起动电阻一般可用下列两法计算。

1. 图解解析法

首先画出分级起动时电动机的机械特性图，作图的步骤如下：

（1）绘制固有机械特性 首先按本章第一节介绍的方法绘制固有机械特性，如图 9-10b 中的直线 $n_0 ge$ 所示。

（2）选取起动过程中的最大电流 I_1 与电阻切除时的切换电流 I_2（或 T_1 与 T_2）$I_1 = (1.5 \sim 2.0)I_N$［或 $T_1 = (1.5 \sim 2.0)T_N$］，$I_2 = (1.1 \sim 1.2)I_N$［或 $T_2 = (1.1 \sim 1.2)T_N$］，I_2（或 T_2）的值也可选取为 $I_2 = (1.2 \sim 1.5)I_z$［或 $T_2 = (1.2 \sim 1.5)T_z$］。

在图中横坐标轴上截取 I_1 及 I_2（或 T_1 及 T_2）两点，并分别向上作横坐标轴的垂直线。

（3）画出分级起动特性图 画人为机械特性 $n_0 a$（图 9-10b 中相当于总电阻 $R_2 = R_a + R_{\Omega 1} + R_{\Omega 2}$），$n_0 a$ 交 I_2（或 T_2）的垂直线于 b 点，画水平线 bc 交 I_1（或 T_1）的垂直线于 c 点，作人为机械特性 $n_0 c$（对应于总电阻 $R_1 = R_a + R_{\Omega 1}$）交 I_2 的垂直线于 d 点，画水平线 de……最后，当切除末段电阻时所画的水平线与 I_1 的垂直线的交点应正好位于固有特性上（即水平线、I_1 的垂直线与固有机械特性三者交于一点，在图 9-10b 中为 e 点）。如果作图的结果不能保证这一点，必须对选取的 T_1 或 T_2 数值稍作变动（一般可变动 T_2 的数值），再按上述同样步骤绘制，直到满足 I_1（或 T_1）一致的条件为止。

分级起动特性图一经绘出，即可在图上截取相应的线段，并做很简单的计算，就可算出各段电阻。计算的根据是，由机械特性方程式

$$n = n_0 - \frac{R}{C_e C_T \Phi^2} T_e$$

得

$$\Delta n = n_0 - n = \frac{T_e}{C_e C_T \Phi^2} R$$

在电枢串电阻分级起动时，磁通 Φ 一般不变，当取 T_e 为定值时（如 $T_e = T_1 =$ 定值）机械特性上的转速降 Δn 与该特性所对应的电枢电路总电阻 R 成正比，即

$$\Delta n = KR$$

式中 K——比例常数，$K = \dfrac{T_e}{C_e C_T \Phi^2}$。

在图 9-10b 中，当 $T_e = T_1$ 时，可得下列关系，即

$$KR_a = \Delta n_{he}$$
$$KR_1 = K(R_a + R_{\Omega 1}) = \Delta n_{hc}$$
$$KR_2 = K(R_a + R_{\Omega 1} + R_{\Omega 2}) = \Delta n_{ha}$$

化成比例关系

$$\frac{R_1}{R_a} = \frac{R_a + R_{\Omega 1}}{R_a} = \frac{\Delta n_{hc}}{\Delta n_{he}} = \frac{\Delta n_{he} + \Delta n_{ec}}{\Delta n_{he}}$$

由此得

$$R_{\Omega 1} = R_a \frac{\Delta n_{ec}}{\Delta n_{he}}$$

同样可得

$$R_{\Omega 2} = R_a \frac{\Delta n_{ca}}{\Delta n_{he}}$$

由此可见，在绘制的机械特性图上，把对应于转矩常值 T_1 的转速降量出，如 Δn_{he}、Δn_{ec}、Δn_{ca}，如已知 R_a，即可用上式算出分级电阻值 $R_{\Omega 1}$ 及 $R_{\Omega 2}$。

必须指出，也可利用对应于其他转矩常值（如 T_2 = 常值，或额定转矩 T_N = 常值）量出的转速降来计算分级起动电阻。但一般这一转矩常值取得大一些较好，这样量出的转速降相对较大，相对误差可小一些，因而计算结果也更为准确。

2. 解析法

用解析法，可以不必先绘制分级起动特性图而直接计算分级电阻的数值。解析法的根据如下：

在图 9-10b 中，当从特性 $n_0 ba$（对应于电枢电路总电阻 $R_2 = R_a + R_{\Omega 1} + R_{\Omega 2}$）转换到特性 $n_0 dc$（对应于总电阻 $R_1 = R_a + R_{\Omega 1}$）时，即从 b 点转换到 c 点时，由于切除电阻 $R_{\Omega 2}$ 进行很快，如忽略电感的影响，可假定 $n_b = n_c$，即电动势 $E_b = E_c$，这样在 b 点

$$I_2 = \frac{U - E_b}{R_2}$$

在 c 点

$$I_1 = \frac{U - E_c}{R_1}$$

两式相除，考虑到 $E_b = E_c$，得

$$\frac{I_1}{I_2} = \frac{R_2}{R_1}$$

同样，当从 d 点转换到 e 点时，得

$$\frac{I_1}{I_2} = \frac{R_1}{R_a}$$

这样，如图 9-10 所示的两级起动时，得

$$\frac{I_1}{I_2} = \frac{R_2}{R_1} = \frac{R_1}{R_a}$$

推广到 m 级起动的一般情况，得

$$\frac{I_1}{I_2} = \frac{R_m}{R_{m-1}} = \frac{R_{m-1}}{R_{m-2}} = \cdots = \frac{R_2}{R_1} = \frac{R_1}{R_a}$$

式中 R_m，R_{m-1}，$\cdots$——第 m，$m-1$，$\cdots$ 级电枢电路总电阻。

设 $I_1/I_2 = \beta$（或 $T_1/T_2 = \beta$），β 称为起动电流比（或起动转矩比），则

$$\left.\begin{aligned} R_1 &= R_a\beta \\ R_2 &= R_1\beta = R_a\beta^2 \\ &\vdots \\ R_{m-1} &= R_{m-2}\beta = R_a\beta^{m-1} \\ R_m &= R_{m-1}\beta = R_a\beta^m \end{aligned}\right\} \quad (9\text{-}15)$$

由式（9-15）得

$$\beta = \sqrt[m]{\frac{R_m}{R_a}} \quad (9\text{-}16)$$

式中 m——起动的级数。

如果给定 β，需求 m，可将式（9-16）取对数得

$$m = \frac{\lg \dfrac{R_m}{R_a}}{\lg \beta} \quad (9\text{-}17)$$

如需求每级的分段电阻值 $R_{\Omega m}$、$R_{\Omega(m-1)}$、$\cdots$、$R_{\Omega 2}$、$R_{\Omega 1}$，只要把式（9-15）中各相邻两级总电阻相减即得。这些电阻值是

$$\left.\begin{aligned} R_{\Omega 1} &= R_1 - R_a = (\beta - 1)R_a \\ R_{\Omega 2} &= R_2 - R_1 = (\beta^2 - \beta)R_a = \beta R_{\Omega 1} \\ &\vdots \\ R_{\Omega(m-1)} &= R_{m-1} - R_{m-2} = \beta R_{\Omega(m-2)} = \beta^{m-2} R_{\Omega 1} \\ R_{\Omega m} &= R_m - R_{m-1} = \beta R_{\Omega(m-1)} = \beta^{m-1} R_{\Omega 1} \end{aligned}\right\} \quad (9\text{-}18)$$

用解析法计算分级起动电阻，可能有下列两种情况：

（1）起动级数 m 未定　此时可在前图解解析法规定的范围内初步选定 T_1（或 I_1）及 T_2（或 I_2），即初选了 β 值。用式（9-17）求出起动级数 m（显然，该式中 $R_m = U/I_1$），如求得的 m 为分数值，则将其加大到相近的整数值。然后将 m 的整数值代入式（9-16），求出新的 β 值。将新的 β 值代入式（9-15）或式（9-18），就可算出起动各级电枢电路总电阻或各级分段电阻。

（2）起动级数 m 已定　此时比较简单，先选定 T_1（或 I_1）的数值，算出 $R_m = U/I_1$，将 m 及 R_m 的数值代入式（9-16），算出 β 值。同样，利用式（9-15）或式（9-18），就可算出各级电阻值（总电阻或分段电阻）。

[例 9-2] 一台他励直流电动机的铭牌数据为：型号 Z-290，额定功率 $P_N = 29\text{kW}$，额定电压 $U_N = 440\text{V}$，额定电流 $I_N = 76\text{A}$，额定转速 $n_N = 1000\text{r/min}$，电枢绕组电阻 R_a

0.377Ω，试用解析法计算四级起动时的起动电阻值。

解 已知起动级数 $m=4$

选取 $I_1 = 2I_N = 2 \times 76\text{A} = 152\text{A}$

$$R_m = R_4 = \frac{U_a}{I_1} = \frac{440}{152}\Omega = 2.895\Omega \qquad \beta = \sqrt[4]{\frac{R_4}{R_a}} = \sqrt[4]{\frac{2.895}{0.377}} = 1.664$$

则各级起动总电阻如下：

$$R_1 = \beta R_a = 1.664 \times 0.377\Omega = 0.627\Omega$$
$$R_2 = \beta R_1 = 1.664 \times 0.627\Omega = 1.043\Omega$$
$$R_3 = \beta R_2 = 1.664 \times 1.043\Omega = 1.736\Omega$$
$$R_4 = \beta R_3 = 1.664 \times 1.736\Omega = 2.889\Omega$$

各分段电阻如下：

$$R_{\Omega 1} = R_1 - R_a = 0.627\Omega - 0.377\Omega = 0.250\Omega$$
$$R_{\Omega 2} = R_2 - R_1 = 1.043\Omega - 0.627\Omega = 0.416\Omega$$
$$R_{\Omega 3} = R_3 - R_2 = 1.736\Omega - 1.043\Omega = 0.693\Omega$$
$$R_{\Omega 4} = R_4 - R_3 = 2.889\Omega - 1.736\Omega = 1.153\Omega$$

三、他励直流电动机起动的过渡过程

电力拖动的过渡过程（如起动、制动、反转、调速、负载突变等过程）是指电力拖动由一个稳定工作状态过渡到另一个稳定工作状态的过程。这两个稳定工作状态的转速 n、转矩 T_e、电流 I_a 及功率 P 的大小是不同的，因而，在过渡过程中，n、T_e、I_a 及 P 均在变化，为时间的函数。其变化规律 $n=f(t)$、$T_e=f(t)$、$I_a=f(t)$ 及 $P=f(t)$ 称为电力拖动运行的负载图，这些负载图是正确选择与校验电动机功率的依据。研究过渡过程可以分析如何缩短过渡过程的时间，从而提高生产率；探讨减小过渡过程损耗的途径，以提高电动机的利用率；还可以研究如何改善电力拖动的运行情况，使设备能安全运行。这些问题对某些生产机械具有更重要的意义，如轧钢机、龙门刨、电梯及起重机等，在工作中需要频繁地起动、制动、反转、调速，负载还可能有很大变化，过渡过程进行的时间在整个工作时间中占很大的比重，因此更应该很好地研究过渡过程的有关问题。

在电力拖动系统中，一些电气参数（如电压、电阻等）与负载转矩的突然变化，会引起过渡过程，但由于惯性，这些变化却不能导致电动机的转速、电流、转矩及磁通等参量的突变，而必须是个连续变化的过程。电力拖动系统中一般存在以下三种惯性：

（1）机械惯性 主要反映在系统的飞轮惯量 GD^2 上，它使转速 n 不能突变。

（2）电磁惯性 主要反映在电枢回路电感 L_a 及励磁回路电感 L_f 上，它们分别使电枢电流和励磁电流不能突变，从而使磁通不能突变。

（3）热惯性 它使电动机的温度不能突变。由于温度的变化比转速、电流等参量的变化要慢得多，因此一般不考虑热惯性的影响。

电力拖动的过渡过程一般分为两种：

（1）机械过渡过程 只考虑机械惯性，而忽略影响较小的电磁惯性。

（2）电气—机械过渡过程 同时考虑机械与电磁两种惯性。

下面分析他励直流电动机起动的过渡过程，先分析起动的机械过渡过程，而后研究

电枢回路电感对起动过渡过程的影响，即涉及一点电气—机械过渡过程方面的问题。

（一）起动的机械过渡过程

1. 电枢串固定电阻起动的过渡过程

图 9-11 表示他励直流电动机串固定电阻全压起动的原理图。忽略电枢反应的影响，则 Φ = 常数，电动机转矩与电枢电流成正比，因此过渡过程中电枢电流的变化规律 $I_a = f(t)$ 也就代表电动机转矩的变化规律 $T_e = f(t)$，下面利用直流电动机的几个基本公式推导 $I_a = f(t)$，即

$$U = E_a + I_a R = C_e \Phi n + I_a R \quad (9\text{-}19)$$

$$T_e = T_z + \frac{GD^2}{375} \frac{dn}{dt} = C_T \Phi I_a \quad (9\text{-}20)$$

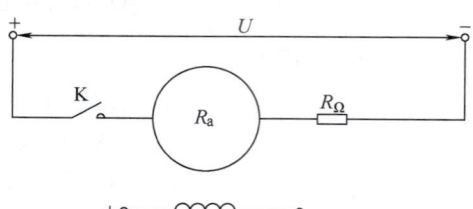

图 9-11　他励直流电动机串固定电阻全压起动原理图

式中　R——电枢电路内总电阻，$R = R_a + R_\Omega$。

由式（9-19）得 $n = \dfrac{U - I_a R}{C_e \Phi}$，代入式（9-20）并除以 $C_T \Phi$，得

$$I_a = \frac{T_z}{C_T \Phi} - \frac{GD^2 R}{375 C_e C_T \Phi^2} \frac{dI_a}{dt} = I_z - T_{tM} \frac{dI_a}{dt} \quad (9\text{-}21)$$

式中　I_z——负载转矩对应的负载电流，即电动机起动（或过渡过程）完毕后，保持稳定转速运行时的电枢电流，$I_z = T_z / C_T \Phi$。

$$T_{tM} = \frac{GD^2 R}{375 C_e C_T \Phi^2} \quad (9\text{-}22)$$

式中　T_{tM}——电力拖动系统的机电时间常数。它与飞轮惯量 GD^2 及电枢总电阻 R 成正比，又与电动机磁通的二次方 Φ^2 成反比。前已指出，电力拖动系统的机械惯性主要反映在飞轮惯量 GD^2 上，由于 GD^2 正比于 T_{tM}，因此机电时间常数 T_{tM} 是表征机械惯性的一个非常重要的物理量。

将式（9-21）改写成微分方程的标准形式，得

$$\frac{dI_a}{dt} + \frac{I_a}{T_{tM}} = \frac{I_z}{T_{tM}} \quad (9\text{-}23)$$

其解为

$$I_a = I_z + K e^{-t/T_{tM}} \quad (9\text{-}24)$$

式中　K——由初始条件决定的常数，在过渡过程开始时，即当 $t = 0$ 时，电流 $I_a = I_{st}$。以此条件代入式（9-24），则得

$$K = I_{st} - I_z$$

式中　I_{st}——电流的起始值。

将常数 K 值代入式（9-24），得

$$I_a = I_z + (I_{st} - I_z) e^{-t/T_{tM}} \quad 或 \quad I_a = I_z (1 - e^{-t/T_{tM}}) + I_{st} e^{-t/T_{tM}} \quad (9\text{-}25)$$

式（9-25）就是他励直流电动机过渡过程中电枢电流（亦即电动机转矩）的变化规律 $I_a = f(t)$ [亦即 $T = f(t)$]。它们都呈指数曲线规律而变化。

下面再分析一下过渡过程中转速变化的规律。

将式（9-25）代入 $n = \dfrac{U - I_a R}{C_e \Phi}$，并考虑到当 $I_a = I_z$ 时，即 $n_z = \dfrac{U - I_z R}{C_e \Phi}$；$I_a = I_{st}$ 时，$n = n_{st}$，即 $n_{st} = \dfrac{U - I_{st} R}{C_e \Phi}$，得

$$n = \dfrac{U - I_z R}{C_e \Phi} + \left[\dfrac{U - I_{st} R}{C_e \Phi} - \dfrac{U - I_z R}{C_e \Phi}\right] e^{-t/T_{tM}}$$

即

$$n = n_z + (n_{st} - n_z) e^{-t/T_{tM}} \quad \text{或} \quad n = n_z(1 - e^{-t/T_{tM}}) + n_{st} e^{-t/T_{tM}} \qquad (9\text{-}26)$$

式中 n_{st}——过渡过程开始时转速的起始值，它对应于电流 I_{st}（或起始转矩 T_{st}）时的转速；

n_z——机械特性上负载转矩 T_z（或负载电流 I_z）对应的转速，即过渡过程结束时电动机的稳定转速。

由式（9-26）可见，过渡过程中转速 n 的变化规律 $n = f(t)$ 也是一条指数曲线。

式（9-25）及式（9-26）是电流与转速变化规律的一般形式，它们可适用于电力拖动的起动、制动、反转、调速及负载突变等各种过程，应用时只需注意起始值及稳定值的不同特点。以起动为例，当串电阻起动时，I_{st} 即为起动电流 $I_{st} = U/R$，而起始转速 $n_{st} = 0$，这样起动时的电流变化规律即如式（9-25）所示，而转速变化规律则为

$$n = n_z(1 - e^{-t/T_{tM}}) \qquad (9\text{-}27)$$

图 9-12 绘出起动过程电流的变化曲线 $I_a = f(t)$，它是一条指数曲线，曲线表明，电流（或转矩）在起动开始时达到最大值，以后则按指数规律逐渐下降，起动完毕，电枢电流下降为 I_z，转矩下降到 T_z，即 $T_e = T_z$，电动机即稳定运行。

同样，在图 9-13 上也绘出了一条指数曲线，它是起动过程中转速的变化曲线 $n = f(t)$。由曲线可见，起动刚开始，转速上升最快，然后上升速度逐渐减少，最后稳定在转速 n_z 之下运行。这点不难解释，从图 9-12 可见，电动机的电流（或转矩）在起动刚开始时数值最大，转速上升的速度也最大，随后电流按指数规律下降，系统的加速度也相应下降，最后当电流下降到 $I_a = I_z$ 时，$T_e = T_z$，加速度下降为零，转速上升到 $n = n_z$，系统进入稳定运行状态。

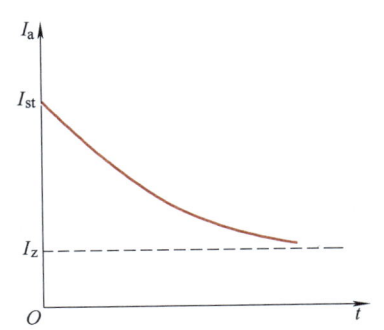
图 9-12 起动过程中电枢电流的变化曲线 $I_a = f(t)$

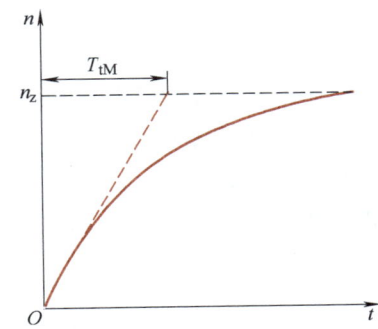
图 9-13 起动过程中转速的上升曲线 $n = f(t)$

起动过程中加速度随时间变化的规律可由式（9-27）对 n 微分求出，即

$$\frac{dn}{dt} = \frac{n_z}{T_{tM}} e^{-t/T_{tM}} \tag{9-28}$$

这里特别值得注意的是 $t=0$ 处的加速度。将 $t=0$ 代入式（9-28），即得 $t=0$ 处的加速度

$$\left(\frac{dn}{dt}\right)_{t=0} = \frac{n_z}{T_{tM}} \tag{9-29}$$

由式（9-29）可见，如果电动机的转速一直按 $t=0$ 处的最大加速度直线上升（即等加速），则达到稳定转速 n_z 所需要的时间就是系统的机电时间常数 T_{tM}（参见图9-13）。但是实际上由于转速按指数规律上升，起动的时间将比时间常数 T_{tM} 大得多。由式（9-27）可见，在理论上，只有当 $t=\infty$ 时，n 才能达到 n_z，即系统理论上的起动时间应为无限大。但是，实际上，当 $t=3T_{tM}$ 时，系统转速即已达到稳定运行转速 n_z 的95%；而当 $t=4T_{tM}$ 时，$n \approx 98\% \cdot n_z$。因此，在工程上，一般可认为起动时间 $t_{st}=(3\sim 4)T_{tM}$，系统基本上已达到了稳定运行状态。

如果要求出过渡过程中某一段的时间，则可利用式（9-25）或式（9-26）进行求解。例如，在该两式中令 $I_a = I_x$，$n = n_x$，则 I_a 由 I_{st} 变到 I_x，或 n 由 n_{st} 变到 n_x 所需的时间 t_x 可由式（9-30）求出，即

$$t_x = T_{tM} \ln \frac{I_{st}-I_z}{I_x-I_z} \text{ 或 } t_x = T_{tM} \ln \frac{n_{st}-n_z}{n_x-n_z} \text{ 或 } t_x = T_{tM} \ln \frac{T_{st}-T_z}{T_x-T_z} \tag{9-30}$$

式中 I_x、T_x、n_x——过渡过程中电流、转矩及转速的终了值。

式（9-30）是求解过渡过程时间的一般形式，可用以求起动、制动、反转、调速及负载突变等过程的某段时间，但用时必须注意起始值、终了值及稳定值在不同状态下的不同特点。

2. 电枢串多级电阻起动的过渡过程

他励电动机二级起动的电路及特性前已示于图9-10，今将特性再绘于图9-14a上。第一级起动时，电枢电路电阻为 $R_2 = R_a + R_{\Omega 1} + R_{\Omega 2}$，电流由零突变到 I_1，再由 I_1 变到 I_2，转速由零变到 n_1，在这一级上

$$T_{tM1} = \frac{GD^2(R_a + R_{\Omega 1} + R_{\Omega 2})}{375 C_e C_T \Phi^2}$$

$$n = n_{z1}(1 - e^{-t/T_{tM1}})$$

$$I_a = I_z(1 - e^{-t/T_{tM1}}) + I_1 e^{-t/T_{tM1}}$$

式中 n_{z1}——第一级的稳定转速；

I_z——稳定电流；

I_1——起始电流。

第一级进行的时间 t_1 可由式（9-30）求得，式中 $T_{tM} = T_{tM1}$，$I_{st} = I_1$，$I_x = I_2$，即

$$t_1 = T_{tM1} \ln \frac{I_1 - I_z}{I_2 - I_z}$$

同样，当过渡到第二级加速时，电枢电路电阻为 $R_1 = R_a + R_{\Omega 1}$，电流由 I_2 突变到 I_1，再由 I_1 变到 I_2，转速由 n_1 变到 n_2；最后一级加速时，电阻为 R_a，电流由 I_2 突变到 I_1，再变到 I_z，转速则由 n_2 上升到 n_z。现将各级的各参数变化关系列于表9-1，并将二

级起动过程中转速与电流的变化曲线绘于图 9-14b、c。

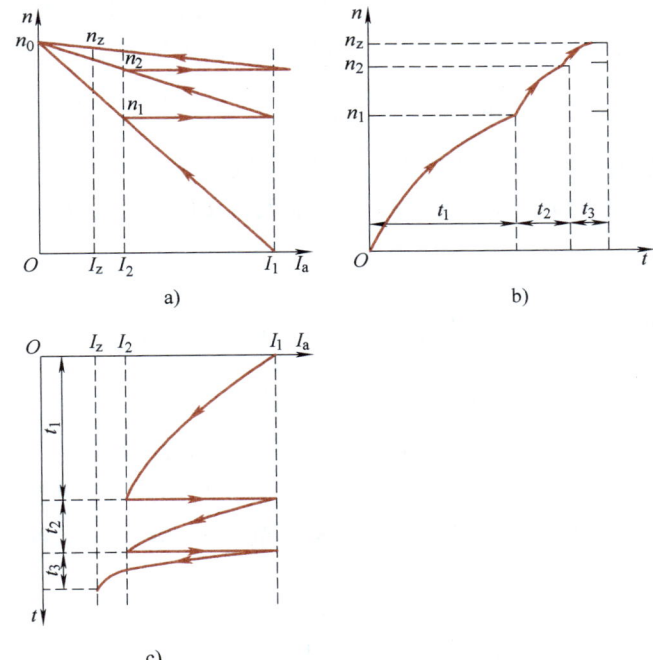

图 9-14 串两级电阻的起动过程
a) 机械特性曲线 b) 转速变化曲线 $n=f(t)$ c) 电流变化曲线 $I_a=f(t)$

表 9-1 他励电动机不同起动级各参数变化关系

	第 一 级	第 二 级	末 级
电枢电路总电阻 R	$R_a+R_{\Omega 1}+R_{\Omega 2}$	$R_a+R_{\Omega 1}$	R_a
机电时间常数 T_{tMx}	$T_{tM1}=\dfrac{GD^2(R_a+R_{\Omega 1}+R_{\Omega 2})}{375C_eC_T\Phi^2}$	$T_{tM2}=\dfrac{GD^2(R_a+R_{\Omega 1})}{375C_eC_T\Phi^2}$	$T_{tM}=\dfrac{GD^2R_a}{375C_eC_T\Phi^2}$
稳定转速 n_z	n_{z1}	n_{z2}	n_z
稳定电流	I_z	I_z	I_z
转速变化范围	$0\rightarrow n_1$	$n_1\rightarrow n_2$	$n_2\rightarrow n_z$
电流变化范围	$I_1\rightarrow I_2$	$I_1\rightarrow I_2$	$I_1\rightarrow I_z$
$n=f(t)$	$n=n_{z1}(1-e^{-t/T_{tM1}})$	$n=n_{z2}(1-e^{-t/T_{tM2}})+n_1e^{-t/T_{tM2}}$	$n=n_z(1-e^{-t/T_{tM}})+n_2e^{-t/T_{tM}}$
$I_a=f(t)$	$I_a=I_z(1-e^{-t/T_{tM1}})+I_1e^{-t/T_{tM1}}$	$I_a=I_z(1-e^{-t/T_{tM2}})+I_1e^{-t/T_{tM2}}$	$I_a=I_z(1-e^{-t/T_{tM}})+I_1e^{-t/T_{tM}}$
运行时间 t_x	$t_1=T_{tM1}\ln\dfrac{I_1-I_z}{I_2-I_z}$	$t_2=T_{tM2}\ln\dfrac{I_1-I_z}{I_2-I_z}$	$t_3=(3\sim 4)T_{tM}$

由表 9-1 及图 9-14 可得出的结论如下：

1）不同加速级的机电时间常数是不同的，电枢电路的电阻越大，则 T_{tM} 越大。

2）不同加速级的起始转速与稳定转速都是不同的，这是由于不同的机械特性与恒切换转矩 T_2（或切换电流 I_2）特性及恒负载转矩 T_z（或负载电流 I_z）特性的交点是不同的。

3）各级的起始电流均限定为 I_1，除末级外，各级的终了电流均限定为 I_2，各级的稳定电流 I_z 与稳定转矩 T_z 均由恒转矩负载决定，其值是不变的。

4）各级起动时间 $t_x = T_{tMx}\ln\dfrac{I_1 - I_z}{I_2 - I_z}$，由于 I_1、I_2 及 I_z 均为定值，用此式计算较为方便。由于电阻值随电阻逐级切除而减少，因而 T_{tMx} 也逐级变小，这样 t_x 也逐级缩短。末级到达稳定转速 n_z 的时间 t_3 在理论上应为无限大，实际上可取 $t_3 = (3 \sim 4)T_{tM}$，$T_{tM} = \dfrac{GD^2 R_a}{375 C_e C_T \Phi^2}$。

5）总的起动时间 t_{st}。对于三级起动，$t_{st} = t_1 + t_2 + t_3$，即

$$t_{st} = (T_{tM1} + T_{tM2})\ln\dfrac{I_1 - I_z}{I_2 - I_z} + (3 \sim 4)T_{tM}$$

[**例 9-3**] 一台他励直流电动机铭牌数据为：$P_N = 29\text{kW}$，$U_N = 440\text{V}$，$I_N = 76\text{A}$，$n_N = 1000\text{r/min}$。已知四段起动电阻为：$R_{\Omega 1} = 0.212\Omega$，$R_{\Omega 2} = 0.405\Omega$，$R_{\Omega 3} = 0.695\Omega$，$R_{\Omega 4} = 1.158\Omega$。电枢电阻 $R_a = 0.377\Omega$，系统的飞轮惯量 $GD^2 = 49.05\text{N}\cdot\text{m}^2$。求分级起动总的起动时间 t_{st}。

解

$$C_e\Phi = \dfrac{U_N - I_N R_a}{n_N} = \dfrac{440 - 76 \times 0.377}{1000} = 0.411$$

$$C_T\Phi = 9.55 C_e\Phi = 9.55 \times 0.411 = 3.925$$

$$C_e C_T\Phi^2 = 0.411 \times 3.925 = 1.613$$

$$T_{tM1} = \dfrac{49.05\ (0.377 + 0.212 + 0.405 + 0.695 + 1.158)}{375 \times 1.613}\text{s} = 0.231\text{s}$$

$$T_{tM2} = \dfrac{49.05\ (0.377 + 0.212 + 0.405 + 0.695)}{375 \times 1.613}\text{s} = 0.137\text{s}$$

$$T_{tM3} = \dfrac{49.05\ (0.377 + 0.212 + 0.405)}{375 \times 1.613}\text{s} = 0.081\text{s}$$

$$T_{tM4} = \dfrac{49.05\ (0.377 + 0.212)}{375 \times 1.613}\text{s} = 0.048\text{s}$$

$$T_{tM} = \dfrac{49.05 \times 0.377}{375 \times 1.613}\text{s} = 0.031\text{s}$$

设 $I_{st} = I_1 = 2I_N = 2 \times 76\text{A} = 152\text{A}$，$I_x = I_2 = 1.2 I_N = 1.2 \times 76\text{A} = 91.2\text{A}$

$$I_z = I_N = 76\text{A}$$

$$\ln\left(\dfrac{I_1 - I_z}{I_2 - I_z}\right) = \ln\left(\dfrac{152 - 76}{91.2 - 76}\right) = \ln 5 = 1.61$$

总起动时间为

$$t_{st} = (T_{tM1} + T_{tM2} + T_{tM3} + T_{tM4})\ln\left(\dfrac{I_1 - I_z}{I_2 - I_z}\right) + 4T_{tM}$$

$$= (0.231 + 0.137 + 0.081 + 0.048) \times 1.61\text{s} + 4 \times 0.031\text{s} = 0.924\text{s}$$

3. 加快起动过程的途径

由上述分析可见，起动过程延缓的原因主要有二，即

1）系统本身有机械惯性，惯性越大，即 GD^2 或拖动系统的机电时间常数越大，转速上升越慢。

2）起动电流（或起动转矩）随时间呈指数规律衰减，使系统的加速度在起动过程中不断衰减，欲加快起动过程，可以针对上述两个原因采取措施。

措施之一是设法减小系统的飞轮惯量 GD^2 以减小机电时间常数，从而降低系统的惯性。前已指出，电动机电枢的飞轮惯量占整个系统的飞轮惯量的主要部分。因此，要减小系统的飞轮惯量，主要是设法减小电动机电枢的 GD^2。某些生产机械，例如龙门刨床，采用双电动机拖动，其目的主要即在于此。所谓双电动机拖动，就是两台电动机同轴运行以共同拖动某一工作机构，如龙门刨床的刨台。在输出功率和运行速度相同的情况下，两台一半容量的电动机的 GD^2 的和要比一台电动机的 GD^2 小。例如：一台 46kW、转速 580r/min 的直流电动机，其 GD^2 为 $216\text{N}\cdot\text{m}^2$；而采用两台 23kW、转速 600r/min 的直流电动机同轴运行时，其 GD^2 的和为 $2\times92.2\text{N}\cdot\text{m}^2 = 184.4\text{N}\cdot\text{m}^2$，比采用一台电动机拖动时的 GD^2 减小了近 15%。用这种方法减小拖动系统的机电时间常数，对于中等以上容量而且经常正反转的拖动系统是很有效的。当然，采用双电动机拖动系统还有其他优点，在本课程的后续内容中将予以介绍。

措施之二是在设计电力拖动系统时，尽可能设法改善起动过程中电枢电流的波形。这是加速起动过程的一种十分有效的方法。我们设想，如果起动电流不是按指数规律下降，而是一直保持电动机过载能力所允许的最大电流值 I_{st}，到起动完毕，电动机转速已加速到额定转速时，电流才突然下降到 I_z（额定负载时下降到额定电流 I_N），如图 9-15 所示。这时电动机的转速就会按式 (9-29) 所示的最大加速度直线上升，起动时间将由 $(3\sim4)T_{tM}$ 降为 T_{tM}，即降为原来的 1/4～1/3。但要做到这一点，用上面讲的简单的起动方式难于实现，必须采用自动调节的拖动系统，有关这方面的内容将在后续课程中论述。

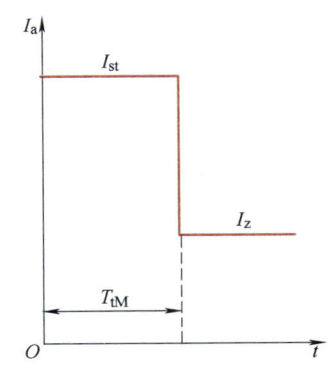

图 9-15 理想的起动电流变化规律

（二）电枢电路电感对起动过程的影响

在用晶闸管整流电路向直流电动机供电时，往往在电动机电枢电路中串联电感线圈（电抗器），以起滤波作用（关于这方面的内容，将在后续课程介绍）。此时，电枢电路的电磁惯性则不能忽略，其电磁时间常数为

$$T_{ta} = \frac{L_a}{R_a}$$

式中 L_a——电枢电路的总电感，包括电枢绕组电感及串联线圈的电感。

现以起动过程为例，分析机械惯性与电磁惯性同时存在时的电气—机械过渡过程。

当电动机带负载起动时，则过渡过程分两阶段进行。

第一阶段，由于电磁惯性的影响，使电枢电流不能突变，只能由开始时的零值逐渐增大，在电流增到 I_z 值前，由于 $T_e<T_z$，电动机的转速为零。显然在这一阶段中，只有电磁惯性决定了电流上升的规律，此时电枢电路的微分方程式为

$$U = I_a R_a + L_a \frac{dI_a}{dt} \tag{9-31}$$

在 $t=0$，$I_a=0$ 的条件下，式（9-31）的解给出了 $I_a = f(t)$ 的关系，即

$$I_a = I_k(1 - e^{-t/T_{ta}}) \tag{9-32}$$

式中　I_k——短路电流，$I_k = U/R_a$。

在图 9-16 上，此关系在 $0 \sim t_z$ 的时间区段内用实线示出，而在 t_z 以后则用虚线示出。

t_z 称为滞后时间，意指转速在 t_z 之后才从零开始上升。t_z 为电流由零升到 I_z 所需的时间。

显然，对于式（9-32）的简单指数规律，时间 t_z 取决于

$$t_z = T_{ta} \ln \frac{I_k}{I_k - I_z}$$

因此，在起动过程的第一阶段 $0 < I_a < I_z$、$n=0$，电枢电流按指数规律变化。

第二阶段，过了 t_z 后，电动机开始加速，机械惯性与电磁惯性同时存在，并且互相影响。此时应利用两个方程式，即电枢电路电磁过程方程式

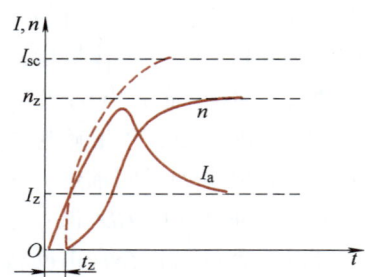

图 9-16　他励直流电动机考虑电磁惯性时，在非周期起动过程中的 $n = f(t)$，$I_a = f(t)$

$$U = I_a R_a + L_a \frac{dI_a}{dt} + E_a \tag{9-33}$$

机械过程方程式

$$T_e - T_z = \frac{GD^2}{375} \frac{dn}{dt} \tag{9-34}$$

联立求解式（9-33）和式（9-34），即可求得转速与电流两个微分方程。

由式（9-34），考虑到 $T_e = C_T \Phi I_a$，得

$$I_a = I_z + \frac{GD^2}{375 C_T \Phi} \frac{dn}{dt} \tag{9-35}$$

将式（9-35）代入式（9-33），考虑到 $E_a = C_e \Phi n$，$dI_a/dt = (GD^2/375 C_T \Phi)(d^2n/dt^2)$，$(U - I_z R_a)/C_e \Phi = n_z$ 及 T_{tM}、T_{ta} 的表达式，进行化简，得转速微分方程，即

$$\frac{d^2 n}{dt^2} + \frac{1}{T_{ta}} \frac{dn}{dt} + \frac{1}{T_{tM} T_{ta}} n = \frac{1}{T_{tM} T_{ta}} n_z \tag{9-36}$$

由高等数学知，此方程式的解具有下列形式

$$n = c_1 e^{\alpha_1 t} + c_2 e^{\alpha_2 t} + n_z \tag{9-37}$$

式中　$\alpha_1 = -\left(\frac{1}{2T_{ta}}\right) + \left(\frac{1}{2T_{ta}}\right)\sqrt{1 - \frac{4T_{ta}}{T_{tM}}}$，$\alpha_2 = -\left(\frac{1}{2T_{ta}}\right) - \left(\frac{1}{2T_{ta}}\right)\sqrt{1 - \frac{4T_{ta}}{T_{tM}}}$ (9-38)

c_1、c_2——积分常数，由初始条件决定。

将式（9-37）进行微分，得

$$\frac{dn}{dt} = c_1 \alpha_1 e^{\alpha_1 t} + c_2 \alpha_2 e^{\alpha_2 t} \tag{9-39}$$

将式（9-39）代入式（9-35），得电流微分方程的解，即

$$I_a = (c_1\alpha_1 e^{\alpha_1 t} + c_2\alpha_2 e^{\alpha_2 t})\frac{GD^2}{375C_T\Phi} + I_z \tag{9-40}$$

因为电流在起动两个阶段按不同规律变化，而且转速在第二阶段才开始变化，因此第二阶段的起始条件取为 $t=0$ 时 $n=0$、$I_a=I_z$。

现分两种情况进行以下讨论。

(1) $T_{tM} > 4T_{ta}$　此时由式（9-38）可见，α_1 与 α_2 为负实数。

根据第二阶段的起始条件可定出常数 c_1 与 c_2 的值为

$$c_1 = \frac{\alpha_2}{\alpha_1 - \alpha_2}n_z \quad \text{和} \quad c_2 = -\frac{\alpha_1}{\alpha_1 - \alpha_2}n_z \tag{9-41}$$

将式（9-41）代入式（9-37）得

$$n = \frac{\alpha_2 n_z}{\alpha_1 - \alpha_2}e^{\alpha_1 t} - \frac{\alpha_1 n_z}{\alpha_1 - \alpha_2}e^{\alpha_2 t} + n_z \tag{9-42}$$

将式（9-41）及式（9-38）代入式（9-40），并考虑到 $n_z = (U - I_z R_a)/(C_e\Phi) = (I_k - I_z)R_a/(C_e\Phi)$，得

$$I_a = \frac{I_k - I_z}{\sqrt{1 - \frac{4T_{ta}}{T_{tM}}}}(e^{\alpha_1 t} - e^{\alpha_2 t}) + I_z \tag{9-43}$$

与式（9-42）及式（9-43）相应的转速和电流示于图 9-16 中 $t > t_z$ 的时间区段内。它们都呈非周期性的规律。

由式（9-43）可见，由于 α_1 与 α_2 为负实数，当 $t = \infty$ 时，电流 $I_a = I_z$；当 $t = 0$ 时，I_a 也等于 I_z。电流从 I_z 起增大，必然经过最大值，而后电流逐渐减小，逐渐地趋于 I_z 值。

由式（9-43）可见，当 $t = 0$，$I_a = I_z$ 时，$dn/dt = 0$，故转速曲线在 $t = 0$ 时较平，曲线的切线即为横坐标轴，曲线开始一段是朝下凹的，过了某一时刻（相当于电流最大值的时刻）曲线的 dn/dt 为最大。显然，电枢电路电感的存在使起动过程延缓。

(2) $T_{tM} < 4T_{ta}$　此时 α_1 与 α_2 为复数

$$\alpha_1 = -\alpha + j\omega, \quad \alpha_2 = -\alpha - j\omega \tag{9-44}$$

式中 $\alpha = \frac{1}{2T_{ta}}$，$\omega = \frac{1}{2T_{ta}}\sqrt{\frac{4T_{ta}}{T_{tM}} - 1}$。

如果考虑起始条件，则转速方程式具有下列形式，即

$$n = \frac{-n_z}{\sqrt{1 - \frac{T_{tM}}{4T_{ta}}}}e^{-\alpha t}\sin(\omega t + \psi) + n_z \tag{9-45}$$

式中

$$\psi = \arctan\sqrt{\frac{4T_{ta}}{T_{tM}} - 1}$$

而电流的方程式为

$$I_a = \frac{2(I_k - I_z)}{\sqrt{\frac{4T_{ta}}{T_{tM}} - 1}}e^{-\alpha t}\sin\omega t + I_z \tag{9-46}$$

因此，在起动过程中，转速的上升与电流的变化均具有衰减振荡的性质，振荡的角频率为 ω，振荡频率为

$$f = \frac{1}{4\pi T_{ta}} \sqrt{\frac{4T_{ta}}{T_{tM}} - 1}$$

图 9-17 中表示起动振荡过程的电流曲线（见图 9-17a）及转速曲线（见图 9-17b），它们是按式（9-46）与式（9-45）绘制的。由图可见，转速最终将达到 n_z 值，而电流将趋于 I_z 值。

由上面的分析可见，电枢电感 L_a 的存在，不仅使电流与转速上升延迟，而且使起动产生振荡过程。

对实际工作特别重要的是，当负载转矩 T_z 剧烈冲击（或降落）时，电感对转速变化量的影响，即有关动态转速降的问题。此时电枢电感的影响在于，它延迟了电流的变化，也就是说，当 T_z 冲击时延迟了转矩 T_e 的增长。结果，电动机在冲击负载时将产生较小的转矩 T_e，这样使 $T_e - T_z$ 的差值增大，而使惯性转矩（$GD^2/375$）（dn/dt）增大，从而使动态转速降增大。动态转速降的问题对某些连续生产的生产机械（如连续轧钢机）的运行质量具有非常重要的意义。

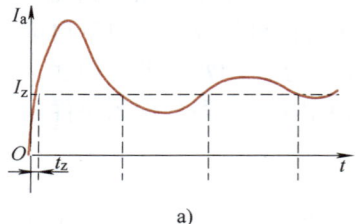

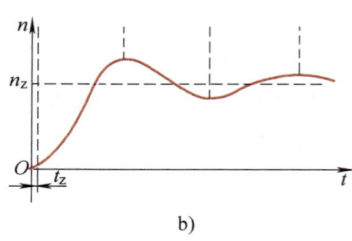

图 9-17 他励直流电动机考虑电枢电感时，在起动振荡过程中的电流与转速变化曲线
a) 电流变化曲线 $I_a = f(t)$
b) 转速变化曲线 $n = f(t)$

第三节 他励直流电动机的制动

他励直流电动机有两种运转状态。

(1) 电动运转状态 其特点是电动机电磁转矩 T_e 的方向与旋转方向（转速 n 的方向）相同，此时电网向电动机输入电能，并变为机械能以带动负载。

(2) 制动运转状态 其特点是电机电磁转矩 T_e 与转速 n 的方向相反，此时，电动机变成为发电机吸收机械能并转化为电能。

制动的目的是使电力拖动系统停车，有时也为了使拖动系统的转速降低，对于位能负载的工作机构，用制动可获得稳定的下降速度。

欲使电力拖动系统停车，最简单的方法是断开电枢电源，系统就会慢下来，最后停车，这叫作自由停车法。自由停车一般较慢，特别是空载自由停车，更需要较长的时间。如果希望使制动过程加快，可以使用电磁制动器，即所谓"抱闸"；也可使用电气制动方法，常用的有能耗制动、反接制动等，使电动机产生一个负的转矩（即制动转矩），以增加减速度，使系统较快地停下来。

在调速系统减速过程中，还可应用回馈制动（或称再生制动）。应用上述三种电气制动方法，也可以使位能负载的工作机构获得稳定的下放速度。

现分别介绍三种电气制动方法。

一、能耗制动

图 9-18b 是采用能耗制动的电路，为了比较，图 9-18a 上绘出电动状态时的电路，在电动状态时，图 9-18a 中标出的各参量的方向均为正方向。制动时，磁场应保持不变，常开触点 K_1、K_2 断开，电枢脱离电源，同时常闭触点 K_3 把电枢接到制动电阻 R_z 上去。开始制动时，由于惯性，转速 n 存在且转向与电动状态时相同，因此电枢具有感应电动势 E_a，其方向亦与电动状态时相同。此时 E_a 产生电流 I_a，其方向与 E_a 相同，而与电动状态时相反。显然，由于 $U=0$，

$$I_a = -\frac{E_a}{R_a + R_z}$$

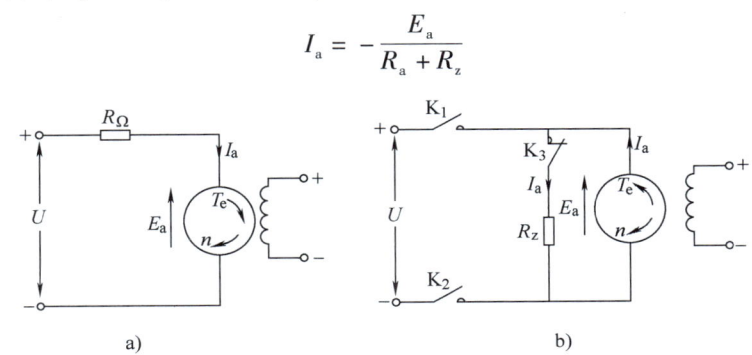

图 9-18　他励直流电动机电动及能耗制动状态下的电路图

a）电动状态　b）能耗制动状态

所以电枢电流 I_a 为负值，即其方向与电动状态时的正方向相反。当 Φ 方向未变而电流反向，转矩 T_e 也与电动状态时反向，因此 T_e 与 n 的方向相反，此时为制动状态，T_e 为制动转矩，使系统较快地减速。制动过程中，电动机靠系统的动能发电，转化成发电机，把动能变成电能，消耗在电枢电路内的电阻上，因此称之为能耗制动。

能耗制动时的特点是 $U=0$，$R=R_a+R_z$，代入式（9-2），得能耗制动机械特性方程式，即

$$n = -\frac{R_a + R_z}{C_e C_T \Phi^2} T_e \tag{9-47}$$

由式（9-47）可见，n 为正时，T_e 为负；$n=0$ 时，$T_e=0$，所以机械特性位于第二象限，并通过坐标原点（见图 9-19a）。特性斜率为 $\beta=(R_a+R_z)/(C_e C_T \Phi^2)$，与电枢串联电阻 R_z 时的人为机械特性的斜率相同，两条特性互相平行。

如果制动前运行转速是 n_1，开始制动时，n_1 不变，工作点平移到能耗制动特性上，因而制动转矩 T_1 为负，在（$-T_1-T_z$）的作用下，电动机减速，工作点沿特性下降，制动转矩逐渐减小，直到零为止，电动机停车。

制动电阻 R_z 越小，则机械特性越平，T_1 的绝对值越大，制动越快。但 R_z 又不能太小，否则 I_1 及 T_1 将超过允许值。如果按最大制动电流不超过 $2I_N$ 来选择 R_z，则可近似认为

$$R_a + R_z \geqslant \frac{E_N}{2I_N} \approx \frac{U_N}{2I_N}$$

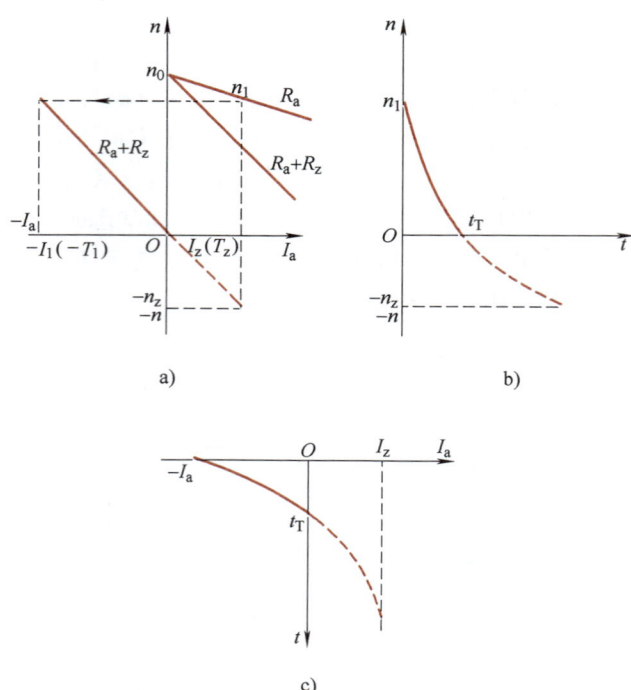

图 9-19 能耗制动时的机械特性及制动过程中的 $n=f(t)$、$I_a=f(t)$ 曲线

a) 机械特性 b) $n=f(t)$ c) $I_a=f(t)$

则

$$R_z \geqslant \frac{U_N}{2I_N} - R_a \tag{9-48}$$

如电动机带动位能负载（见图 9-20），当电动机停止时（$T_e=0$，$n=0$），在位能负载（图中为重物）作用下，电动机将在反方向加速，此时 n、E_a、I_a、T_e 之方向均与图 9-18b 相反，这相当于机械特性的第四象限（n 为负，T_e 为正）部分（图 9-19 中用虚线表示）。随着转速的增加，转矩 T_e 也不断增大，直到 $T_e=T_z$ 时，系统加速度为零，转速稳定，实现等速下放。

必须指出，在一定转速下进行能耗制动时，电枢必须串联电阻 R_z，否则电枢电流将过大，在高速时甚至接近短路电流的数值。

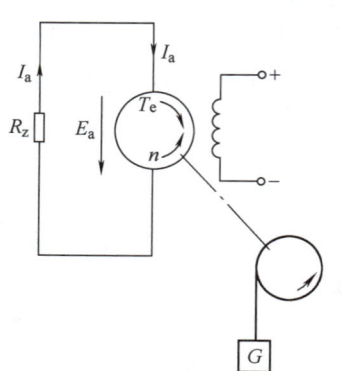

图 9-20 电动机带位能负载时的能耗制动电路图

下面分析一下能耗制动时的 $n=f(t)$ 及 $I=f(t)$ 等曲线。

先将运动方程式 $T_e = T_z + \frac{GD^2}{375}\frac{dn}{dt}$ 代入式（9-47），得

$$n = -\frac{GD^2(R_a+R_z)}{375 C_e C_T \Phi^2}\frac{dn}{dt} - \frac{T_z(R_a+R_z)}{C_e C_T \Phi^2} \tag{9-49a}$$

由式（9-47），当 $T_e=T_z$ 时，$n=n_z$，则

$$n_z = -\frac{T_z(R_a + R_z)}{C_e C_T \Phi^2} \tag{9-49b}$$

将式（9-49b）代入式（9-49a），得转速在能耗制动时的微分方程式，即

$$T_{tM}\frac{dn}{dt} + n = n_z \tag{9-50}$$

式（9-50）与电动状态时的转速微分方程在形式上是相同的。因此，可利用电动状态时的 $n=f(t)$、$I_a=f(t)$ 等方程式，但必须考虑参数的正负号。在图 9-19b、c 上绘出能耗制动时的 $n=f(t)$ 及 $I_a=f(t)$ 曲线。对于反作用负载，则转速与电流变到零时，能耗制动过渡过程便结束，如图 9-19b、c 所示指数曲线的实线部分。曲线的虚线部分，相当于位能负载时，在转速反向后 n 与 I_a 的变化规律。

如果欲求电动机能耗制动至停转的时间，则可利用电动状态时的方程式，现将式（9-30）转抄如下：

$$t_x = T_{tM}\ln\frac{n_{st} - n_z}{n_x - n_z}$$

$$t_x = T_{tM}\ln\frac{I_{st} - I_z}{I_x - I_z}$$

此时 $n_x = 0$，n_z 为能耗制动时的机械特性与负载转矩特性在第四象限的交点对应的转速，故应取负号。这样，能耗制动时间为

$$t_T = T_{tM}\ln\frac{n_{st} + n_z}{n_z}$$

如用式（9-30）的第二式，则 $I_x = 0$，I_{st} 前应取负号（第二象限），则

$$t_T = T_{tM}\ln\frac{-I_{st} - I_z}{-I_z} = T_{tM}\ln\frac{I_{st} + I_z}{I_z}$$

两式的计算结果是相同的。

二、反接制动

反接制动可用两种方法实现，即转速反向（用于位能负载）与电枢反接（一般用于反作用负载）。

（一）转速反向的反接制动

这种制动方法可用图 9-21 中起重机重物下放时的电路图来说明。假定起重机重物 G 产生的负载转矩为 T_z，电动机以与电动状态时一样的电路接通，其转矩的方向拟使重物 G 向上提升。由于电枢电路内串入较大的电阻 R_Ω，使电动机的起动转矩 $T_{st} < T_z$（见图 9-22），这样在位能负载 T_z 向下拉的作用下，使电动机反方向起动。这时位能负载倒拉电动机，使转速 n 逆转矩 T_e 的方向旋转。电动机转矩 T_e 的方向与电动状态时相同，即为正向，但转速 n 为负方向，T_e 与 n 的方向相反，电动机为制动状态，对于 n 的负方向，犹如电枢已被

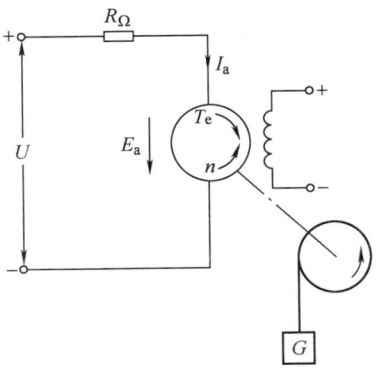

图 9-21 电动机带动位能负载时反接制动的电路图

反接（n_0 与 n 的方向相反），因而称为反接制动状态。

图 9-22 中绘出电动机串较大电阻 R_Ω 时的人为特性，特性在第四象限内的一段（图中用实线表示）即为转速反向的反接制动特性，因此时 T_e 为正，n 为负。由特性可见，随着转速（在反向）的增加，转矩 T_e 也加大，直到 T_e 与 T_z 相等时，转速稳定，获得了稳定的下放速度。

在转速反向的反接制动状态下，由于 n 为负，感应电动势 E_a 的方向与电动状态时相反。电枢电路的电压平衡方程式变为

$$I_a(R_a + R_\Omega) = U - (-E_a) = U + E_a \tag{9-51}$$

由式（9-51）可见，在额定转速 n_N 时，$U + E_a$ 可达到近于 $2U_N$ 的数值，此时 R_Ω 必须较大，以限制电枢电流。

由式（9-51）也可看出，随着 n 及 E_a 的增大，I_a（及 T_e）也不断增加，即 T_e 随 n 的增加而增加，这就清楚地说明了第四象限中特性的形状。转速反向的反接制动特性方程式为

$$n = n_0 - \frac{R_a + R_\Omega}{C_e C_T \Phi^2} T_e \tag{9-52}$$

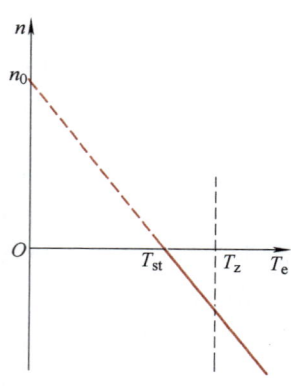

图 9-22　转速反向的反接制动机械特性

显然式（9-52）与电动状态下的人为机械特性的方程式在形式上是相同的。

现在讨论一下转速反向反接制动状态下功率传送的方向，如将式（9-51）两边同乘以 I_a，得

$$I_a^2(R_a + R_\Omega) = UI_a + E_a I_a \tag{9-53}$$

此时 U 及 I_a 的方向与电动状态时相同，故 UI_a 仍表示由电网输入的功率；E_a 的方向与电动状态时相反，EI_a 为输入的机械功率在电枢内变成的电磁功率（在电动状态下，则为电枢接受的电磁功率，变为机械功率在轴上输出），UI_a 与 EI_a 两者之和消耗在电枢电路的电阻 $R_a + R_\Omega$ 上。

（二）电枢反接的反接制动

图 9-23 为表示电枢反接的反接制动电路图。为了使工作机械迅速停车或反向，可突然断开触点 K_1、K_2，并接通触点 K_3、K_4，把电枢电源反接，电枢电路中要串入电阻 R_Ω。

这样，由于电枢反接，U 为负，则电流 I_a 为

$$I_a = \frac{-U - E_a}{R_a + R_\Omega} = -\frac{U + E_a}{R_a + R_\Omega} \tag{9-54}$$

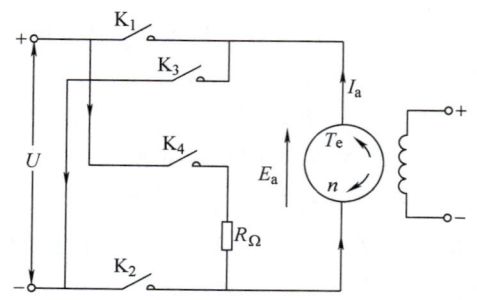

图 9-23　电枢反接的反接制动电路图

I_a 为负值，T_e 也为负值，而 n 为正值，T_e 与 n 反向，故为制动状态；此时电枢被反接，$n_0 = -U/(C_e\Phi)$ 为负值，即 n_0 与 n 反向，因此也称为反接制动。

由于 T_e 为负值，则运动方程式为

$$-T_e - T_z = \frac{GD^2}{375}\frac{dn}{dt} \tag{9-55}$$

$\frac{dn}{dt}$ 为负值，系统迅速制动。此时机械特性方程式为

$$n = -n_0 - \frac{R_a + R_\Omega}{C_e C_T \Phi^2}T_e \tag{9-56}$$

图 9-24 上直线 $BCDE$ 是按式（9-56）绘出的，直线通过（0，$-n_0$）点，其斜率为 $\beta = (R_a + R_\Omega)/C_e C_T \Phi^2$。

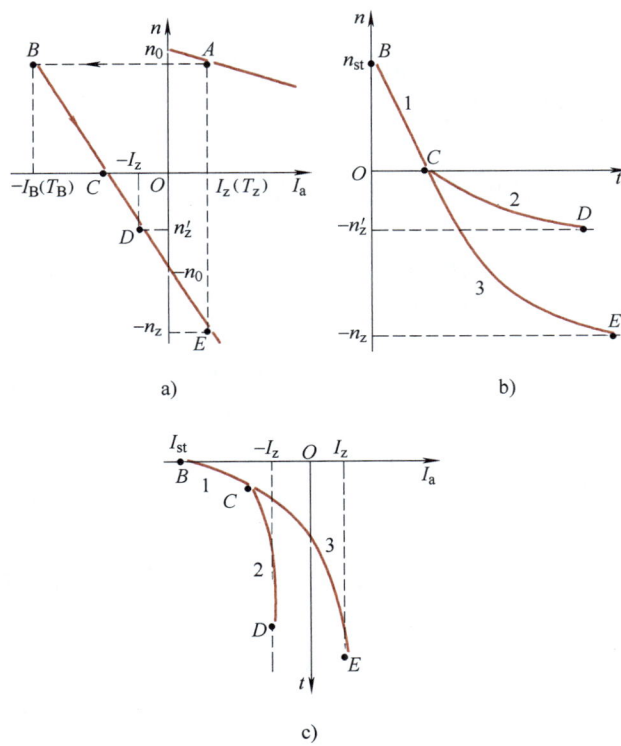

图 9-24 电枢反接时的人为特性及 $n=f(t)$、$I_a=f(t)$ 曲线

a) 人为机械特性　b) $n=f(t)$　c) $I_a=f(t)$

图 9-24a 表示，如电动机在制动前工作在电动状态，在固有机械特性的 A 点运转；电枢反接，转矩瞬时变为 $-T_B$（T_B 的大小取决于 R_Ω 的数值），由于转速不能突变，$n_B = n_A$，电动机工作点转移到人为机械特性 $BCDE$ 的 B 点，B 点的 T_e 为负，n 为正，在第二象限。直线在第二象限的一段 BC 即为反接制动特性。

如果反接制动时最大电流也不超过 $2I_N$，则应使

$$R_a + R_\Omega \geqslant \frac{U_N + E_N}{2I_N} \approx \frac{2U_N}{2I_N} = \frac{U_N}{I_N}$$

即

$$R_\Omega \geqslant \frac{U_N}{I_N} - R_a \tag{9-57}$$

与式（9-48）比较可见，R_Ω 比能耗制动时的 R_z 差不多大一倍，特性比能耗制动陡

得多。图9-24a 的特点是：BC 段的制动转矩都比较大，因此比能耗制动时制动作用更强烈，制动更快。

如果制动的目的是为了停车，则必须在转速到零以前用控制线路使触点 K_3、K_4 断开，否则系统有自行反转的可能性。

（三）电枢反接时的过渡过程

如果反接制动使转速为零，触点 K_3、K_4 不断开，则电动机将反向起动（在反作用负载时，还必须满足 $|-T_c|>|-T_z|$ 的条件）。转速反向变负，E_a 变负，$I_a=(-U+E_a)/(R_a+R_\Omega)$，由于 $|-U|>E_a$，I_a 仍为负，T_e 仍为负，T_e 与 n 同为负向，电动机进入反向的电动状态（电路见图9-25）。现分两种情况进行讨论。

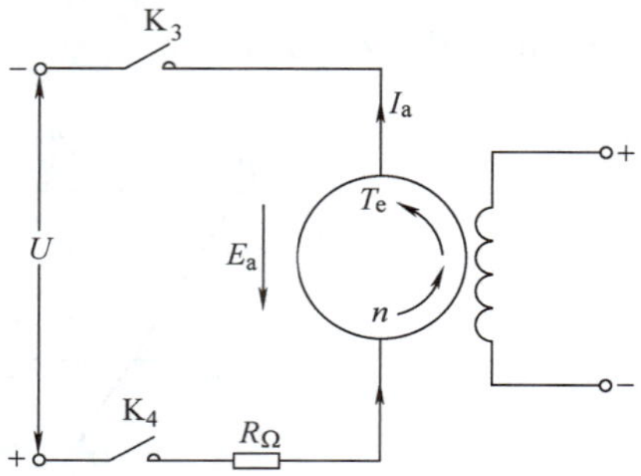

1. 反作用负载

当转速反向时，负载转矩变负，此时运动方程式为

$$-T_e-(-T_z)=\frac{GD^2}{375}\frac{dn}{dt}$$

即

$$-T_e+T_z=\frac{GD^2}{375}\frac{dn}{dt} \tag{9-58}$$

图9-25 反向电动状态的电路图

在转矩（$-T_e+T_z$）的作用下，系统反向起动到 D 点，此时 $-T_D+T_z=0$，系统稳定在 D 点运行，这正是可逆系统的反转过程。

下面分析一下反作用负载时的反转过程中 $n=f(t)$ 及 $I_a=f(t)$ 曲线。反转过程可分两个小阶段：

（1）反接制动阶段 在考虑了各参数的正负符号后，可利用电动状态时的 $n=f(t)$、$I_a=f(t)$ 等方程式 [见式（9-25）及式（9-26）]。显然式中 I_z 及 n_{st} 应取正号，I_{st} 及 n_z 前应冠以负号，n_z 的大小相当于 T_z 与直线 $BCDE$ 的交点（即第四象限 E 点）的转速的数值。在图9-24b、c 上曲线 1 的（$n_{st}\sim 0$）及（$-I_{st}\sim -I_c$）的区段即为反接制动阶段的 $n=f(t)$ 及 $I_a=f(t)$ 曲线，也都为指数规律曲线（此时，$n_{st}=n_B$，$I_{st}=I_B$）。

式（9-30）也可用来求反接制动的时间，只要考虑了各参数的正负符号即可。

（2）反向电动阶段 必须考虑到负载转矩反向，应用电动状态时的 $n=f(t)$、$I_a=f(t)$ 等方程式时，I_z 前应取负号，n_{st} 应为零，n_z 前虽仍取负号，但大小已改变，它相当于第三象限内负载转矩（$-T_z$）与直线的交点 D 的转速，图9-24 上用（$-n'_z$）表示。同图上绘出曲线 2，即为反向电动时的 $n=f(t)$ 与 $I_a=f(t)$ 曲线。在反作用负载下，曲线 1 与 2 在 $n=0$ 时有一转折点，它是因为转速反向时 T_z 亦反向之故。

如欲计算自反接到反向电动的过渡过程时间，虽两阶段在一条机械特性上，但必须分两步计算，分别算出制动过程时间及反向电动的时间，再取两者之和。

2. 位能负载

当转速反向时，T_z 不变符号，故在 D 点电动机仍将继续在反向加速，因此时 $-T_D-T_z\neq 0$；加速到 $n=(-n_0)$ 时，$T_e=0$，但在位能负载的作用下，$-T_z=(GD^2/375)(dn/dt)$ 系统继续在反向加速，系统由反向电动进入 $|-n|>|-n_0|$ 的阶段，由

第九章　直流电动机的电力拖动

图9-24a可见，此时 T_e 变正，但在 $(-n_0) \to (-n_z)$ 的转速区段内，$T_e < T_z$，$T_e - T_z =(GD^2/375)(\mathrm{d}n/\mathrm{d}t)$ 为负，系统在反向继续加速，随着 $|-n|$ 的增加，T_e 也在增大，一直增大到 $T_e = T_z$ 时，$\mathrm{d}n/\mathrm{d}t = 0$，系统在 E 点以 $(-n_z)$ 的转速稳定运转。下面将论述 $|-n| > |-n_0'|$ 时电动机进入回馈制动的状态。

由上面介绍可见，**在位能负载下，电枢反接可使电动机由反接制动经反向电动进入回馈制动**。此时，不论工作在何种工作状态，由于转速反向时 T_z 仍保持正号，曲线 $I_a = f(t)$ 及 $n = f(t)$ 在反接制动阶段与反作用负载时相同（见图9-24b、c中的曲线1），在反向电动及回馈制动阶段，曲线按曲线1的同样指数规律变化，在图9-24b、c中用曲线3表示，显然曲线1与3是一条指数曲线，在 $n = 0$ 时没有转折点。

欲求电枢反接过渡过程的时间（整个三阶段或任一区段），也可利用式（9-30），但必须注意各参数的正负符号。

例如，欲求反接制动的时间 t_T（转速自 n_B 制动到零）。此时 $n_{st} = n_B$，$n_x = 0$，n_z 应取负号，则 $t_T = T_{tM} \ln \dfrac{n_{st}-(-n_z)}{0-(-n_z)} = T_{tM} \ln \dfrac{n_{st}+n_z}{n_z}$，式中 $T_{tM} = \dfrac{GD^2(R_a+R_\Omega)}{375 C_e C_T \Phi^2}$。

三、回馈制动（或称再生制动）

回馈制动可能出现于下列两种情况：

1. 位能负载拖动电动机

在反向电动状态下，$I_a = (-U + E_a)/(R_a + R_\Omega) < 0$（因 $|-n| < |-n_0|$，$E_a < U$），当转速高于理想空载转速时，$|-n| > |-n_0|$，$E_a > U$，则 I_a 变为正，即电流反向了。在反向电动时，由图9-25可见，I_a 由电源的正端流入电枢；而当转速高于理想空载转速时，电流反向，由电枢向电源的正端流出（见图9-26），具有发电并向电源回馈的性质。I_a 反向，T_e 也反向（与反向电动时相反），即 T_e 变得与 n 方向相反，是制动状态，即回馈制动，故称为回馈制动状态。这时位能负载带动电动机，电枢将轴上输入的机械功率变为电磁功率 $E_a I_a$ 后，大部分回馈给电网（UI_a），小部分变为电枢回路的铜耗 $I_a^2(R_a + R_\Omega)$。电动机变成为一台与电网并联运行的发电机。

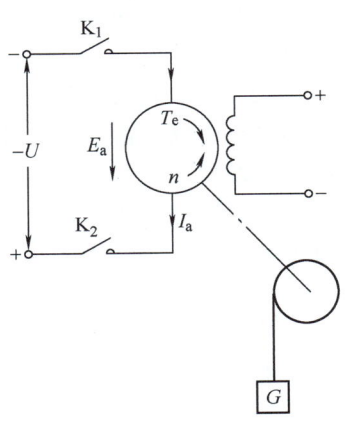

图9-26　电动机回馈制动电路图（对位能负载）

回馈制动时的人为机械特性方程式与式（9-56）相同，相当于 n 为负而 $|-n| > |-n_0|$，T_e 为正的一段，即直线 $BCDE$ 在第四象限的区段（见图9-24a）。

为了获得位能负载下较低的稳定下放速度，一般在回馈制动时，将电枢内串联的电阻 R_Ω 切除。

2. 他励电动机改变电枢电压调速

在降低电压降速的操作过程中，当突然降低电枢电压，感应电动势还来不及变化时，就会发生 $E_a > U$ 的情况，即出现了回馈制动状态。

图9-27上绘出他励电动机减压降速过程中的回馈制动特性。当电压从 U_N 降到 U_1、

U_2、…时，理想空载转速由 n_0 降到 n_{01}、n_{02}、…，人为机械特性向下平行移动。当电压从 U_N 降到 U_1 时，转速从 n_N 降到 n_{01} 的期间，由于 $E_a > U_1$，将产生回馈制动。此时电流 I_a 将与正向电动状态时反向，即 I_a 与 T_e 为负，而 n 为正，故回馈制动特性相当于特性在第二象限的区段。

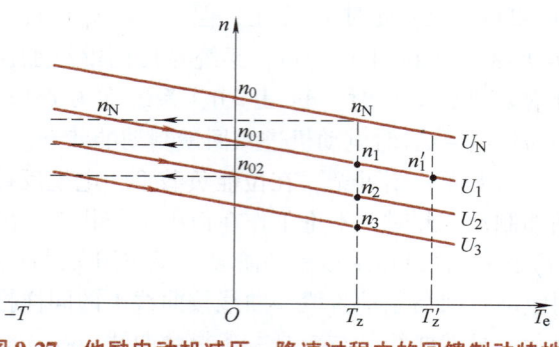

图 9-27 他励电动机减压、降速过程中的回馈制动特性

如果减速到 n_{01} 时，不再降低电压，则转速将继续下降到 n_1。当转速低于 n_{01} 时，$E_a < U_1$，电流 I_a 将恢复到电动状态时的正向，此时电动机恢复到电动状态下工作（n 与 T_e 同为正向）。

如果要继续保持回馈制动状态，必须不断降低电压，以实现在回馈制动状态下系统减速。

在回馈制动过程中，有功率 UI_a 回馈电网。因此与能耗制动及反接制动相比，从电能消耗来看，回馈制动是较为经济的。

[例 9-4] 一台他励直流电动机的数据如下：$P_N = 29\text{kW}$，$U_N = 440\text{V}$，$I_N = 76.2\text{A}$，$n_N = 1050\text{r/min}$，$R_a = 0.393\Omega$。

（1）电动机带动一个位能负载，在固有特性上作回馈制动下放，$I_a = 60\text{A}$，求电动机反向下放转速。

（2）电动机带动位能负载，作反接制动下放，当 $I_a = 50\text{A}$ 时，转速 $n = -600\text{r/min}$，求串接在电枢电路中的电阻值、电网输入的功率、从轴上输入的功率及电枢电路电阻上消耗的功率。

（3）电动机带动反作用负载，从 $n = 500\text{r/min}$ 进行能耗制动，若其最大制动电流限制在 100A，试计算串接在电枢电路中的电阻值。

解 （1） $$C_e\Phi = \frac{U_N - I_N R_a}{n_N} = \frac{440 - 76.2 \times 0.393}{1050} = 0.39$$

电动机反向下放转速 n 为

$$n = \frac{-U_N - I_N R_a}{C_N\Omega} = \frac{-440 - 60 \times 0.393}{0.39}\text{r/min} = -1189\text{r/min}$$

（2）电枢电路总电阻 R 为

$$R = R_a + R_\Omega = \frac{U_N - C_e\Phi n}{I_a} = \frac{440 - 0.39 \times (-600)}{50}\Omega = 13.48\Omega$$

电枢电路串接电阻 R_Ω 为

$$R_\Omega = R - R_a = 13.48\Omega - 0.393\Omega = 13.087\Omega$$

电网输入功率为

$$P_1 = U_N I_a = 440 \times 50\text{W} = 22000\text{W} = 22\text{kW}$$

电枢电路电阻上消耗的功率为

$$\Delta P = I_a^2 R = 50^2 \times 13.48\text{W} = 33700\text{W} = 33.7\text{kW}$$

轴上功率为

$$P_2 = E_a I_a = (U_N - I_a R_a) I_a = (440 - 50 \times 13.48) \times 50 \text{W} = -11700 \text{W} = -11.7 \text{kW}$$

P_2 为负，即轴上输入功率为 11.7kW。

（3）能耗制动时最大电流出现在制动开始时，此时的感应电动势 E_{st} 为

$$E_{st} = C_e \Phi n_{st} = 0.39 \times 500 \text{V} = 195 \text{V}$$

电枢电路总电阻为

$$R = R_a + R_\Omega = \frac{E_{st}}{I_{st}} = \frac{195}{100} \Omega = 1.95 \Omega$$

电枢电路串接电阻为

$$R_\Omega = R - R_a = 1.95 \Omega - 0.393 \Omega = 1.557 \Omega$$

第四节　他励直流电动机的调速

为了使生产机械以最合理的速度进行工作，从而提高生产率和保证产品具有较高的质量，大量的生产机械（如各种机床，轧钢机、造纸机、纺织机械等）要求在不同的情况下以不同的速度工作。这就要求我们采用一定的方法来改变生产机械的工作速度，以满足生产的需要，这种人为地改变电动机的转速通常称为调速。

调速可用机械方法、电气方法或机械电气配合的方法。在用机械方法调速的设备上，速度的调节是用改变传动机构的速比来实现，但机械变速机构较复杂。用电气方法调速，电动机在一定负载情况下可获得多种转速，电动机可与工作机构同轴，或其间只用一套变速机构，机械上较简单，但电气上可能较复杂；在机械电气配合的调速设备上，用电动机获得几种转速，配合用几套（一般用三套左右）机械变速机构来调速。究竟用何种方案，以及机械电气如何配合，要全面考虑，有时要进行各种方案的技术经济比较，才能决定。本节只讨论直流他励电动机的调速方法及其优缺点。

由电枢电压方程式可得（当电枢串 R_Ω 时）

$$E_a = U - I_a(R_a + R_\Omega) = (U - I_a R_\Omega) - I_a R_a = U_a - I_a R_a \tag{9-59}$$

式中　U_a——电枢的端电压，$U_a = (U - I_a R_\Omega)$。当 $I_a = 0$ 或 $R_\Omega = 0$ 时，$U_a = U$。

如忽略电枢电阻压降 $I_a R_a$，并考虑 $E_a = C_e \Phi n$，则式（9-59）变为

$$n \approx \frac{U_a}{C_e \Phi} \tag{9-60}$$

由式（9-60）可见，欲改变电动机的转速，可以改变电枢端电压 U_a 或改变励磁磁通 Φ。

由于提高电动机电枢端电压受到绕组绝缘耐压的限制，根据规定，只允许比额定电压提高 30%，因此提高 U_a 的可能范围不大，实际上改变 U_a 应用在减压的方向，从额定转速向下调速。

至于改变励磁磁通，增加 Φ 的可能性不大，因为一般电动机的额定磁通已设计得使铁心接近饱和。因此改变 Φ 一般应用在减弱的方向，称为弱磁调速，使转速从额定值向上调节。

在调速的范围要求较宽等情况下，可结合应用上述两种方法，即在额定转速以下减

压，而在额定转速以上弱磁。

必须指出，调速与因负载变化而引起的转速变化是不同的。调速需要人为地改变电气参数，因而转换机械特性（图 9-27 中电压由 U_1 降为 U_2），在某一负载下得到不同的转速（如同图中的 n_1 与 n_2）。负载变化时的转速变化则是自动进行的，这时电气参数未变。如在图 9-27 中，当负载转矩由 T_z 变到 T'_z，在同一条机械特性 U_a 上转速由 n_1 变到 n'_1。

一、调速指标

为生产机械选择调速方法，必须做好技术经济比较，因此衡量调速方法最主要的有两大指标：即技术指标与经济指标。现分别说明如下：

1. 调速的技术指标

衡量技术方面的优劣，又可从下列四个方面考虑。

（1）调速范围　生产机械要求的调速范围 D 代表机械可能运行的最大转速 n_{max} 与最小转速 n_{min} 之比，或最大与最小线速度（v_{max} 与 v_{min}）之比，即

$$D = \frac{n_{max}}{n_{min}} = \frac{v_{max}}{v_{min}} \tag{9-61}$$

不同生产机械要求的调速范围是不同的，例如车床 $D = 20 \sim 120$、龙门刨床 $D = 10 \sim 40$、机床的进给机构 $D = 5 \sim 200$、轧钢机 $D = 3 \sim 120$、造纸机 $D = 3 \sim 20$ 等。

式（9-61）中，D 是生产机械总的调速范围，可以由机械、电气或机械电气配合的方法来实现。如果用机械电气配合的调速方案时，则 D 应为机械调速范围与电气调速范围的乘积。

我们主要研究电气调速范围，式（9-61）中的 n_{max} 与 n_{min} 假定其代表电动机在额定负载下可能达到的最高与最低转速。在一些负载很轻的生产机械，如精密磨床等，可用实际负载时的最高与最低转速来计算 D。

由 D 的表达式可见：要扩大调速范围，必须设法尽可能地提高 n_{max} 及降低 n_{min}。

电动机的 n_{max} 受其机械强度、换向等方面的限制，一般在额定转速以上转速提高的范围是不大的。

降低 n_{min} 受低速运行时的相对稳定性的限制。所谓相对稳定性，是指负载转矩变化下转速变化的程度。转速变化越小，相对稳定性越好，能得到的 n_{min} 越小，D 也就越高。

生产机械对机械特性相对稳定性的程度是有要求的。显然，如果低速时机械特性较软，相对稳定性较差，低速就不稳定，负载变化时，电动机转速可能变得接近于零，甚至可能使生产机械停下来。因此，必须设法得到低速硬特性，以扩大调速范围。

（2）静差率（或称相对稳定性）　前面已引出了相对稳定性的概念，相对稳定性的程度用静差率 $\delta\%$ 来表示。其定义为：在一条机械特性上运行时，电动机由理想空载加到额定负载，所出现的转速降 Δn_N 与理想空载转速之比。用百分数表示为

$$\delta\% = \frac{\Delta n_N}{n_0} \times 100\% = \frac{n_0 - n_N}{n_0} \times 100\% \tag{9-62}$$

显然，电动机的机械特性越硬，则静差率越小，相对稳定性就越高。

生产机械调速时，为保持一定的稳定程度，要求静差率 $\delta\%$ 小于某一允许值。不同的生产机械，其允许的静差率是不同的，例如普通车床可允许 $\delta\% \leq 30\%$，有些设备上

允许 $\delta\% \leq 50\%$，而精度高的造纸机则要求 $\delta\% \leq 0.1\%$。

静差率和机械特性的硬度有关系，但又有不同之处。两条互相平行的机械特性，硬度相同，但静差率不同。如图 9-28 中特性 1 与 3 相平行，其中 $\Delta n_{N1} = \Delta n_{N3}$，而 $n_0' < n_0$，则 $\delta_1\% < \delta_3\%$，即同样硬度的特性，转速越低，静差率越大，越难满足生产机械对静差率的要求。

静差率与调速范围是互有联系的两项指标，系统可能达到的最低速 n_{min} 取决于低速特性的静差率，因此，调速范围 D 显然也受低速特性的静差率 $\delta\%$ 的制约。

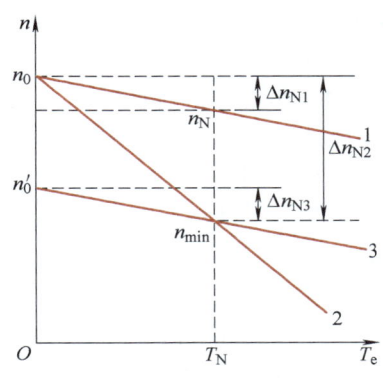

图 9-28 不同机械特性下的静差率

现利用图 9-28 中的特性 1 与 3，推导调速范围 D 与低速静差率 $\delta\%$ 间的关系为

$$D = \frac{n_{max}}{n_{min}} = \frac{n_{max}}{n_0' - \Delta n_N} = \frac{n_{max}}{n_0'\left(1 - \frac{\Delta n_N}{n_0'}\right)} = \frac{n_{max}}{\frac{\Delta n_N}{\delta}(1-\delta)} = \frac{n_{max}\delta}{\Delta n_N(1-\delta)} \quad (9\text{-}63)$$

式中　δ——用小数值表示的静差率；

Δn_N——低速特性额定负载下的转速降落，如用特性 3，则 $\Delta n_N = \Delta n_{N3}$。

式（9-63）中，n_{max} 即由电动机的额定转速决定，低速静差率 δ 由生产机械提出允许值。如已选定某一调速方法，低速特性已定，这样在一定的 Δn_N 下可计算 D，以校验能否满足生产机械工艺的要求。

一般设计调速方案前，D 与 δ 已由生产机械的要求确定，这时可算出允许的转速降 Δn_N，式（9-63）可写成另一形式，即

$$\Delta n_N = \frac{n_{max}\delta}{D(1-\delta)} \quad (9\text{-}64)$$

在图 9-28 中，用特性 2 及 3 均可得到低速 n_{min}，则 D 已定。如 $\delta\% = 50\%$，即 $\delta = 0.5$，考虑到 $D = n_{max}/n_{min}$，由式（9-64）可得低速容许的转速降为 $\Delta n_N = n_{min}$，由图 9-28 可见 $\Delta n_{N3} < n_{min} < \Delta n_{N2}$，因此特性 2（用电枢串电阻的调速方法）不能满足生产机械的要求；如改用降低电源电压的调速方法使特性变为 3，则能满足 D 与 δ 的要求。

如果生产机械提出对 D 与 δ 要求较高（D 大 δ 小），则低速容许转速降 Δn_N 较低，如采用简单地降低电源电压的调速方法不能满足要求，则必须考虑采用反馈控制系统，以提高机械特性的硬度，减小转速降，来满足生产的要求。关于这方面的内容将在后续课程中介绍。

（3）平滑性　在一定的调速范围内，调速的级数越多，则认为调速越平滑。平滑的程度用平滑系数 φ 来衡量，它是相邻两级（如 i 与 $i-1$ 级）转速或线速度之比，即

$$\varphi = \frac{n_i}{n_{i-1}} = \frac{v_i}{v_{i-1}} \quad (9\text{-}65)$$

φ 值越接近于 1，则平滑性越好。当 $\varphi = 1$ 时称为无级调速，即转速连续可调，级数接近无穷多，此时调速的平滑性最好。

在机床上，φ 的大小有一定的规定，一般取为 1.26、1.41、1.58 等，对某一台机床而言应是一固定值。

电动机的调速方法不同，可能得到级数的多少与平滑性的程度也是不同的。

(4) 调速时的容许输出（或调速时的功率与转矩）　容许输出是指电动机在得到充分利用的情况下，在调速过程中轴上所能输出的功率和转矩。对于不同类型的电动机采用不同的调速方法时，容许输出的功率与转矩随转速变化的规律是不同的。

另外，电动机稳定运行时的实际输出的功率与转矩是由负载的需要来决定的。在不同转速下，不同的负载需要的功率 P_z 与转矩 T_z 也是不同的。应该使调速方法适应负载的要求。

关于这些问题以后将专门讨论。

2. 调速的经济指标

调速的经济指标取决于调速系统的设备投资及运行费用，而运行费用又取决于调速过程的损耗，它可用设备的效率 η 来说明。

$$\eta = \frac{P_2}{P_2 + \Delta P} \tag{9-66}$$

式中　P_2——电动机的轴上功率；

ΔP——调速时的损耗功率。

各种调速方法的经济指标极为不同，例如，他励直流电动机电枢串电阻的调速方法经济指标较低，因电枢电流较大，串接电阻的体积大，所需投资多，运行时产生大量损耗，效率低。而弱磁调速方法则经济得多，因励磁电流较小，励磁电路的功率仅为电枢电路功率的 1%~5%。

总之，在满足一定的技术指标下，确定调速方案时，应力求设备投资少，电能损耗小，而且维修方便。

[例 9-5]　一直流调速系统采用改变电源电压调速，已知电动机的额定转速 $n_N = 900\text{r/min}$，高速机械特性的理想空载转速 $n_0 = 1000\text{r/min}$；如果额定负载下低速机械特性的转速 $n_{min} = 100\text{r/min}$，而相应的理想空载转速 $n_0' = 200\text{r/min}$。

(1) 试求出电动机在额定负载下运行的调速范围 D 和静差率 $\delta\%$；

(2) 如果生产工艺要求静差率 $\delta\% \leq 20\%$，则此时额定负载下能达到的调速范围是多少？还能否满足原有的要求？

解　(1)
$$D = \frac{n_{max}}{n_{min}} = \frac{900}{100} = 9$$

低速静差率
$$\delta\% = \frac{200-100}{200} \times 100\% = 50\%$$

(2) 利用式 (9-36)，式中 $\Delta n_N = 100\text{r/min}$，$n_{max} = 900\text{r/min}$，$\delta = 0.2$，则此时能达到的调速范围 D' 为

$$D' = \frac{900 \times 0.2}{100 \times (1-0.2)} = 2.25$$

显然，$D' = 2.25$ 不能满足原有调速范围 $D = 9$ 的要求。

二、降低电枢端电压调速

下面介绍两种降低电枢端电压的方法。

1. 电枢串联电阻

电枢串联电阻后，在电阻上流过电枢电流产生压降，电枢端电压因之减低。电枢端电压的数值受负载影响很大，由图 9-29 可见，转速受负载的影响也很大，在空载时几乎没有调速作用。在负载转矩 T_z 下，电枢串联不同的电阻可得不同的转速，图 9-29 中，$n_1 > n_2 > n_3 > n_4$。

现以转速由 n_1 降为 n_2 说明系统的调速过程。当电枢电阻由 R_a 突增至 R_1 时，n 及 E_a 一开始不能突变，I_a 及 T_e 减小，在图 9-29 中，运行点即在相同的转速下由 a 点过渡到 b 点，转矩由 T_z 下降为 T'，$T_e = T' < T_z$，dn/dt 为负，系统减速。随着 n 及 E_a 的下降，I_a 及 T_e 不断增高［$I_a = (U - E_a)/R_1$］，$T_e - T_z$ 仍为负，系统继续减速，但减速度在

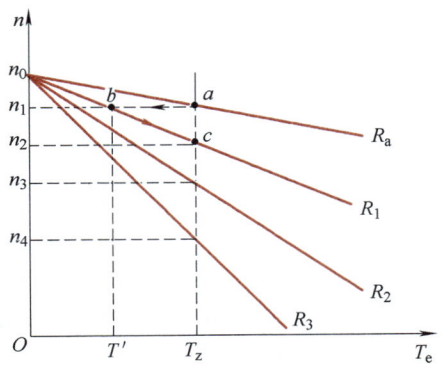

图 9-29 电枢串联电阻调速

不断减小（因 $|T_e - T_z|$ 在减小），直到 n 降到 n_2 时，T_e 增至 T_z，转矩新的平衡又建立，系统以较低的转速 n_2 稳定运行，调速过程终了。

这种方法能达到的调速指标不高，调速范围不大（低速时机械特性较软，不能满足一般生产机械对静差率的要求），调速的平滑性不高，并且是有级调速。

现分析电枢串接电阻调速的经济性如下：

电动机由电网吸取功率 P_1 为

$$P_1 = UI_a = E_a I_a + I_a^2 R \tag{9-67}$$

式中 R——电枢电路的总电阻。

损耗 ΔP 为

$$\Delta P = I_a^2 R = UI_a - E_a I_a = UI_a\left(1 - \frac{E_a}{U}\right) = P_1\left(1 - \frac{C_e \Phi n}{C_e \Phi n_0}\right) = P_1\left(\frac{n_0 - n}{n_0}\right) \tag{9-68}$$

效率 η 为

$$\eta = \frac{P_1 - \Delta P}{P_1} = 1 - \frac{n_0 - n}{n_0} = \frac{n}{n_0} \tag{9-69}$$

如电动机带动额定恒转矩负载，$I_a = I_N$，$P_1 = P_{1N} = U_N I_N$ 为定值，随着 n 的降低，损耗增大，效率降低。如当 $n = (1/2)n_0$ 时，由式（9-68）及式（9-69）可见，$\Delta P = P_1/2$，$\eta = 0.5$，即转速调到 $n_0/2$ 时，由电网吸取功率的一半消耗在电枢回路总电阻上，效率仅为 50%。

可见，这种调速方法是很不经济的。优点是方法比较简单，控制设备不复杂，一般用于串励或复励直流电动机拖动的电车、炼钢车间的浇铸吊车等生产机械上。

有时为了提高机械特性的硬度，在串接电阻 R_Ω 的同时，再在电枢两端并联电阻 R_B，如图 9-30a 所示。现用等效电源法求出等效电路如图 9-30b 所示，等效电源电压是电枢两端的开路电压 $UR_B/(R_\Omega + R_B)$，等效串联电阻是电源短路时从电枢两端看进去的电阻，即 R_Ω 与 R_B 并联，为 $R_\Omega R_B/(R_\Omega + R_B)$。从等效电路图可得机械特性方程式为

$$n = \frac{\dfrac{R_B}{R_\Omega + R_B} U}{C_e \Phi} - \frac{R_a + \dfrac{R_B R_\Omega}{R_B + R_\Omega}}{C_e C_T \Phi^2} T_e = n_0' - \beta' T_e \tag{9-70}$$

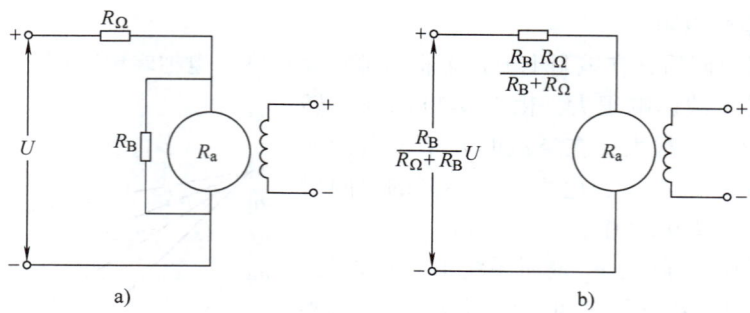

图 9-30　电枢串并联电阻调速

a）电枢电路　b）等效电路

按式（9-70）可画出机械特性如图 9-31 中实线所示，为便于比较，在该图上用虚线画出固有特性及电枢不并联电阻 R_B 仅有串接电阻 R_Ω 时的人为特性。

与只串 R_Ω 的特性比较如下：理想空载转速由 $n_0 = U/(C_e\Phi)$ 变为 $n_0' < n_0$；而斜率由 $\beta = (R_a + R_\Omega)/(C_e C_T \Phi^2)$ 变为 $\beta' < \beta$。由此可见，串并联电阻使特性的理想空载转速降低，而硬度则提高了。但此时仍不能平滑调速，低速的电能损耗仍然较大。

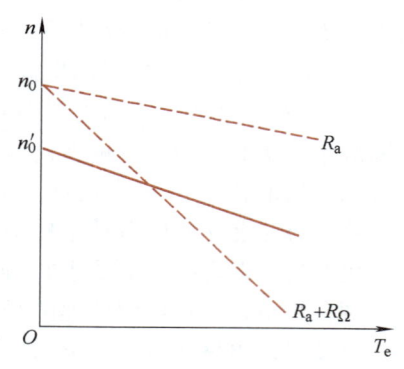

图 9-31　电枢串并联电阻的机械特性

2. 降低电源电压

直流电动机往往是由单独的可调整流装置供电的。目前用得最多的可调直流电源是晶闸管整流装置（见图 9-32）。容量较大的直流电动机（如数千 kW 以上）一般用机组（交流电动机直流发电机组）作为可调直流电源，而用晶闸管装置调节发电机 G 的励磁电流（见图 9-33），此时改变 G 的励磁电流就能调节发电机的感应电动势 E_G（$E_G = C_{eG}\Phi_G n_G$，机组的转速 n_G 接近不变，则 E_G 正比于发电机的 Φ_G，当磁路未饱和时即正比于发电机的励磁电流），从而改变电动机 M 的电源电压。在一些旧的设备上，还有用交磁放大机、磁放大器、汞弧整流器等组成可控直流电源直接向电动机供电，或向机组的发电机励磁电路供电。一般把机组向直流电动机供电的系统称为发电机—电动机组（G-M 机组）。

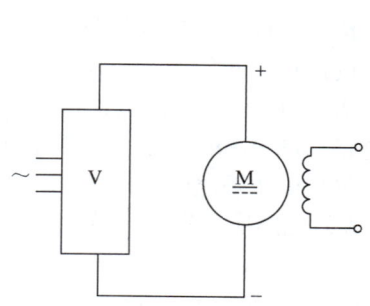

图 9-32　晶闸管整流器供电的直流调速系统示意图

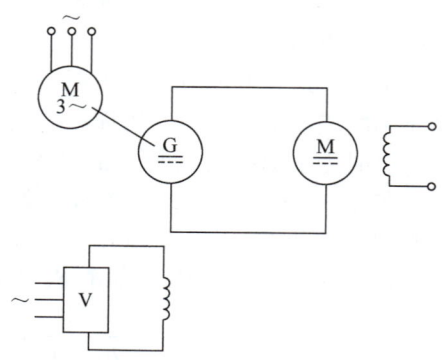

图 9-33　晶闸管励磁的发电机—电动机组

第九章 直流电动机的电力拖动

降低电源电压的调速系统的机械特性方程式为

$$n = \frac{U_0}{C_e \Phi} - \frac{R_0 + R_a}{C_e C_T \Phi^2} T_e \tag{9-71}$$

式中 U_0——整流电压，对于 G-M 机组，U_0 就是发电机的感应电动势 E_G，即 $U_0 = E_G$；

R_0——整流装置内阻，对于 G-M 机组，R_0 即为发电机电枢电阻。

改变 U_0，可得一组平行的特性（见图 9-34），其 n_0 与 U_0 成正比，并具有相同的斜率 $\beta = (R_0 + R_a)/(C_e C_T \Phi^2)$，如采用反馈控制，特性的硬度可再提高，从而获得调速范围广、平滑性高的性能优良的调速系统。这种系统的主要缺点是设备投资大（特别是 G-M 机组所用设备更多），在 G-M 机组中，能量经交流电动机、直流发电机 G 及直流电动机 M 三次变换，机组的效率不高。

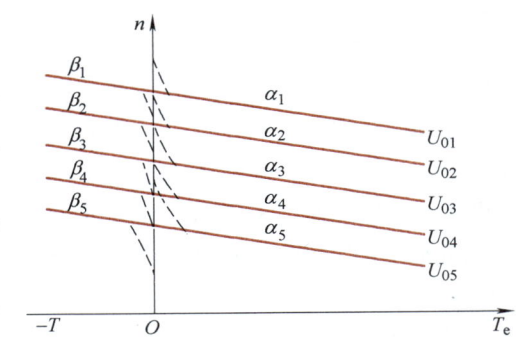

图 9-34　降低电源电压调速时的机械特性

三、弱磁调速

减弱磁通，小容量系统可在励磁电路中串接可调电阻 r_Q 来实现，容量较大时则用单独的晶闸管整流装置向电动机的励磁电路供电（见图 9-35）。

弱磁调速时，机械特性方程式为

$$n = \frac{U}{C_e \Phi} - \frac{R_a}{C_e C_T \Phi^2} T_e$$

图 9-35　弱磁调速电路示意图
a）小容量系统　b）较大容量系统

当 Φ 减弱时，理想空载转速 $n_0 = U/(C_e \Phi)$ 将升高，特性的斜率 $\beta = R_a/(C_e C_T \Phi^2)$ 将增大，但 n_0 比 βT_e 增加得快，因此在一般情况下，Φ 的减弱使转速 n 升高，即从额定转速向上调速。

图 9-36 上绘出电动机的固有机械特性 1，其磁通为 $\Phi_1 = \Phi_N$，磁通减弱到 Φ_2 的人为机械特性为特性 2。

现分析一下减弱磁通时的调速过程。

磁通减弱前，电动机的磁通为 Φ_1，转速为

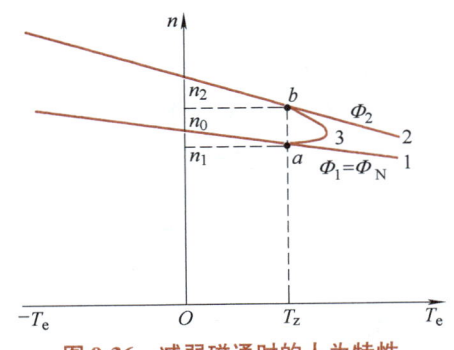

图 9-36　减弱磁通时的人为特性

n_1，转矩为 T_z，相应的电流为 I_{a1}（$I_{a1} = T_z/C_T\Phi_1$），运行点为固有机械特性上的 a 点。

如电动机励磁电路突然串联电阻 r_Ω，当磁路未饱和时，励磁电流及磁通 Φ 都按指数规律减小。由于电动机的转速 n 一时来不及变化，电动机的反电动势 E_a（$E_a = C_e\Phi n$）将随 Φ 的降低而降低，这样使电枢电流 I_a 迅速由 I_{a1} 增大。在一般情况下，I_a 增加的相对数量比 Φ 下降的相对数量大，所以电动机转矩 $T_e = C_T\Phi I_a$ 增大，$T_e > T_z$ 使系统加速，n 由 n_1 开始上升。n 的不断上升使 E_a 由一开始的下降经某一最小值逐渐回升，I_a 及 T_e 由一开始的上升经某一最大值逐渐下降，直到 T_e 下降到 $T_e = T_z$ 时，系统又达到新的平衡，转速上升到 n_2 为止，运行点转移到人为特性 2 上的 b 点。自 a 点到 b 点，T_e 的变化如图 9-36 上的曲线 3 所示，曲线 3 称为动态机械特性。在图 9-37 上绘出弱磁调速过程中的 $\Phi = f(t)$、$I_a = f(t)$ 及 $n = f(t)$ 曲线。由图可见，调速过程结束时，$\Phi = \Phi_2$，$n = n_2$，$I_a = I_{a2}$。磁通减弱前后的转矩虽同为 T_z，但 $I_{a1} \neq I_{a2}$，$I_{a2} = T_z/(C_T\Phi_2)$，$I_{a1} = T_z/(C_T\Phi_1)$，因 $\Phi_1 > \Phi_2$，故 $I_{a1} < I_{a2}$。因此必须注意，图 9-36 中 a 点与 b 点的转矩虽相等，但 b 点的电流却比 a 点的电流大。

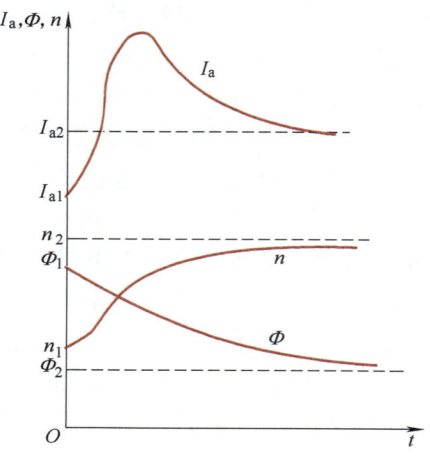

图 9-37 减弱磁通时的 Φ、I_a、$n = f(t)$ 曲线

弱磁调速范围对于普通电动机最多为 $D = 2$；对于特殊设计的额定转速较低的调磁电动机 $D = 3 \sim 4$。主要原因是弱磁调速在额定转速以上调节，电动机 n_{max} 不可能太高，它受电动机的机械强度及换向的限制。另外，为了保证在 n_{max} 时有一定的转矩输出，调磁电动机的电枢绕组必须按较大的电流设计（因为 n_{max} 时 Φ 小，T_e 一定时，I_a 必须较大）。

在低速时，Φ 较大，为了使电动机磁路不致饱和，电动机的体积及耗费的材料又须大为增多，显得很不经济。

弱磁调速的优点是，在功率较小的励磁电路中进行调节，控制方便，能量损耗小，调速的平滑性较高。由于调速范围不大，常和额定转速以下的减压调速配合应用，以扩大调速范围。

最后，应该说明一点，如果他励电动机在运行过程中励磁电路突然断线，Φ 变成很小的剩磁，此时不仅使电枢电流大大增加，而且由于严重弱磁，转速将上升到危险的飞逸转速，甚至可以把整个电枢破坏，必须有相应的保护措施。

[例 9-6] 一台他励电动机的数据为：$U_N = 220V$，$I_N = 41.4A$，$n_N = 1500 r/min$，$R_a = 0.4\Omega$，当负载为额定负载时：

（1）如果在电枢电路中串入 $R_\Omega = 1.65\Omega$，求串接电阻后的转速。

（2）如果电源电压下降为 110V，求电枢内无串接电阻时的转速。

（3）若减弱励磁使磁通 Φ 减小 10%，求电枢不串接电阻时的转速。（调速前后转矩不变）

解 $$C_e\Phi_N = \frac{U_N - I_N R_a}{n_N} = \frac{220 - 41.4 \times 0.4}{1500} = 0.136$$

（1） $n = \dfrac{U_N - I_N(R_a + R_\Omega)}{C_e \Phi_N} = \dfrac{220 - 41.4 \times (1.65 + 0.4)}{0.136}\text{r/min} = 994\text{r/min}$

（2） $n = \dfrac{U - I_N R_a}{C_e \Phi_N} = \dfrac{110 - 41.4 \times 0.4}{0.136}\text{r/min} = 687\text{r/min}$

（3）按调速前后转矩不变的条件，得

$$T_e = C_T \Phi_N I_N = C_T \Phi I_a$$

$$I_a = \dfrac{\Phi_N}{\Phi} I_N = \dfrac{1}{0.9} \times 41.4\text{A} = 46\text{A}$$

$$n = \dfrac{U_N - I_a R_a}{C_e \Phi} = \dfrac{220 - 46 \times 0.4}{0.136 \times 0.9}\text{r/min} = 1647\text{r/min}$$

四、调速时的功率与转矩

电动机在额定转速下容许输出的功率主要取决于电动机的发热，而发热又主要取决于电枢电流。在调速过程中，只要在不同转速下电流不超过额定值 I_N，电动机长时运行，其发热不会超过容许的限度。因此，额定电流是电机长期工作的利用限度，在调速过程中，如电动机在不同转速下都能保持电流为 I_N，则电动机利用充分，运行安全（在这里，忽略了自冷式电动机低速运行时散热情况变坏所发生的影响）。现就调压与弱磁两种调速方法分别讨论其功率与转矩。

对于他励直流电动机，转矩与功率的关系为

$$\left.\begin{array}{l} T_e = C_T \Phi I_a \\ P = \dfrac{T_e \Omega}{1000} = \dfrac{T_e}{1000}\left(\dfrac{2\pi n}{60}\right) \approx \dfrac{T_e n}{9550} \end{array}\right\} \tag{9-72}$$

式中 T_e、n、P 各参数的单位分别为 N·m、r/min、kW。

在降低电枢电压（电枢串联电阻与降电源电压）调速时，$\Phi = \Phi_N$ 保持不变，如不同转速时保持 $I = I_N$，由式（9-72）得

$$T_e = C_T \Phi_N I_N = T_N = 常数$$

$$P = \dfrac{T_N n}{9550} = C_1 n$$

式中 C_1——比例常数，$C_1 = T_N/9550$。

由上式可见，减压调速时，从高速到低速，容许输出转矩是常数，称为恒转矩调速方式。而容许输出功率则正比于转速。

弱磁调速时，Φ 是变化的，显然容许输出转矩是变化的。欲求 T_e 与 n 的关系，必须先知 Φ 与 n 的关系。Φ 与 n 的关系如下：

$$\Phi = \dfrac{U_N - I_N R_a}{C_e n} = \dfrac{C_2}{n}$$

式中 C_2——比例常数，$C_2 = (U_N - I_N R_a)/C_e$。电枢电流在调速过程中的容许值也为 I_N，利用式（9-72）得

$$T_e = C_T \dfrac{C_2}{n} I_N = \dfrac{C_3}{n}$$

$$P = \dfrac{T_e n}{9550} = \dfrac{C_3}{n} \times \dfrac{n}{9550} = \dfrac{C_3}{9500} = 常数$$

可见弱磁调速时的容许输出功率为常数，称为恒功率调速方式；而容许输出转矩则与转速成反比。

图 9-38a 上用虚线绘出不同转速下的容许输出转矩曲线，固有机械特性 1 以上为弱磁调速，而固有机械特性以下对应于电枢串联电阻及降低电源电压调速。图 9-38b 上除绘出容许输出转矩 $T_e = f(n)$ 曲线外，还相应绘出了容许输出功率 $P = f(n)$ 曲线，显然，图中以额定转速为界，分为两个区域，$n > n_N$ 为恒功率调速区，$n < n_N$ 为恒转矩调速区。

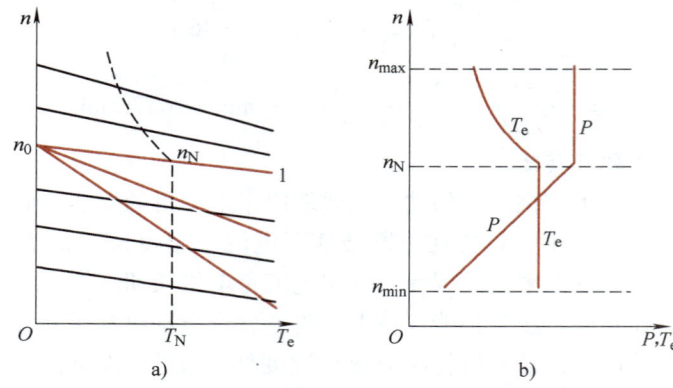

图 9-38 他励直流电动机调速时的容许输出转矩与功率
a) 机械特性与容许输出转矩 b) 容许输出转矩与功率

必须指出，图 9-38 上绘出的容许输出转矩或功率只表示电动机利用的限度，不代表电动机实际的输出，而后者的大小则要由不同转速下的负载转矩与负载功率特性 $T_z = f(n)$ 及 $P_z = f(n)$ 来决定。这样，就有一个调速方式与负载类型互相配合的问题。如配合恰当，所选电动机的体积较经济，在不同转速下可较充分地利用，不致造成浪费（电动机的转矩及功率选得过大），或长时过载运行而烧坏（转矩及功率选得较小）。

第五节　晶闸管—直流电动机系统

下面分析一下晶闸管—直流电动机系统的机械特性与调速性能。

在式 (9-71) 中，U_0 为晶闸管整流装置的整流电压，现以三相半波零式可控整流电路为例，来推导 U_0 的关系式。

图 9-39 是三相半波零式可控整流电路向电动机供电的主回路，通常称为晶闸管—电动机系统。为了减小电流的脉动，电枢电路串接平波电抗器 L。由于机械惯性，反电动势 E_a 基本上是不变的（见图 9-40）。在控制角 α 处，u 相 VT_1 被触发；由图可见，此时 VT_1 的阳极电位高于阴极电位，VT_1 开始导通，电流由 w 相换到 u 相，当 u_u 的瞬时值小于 E_a 时，由于平波电抗器的续流作用（电感 L 中储存的磁场能量放出来以维持电流继续流通），VT_1 继续导通，直到 VT_2 被触发导通时，VT_1 的阴极电位比阳极高，因此 VT_1 被关断，这时电流由 u 相换到 v 相。在 VT_1 导通期间，整流电压波形与 u_u 的波形相同。只要电流是连续的，VT_1 的导通时间为 $(2/3)\pi$。此后，VT_2 及 VT_3 的导通情况完全相同，因此，为了推导电流连续时的整流电压的平均值 U_0，只计算一相已够。由图 9-40 可见

$$U_0 = \frac{\int_{\frac{\pi}{6}+\alpha}^{\frac{5\pi}{6}+\alpha} \sqrt{2}E_2\sin\omega t \, d\omega t}{\frac{2\pi}{3}} = 1.17E_2\cos\alpha \tag{9-73}$$

式中 E_2——整流变压器二次侧额定相电压有效值；

α——控制晶闸管开始导通时刻的控制角。当 $\alpha = \alpha_1$，α_2，α_3，…时，$u_0 = u_{01}$，u_{02}，u_{03}，…。

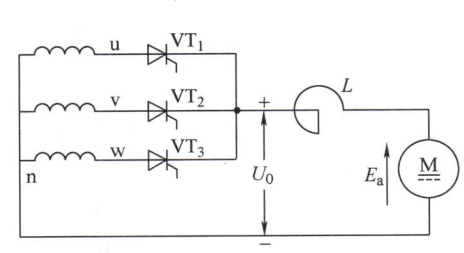

图 9-39　三相半波零式晶闸管电动机系统的主回路

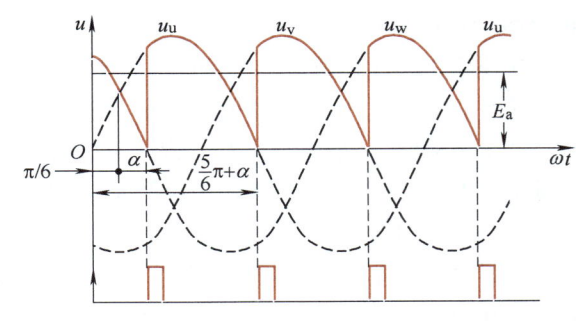

图 9-40　负载为电动机时的整流电压波形

式 (9-71) 中，R_0 为晶闸管整流装置的内阻，包括整流变压器绕组的电阻及其漏抗产生换向压降的等效电阻（请读者参阅半导体变流技术等有关资料）。该式中忽略了晶闸管整流器的正向压降。

图 9-34 中的一组平行特性，相当于不同控制角 α 时晶闸管整流器—电动机系统的机械特性，与发电机—电动机组不同 E_G 时的特性完全相似。

当 T_e 为负值时，式 (9-71) 即为回馈制动时晶闸管—电动机系统的机械特性方程式，对于三相零式晶闸管整流电路，有

$$U_0 = 1.17E_2\cos\beta \tag{9-74}$$

式中　β——逆变角。

当 $\beta = \alpha$ 时，图 9-34 中在第二象限的一组延长平行线即为不同逆变角 β 时回馈制动机械特性，此时晶闸管工作在逆变状态。

当负载很小，电枢电流很小时，电流波形将出现不连续现象，这对机械特性影响很大。现用图 9-41 及图 9-42 说明如下：

图 9-41 为电流不连续时整流电压与电流波形。图中，u_u、u_v、u_w 为三相的相电压波形，E_a 为电动机反电动势。由于存在机械惯性，E_a 保持恒值。当 $\alpha = 60°$ 时触发晶闸管，u 相晶闸管导通，u_u 的瞬时值大于 E_a，由于存在电枢电路电感 L_a，电流不能突变，$u_u - E_a = L_a(di_u/dt) > 0$，u 相电流 i_u 从零开始上升；u_u

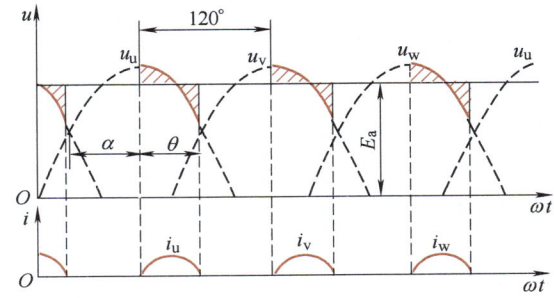

图 9-41　电流不连续时整流电压与电流波形

下降到 $u_u = E_a$，$L_a(\mathrm{d}i_u/\mathrm{d}t) = 0$（$i_u$ 很小，电枢电路的电阻压降可忽略），i_u 达到最大值；此后，u_u 继续下降，$u_u < E_a$，$L_a(\mathrm{d}i_u/\mathrm{d}t) < 0$，$i_u$ 开始下降，直到 i_u 上升期间储存在电感 L_a 中的磁场能量释放完毕，i_u 才下降到零。ωt 自 $60°$ 到（$60° + \theta$），晶闸管导通，导通时间用导通角 θ 表示，E_a 上下的两小块阴影面积是相等的。导通时整流电压波形与 u_u 一致，是正弦波的一部分。电流中断，三相晶闸管都不导通，整流电压波形和 E_a 相同，是一条水平线。三相晶闸管轮流导通，整流电压波形如图中实线所示，电流波形 i_u、i_v、i_w 是脉冲波，波形不连续，互相间隔 $120°$。电流波形包围的面积即与整流电流的平均值 I_a 成正比。当 I_a 较小而引起电流不连续后，如继续降低电流，因电流波形底部较窄，各相电流的峰值将较大幅度地下降，这要求 $(u_u - E_a)$ 较大幅度地下降，也即要求 E_a 或 n 上升较多。因此当电流不连续时，随着 I_a 的下降转速 n 上升较快，机械特性较软。

下面进一步分析 I_a 下降到零时的理想空载转速。

当 $\alpha = 60°$ 时，如电流连续，由式（9-73）可见 $U_0 = 1.17E_2\cos 60° = 0.585E_2$，理想空载时，$E_a = U_0$，则理想空载转速似应为 $n_0' = 0.585E_2/(C_e\Phi)$。

但由图 9-41 可见，当 $E_a = U_0$ 时，整流电压瞬时值仍然有一段时间大于 E_a，因此必然在电枢电路内有电流产生，而 $0.585E_2$ 不是真实的理想空载时的整流电压。由图 9-41 还可以看到，当 $\alpha = 60°$ 时，只有 $U_0 = E_a = 1.414E_2/(C_e\Phi)$ 时，电枢电流才可能为零。这样 $1.414E_2$ 才是真正的理想空载时的整流电压，而真正的理想空载转速应为 $n_0 = 1.414E_2/(C_e\Phi)$。

图 9-42 绘出电流不连续时的机械特性，由图可见，晶闸管—电动机系统的理想空载转速 n_0 比发电机—电动机组的理想空载转速 n_0' 高得多。在图 9-34 上在不同的 α 值时，用虚线表示电枢电流（负载转矩）较小时由于波形不连续而引起的特性上翘现象。

同样，在回馈制动状态下，电枢电流较小时，电流波形也将不连续，此时晶闸管—电动机系统的理想空载转速将比发电机—电动机组的理想空载转速低得多，转速也将急剧变化。图 9-34 上也用虚线（在第二象限）表示电流不连续时的特性。请读者参阅有关资料，自行分析。

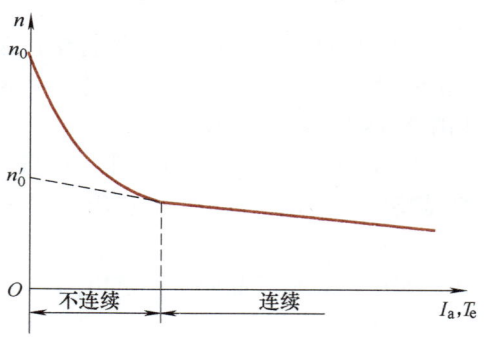

图 9-42 电流不连续时的机械特性

如果希望获得与发电机—电动机组相似的特性（当 T_e 或 I_a 较小时），则可采用两组反并联的晶闸管整流装置向直流电动机供电（见图 9-43）。由图可见，两组晶闸管Ⅳ与ⅣⅤ输出电压的极性相反，当一组晶闸管（如Ⅳ）处于整流状态时，另一组（如Ⅳ）必须处于逆变状态（确切地说应处于待逆变状态）。控制装置要使两组晶闸管的直流输出平均电压同时保持大小相等而方向相反，即采用 $\alpha = \beta$ 的控制方式。

当 I_a 很小而不连续时，如 I_a 继续减小，Ⅳ供电的电动机在电动状态下转速将急剧升高（见图 9-34

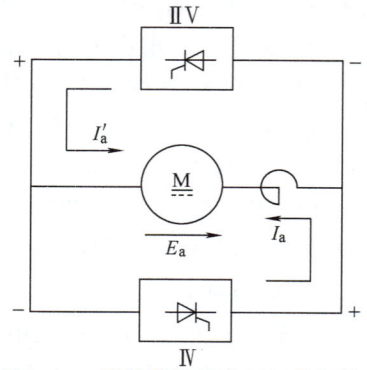

图 9-43 反并联连接的两组晶闸管整流器向直流电动机供电主回路

中第一象限虚线），反电动势 E_a 上升，E_a 就可能超过待逆变状态下的 Ⅳ 的整流电压，Ⅳ 的晶闸管导通并处于逆变状态，电动机有反向电流 I'_a 流过，产生制动转矩使电动机速度降低，因此电动机转速不会按虚线所示的规律上升，由电动到回馈制动可得到与发电机—电动机组相似的特性。如果忽略晶闸管的正向压降，则当 $\alpha=\beta$ 时，回馈制动特性恰为电动特性的延长线。

晶闸管—直流电动机系统的优点为： 改变控制角 α 或逆变角 β，即可调节电动机的电枢端电压或励磁电流，从而达到平滑调速的目的。其技术与经济指标较高，调速范围大，平滑性高，质量小，占地面积小，运行效率高，设备投资和运行费用都较低，而且响应快速（惯性小），控制准确，因此在多数情况下，晶闸管装置可用以取代交流电动机—发电机变流机组，省去与直流电动机功率相近的两个旋转电机。

除上述优点外，**晶闸管—电动机系统具有以下缺点：**

(1) **铜耗大造成不良影响** 由于电枢电流为脉冲波，所以在同样的直流平均电流时，电流的峰值较高，电流的有效值较高，增加电枢的铜耗，引起电动机效率下降。为此，应当加强冷却或降低功率使用。研制适合晶闸管供电的直流电动机，使它能适应谐波电流的危害以及快速的暂态变化，是直流电动机的发展方向。

(2) **当调速范围较大时，功率因数较低** 功率因数是指有功功率与视在功率之比，在晶闸管整流装置中，整流变压器一次绕组电压 U_1 接近于正弦波，而一次电流 I_1 则发生畸变，为非正弦形。现将电流 I_1 的曲线分解为基波（其有效值为 I'_1）和高次谐波。显然，$I_1 > I'_1$，高次谐波电流不可能产生有功功率（因 U_1 接近正弦波）。这样功率因数应为

$$\cos\varphi = \frac{mU_1 I'_1 \cos\varphi'}{mU_1 I_1} = \frac{I'_1}{I_1}\cos\varphi' = \xi\cos\varphi' \tag{9-75}$$

式中 $\cos\varphi'$——I'_1 对 U_1 的相位差角的余弦；

ξ——波形系数，$\xi = I'_1/I_1$，表明一次电流曲线发生畸变的程度。

由图 9-44 可见，当整流电路具有较大电感时，电流连续，φ' 等于控制角 α，式 (9-75) 可写成

$$\cos\varphi = \xi\cos\alpha \tag{9-76}$$

由式 (9-73) 得

$$\cos\alpha = \frac{U_0}{1.17E_2} = \frac{U_0}{U_{0\max}} = \frac{n_0}{n_{0\max}} \tag{9-77}$$

式中 $U_{0\max}$、U_0——$\alpha=0$ 及某 α 值时的整流电压；

$n_{0\max}$、n_0——$U_{0\max}$ 及 U_0 时的理想空载转速。

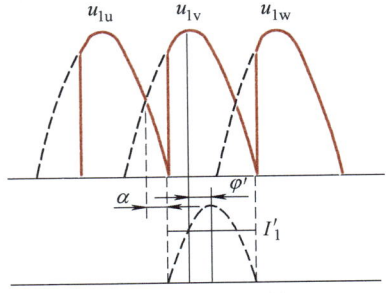

图 9-44 有一定控制角的整流电压和整流电流的曲线

由此可得

$$\cos\varphi = \xi\frac{n_0}{n_{0\max}} \tag{9-78}$$

由式 (9-78) 可见，一次电流曲线越畸变，调速范围越大，功率因数将越低。

(3) **晶闸管整流装置中降压变压器一次电流中的谐波成分会造成种种不良影响** 如使发电厂中发电机端电压波形畸变，引起电网电压波形畸变，影响其他负载，使电源变压器及异步电动机等损耗增加；给仪表装置及电信设备带来严重干扰；晶闸管装置之

间互相干扰造成控制失调；对邻近的通信线路产生影响，在通信回路中引起杂音。

由此可见，高次谐波的影响是多方面的，造成对电网的所谓"公害"，必须采取措施以抑制谐波电流，如在晶闸管交流侧加 LC 串联谐振回路，使谐波电流大部分流入谐振回路，从而使流入电网的谐波电流抑制在允许范围之内。另外，也可用静止无功补偿器以改善供电质量，消除高次谐波对电网的危害，并能改善功率因数，稳定电网电压。

总之，在大量应用晶闸管的情况下，解决给电网带来"公害"的问题，是一个很重要的研究课题。

第六节　直流电动机 PWM 控制电路及机械特性

在小功率高性能的直流电动机速度控制系统，以及直流伺服电机控制系统中，通常采用 H 形 PWM 变流器主电路，如图 9-45 所示。

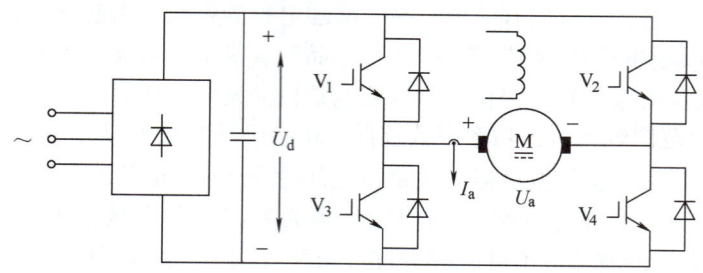

图 9-45　H 形 PWM 变流器主电路

其工作原理是：对称三相交流电源经过二极管三相桥式整流器整流成直流电压 U_d。当 V_1 和 V_4 工作时，V_2 和 V_3 处于截止状态，电动机电枢电压为正。V_1 和 V_4 以 1000Hz 至数千赫兹的频率同时变换导通和关断状态，波形图如图 9-46 所示。

电枢电压 U_a 的大小取决于占空比 $\beta = t_{on}/(t_{on}+t_{off})$。

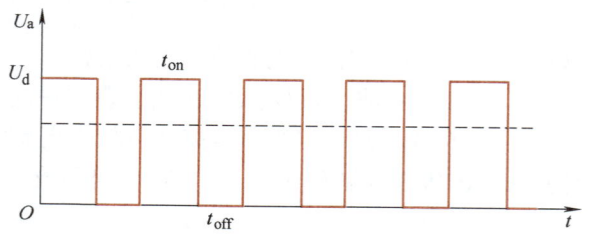

图 9-46　直流 PWM 波形图（$U_d > 0$）

$$U_a = \frac{t_{on}}{t_{on}+t_{off}}U_d = \beta U_d \tag{9-79}$$

虽然电枢电压 U_a 中含有高次谐波，但是高次谐波的频率等于调制频率（即数千赫兹），很容易被电枢电感滤掉。

当 V_2 和 V_3 工作时，V_1 和 V_4 处于截止状态，电动机电枢电压为负。如图 9-47 所示。

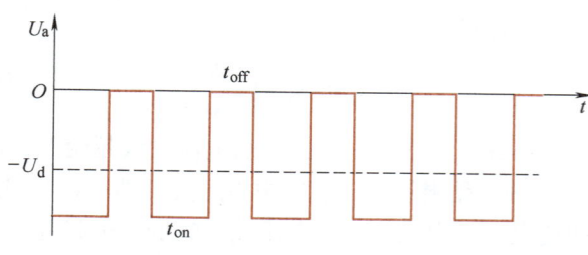

图 9-47　直流 PWM 波形图（$U_d < 0$）

电枢电压 U_a 的大小也取决于占空比 $\beta = t_{on}/(t_{on} + t_{off})$。

$$U_a = -\frac{t_{on}}{t_{on} + t_{off}}U_d = -\beta U_d \quad (9\text{-}80)$$

电枢回路中采用霍尔式电流传感器，可以在与主电路没有电接触的情况下，准确测量电枢电流的瞬时值。

他励直流电机 PWM 控制调速系统的机械特性就是改变电机电枢电压的人为特性，作为可以正反转电动运行的机械特性，工作在第一和第三象限，如图 9-48 所示。图中的 U_N 为电枢电压 U_a 的额定值，并且 $U_N > U_1 > U_2$。

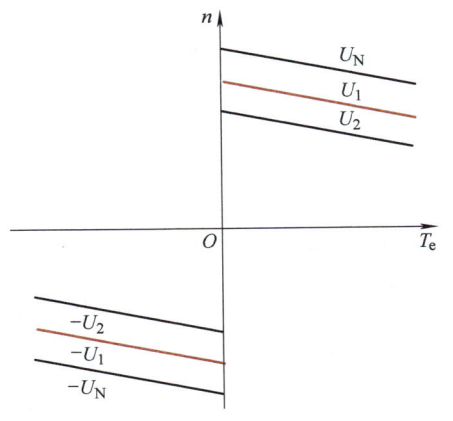

图 9-48 直流电动机 PWM 控制系统机械特性

第七节 他励直流电动机过渡过程的能量损耗

在电力拖动起动、制动或逆转等过渡过程中，电动机内部会产生过渡过程能量损耗 ΔW。在经常起动、制动或逆转的电动机上，该损耗会反复地产生，使电动机温度升高，严重时甚至会使电动机绝缘损坏。因而，研究过渡过程中能量损耗 ΔW 并探讨其减小的途径有很重要的意义。过渡过程的能量损耗主要是铜耗，其他损耗只占很小的比例。为使研究的问题简化，研究时只考虑铜耗，而把电动机的铁耗、机械损耗及励磁损耗等略去。

一、空载起动的能量损耗

他励电动机起动时在电枢电路中所产生的损耗 ΔW_{st} 为损耗功率 $\Delta P = I_a^2 R$ 对时间的积分，即

$$\Delta W_{st} = \int_0^{t_{st}} \Delta P dt = \int_0^{t_{st}} I_a^2 R dt \quad (9\text{-}81)$$

现研究电枢串一级电阻起动，$R = R_a + R_\Omega$，电流 I_a 是一个变数。电枢电路中功率按式 (9-82) 分配。

$$UI_a = E_a I_a + I_a^2 R \quad (9\text{-}82)$$

将式 (9-82) 代入式 (9-81)，得

$$\Delta W_{st} = \int_0^{t_{st}} (UI_a - E_a I_a) dt \quad (9\text{-}83)$$

把式 (9-83) 化为用 T_e 及 Ω 表示的形式，可得

$$UI_a = C_e \Phi n_0 I_a = C_e \Phi \left(\frac{60\Omega_0}{2\pi}\right) I_a = 9.55 C_e \Phi I_a \Omega_0$$

由式 (9-3) 得 $C_T = 9.55 C_e$，则

$$UI_a = C_T \Phi I_a \Omega_0 = T_e \Omega_0 \quad (9\text{-}84)$$

同样，得

$$E_a I_a = T_e \Omega \tag{9-85}$$

当空载时，运动方程式为（因为 $T_z = 0$）

$$T_e = J \frac{d\Omega}{dt} \tag{9-86}$$

将式（9-84）、式（9-85）、式（9-86）代入式（9-83），积分上下限变成相应的 Ω 值，并写成过渡过程的一般形式，如 Ω_{st} 及 Ω_x 为角速度的起始及终了值，则过渡过程的能量损耗 ΔW 为

$$\Delta W = \int_{\Omega_{st}}^{\Omega_x} J(\Omega_0 - \Omega) d\Omega \tag{9-87}$$

空载起动时，$\Omega_{st} = 0$，$\Omega_x = \Omega_0$，代入式（9-87），得

$$\Delta W_{st} = \int_0^{\Omega_0} J(\Omega_0 - \Omega) d\Omega = \frac{1}{2} J\Omega_0^2 \tag{9-88}$$

由式（9-88）可见，ΔW_{st} 正好等于拖动系统所储存的动能。ΔW_{st} 仅与 J 及 Ω_0 有关，而与电阻 R 的大小及起动级数等无关。

利用式（9-84）及式（9-86），可把起动时由电源输向电动机的能量求出，即

$$W_{st} = \int_0^{t_{st}} U I_a dt = \int_0^{t_{st}} T_e \Omega_0 dt = \int_0^{\Omega_0} J\Omega_0 d\Omega = J\Omega_0^2 \tag{9-89}$$

如写成过渡过程的一般形式，则为

$$W_1 = \int_{\Omega_{st}}^{\Omega_x} J\Omega_0 d\Omega = J\Omega_0(\Omega_x - \Omega_{st}) \tag{9-90}$$

由式（9-89）可见，电源输入电动机两倍于系统储存动能的能量，其中一半为拖动系统储存的动能，另一半为起动损耗。

产生起动损耗的原因是，起动过程中电枢电路所加的电压为电源电压 U，且保持不变，而电动机的反电动势 E_a 却随转速之变化而由零上升到 U（空载起动时），电枢电路的电阻降 $I_a R = U - E_a$ 由 U 变化到零（E_a 由 $0 \sim U$），显然，这样就产生起动损耗。

二、空载能耗制动的能量损耗

空载能耗制动时，式（9-87）中 $\Omega_0 = 0$（因为 $U = 0$），$\Omega_{st} = \Omega_T$，$\Omega_x = 0$（空载能耗制动时，Ω 由 Ω_T 制动到零），代入式（9-87），得空载能耗制动的能量损耗 ΔW_{T1} 为

$$\Delta W_{T1} = \int_{\Omega_T}^0 J(-\Omega) d\Omega = \frac{1}{2} J\Omega_T^2 \tag{9-91}$$

可见，损耗 ΔW_{T1} 等于拖动系统所储存的动能。损耗 ΔW_{T1} 由制动时放出动能 $(J\Omega_T^2)/2$ 供给。

三、空载反接制动的能量损耗

在电枢反接时，式（9-85）中 Ω_0 前应取负号，空载反接制动，Ω 由 Ω_0 制动到零时的能量损耗 ΔW_{T2}，由式（9-87）得

$$\Delta W_{T2} = \int_{\Omega_0}^0 J(-\Omega_0 - \Omega) d\Omega = \frac{3}{2} J\Omega_T^2 \tag{9-92}$$

此时，电源输向电动机的能量 W_T，由式（9-90）为

$$W_T = J(-\Omega_0)(0 - \Omega_0) = J\Omega_0^2 \tag{9-93}$$

由式（9-92）及式（9-93）可见，空载反接制动的能量损耗等于拖动系统动能储存

量的三倍，其中两倍动能储存量 $J\Omega_0^2$ 为电源输入电动机的能量，另外的 $(J\Omega_0^2)/2$ 由拖动系统制动时放出的动能供给。

四、空载反转过程的能量损耗

反转过程中，先用反接制动，将 Ω 由 Ω_0 制动到零，然后反向起动，Ω 由零加速到 $-\Omega_0$，在式（9-85）中，$\Omega_{st}=\Omega_0$，$\Omega_x=-\Omega_0$，式中 Ω_0 前也应取负号，反转过程的能量损耗 ΔW_F 为

$$\Delta W_F = \int_{\Omega_0}^{-\Omega_0} J(-\Omega_0-\Omega)d\Omega = 4\times\frac{1}{2}J\Omega_0^2 = 2J\Omega_0^2 \tag{9-94}$$

由式（9-94）可见，空载反转过程的能量损耗等于拖动系统动能储存量的 4 倍，其中 $3(J\Omega_0^2)/2$ 为反接制动时的能量损耗，而另外 $(J\Omega_0^2)/2$ 为反向起动的能量损耗。

在国际单位制中，能量的单位为 J，因此式（9-87）～式（9-94）中 W 及 ΔW 的单位均为 J。

五、减少他励直流电动机过渡过程能量损耗的方法

过渡过程的能量损耗会使电动机温度升高，为了保护电动机，需要限制每小时容许的过渡过程次数，这样就会降低生产率。因此，设法减少过渡过程的能量损耗，对提高生产率及节约电能都具有很重要的意义。

现介绍减少过渡过程能量损耗的两种方法：

1. 减少拖动系统的动能储存量 $(J\Omega_0^2)/2$

前已分析，过渡过程的能量损耗均与拖动系统储存的动能有关。减少动能显然可从减少 GD^2 入手，可以把经常起、制动电动机的电枢 GD^2 设计得较小，通常设计成细而长的形状（如起重冶金电动机），即能减小 GD^2，这可说明如下：

由式（9-75）可见，对于 P_N 与 n_N 相同的两种结构的电动机，其 D^2l 必须相等。这样，如普通电动机电枢的直径为 D，有效长度为 l，今将电动机设计成细长，如电枢有效长度扩大一倍，为 $l'=2l$，则其直径 D' 可减小到 $D/\sqrt{2}$，$D'^2l'=D^2l$，从而保持相同的功率 P_N。

一般电动机电枢的重力 G 正比于 D^2l，则 GD^2 正比于 D^4l；这台细长电枢的电动机，其 $(GD^2)'$ 正比于 $D'^4l'=(D\sqrt{2})^4(2l)=(D^4l)/2$，即 $(GD^2)'=GD^2/2$，亦即 GD^2 可减少一半。

为了减少 GD^2，也可采用双电动机拖动，它由两台一半功率的电动机组成，这时即相当于电枢的等效长度增加，而直径减小。

除了减少 GD^2（即转动惯量 J）外，适当选择电动机的额定转速 n_N，亦即选择最合适的转速比，也能减少过渡过程的能量损耗。不同的额定转速 n_N，拖动系统的 J 亦不同，因而系统储存的动能也不同。在电动机容量确定后，计算不同 n_N 的电动机组成的拖动系统的动能，经过比较后，选择动能最小的系统。

2. 合理选择电动机的起、制动方式

如果在直流电动机起动时，逐级改变加在电动机上的电压，可以减少损耗。例如有两台直流电动机带动一台生产机械，起动时先把它们接成串联，每台电动机电枢电路电压是 $U/2$，空载起动时，电动机可达 $\Omega_0/2$，假定起动过程中 T_e 恒定，亦即 I_a 为恒定，

则在此阶段中，电网功率为 $UI_a/2$（或 $T_e\Omega_0/2$）为恒值，在图 9-49a 上给出两电动机串并联起动过程 $P=f(t)$ 曲线，AB 表示串联阶段的电网功率曲线。当电动机达 $\Omega_0/2$ 后，两电动机换接成并联，每台电动机电压变为 U，电网功率变为 UI_a（或 $T_e\Omega_0$），也为恒值，图 9-49a 的 CD 表示并联阶段的电网功率曲线。机械功率 E_aI_a（或 $T_e\Omega$）对时间关系为直线变化（因为 T_e 为定值，$d\Omega/dt$ 为常值），该图中直线 OBD 为机械功率变化曲线。这样 $\triangle AOB$ 与 $\triangle BCD$ 的面积之和表示串并联两级起动过程的能量损耗。

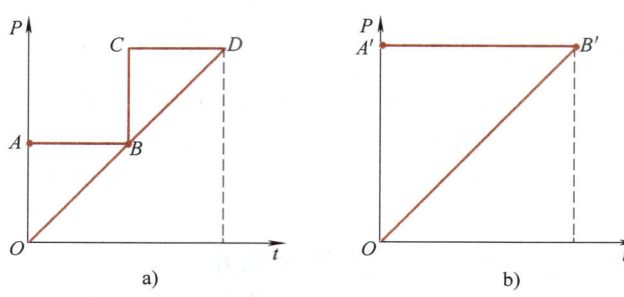

图 9-49　起动过程的 $P=f(t)$ 曲线

a）两台电动机串并联起动　b）两台电动机一级起动

如为一级起动，在整个 Ω 由零到 Ω_0 的起动过程中电压为定值 U，电网功率为 UI_a，图 9-49b 中 $A'B'$ 表示一级起动时的电网功率曲线，机械功率对时间的关系曲线与两级起动时相同，同图中用直线 OB' 表示。这样 $\triangle A'OB'$ 的面积表示一级起动过程中的能量损耗。

比较二级与一级起动时的损耗可见，前者仅为后者的一半。同理，他励直流电动机 m 级改变电压起动（如发电机—电动机组等）时，能量损耗可大大减小，为一级起动时的 $1/m$。

采用不同的制动方式，制动过程的能量损耗也是不同的。采用能耗制动时的能量损耗仅为反接制动时的 $1/3$。因此，从减小制动过程的能量损耗考虑，应尽量采用能耗制动。

第八节　串励直流电动机的电力拖动

串励直流电动机的电路如图 9-50 所示，其励磁绕组与电枢串联，因而其特点是磁通 Φ 是电流 I_a 的函数。

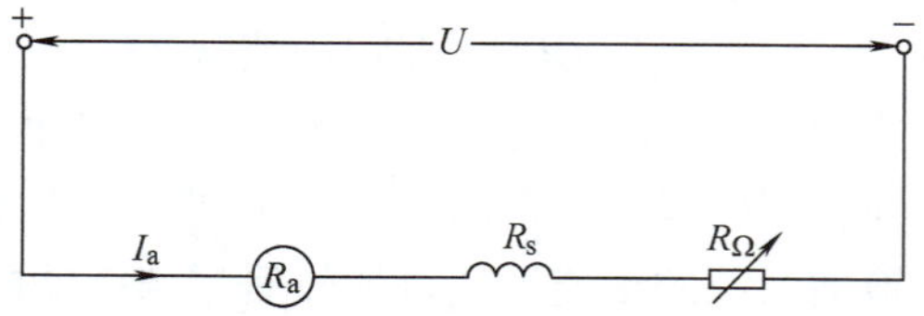

一、串励电动机的机械特性

在本书上册中已介绍，串励电动机的 $n=f(I_a)$ 方程式为（当电动机磁路未饱和时）

$$n = \frac{U}{C'_e I_a} - \frac{1}{C'_e} R \quad (9-95)$$

图 9-50　串励直流电动机的电路图

式中　R——电枢电路总电阻，$R = R'_a + R_\Omega$（$R'_a = R_a + R_s$，R_s 为串励绕组电阻）

$$C'_e = C_e K_f \quad \left(K_f = \frac{\Phi}{I_a}\right)$$

第九章 直流电动机的电力拖动

$$T = C_T \Phi I_a = C_T K_f I_a^2 = C_T' I_a^2 \quad (9\text{-}96)$$

式中 $C_T' = C_T K_f$。

由式（9-96），$I_a = \sqrt{\dfrac{T_e}{C_T'}}$，代入式（9-95），可得电动机未饱和时串励电动机机械特性方程式为

$$n = \frac{\sqrt{C_T'}}{C_e'} \frac{U}{\sqrt{T_e}} - \frac{1}{C_e'} R \quad (9\text{-}97)$$

当 I_a 及 T_e 较大时，磁路饱和，此时串励电动机的机械特性方程式与他励电动机相似，机械特性接近于直线。

在图 9-51 上给出串励电动机的固有机械特性与串联电阻 R_Ω 时的人为机械特性。它们均属软特性，这是由于负载变化时，磁通也随之变化，转速也有较大变化。负载很大时，机械特性近似直线。

在电车上，用改变 R_Ω 大小的方法调速。

当空载时，I_a 接近于零，Φ 变为很小的剩磁，串励电动机的 n_0 一般会达到 $(5\sim6)n_N$，这会造成电动机的损坏。因此，串励电动机不容许空载运行，否则会造成飞逸转速（俗称飞车）。

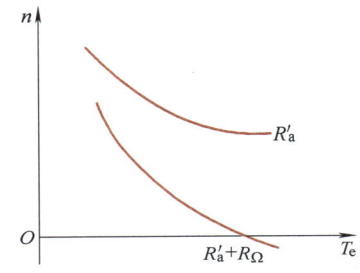

图 9-51　串励直流电动机的固有机械特性与串联电阻 R_Ω 时的人为机械特性

串励电动机的人为机械特性，除了电枢串联电阻外，还可用下列方法获得。

(1) 降低电源电压　当降低供电电压为 $U_1(U_1 < U_N)$ 时，特性为低于固有机械特性而与之平行的曲线（见图 9-52）。

对于串励电动机，常用 2~4 台电动机串联及并联以降低电压（如用在电车上）。

(2) 励磁绕组并联分路电阻 R_B　为了使串励电动机有超出额定值的转速，可利用减弱磁通的方法，一般用励磁绕组并以分路电阻来达到此目的（见图 9-53）。

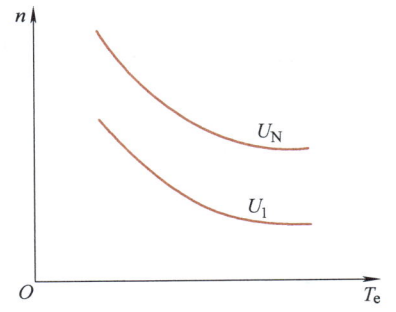 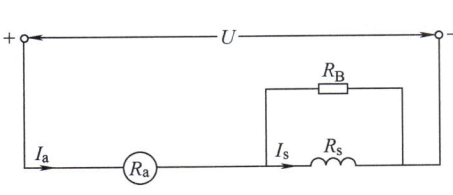

图 9-52　串励直流电动机减压时的人为机械特性　　图 9-53　励磁绕组并分路电阻的电路图

当励磁绕组不并联 R_B 时，$I_s = I_a$；当存在 R_B 时，$I_s = I_a [R_B/(R_B + R_s)]$，$I_s < I_a$，磁通减弱，机械特性位于固有机械特性之上，如图 9-54 中特性 3 所示。

(3) 电枢并联分路电阻 R_B'　如在电枢两端并联分路电阻 R_B'（见图 9-55），则 $I_s = I_a + I_B'$；而在不并联 R_B' 时，$I_s = I_a$。因此，磁通增长了，同时，由于 I_B' 在电阻 R_Ω 上引起附加

电压降,使加于电枢的电压降低,转速大大下降,机械特性低于电枢不分流时的人为机械特性,如图9-54中特性4所示。

由特性4可见,它能进入第二象限,电动机将有理想空载转速n_0,这是因为,当$E_a = I'_B R'_B$时,$U_a = E_a$,$I_a = 0$,而$I'_B = I_s \neq 0$,故有n_0,其值为

$$n_0 = \frac{I'_B R'_B}{C_e \Phi}$$

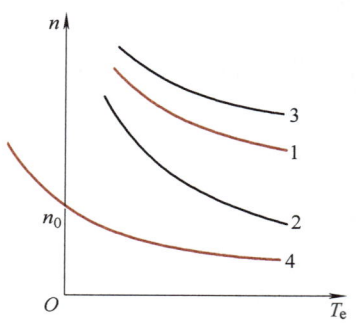

图9-54 串励直流电动机的几种人为机械特性

1—固有机械特性 2—串R_Ω时的人为机械特性
3—励磁绕组并分路电阻 4—电枢并分路电阻

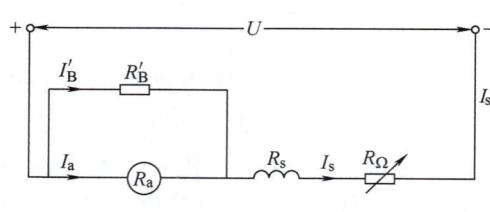

图9-55 电枢并分路电阻的电路图

二、串励电动机的制动状态

串励电动机只有两种制动状态,即反接制动与能耗制动。在串励电动机中不能得到回馈制动,因为电动机反电动势E_a无法超过U。

反接制动状态的获得,在位能负载时可用转速反向的方法,也可用电枢直接反接的方法。用转速反向时的反接制动特性曲线,是对应于正向接法电动状态的人为机械特性向第四象限的延长(见图9-56实线1)。用电枢直接反接时的反接制动特性曲线,画在第二象限,如图9-56实线2所示,是反转电动状态的人为机械特性在第二象限的延长。必须指出,**为了得到反向的转矩,Φ与I_a应只有一个改变方向,通常用直接反接电枢的方法(见图9-57),使I_a反向,而I_s及Φ仍维持原来方向**。显然,如不用直接反接电枢,而反接电源,则Φ与I_a均反向,T_e方向不变,不能产生制动转矩。**反接制动时,电枢电路必须串入限流电阻**。

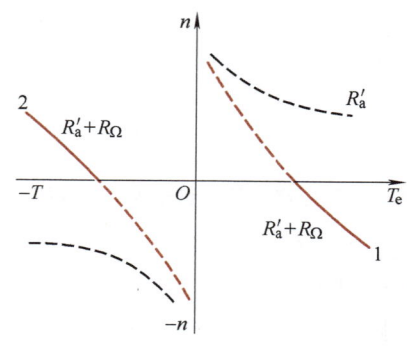

图9-56 串励直流电动机反接制动特性曲线

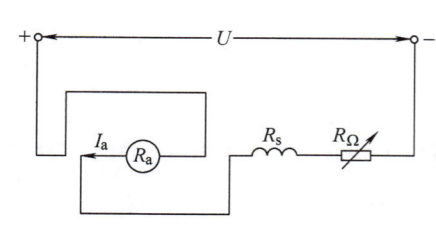

图9-57 串励直流电动机直接反接电枢电路图

能耗制动的获得方法，是在串励电动机具有一定转速时，把电枢由电源断开，接到制动电阻上。此时励磁可分自励与他励两种，常用的是后一种方式。不论自励或他励，均需使励磁电流（即 Φ）方向与能耗制动前相同，否则不能产生制动转矩。由于串励绕组电阻很小，当接成他励时，必须于励磁电路内串入较大的电阻，以限制电流。他励能耗制动的接法和特性，与他励电动机能耗制动时基本相同。

串励电动机的接线简单，工作可靠，因而适用于要求有较大起动转矩、较大过载能力、工作要求可靠的起重运输机械上。

三、复励直流电动机的机械特性

复励直流电动机有两个励磁绕组，一个是串励绕组 CQ，另一个是他励绕组 TQ，两绕组的励磁磁动势方向一般是相同的，即是所谓积复励接法。图 9-58 表示复励电动机的电路图。

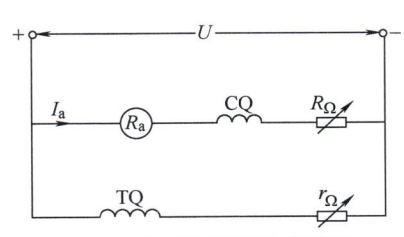

图 9-58 复励电动机的电路图

复励电动机的机械特性介乎他励与串励电动机之间。当他励绕组磁动势起主要作用时，特性接近于他励电动机。当串励绕组磁动势起主要作用时，特性接近串励电动机。复励电动机的机械特性与纵坐标轴有交点，即有理想空载转速 n_0 [$n_0 = U/(C_e \Phi_T)$]，Φ_T 为他励磁通；因 $I_a = 0$，串励磁通接近于零，机械特性较他励电动机软。图 9-59 上示出复励电动机的固有与人为机械特性。

复励电动机有三种制动方式，即反接制动、回馈制动与能耗制动。反接制动的获得方法及特性与串励电动机相同，也必须注意保持电枢反接时串励绕组中电流不变。回馈制动发生在 $n > n_0$ 时，为了避免回馈制动时反向电流通过串励绕组使总磁通去磁，此时一般把串励绕组短路。同样，在能耗制动时，也要把串励绕组短路。这样，复励电动机的回馈制

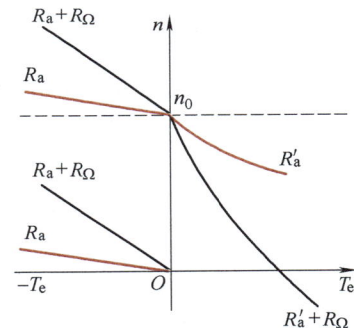

图 9-59 复励电动机的固有机械特性与人为机械特性

动与能耗制动特性就与他励电动机完全相同，变成了直线，如图 9-59 所示。

小　　结

电动和制动的机械特性可用统一形式的方程式表示，即

$$n = \frac{U}{C_e \Phi} - \frac{R}{C_e C_T \Phi^2} T_e$$

根据上式，可在四个象限内，画出各种运转状态对应的机械特性曲线，如图 9-60 所示。电动状态对应的机械特性位于第一象限（正转）及第三象限（反转）中；制动状态对应的机械特性处于第二、四象限中。

为了比较，现对各种制动方法的优、缺点及应用场合小结如下：

1. 反接制动

（1）优点

1)制动过程中,制动转矩较稳定,(随转速降低变化较小)制动较强烈,制动较快。

2)在电动机停转时,也存在制动转矩。

(2)缺点

1)制动过程有大量的能量损耗。

2)制动到转速等于零时,如不及时切断电源,电动机会自行反向加速。

(3)应用场合

1)转速反向的反接制动可应用于位能负载,一般可在 $n<n_0$ 的条件下稳速下降。

2)电枢反接的反接制动宜用于要求迅速反转,要求较强烈制动的场合。

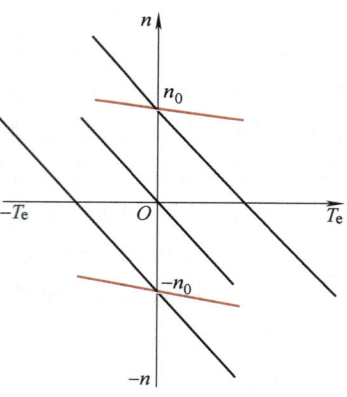

图 9-60 他励直流电动机在各种运转状态下的机械特性

2. 能耗制动

(1)优点

1)制动减速较平稳、可靠。

2)控制线路较简单。

3)便于实现准确停车(因转速减到零,制动转矩也减小到零)。

(2)缺点 制动转矩随转速降低成正比地减小,制动效果不如反接制动。

(3)应用场合 宜用于不要求反转、减速要求较平稳的场合,也可用以控制位能负载下降的速度。

3. 回馈制动

(1)优点

1)不需改接线路,即可从电动状态自行转移到回馈制动状态。

2)电能可回馈电网,较为经济。

(2)缺点

1)当 $E_a<U(n<n_0)$ 时,回馈制动即不能实现。

2)单用回馈制动,不能使转速制动到零。

(3)应用场合

1)可应用于位能负载,在 $n>n_0$ 条件下稳速下降。

2)在减压及增磁调速时可自行转入回馈制动状态运行。

调速是电动机应用的重要问题,直流电动机的调速性能优异,对于调速指标要求较高的生产机械,特别在一些老设备上还多数用直流电动机拖动。

按照调速指标,直流电动机的三种调速方法比较见表 9-2。

表 9-2 直流电动机三种调速方法比较

调速指标	调节电源电压	电枢串联电阻	减弱励磁
调速方向	从 n_N 向下调速	从 n_N 向下调速	从 n_N 向上调速
在一般静差率要求下的调速范围	4~8	2~3 (无静差率要求时)	一般 1.2~2 特殊电动机 3~4

第九章 直流电动机的电力拖动

（续）

调速指标	调节电源电压	电枢串联电阻	减弱励磁
调速平滑性	好	差	好
调速相对稳定性	好	差	较好
容许输出	恒转矩	恒转矩	恒功率
电能损耗	较小	大	小
设备投资	多	少	较少

应根据生产机械的要求，做好技术经济比较，学习外国的先进技术，结合我国实际，确定调速方案。

习　题

9-1　他励电动机的铭牌数据如下：$P_N = 1.75\text{kW}$，$U_N = 110\text{V}$，$I_N = 20.1\text{A}$，$n_N = 1450\text{r/min}$，试计算：

（1）固有特性曲线，并且在坐标纸上画出。

（2）50%额定负载时的转速。

（3）转速为1500r/min时的电枢电流值。

9-2　他励直流电动机的铭牌数据同上，试计算磁通为$80\%\Phi_N$时及电枢电压为$50\%U_N$时的人为特性，并在坐标纸上画出。

9-3　题9-1中的电动机用于起吊和下放重物的起重机。

（1）当额定负载时，电枢电路串有$50\%R_N$或$150\%R_N$（$R_N = U_N/I_N$）时电动机稳定运转转速为多少？各处于何种运转状态？

（2）在快速下放重物时，如果采用电枢加反向额定电压时负载为30%额定负载，计算电动机的下放转速；此时电动机在何种状态下运行？

（3）当额定负载时如电枢无外加电压，电枢并联电阻$0.5R_N$时，电动机稳定转速为多少？电动机处于何种运转状态？

9-4　他励直流电动机的数据如下：$P_N = 10\text{kW}$，$U_N = 220\text{V}$，$I_N = 53.7\text{A}$，$n_N = 3000\text{r/min}$。试计算并且作出下列机械特性：

（1）固有特性。

（2）当电枢电路总电阻为$50\%R_N$时的人为特性。

（3）当电枢电路总电阻为$150\%R_N$时的人为特性。

（4）当电枢电路端电压$U = 50\%U_N$时的人为特性。

（5）当$\Phi = 80\%\Phi_N$时的人为特性。

9-5　在题9-4中的各种情况下，求额定电流I_N时电动机稳定运转的转速。

9-6　他励电动机的数据如下：$P_N = 29\text{kW}$，$U_N = 440\text{V}$，$I_N = 76\text{A}$，$n_N = 1000\text{r/min}$，$R_a = 0.065R_N$，若忽略空载损耗。

（1）电动机以转速500r/min吊起负载（$T_z = 0.8T_N$），求这时串接在电枢电路内的电阻R_Ω。

（2）用哪几种方法可以使负载（$0.8T_N$）以500r/min的转速下放？求每种方法电枢电路内的串接电阻值。

（3）在500r/min时吊起负载$T_z = 0.8T_N$，忽然将电枢反接，并使电流不超过I_N，求最后稳定下降转速。

9-7　他励直流电动机的数据如下：$P_N = 29\text{kW}$，$U_N = 440\text{V}$，$I_N = 76.2\text{A}$，$n_N = 1050\text{r/min}$，

$R_{\mathrm{a}} = 0.068R_{\mathrm{N}}$。

（1）电动机在回馈制动下工作，设 $I_{\mathrm{a}} = 60\mathrm{A}$，电枢电路不串电阻，求电动机的转速。

（2）电动机在能耗制动下工作，转速 $n = 500\mathrm{r/min}$，电枢电流为额定值，求电枢电路内串接电阻值和电机轴上的转矩。

（3）电动机在转速反向的反接制动下工作，转速 $n = -600\mathrm{r/min}$，电枢电流 $I_{\mathrm{a}} = 50\mathrm{A}$，求电枢电路内的串接电阻、电动机轴上的转矩、电网供给的功率、从轴上输入的功率、在电枢电路内的电阻上所消耗的功率。

9-8　一台他励直流电动机的铭牌数据如下：$P_{\mathrm{N}} = 10\mathrm{kW}$，$U_{\mathrm{N}} = 220\mathrm{V}$，$I_{\mathrm{N}} = 53\mathrm{A}$，$n_{\mathrm{N}} = 1100\mathrm{r/min}$，测得 $R_{\mathrm{a}} = 0.3\Omega$。采用能耗制动及反接制动，试计算两种情况下电枢各应该串接的电阻值（两种情况下的电枢电流不应超过 $2I_{\mathrm{N}}$）。

9-9　一台他励直流电动机的数据如下：$P_{\mathrm{N}} = 40\mathrm{kW}$，$U_{\mathrm{N}} = 220\mathrm{V}$，$I_{\mathrm{N}} = 207.5\mathrm{A}$，$R_{\mathrm{a}} = 0.067\Omega$。

（1）如果电枢电路不串接电阻起动，则起动电流为额定电流的几倍？

（2）如果将起动电流限制为 $1.5I_{\mathrm{N}}$，求应该串接入电枢电路的电阻值。

9-10　他励电动机的数据如题9-7，分三级起动，其最大电流不得超过额定电流的两倍，求各段的电阻值。

9-11　他励直流电动机的数据同题9-1，如果采用三级起动，起动电流最大值不超过 $2I_{\mathrm{N}}$，试求各段的起动电阻值，并且算出各段电阻切除时的瞬时转速。

9-12　一直流电动机有下列数据：$U_{\mathrm{N}} = 220\mathrm{V}$，$I_{\mathrm{N}} = 40\mathrm{A}$，$n_{\mathrm{N}} = 1000\mathrm{r/min}$。电枢电路总电阻 $R_{\mathrm{a}} = 0.3\Omega$，当电压降到180V，负载为额定负载时，求：

（1）电动机接成他励时（励磁电流不变）的转速和电枢电流。

（2）电动机接成并励时（励磁电流随电压正比变化）的转速和电枢电流（设铁心不饱和）。

9-13　一台他励直流电动机的数据同题9-6，采用调压及调磁的方法进行调速，要求最低理想空载转速为250r/min，最高理想空载转速为1500r/min，求出在额定转矩时的最高转速和最低转速，并且比较最高转速机械特性和最低转速机械特性的硬度系数和静差率。

9-14　某一生产机械采用他励直流电动机作为拖动电动机，该电动机用弱磁调速，其数据为：$P_{\mathrm{N}} = 18.5\mathrm{kW}$，$U_{\mathrm{N}} = 220\mathrm{V}$，$I_{\mathrm{N}} = 103\mathrm{A}$，$n_{\mathrm{N}} = 500\mathrm{r/min}$，最高转速 $n_{\max} = 1500\mathrm{r/min}$，$R_{\mathrm{a}} = 0.18\Omega$。

（1）若电动机带动恒转矩负载（$T_{\mathrm{z}} = T_{\mathrm{N}}$），当减弱磁通 $\Phi = \dfrac{1}{3}\Phi_{\mathrm{N}}$ 时，求电动机稳定转速和电枢电流。能否长期运行？为什么？

（2）若电动机带动恒功率负载（$P_{\mathrm{z}} = P_{\mathrm{N}}$），求 $\Phi = \dfrac{1}{3}\Phi_{\mathrm{N}}$ 时电动机稳定转速和转矩。此时能否长期运行？为什么？

9-15　一直流电动机的额定数值如下：$P_{\mathrm{N}} = 74\mathrm{kW}$，$U_{\mathrm{N}} = 220\mathrm{V}$，$I_{\mathrm{N}} = 378\mathrm{A}$，$n_{\mathrm{N}} = 1430\mathrm{r/min}$。采用减压调速。已知电枢电阻 $R_{\mathrm{a}} = 0.023\Omega$，整流电源内阻（在发电机—电动机组中是发电机的电枢电阻）$R_0 = 0.022\Omega$。当生产机械要求静差率为20%时，求系统的调速范围。如果静差率为30%，则系统的调速范围如何？

9-16　有一发电机—电动机组，电枢电路中总电阻 $R = 0.1\Omega$。发电机数据如下：$P_{\mathrm{N}} = 90\mathrm{kW}$，$U_{\mathrm{N}} = 230\mathrm{V}$，$I_{\mathrm{N}} = 305\mathrm{A}$，$n_{\mathrm{N}} = 1450\mathrm{r/min}$。电动机数据为：$P_{\mathrm{N}} = 60\mathrm{kW}$，$U_{\mathrm{N}} = 220\mathrm{V}$，$I_{\mathrm{N}} = 305\mathrm{A}$，$n_{\mathrm{N}} = 1000\mathrm{r/min}$。

（1）若发电机电动势 $E_{\mathrm{G}} = 230\mathrm{V}$，电流 $I_{\mathrm{N}} = 305\mathrm{A}$，求电动机的转速及静差率。若生产机械要求静差率不超过5%，此种发电机—电动机组能否满足要求？

（2）电动机的励磁电流和负载转矩保持不变，将发电机的电动势降至30.5V，求此时电动机的静差率。电动机处于什么运行状态？

（3）为减小电动机的静差率，宜采用什么办法？

9-17 一他励直流电动机的数据如下：$P_N = 21\text{kW}$，$U_N = 220\text{V}$，$I_N = 115\text{A}$，$n_N = 980\text{r/min}$，$R_a = 0.1\Omega$。如果最大起动电流为 $2I_N$，负载电流为 $0.8I_N$。

（1）求电动机起动电阻的最小级数及其电阻值。

（2）设系统总的飞轮惯量 $GD^2 = 64.7\text{N} \cdot \text{m}^2$，试求系统的起动时间以及起动过程中的 $I_a = f(t)$ 及 $n = f(t)$ 曲线。

9-18 一他励直流电动机的数据如下：$P_N = 5.6\text{kW}$，$U_N = 220\text{V}$，$I_N = 31\text{A}$，$n_N = 1000\text{r/min}$，$R_a = 0.4\Omega$。如果系统总的飞轮惯量 $GD^2 = 9.8\text{N} \cdot \text{m}^2$，$T_z = 49\text{N} \cdot \text{m}$，如果在转速为 n_N 时使电枢反接，反接制动的起始电流为 $2I_N$，试就反作用负载以及位能负载两种情况，求：

（1）反接制动使转速自 n_N 制动到零的制动时间。

（2）整个电枢反接过程的 $I_a = f(t)$ 及 $n = f(t)$ 曲线。

第十章

三相异步电动机的机械特性及各种运转状态

内容提要

本章主要研究三相异步电动机的机械特性及在各种运转状态下机械特性的计算。第一节及第二节着重介绍机械特性三种表达式的建立，固有机械特性与人为机械特性的分析及绘制方法，第三节进一步分析三相异步电动机各种运转状态的物理概念、实用条件及其四象限的固有机械特性与人为机械特性；第四节介绍异步电动机参数的工程计算方法；最后第五节介绍异步电动机调速与制动电阻的计算方法。

第一节 三相异步电动机机械特性的三种表达式

与直流电动机相同，三相异步电动机的机械特性也是指其转速与转矩间的关系 $n=f(T_e)$。其表达式可有三种形式，现分别介绍如下：

一、物理表达式

在本书上册中已推导出三相异步电动机电磁转矩公式的下列形式：

$$T_e = C_{T1} \Phi_m I_2' \cos\varphi_2' \tag{10-1}$$

式中 C_{T1}——异步机的转矩系数，

$$C_{T1} = \frac{pm_1 N_1 k_{w1}}{\sqrt{2}} \tag{10-2}$$

Φ_m——异步机每极磁通；

I_2'——转子电流的折算值，

$$I_2' = \frac{E_2'}{\sqrt{\left(\dfrac{R_2'}{s}\right)^2 + X_2'^2}} \tag{10-3}$$

$\cos\varphi_2'$——转子电路的功率因数，

$$\cos\varphi_2' = \frac{R_2'/s}{\sqrt{(R_2'/s)^2 + X_2'^2}} = \frac{R_2'}{\sqrt{R_2'^2 + s^2 X_2'^2}} = \cos\varphi_2 \tag{10-4}$$

由式（10-4）可见，$\varphi_2' = \varphi_2$，因此在本书中，φ_2 与 φ_2' 是通用的。

按式（10-3）及式（10-4），并考虑到 $n = n_s(1-s)$，在图 10-1 上绘出 $n = f(I_2')$ 及

第十章 三相异步电动机的机械特性及各种运转状态

$n=f(\cos\varphi_2')$ 两条曲线。由式（10-3）可见，当 $n=n_s$（即 $s=0$）时，$R_2'/s=\infty$，故 $I_2'=0$；随着 n 从 n_s 减小（s 由零渐增时），当 s 较小时，$R_2'/s \gg X_2'$，X_2' 可忽略，I_2' 最初与 s 成正比地增加；到 s 较大时，R_2'/s 相对变小，X_2' 即不能忽略，且逐渐成为式（10-3）中分母的主要部分，此时随着 n 的继续减小（即 s 的继续上升），I_2' 增加缓慢。因此，$n=f(I_2')$ 即呈图 10-1 中的形状。

同时，由式（10-4）可见，$n=n_s$（即 $s=0$ 时），$\cos\varphi_2'=1$；随着 n 的逐步下降（即 s 的逐步增大），$\cos\varphi_2'$ 将逐步下降。$n=f(\cos\varphi_2')$ 即绘出如图 10-1 所示的形状。

在图 10-1 上，当不同的 n 值时，将上述两条曲线相乘，并乘以常数 $C_{T1}\Phi_m$，即得 $n=f(T_e)$ 的曲线，称为异步电动机的机械特性。由机械特性曲线可见，曲线 $n=f(T_e)$ 的形状与 $n=f(I_2')$ 不同，两者不成正比。当 n 由 n_s 逐渐减小时，I_2' 增加较快，$\cos\varphi_2'$ 的数值较大，使 T_e 值增加较快。当 $n=0(s=1)$ 时，虽然 I_2' 较大，但由于 $\cos\varphi_2'$ 较小，使与两者乘积成正比的 T_e 值不大。这样，在 n 从零到 n_s 之间，转矩 T_e 出现一个最大值，称为异步电动机的最大转矩 T_{max}。

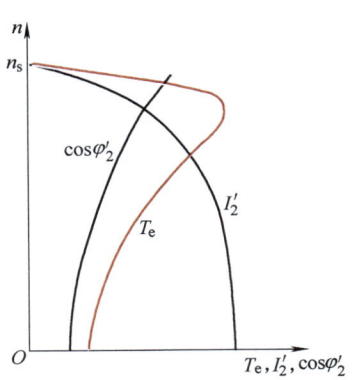

图 10-1 在不同转速时由 I_2' 和 $\cos\varphi_2'$ 的乘积求 T_e

式（10-1）称为异步电动机的机械特性的第一种表达式，它反映了不同转速时 T_e 与 Φ_m 及转子电流的有功分量 $I_2'\cos\varphi_2'$ 间的关系。在物理上，这三个量的方向又必须遵循左手定则，三者互相垂直，因此这一表达式又称为物理表达式。它在形式上与直流电动机的转矩表达式 $T_e=C_T\Phi I_a$ 相似，用以在物理上分析异步电动机在各种运转状态下转矩 T_e 与磁通 Φ_m 及转子电流的有功分量 $I_2'\cos\varphi_2'$ 间的关系较为方便。

二、参数表达式

上述物理表达式不能直接反映异步电动机转矩与电动机一些参数（如定子相电压 U_ϕ、s、R_1、R_2'、X_1、X_2'、定子相数 m_1、转子同步机械角速度 Ω_s 等）间的关系，为此必须进一步推导出机械特性的参数表达式。参数表达式可直接由物理表达式（10-1）推导出来。

将式（10-2）代入式（10-1），并考虑到

$$E_2' = \sqrt{2}\pi f_1 N_1 k_{w1} \Phi_m \tag{10-5}$$

$$\Omega_s = \frac{2\pi f_1}{p} \tag{10-6}$$

可得

$$T_e = \frac{m_1}{\Omega_s} E_2' I_2' \cos\varphi_2' \tag{10-7}$$

由于

$$E_2' = I_2' Z_2' \tag{10-8}$$

$$\cos\varphi_2' = \frac{\dfrac{R_2'}{s}}{Z_2'} \tag{10-9}$$

则得

$$T_e = \frac{m_1}{\Omega_s} I_2'^2 \frac{R_2'}{s} \tag{10-10}$$

由于异步电动机的电磁功率 P_e 为

$$P_e = m_1 I_2'^2 \frac{R_2'}{s} \tag{10-11}$$

式（10-10）即变为

$$T_e = \frac{P_e}{\Omega_s} \tag{10-12}$$

将式（10-12）的分子、分母同乘以 $(1-s)$，即得 T_e 与输出功率 P_2 及转子机械角速度 Ω 间的关系，即

$$T_e = \frac{P_2}{\Omega} \tag{10-13}$$

由异步电动机的近似等效电路，得

$$I_2' = \frac{U_\phi}{\sqrt{\left(\frac{R_2'}{s} + R_1\right)^2 + (X_1 + X_2')^2}} \tag{10-14}$$

将式（10-14）代入式（10-10），即得<u>异步电动机的机械特性参数表达式为</u>

$$T_e = \frac{m_1}{\Omega_s} \cdot \frac{U_\phi^2 \frac{R_2'}{s}}{\left(R_1 + \frac{R_2'}{s}\right)^2 + (X_1 + X_2')^2} \tag{10-15}$$

按式（10-15）并考虑 $n = n_s(1-s)$ 及 $\Omega_s = \dfrac{2\pi n_s}{60}$，即可绘制异步电动机的机械特性如图 10-2 所示。显然，其形状与按物理表达式绘出的图 10-1 中的 $n = f(T_e)$ 曲线是一样的。

机械特性方程式（10-15）为二次方程式，故在某一转差率 s_m 时，转矩有一最大值 T_{max}，称为异步电动机的最大转矩。

在式（10-15）中，使 $dT/ds = 0$，可求出产生 T_{max} 时的转差率 s_m，即

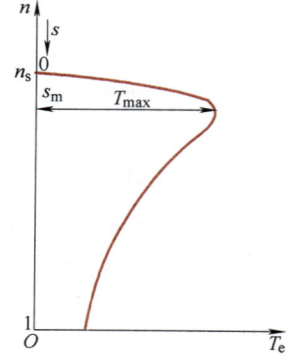

图 10-2　异步电动机的机械特性

$$s_m = \pm \frac{R_2'}{\sqrt{R_1^2 + (X_1 + X_2')^2}} \tag{10-16}$$

s_m 称为临界转差率。将式（10-16）代入式（10-15），可求得最大转矩 T_{max} 为

$$T_{max} = \pm \frac{m_1}{\Omega_s} \cdot \frac{U_\phi^2}{2[\pm R_1 + \sqrt{R_1^2 + (X_1 + X_2')^2}]} \tag{10-17}$$

式中，正号对应于电动机状态，而负号则适用于发电机状态。

通常 $R_1 \ll (X_1 + X_2')$，故式（10-16）及式（10-17）可近似变为

$$s_m \approx \pm \frac{R_2'}{X_1 + X_2'} \tag{10-18}$$

$$T_{max} \approx \pm \frac{m_1 U_\phi^2}{2\Omega_s(X_1 + X_2')} \tag{10-19}$$

第十章 三相异步电动机的机械特性及各种运转状态

由式（10-16）~式（10-19）可见：

1）当电动机各参数及电源频率不变时，T_{max} 与 U_ϕ^2 成正比，s_m 则保持不变，与 U_ϕ 无关。

2）当电源频率及电压不变时，s_m 与 T_{max} 近似地与 $(X_1 + X_2')$ 成反比。

3）T_{max} 与 R_2' 的值无关，s_m 则与 R_2' 成正比。对于绕线转子异步电动机，当转子电路串联某一恰当电阻 R_{st} 时，可使 $s_m = 1$（相当于 $n = 0$），即起动时转矩达最大值 T_{max}。显然，此时转子电路总电阻为

$$R_2' + R_Q' = \sqrt{R_1^2 + (X_1 + X_2')^2}$$

由此可求出

$$R_Q' = \sqrt{R_1^2 + (X_1 + X_2')^2} - R_2' \tag{10-20}$$

T_{max} 是异步电动机可能产生的最大转矩。如果负载转矩 $T_z > T_{max}$，电动机将因承担不了而停转。为保证电动机不会因短时过载而停转，电动机必须具有一定的过载倍数 K_T，即

$$K_T = \frac{T_{max}}{T_N} \tag{10-21}$$

一般异步电动机的 $K_T \approx 1.8 \sim 3.0$，对于起重冶金机械用的电动机，其 K_T 可达 3.5。K_T 是异步电动机很重要的参数，它反映了电动机短时过载的极限。

除了 T_{max} 外，异步电动机还有另一重要参数，即起动转矩 T_{st}，它是异步电动机接至电源开始起动时的电磁转矩，此时 $s = 1(n = 0)$，代入式（10-15），得

$$T_{st} = \frac{m_1}{\Omega_s} \cdot \frac{U_\phi^2 R_2'}{(R_1 + R_2')^2 + (X_1 + X_2')^2} \tag{10-22}$$

由式（10-22）可见，对于绕线转子异步电动机，转子电路串联附加电阻（即加大 R_2'），便能改变 T_{st}，从而可改善起动特性。

对于笼型异步电动机，则 T_{st} 不能用转子电路串联电阻的方法改变。此时 T_{st} 与 T_N 的比值称为起动转矩倍数 K_{st}，即

$$K_{st} = \frac{T_{st}}{T_N} \tag{10-23}$$

K_{st} 是笼型异步电动机的一个参数，它反映了电动机的起动能力。对于某一型号的笼型异步电动机，其 K_{st} 的数值可由产品目录中查到。

显然，当 $T_{st} > T_z$ 时，电动机才能起动起来。在额定负载下，只有 $K_{st} > 1$ 的笼型异步电动机才能起动。

三、实用表达式

上述参数表达式，对于分析 T_e 与电动机参数间的关系，进行某些理论分析，是非常有用的。但是，由于在电动机产品目录中，定子及转子的参数 R_1、X_1、R_2' 及 X_2' 是查不到的，因此，用参数表达式以绘制机械特性或进行分析计算是很不方便的，为此，必须导出较为实用的表达式。

将式（10-17）除以式（10-15）并考虑式（10-16），化简后得

$$T_e = \frac{2T_{max}\left(1 + s_m \frac{R_1}{R_2'}\right)}{\frac{s}{s_m} + \frac{s_m}{s} + 2s_m \frac{R_1}{R_2'}} \tag{10-24}$$

如忽略 R_1，得

$$T_e = \frac{2T_{max}}{\frac{s}{s_m} + \frac{s_m}{s}} \tag{10-25}$$

式（10-25）中的 T_{max} 及 s_m 可由电动机产品目录中查得的数据求得，故较为实用，称为实用表达式。现介绍求 T_{max} 及 s_m 的方法如下：

由式（10-21）可得

$$T_{max} = K_T T_N \tag{10-26}$$

式中

$$T_N = 9550 \frac{P_N}{n_N} \tag{10-27}$$

式（10-26）及式（10-27）中的 K_T、P_N（kW）及 n_N（r/min）均可由产品目录查得，从而可得 T_{max}（N·m）。

s_m 可用下式求得，即

$$s_m = s_N(K_T + \sqrt{K_T^2 - 1}) \tag{10-28}$$

式中 s_N——额定转差率，

$$s_N = \frac{n_s - n_N}{n_s} \tag{10-29}$$

式（10-28）可导出如下：

在实用表达式（10-25）中，当 $s = s_N$ 时，$T_e = T_N$，得

$$T_N = \frac{2T_{max}}{\frac{s_N}{s_m} + \frac{s_m}{s_N}} \tag{10-30}$$

对式（10-30）中的 s_m 进行求解，考虑到 $T_{max} = K_T T_N$，即可求得式（10-28）了。

这样在实用表达式中，在按产品目录求出 T_{max} 及 s_m 后，只剩下 T_e 与 s 两个未知数了。如欲绘制异步电动机的机械特性，只要给定一系列的 s 值，按实用表达式（10-25）求出相应的 T_e 值，即可绘出 $n = f(T_e)$ 曲线。同样，利用式（10-25），还可进行机械特性的其他计算，其应用极为广泛。

当电动机在额定负载以下运行时，转差率 s 很小，则 $s/s_m \ll s_m/s$，在式（10-25）中，如进一步忽略 s/s_m，则得

$$T_e = \frac{2T_{max}}{s_m}s \tag{10-31}$$

由式（10-31）可见，T_{max} 与 s_m 已知，当 $s < s_N$ 时，T_e 与 s 成正比，机械特性可看作一条直线。式（10-31）称为机械特性的近似计算公式，应用这个公式时，s_m 可按下式计算，即

$$s_m = 2K_T s_N \tag{10-32}$$

式（10-32）可用 $s=s_N$、$T_e=T_N$ 代入式（10-31）求得。

异步电动机的机械特性可视为由两部分组成，即当负载转矩 $T_z \leq T_N$ 时，机械特性近似为直线，称为机械特性的直线部分，又可称为工作部分，因电动机不论带动何种负载均能稳定运行；当 $s \geq s_m$ 时，机械特性为一曲线，称为机械特性的曲线部分，有时又称之为非工作部分。但所谓非工作部分是仅对恒转矩负载或恒功率负载而言的，因为电动机这一特性段与这类负载转矩特性的配合，使电力拖动系统不能稳定运行，而对于通风机负载，则在这一特性段上系统却能稳定工作（请读者参照第八章所述方法，自行分析）。由于没有普遍意义，因此应用"非工作部分"的名称是不确切的。

前述异步电动机机械特性的三种表达式，其应用场合各有不同。一般物理表达式适用于定性地分析 T_e 与 Φ_m 及 $I_2'\cos\varphi_2'$ 间的关系；参数表达式可用以分析各参数变化对电动机运行性能的影响；实用表达式最适于用以进行机械特性的工程计算。

第二节　三相异步电动机的固有机械特性与人为机械特性

一、固有机械特性

固有机械特性是指异步电动机工作在额定电压及额定频率下，电动机按规定的接线方法接线，定子及转子电路中不外接电阻（电抗或电容）时所获得的机械特性曲线 $n=f(T_e)$。

三相异步电动机的固有机械特性绘出如图 10-3 所示。为了描述机械特性的特点，下面着重研究几个反映电动机工作的特殊运行点，即

（1）起动点 A　其特点是：$n=0$（$s=1$）；$T_e=T_{st}$（T_{st} 为起动转矩）；起动电流 $I_{1st}=(4\sim7)I_{1N}$。

（2）额定工作点 B　其特点是：$n=n_N$（$s=s_N$）；$T_e=T_N$；$I_1=I_{1N}$。

（3）同步速点 H　其特点是：$n=n_s$（$s=0$）；$T_e=0$，$I_2'=0$，$I_1=I_0$。H 点是电动状态与回馈制动状态的转折点。

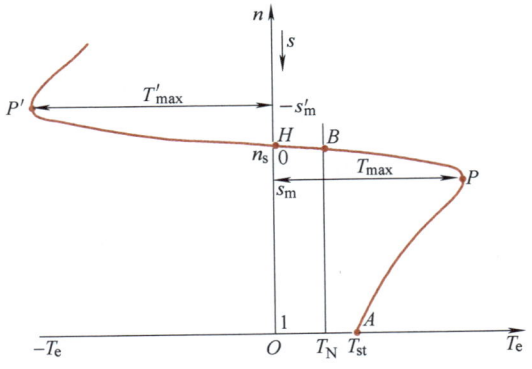

图 10-3　三相异步电动机的固有机械特性

（4）最大转矩点

1）电动状态最大转矩点 P：其特点是：$T_e=T_{max}$，$s=s_m$〔式（10-16）及式（10-17）中带正号时〕。

2）回馈制动最大转矩点 P'：其特点是：$T_e=T'_{max}$，$s=s'_m$（均为负值）。这对应于式（10-16）及式（10-17）中带负号时。由两式可得

$$|s'_m|=|s_m| \tag{10-33}$$

$$|T'_{max}|>|T_{max}| \tag{10-34}$$

由式（10-34）可见，在回馈制动时异步电动机的过载能力较电动状态时大，只有当忽略 R_1 时，两者才相等。

二、人为机械特性

由异步电动机的机械特性参数表达式可见：异步电动机电磁转矩 T_e 的数值是由某一转速 n（或 s）下的电源电压 U_ϕ，电流频率 f_1，定子极对数 p，定子及转子电路的电阻及电抗 R_1、R_2'、X_1、X_2' 决定的。因此人为地改变这些参数，就可得到不同的人为机械特性。现介绍改变某些参数时的人为机械特性如下：

1. 降低 U_ϕ

当供电电网电压降低时，由式（10-16）、式（10-17）及式（10-22）可见：最大转矩 T_{max} 及起动转矩 T_{st} 与 U_ϕ^2 成正比地降低；s_m 与 U_ϕ 的降低无关（即保持不变）；由于同步转速 $n_s=60f_1/p$，因此 n_s 也保持不变（其值与 U_ϕ 无关）。

降低 U_ϕ 的人为机械特性，可在固有机械特性的基础上绘制，在不同的转速（或转差率）处，固有机械特性上的转矩值乘以电压变化的百分数的二次方，即得人为机械特性上对应的转矩值。

图 10-4 上绘出了 $U_\phi=U_N$ 及 $0.5U_N$ 时的人为机械特性。

现分析降低电网电压对电动机运行的影响：

设电动机原在额定情况下运行，此时电动机 $U_\phi=U_N$，$I_1=I_{1N}$，$n=n_N$，$T_e=T_N$。如果电网电压由于某种原因降低，负载保持额定值不变时，电动机即不能连续长期运行，否则会影响电动机寿命甚至可能烧坏。

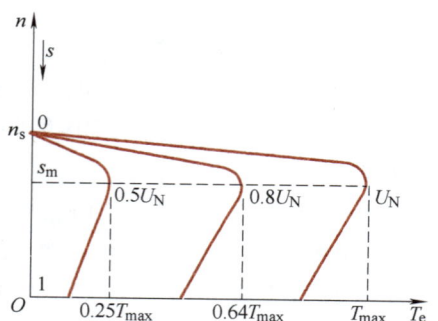

图 10-4 异步电动机降低 U_ϕ 时的人为机械特性

其原因为：当 U_ϕ 降低时，在降低瞬间，转速 n_N 不变，电动机电流 I_1 及 I_2' 将下降，T_e 下降，电动机开始减速（因 $T_e<T_z$），s 增大，电流因 sE_2 增大而回升，在 T_e 回升到 $T_e=T_z$ 以前，电动机继续减速，一直降到 n_x（转差率由 s_N 升到 s_x）为止，此时 $T_e=T_z=T_N$，又达到新的平衡状态。由于 U_ϕ 下降前后负载保持额定值不变，按式（10-10），$T_e\propto I_2'^2(1/s)$，得

$$I_{2N}'^2\frac{1}{s_N}=I_{2x}'^2\frac{1}{s_x} \qquad (10\text{-}35)$$

式中 I_{2x}'——U_ϕ 降低后转子电流的折算值。

在式（10-35）中，由于 $s_x>s_N$，则 $I_{2x}'>I_{2N}'$，U_ϕ 降低后电动机电流将大于额定值，电动机如长时间连续运行，最终温升将超过允许值，导致电动机寿命缩短，甚至烧坏。

2. 转子电路内串联对称电阻

在绕线转子电动机的转子电路内，三相分别串联同样大小的电阻 R_Ω，由式（10-16）、式（10-17）、式（10-22）等可见，此时 n_0 不变；T_{max} 也不变；s_m 随 R_Ω 的增大而增大；T_{st} 的值将改变，一开始随 R_Ω 的增大而增加，一直增大到 R_{st} 时，$T_{st}=T_{max}$，如 R_Ω 继续增大，T_{st} 将开始减小（见图 10-5）。

转子电路串联对称电阻适用于绕线转子异步电动机的起动，也可用于调速。其人为机械特性绘于图 10-5 上。

第十章 三相异步电动机的机械特性及各种运转状态

3. 定子电路串联对称电抗

在笼型异步电动机定子电路的三相中分别串联对称电抗 X_{st}，由式（10-16）、式（10-17）、式（10-22）等可见：n_s 不变，T_{max}、T_{st} 及 s_m 将随 X_{st} 增大而减小。人为机械特性绘于图 10-6。

定子电路串联对称电抗一般用于笼型异步电动机的减压起动，以限制电动机的起动电流。

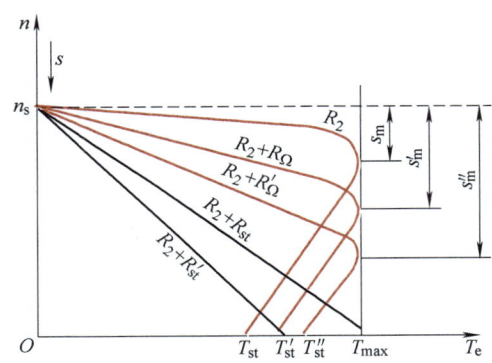

图 10-5　转子电阻内串联对称电阻时的人为机械特性

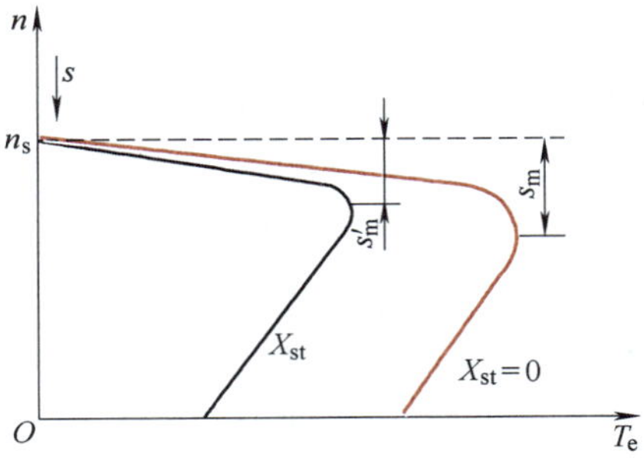

图 10-6　定子电路串联对称电抗时的人为机械特性

4. 定子电路串联对称电阻

在笼型异步电动机定子电路的三相中串联对称电阻 R_f，与串联对称电抗 X_{st} 时相似，由式（10-1）、式（10-17）、式（10-22）等同样可见：n_s 不变，T_{max}、T_{st} 及 s_m 将随 R_f 增大而减小。人为机械特性示于图 10-7。

与串联对称电抗时相同，定子串联对称电阻一般也用于笼型异步电动机的减压起动。

5. 转子电路接入并联阻抗

在图 10-8a 中，在绕线转子异步电动机转子电路每相接入电抗器与电阻（其感抗为 X_{st}、电阻 R_{st}）的并联电路。这样，在电动机加速过程中，当转子频率 sf_1 变化时，在转子电路中的两个并联支路之间，电流将进行重新分配。在起动初期，当转子频率相当大时，电抗器的感抗 X_{st}（$X_{st} = 2\pi sf_1 L_{st}$）较大，转子电流的大部分将流过电阻 R_{st}。这个电阻实际上决定了起动电流和起动转矩。当转子逐渐加速而转子频率逐渐降低时，X_{st} 也随之

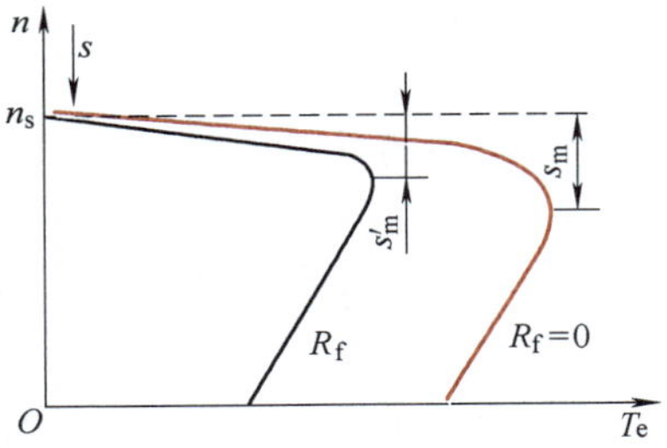

图 10-7　定子电路串联对称电阻时的人为机械特性

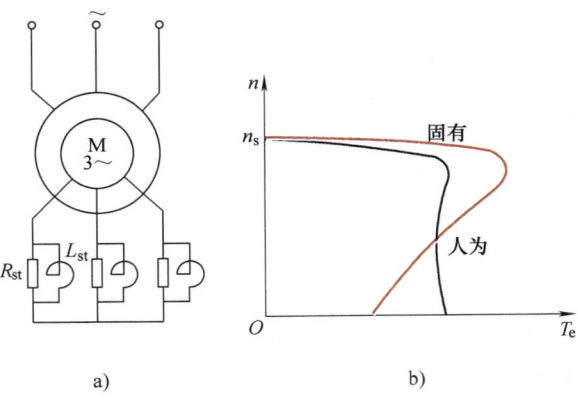

图 10-8　转子接入并联阻抗的电路图与人为机械特性

a) 电路图　b) 人为机械特性

减小，这时大部分的转子电流将开始流过电抗器。在起动结束时，转子频率将变得很小（$sf_1 \approx 2 \sim 5\text{Hz}$），$X_{st}$ 的值很小，因而几乎全部转子电流将流过电抗器，近乎将电阻 R_{st} 短路。由于转子电路参数可变，如果参数配合恰当，电动机在整个加速过程中可以产生几乎恒定的转矩，在图 10-8b 上绘出了这样的人为机械特性。

转子电路接入并联阻抗又能限制起动电流，在起动级数最少的情况下，保证电动机平滑地加速。

绕线转子异步电动机转子接入并联阻抗时，转子电路的等效电路如图 10-9 所示。

为获得图 10-8 所示的人为机械特性，可采用下列参数的电抗器，即

$$\left. \begin{array}{l} X_{st} = (3 \sim 4)X_2 \\ R'_{st} = R_2 \end{array} \right\} \quad (10\text{-}36)$$

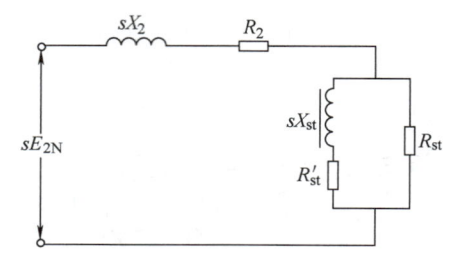

图 10-9 转子接入并联阻抗的转子等效电路图

式中 R'_{st}——电抗器线圈的电阻；
R_2 及 X_2——电动机转子绕组的电阻及电抗。与电抗器并联的电阻 R_{st} 则可采用下列参数，即

$$R_{st} = 16R_2 \quad (10\text{-}37)$$

绕线转子异步电动机转子串联频敏变阻器起动即应用上述原理，它利用铁磁材料的频敏特性以实现电动机的平滑起动。关于频敏变阻器的结构及原理将于第十一章介绍。

除上述五种人为机械特性外，尚有改变定子极对数及改变电源频率时的人为机械特性等，这些特性将于第十二章讨论。

第三节 三相异步电动机的各种运转状态

与直流电动机相同，三相异步电动机也可工作于两大运转状态，即电动运转状态与制动运转状态。

一、电动运转状态

电动运转状态的特点是电动机电磁转矩 T_e 的方向与转速 n 的旋转方向相同。在图 10-10 的第一及第三象限内绘出了电动状态下电动机的机械特性，第三象限相当于电动机工作在逆向电动状态。在电动状态工作时，电动机由电网吸取电能，变换成机械能以带动负载。

二、制动运转状态

与直流电动机相同，异步电动机也可工作于回馈制动、反接制动及能耗制动三种制动状态。其共同特点是电动机转矩 T_e 与转速 n 的方向相反，以实现制动。此时，电动机由轴上吸收机械能，并转换为电能。

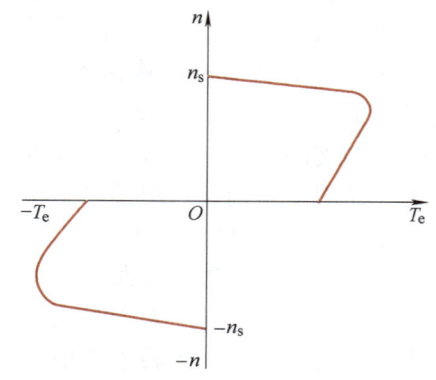

图 10-10 电动状态下异步电动机的机械特性

第十章 三相异步电动机的机械特性及各种运转状态

1. 回馈制动状态

当异步电动机由于某种原因，例如位能负载的作用（图 10-11 中重物的作用），使其转速高于同步速度 n_s，即 $n > n_s$ 时，转差率 $s = (n_s - n)/n_s < 0$，转子感应电动势 sE_2 反向，转子电流的有功分量为 $I'_{2a} = I'_2 \cos\varphi_2$，即

$$I'_{2a} = \frac{E'_2}{\sqrt{(R'_2/s)^2 + X'^2_2}} \frac{(R'_2/s)}{\sqrt{(R'_2/s)^2 + X'^2_2}} = \frac{E'_2(R'_2/s)}{(R'_2/s)^2 + X'^2_2} \tag{10-38}$$

转子电流的无功分量为 $I'_{2\mu} = I'_2 \sin\varphi_2$，即

$$I'_{2\mu} = \frac{E'_2}{\sqrt{(R'_2/s)^2 + X'^2_2}} \frac{X'_2}{\sqrt{(R'_2/s)^2 + X'^2_2}} = \frac{E'_2 X'_2}{(R'_2/s)^2 + X'^2_2} \tag{10-39}$$

由式（10-38）及式（10-39）可见，当 s 变负时，转子电流的有功分量改变了方向，其无功分量的方向则不变。这样，可绘出异步电动机的回馈制动状态下的相量图，如图 10-12 所示。

由图 10-12 可见，在 U_ϕ 和 I_1 之间的相位差 $\varphi_1 > 90°$。此时定子功率 $P_1 = m_1 U_\phi I_1 \cos\varphi_1$ 为负，即定子绕组将电能回馈电网。

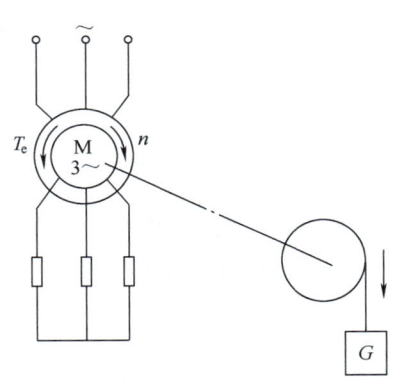

图 10-11 位能负载带动异步电动机进入回馈制动状态

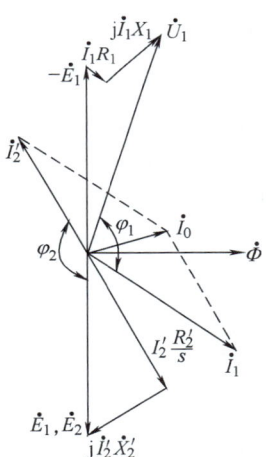

图 10-12 异步电动机在回馈制动时的相量图

另外由于 $I'_2 \cos\varphi_2$ 为负，则 $T_e = C_{T1} \Phi_m I'_2 \cos\varphi_2$ 也变为负，T_e 的方向与转向相反，故此时异步电动机既回馈电能，又在轴上产生机械制动转矩，即在制动状态下工作。

在回馈制动时，异步电动机轴上输出的机械功率 P_2 按式（10-13）为

$$P_2 = T_e \Omega \tag{10-40}$$

由于 T_e 为负，故 P_2 也变为负，则此时异步电动机由轴上输入（即吸收）机械功率。

回馈制动时，异步电动机的机械特性绘于图 10-13 的第二象限（因 T_e 为负，n 为正，且 $n > n_s$）。当电动机的制动转矩与负载位能转矩 T_z 相平衡时，电动机即稳定运行（如图中 A 点，电动机以 $n_1 > n_s$ 的转速运转）。

如在转子电路中串联电阻，可得人为机械特性，并可得到不同的稳定转速。串联的

电阻值越大，稳定转速将越高。一般在回馈制动时不串电阻，以免转速过大。

异步电动机在回馈状态一般可用于位能负载下放，以获得稳定的下放速度。回馈制动还可能发生在异步电动机定子由少极对数换接成多极对数时，因定子换接前极对数小，电动机的转速高，它将大于换接后的同步转速，电动机将进入回馈制动状态。关于异步机换接极对数的问题将在第十二章讨论。

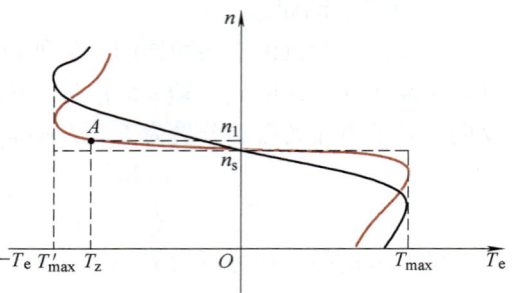

图 10-13　异步电动机回馈制动的机械特性

由式（10-39）可见，在异步电动机回馈制动状态下，转子电流的无功分量方向不变，即此时与电动状态时相同，异步电动机定子必须接到电网，并从电网吸取无功功率以建立电动机的磁场。

如果考虑某些工程应用，要求异步电动机定子脱离电网，又希望它能发电，则必须在异步电动机定子三相之间接上连接成三角形或者星形的三组电容器。这时电容器组可供给异步电动机发电所需要的无功功率，即供给建立磁场所需要的励磁电流。电容器连接成三角形时与异步电动机定子的接线图如图 10-14 所示。

当原动机带动异步发电机以高于同步转速的转速旋转时，定子绕组切割电动机转子剩磁而感应较小的定子电动势，这个电动势加在电容器 C 上，将产生超前于电动势的电容电流，电流流经定子绕组

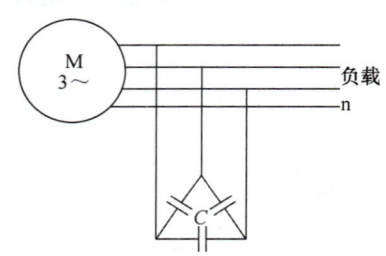

图 10-14　电容器接成三角形时与异步电动机定子的接线图

产生的磁场又在转子中感应电流并建立磁场，则电动机的磁场得到加强；这样，它感应的定子电动势、流过电容器与定子绕组的电流都得到加强，使电动机磁场进一步增强，定子电动势将不断增加。与直流并励发电机自励过程相似，异步发电机也将自励起来，如电容器选得适当，发电机应达到额定的空载电压。

由上所述，异步电动机的自励发电，主要靠电容器供给定子绕组一个超前于定子电动势 E_1 的电容电流，由图 10-12 所示的相量图可见，这一电流可建立自励发电所需要的磁场。

当电容器接成三角形时（见图 10-14），电容量 C 可参考下式选择（根据电动机额定线电压 U_N 时，电动机的励磁电流近似为 I_0，而流过电容 C 的电流为 $I_0/\sqrt{3}$ 的条件选择）。

$$C = \frac{1}{\sqrt{3}} \frac{I_0 \times 10^6}{2\pi f_1 U_N} \tag{10-41}$$

式中　C——接成三角形时每相电容量（μF）；

I_0——电动机的励磁电流（A），可由试验测得，或者取 $I_0 = 0.3 I_{1N}$，I_{1N} 为定子额定电流。电容器也可接成星形，此时每相电容量 C' 可参考下式选择，即

$$C' = \frac{\sqrt{3} I_0 \times 10^6}{2\pi f_1 U_N} \tag{10-42}$$

第十章 三相异步电动机的机械特性及各种运转状态

由式（10-41）及式（10-42）可见，因此在电容器电压允许的条件下，异步发电机定子端的电容器接成三角形较为经济。

一般异步发电机应在空载时起动。若不能自励，则可能由于原动机转速低、发电机无剩磁、电容器损坏或电容量太小等原因造成，这时显然应采取下列措施：提高原动机转速，向发电机定子一个绕组充磁，更换新的电容器或增加电容量。

2. 反接制动状态

实现反接制动可有转速反向与两相反接两种方法，现分别讨论如下：

（1）转速反向的反接制动　与直流电动机相似，这种制动可用图 10-15 来说明。异步电动机转子电路串联较大电阻时，接通电源，电动机的起动转矩的方向与重物 G 产生的负载转矩的方向相反，当 $T_{st} < T_z$ 时，在重物 G 的作用下，迫使电动机反 T_{st} 的方向旋转，并在重物下放的方向加速。此时转差率 s 为

$$s = \frac{n_s - (-n)}{n_s} = \frac{n_s + n}{n_s} > 1 \tag{10-43}$$

随着 $|-n|$ 的增加，s、I_2 及 T_e 均增大，直到转矩增至 $T_e = T_z$（图 10-16 上的 B 点），转速稳定为 $-n_2$，此时重物以等速下降。图 10-16 中机械特性在第四象限的部分（用实线表示）即为异步电动机转速反向的反接制动特性。

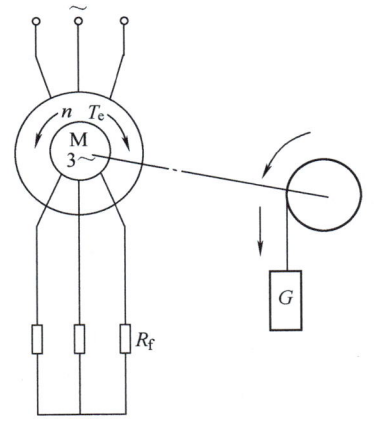

图 10-15　异步电动机转速反向反接制动电路图

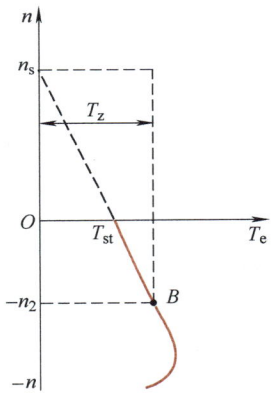

图 10-16　转速反向的反接制动时的异步电动机特性

这种制动与前述回馈制动一样，可用于起重机的重物下放，这也属于一种稳定的制动状态。电动机工作在反接制动状态时，它由轴上输入机械功率，同时，定子又通过气隙向转子输送电功率，这两部分功率合起来消耗在转子电路的总电阻（$R_2 + R_f$）中。这可证明如下：

转子由定子输入的电功率即为电磁功率，其值为

$$P_e = 3I_2^2 \frac{R_2 + R_f}{s} \tag{10-44}$$

式中，$s > 1$，P_e 为正值。

转子轴上机械功率为

$$P_2 = P_e(1-s) \tag{10-45}$$

当 $s>1$ 时，P_2 为负值，即电动机由轴上输入机械功率。

转子电路的损耗为

$$\Delta P_2 = P_e - P_2 \tag{10-46}$$

由于 P_2 为负值，故 ΔP_2 数值上等于 P_e 与 P_2 之和，能量损耗极大。

（2）定子两相反接的反接制动　设异步电动机带动生产机械原在电动状态下稳定运行（图 10-17b 中的 A 点），为了迅速停车或反向，可将定子两相反接（如为绕线转子异步电动机，可同时在转子电路中串联电阻 R_f，见图 10-17b），定子相序改变，旋转磁场方向也改变，从而得到 n_s 与原转速方向相反（即对应于 $-n_s$）的机械特性，工作点由 A 转移到 B，此时转子切割磁场的方向与电动状态时相反，E_2 的方向改变了。此时转差率 s 为

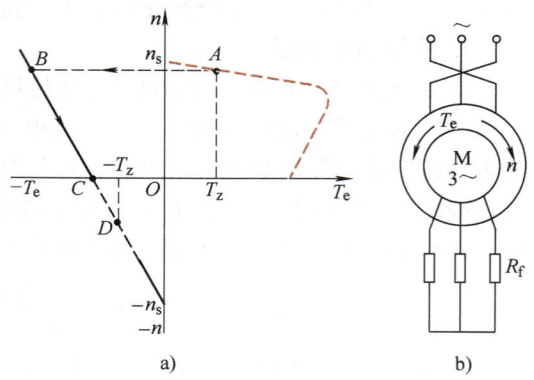

图 10-17　异步电动机定子两相反接的电路图与机械特性

a) 机械特性　b) 电路图

$$s = \frac{-n_s - n}{-n_s} = \frac{n_s + n}{n_s} > 1 \tag{10-47}$$

由式（10-47）可见，$s>1$ 是反接制动（转速反向与两相反接两种状态一样）的特点。

在两相反接时，E_2、sE_2、I_2 及 T_e 均与电动状态时相反，即电动机的转矩为 $-T_e$，与负载转矩 T_z 共同作用下，电动机转速很快下降，这相当于图 10-17a 中机械特性的 BC 段。在转速为零的 C 点，如不切断电源，电动机即反向加速，进入反向的电动状态（对应于特性 CD 段），加速到 D 点时，电动机将稳定运转，实现了电动机的逆转过程。

改变限流电阻 R_f（见图 10-17b）之值，可调节制动转矩的大小。

两相反接制动的优点是制动效果强，缺点是能量损耗大，制动准确度差，如要停车，还须用自动控制线路切断电源。它适用于生产机械的迅速停车与迅速反向。

与直流电动机相同，异步电动机带动位能负载时，则两相反接使转速反向后，在图 10-17a 上 D 点不能稳定运转，而将继续加速，当 $|-n|>|-n_s|$ 时，电动机进入反向回馈制动状态。

3. 能耗制动状态

异步电动机原在图 10-18a 所示的 A 点运行，相应于图 10-18b 电路图中触点 KM_1 闭合，KM_2 断开。为了迅速停车，触点进行换接，即当 KM_1 断开，电动机脱离电网时，立即将 KM_2 接通，则在定子两相绕组内通入直流电流，在定子内形成一固定磁场。当转子由于惯性而仍在旋转时，其导体即切割此磁场，在转子中产生感应电动势及转子电流。根据左手定则，可确定出转矩的方向（根据定子磁场与转子电流的有功分量的方向决定）与转速的方向相反，即为制动转矩。

能耗制动时的机械特性绘于图 10-18a 第二象限。当转子内电阻增加而直流励磁电流不变时，产生最大转矩时的转速也增加，但最大转矩保持不变，如图 10-18a 特性曲线 1 与 3 所示，特性 3 对应于串联电阻较大时。

第十章 三相异步电动机的机械特性及各种运转状态

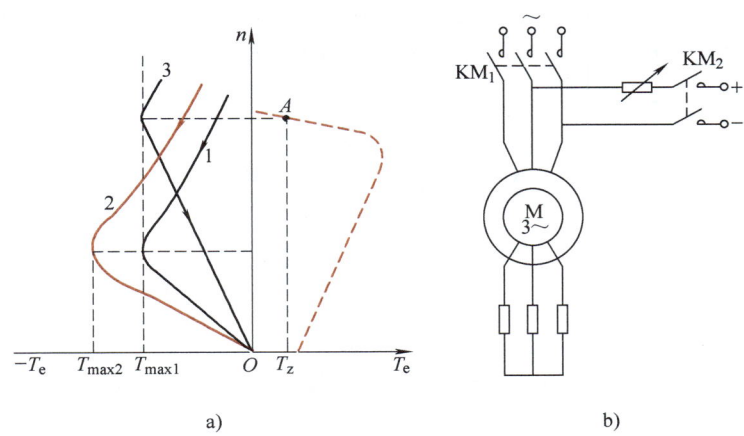

图 10-18 异步电动机能耗制动的电路图及机械特性
a) 机械特性 b) 电路图

当转子电路的串联电阻不变而直流励磁电流增加时,产生最大转矩时的转速不变,但最大转矩将增大,如图 10-18a 中特性 1 与 2 所示,特性 2 对应于直流励磁电流较大时。

必须指出,特性 1、2 及 3 是在假定电动机磁路不饱和的情况下绘制的。

在能耗制动时,改变转子串联电阻或定子直流励磁电流的大小,均可调节制动转矩的数值。

由机械特性曲线的形状可见,当电动机转速下降为零时,其制动转矩亦降为零,所以应用能耗制动能使生产机械准确停车。它广泛应用于矿井提升及起重运输等生产机械上。

图 10-18a 第二象限所示的机械特性是根据能耗制动时的机械特性方程式绘制的。下面将推导能耗制动时的机械特性方程式。

为了分析异步电动机能耗制动特性,先将直流电流产生的不对称励磁系统用磁动势幅值与它等效的对称三相交流电流系统来代替。

在三相绕组内通过三相交流电流时,合成磁动势 $F_\sim$ 可表示为

$$F_\sim = \frac{3}{2}\sqrt{2}I_1 N_1 \tag{10-48}$$

式中 I_1——定子相电流的有效值;
N_1——定子每相绕组的串联匝数。

令 $F_\sim$ 等于直流合成磁动势 F_-,可以求出与直流磁动势等效的三相交流电流 I_1,亦即

$$F_- = F_\sim = \frac{3}{2}\sqrt{2}I_1 N_1$$

$$I_1 = \frac{\sqrt{2}F_-}{3N_1} \tag{10-49}$$

根据式(10-49),可以算出直流电流 I_- 与等效交流电流 I_1 间的关系。现就定子绕组常用的接线图之一(表 10-1 中接线图编号 I),求出 I_- 与 I_1 间的关系。

图 10-19a 所示为表 10-1 中 I 号接线图；图 10-19b 表示了定子绕组产生的在空间彼此有位移的磁动势；图 10-19c 表示合成磁动势的矢量图。

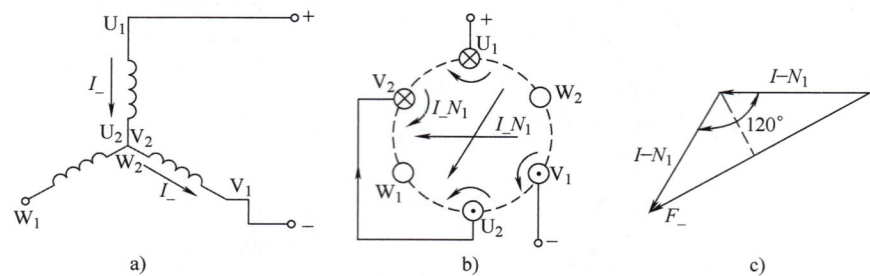

图 10-19　能耗制动时定子绕组接线图、磁动势图及合成磁动势矢量图
a）接线图　b）磁动势图　c）合成磁动势矢量图

由图 10-19c 得

$$F_- = 2I_-N_1\cos 30° = \sqrt{3}I_-N_1 \tag{10-50}$$

将式（10-50）代入式（10-49），得

$$I_1 = \frac{\sqrt{2}}{\sqrt{3}}I_- \tag{10-51}$$

其他常用接线图的 I_1 与 I_- 间的关系式可参阅表 10-1。

表 10-1　能耗制动时定子绕组不同联结方式的各种数据

编号	接线图	矢量图	F_-	I_1	I_-	R_-	U_-	P_-
I			$\sqrt{3}I_-N_1$	$\frac{\sqrt{2}}{\sqrt{3}}I_-$	$1.22I_1$	$2R_1$	$2.44I_1R_1$	$3I_1^2R_1$
II			$\frac{3}{2}I_-N_1$	$\frac{\sqrt{2}}{2}I_-$	$1.41I_1$	$\frac{3}{2}R_1$	$2.12I_1R_1$	$3I_1^2R_1$
III			I_-N_1	$\frac{\sqrt{2}}{3}I_-$	$2.12I_1$	$\frac{2}{3}R_1$	$1.41I_1R_1$	$3I_1^2R_1$
IV			$\frac{\sqrt{3}}{2}I_-N_1$	$\frac{\sqrt{2}}{2\sqrt{3}}I_-$	$2.45I_1$	$\frac{1}{2}R_1$	$1.22I_1R_1$	$3I_1^2R_1$
V			$2I_-N_1$	$\frac{2\sqrt{2}}{3}I_-$	$1.05I_1$	$3R_1$	$3.18I_1R_1$	$3.37I_1^2R_1$

第十章 三相异步电动机的机械特性及各种运转状态

决定了与直流电流 I_- 等效的交流电流 I_1，就可把能耗制动时的异步电动机表示为正常接线的异步电动机。在图 10-20 上绘出异步电动机的电流相量图，假定转子绕组已折算到定子绕组的匝数和电网频率。由相量图可见，各个电流之间有下列关系，即

$$I_1^2 = I_2'^2 + 2I_\mu I_2' \sin\varphi_2 + I_\mu^2 \quad (10\text{-}52)$$

如果在一定的磁通和对应于电网频率的同步转速 n_s 之下，在转子内感应了电动势 E_2，那么在另一转速 n 之下转子电动势将是 $E_2 n/n_s$；转子每相电阻是 R_2；对应于转速 n 的频率下的转子每相电抗是 $X_2 n/n_s$，其中 X_2 是电网频率下的转子每相电抗。令 $v = n/n_s$，则对转子电路可得

$$E_2' v = I_2' Z_2' \quad (10\text{-}53)$$

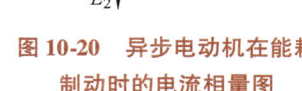

图 10-20 异步电动机在能耗制动时的电流相量图

式中 Z_2'——转子每相阻抗的折算值。

由于 $E_1 = E_2'$，励磁电流为

$$I_\mu = \frac{E_1}{X_m} = \frac{I_2' Z_2'}{v X_m} \quad (10\text{-}54)$$

式中 X_m——励磁电抗。

由相量图得

$$\sin\varphi_2 = \frac{X_2' v}{Z_2'} \quad (10\text{-}55)$$

$$Z_2' = \sqrt{R_2'^2 + (X_2' v)^2} \quad (10\text{-}56)$$

将式（10-54）~式（10-56）代入式（10-52）并化简，得

$$I_2' = \frac{I_1 X_m}{\sqrt{\left(\dfrac{R_2'}{v}\right)^2 + (X_m + X_2')^2}} \quad (10\text{-}57)$$

由式（10-7），得

$$T_e = \frac{m_1}{\Omega_s} E_2' I_2' \cos\varphi_2 = \frac{m_1}{\Omega_s} \frac{I_2' Z_2'}{v} I_2' \frac{R_2'}{Z_2'} = \frac{m_1}{\Omega_s} I_2'^2 \frac{R_2'}{v} \quad (10\text{-}58)$$

式（10-57）代入式（10-58），得机械特性方程式

$$T_e = \frac{m_1 I_1^2 X_m^2 \dfrac{R_2'}{v}}{\Omega_s \left[\left(\dfrac{R_2'}{v}\right)^2 + (X_m + X_2')^2\right]} \quad (10\text{-}59)$$

由式（10-59）可见，异步电动机能耗制动时的转矩决定于等效电流 I_1，并且是转子相对转速 v 与转子电路电阻 R_2' 的函数。

在式（10-59）中，使 $dT/dv = 0$ 即可求得能耗制动时的最大转矩 T_{mT} 与产生 T_{mT} 时的相对转速 v_m（或称为临界相对转速）为

$$v_m = \frac{R_2'}{X_m + X_2'} \quad (10\text{-}60)$$

将式（10-60）代入式（10-59），可求得 T_{mT} 为

$$T_{mT} = \frac{m_1}{\Omega_s} \frac{I_1^2 X_m^2}{2(X_m + X_2')} \quad (10\text{-}61)$$

以式（10-61）除以式（10-59），并且利用式（10-60），可得能耗制动机械特性的实用表达式为

$$T_e = \frac{2T_{mT}}{\dfrac{v}{v_m} + \dfrac{v_m}{v}} \quad (10\text{-}62)$$

图 10-18a 上绘出的能耗制动机械特性，就是根据式（10-59）或式（10-62）绘制的。由图 10-18a 与式（10-60）及式（10-61）可见，电阻 R_2 增大时，v_m 将向较大值的方向移动，但 T_{mT} 的大小保持不变，图 10-18a 中特性 1 与 3 所示。另外，如电阻 R_2 不变，则 v_m 不变，最大制动转矩 T_{mT} 与 I_1^2 成正比，此时假定电动机磁路没有饱和，X_m 为常数，如图 10-18a 中特性 1 与 2 所示。

如果电动机磁路已饱和，则 X_m 为变数，此时可利用图 10-21 所示的曲线，这两条曲线是根据由实验求得的电动机平均磁化曲线作出的。根据给定的交流等效电流的相对值 i_1，由图 10-21 即能查出与最大制动转矩 T_{mT} 和临界相对转速 v_m 成比例的 m_m 与 V_m 的数值。I_1 与 i_1、T_{mT} 与 m_m、v_m 与 V_m 间的关系分别为

$$i_1 = \frac{I_1}{I_0} \quad (10\text{-}63)$$

$$m_m = T_{mT} \Big/ \left(\frac{3 I_0 U_\phi}{\Omega_s}\right) \quad (10\text{-}64)$$

$$V_m = v_m \Big/ \left(\frac{I_0 R_2'}{U_\phi}\right) \quad (10\text{-}65)$$

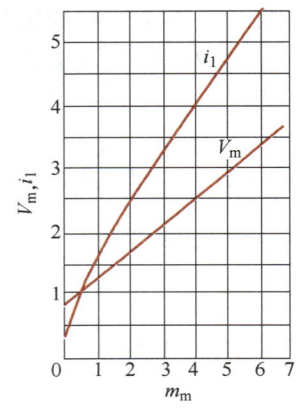

图 10-21　电动机饱和时计算 T_{mT} 与 v_m 的曲线

式中　I_0——定子空载相电流；

　　　U_ϕ——定子相电压。

将查出的 m_m 和 V_m 的值代入式（10-64）及式（10-65），即可算出 T_{mT} 与 v_m 的数值。其他计算可利用式（10-62）进行。

在绕线转子异步电动机的拖动系统中，采用能耗制动使系统迅速停车，可方便地采用下列两式以计算异步电动机定子直流励磁电流 I_- 与转子电路的串联电阻 R_Ω：

$$I_- = (2 \sim 3) I_0 \quad (10\text{-}66)$$

式中　I_0——异步电动机的空载电流，一般可取 $I_0 = (0.2 \sim 0.5) I_{1N}$。

$$R_\Omega = (0.2 \sim 0.4) \frac{E_{2N}}{\sqrt{3} I_{2N}} - R_2 \quad (10\text{-}67)$$

式中　E_{2N}——转子堵转时两集电环间的感应电动势，其值可由产品目录查到；

　　　I_{2N}——转子额定电流，其值也可由产品目录查到。

　　　R_2——转子每相绕组的电阻，

$$R_2 = \frac{s_N E_{2N}}{\sqrt{3} I_{2N}} \quad (10\text{-}68)$$

第十章 三相异步电动机的机械特性及各种运转状态

利用式（10-66）及式（10-67）计算所得的数据，可保证快速停车，能达到的最大制动转矩 T_{mT} 为

$$T_{mT} = (1.25 \sim 2.2) T_N$$

三、运转状态小结

由上述分析可见，电动机除了有电动状态以外，还有制动状态。异步电动机用正常的联结方式不仅可以得到电动运转状态，也可获得回馈制动与反接制动状态。这些运转状态处在机械特性的不同区域（在不同象限内），例如在图 10-22 中，在正转方向，特性 1 与 1′的第二象限为回馈制动特性，第四象限为反接制动特性；在反转方向，特性 2 与 2′的第二象限为反接制动特性，而第四象限则为回馈制动特性。能耗制动电路的联结方式有所不同，其机械特性用曲线 3 与 3′表示，第二象限部分对应于电动机正转，而第四象限则对应于反转。图 10-22 中特性 1′、2′及 3′对应于异步电动机转子有串联电阻时，而 1、2 及 3 则对应于没有串联电阻。

现以桥式起重机提升与下降重物的主钩拖动系统为例，说明绕线转子异步电动机各种运转状态的应用。

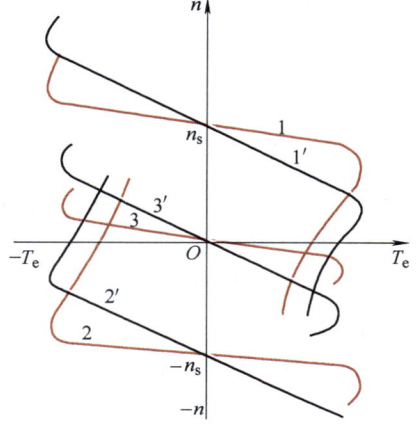

图 10-22 异步电动机各种运转状态的四象限特性

拖动主钩异步电动机的主电路绘制在图 10-23 上。电动机转子电路串联有 $R_{\Omega 1}$，$R_{\Omega 2}$，$\cdots$，$R_{\Omega 7}$ 七段电阻。控制电动机的控制器手柄位置及对应的转子电路串联电阻与机械特性编号见表 10-2。对应手柄位置的机械特性如图 10-24 所示。

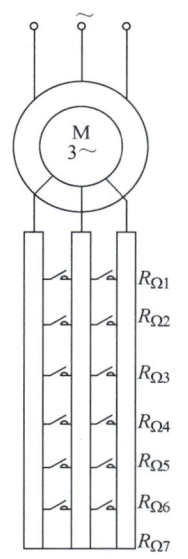

图 10-23 拖动主钩异步电动机的主电路

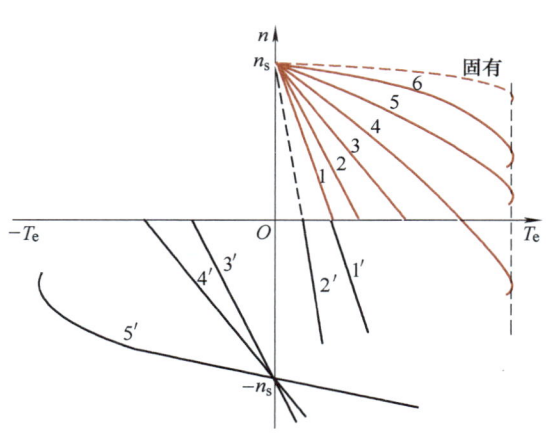

图 10-24 对应手柄位置的主钩电动机的机械特性

主钩电动机在提升与下放过程中共有三种运转状态，分别叙述如下：

1. 电动状态

一般情况下提升重物时，电动机均处于电动状态。在图 10-25 上表示当负载为 T_z 时逐级提升过程的机械特性。逐级提升过程为 $a \to b \to c \to d \to e \to f \to g \to h \to i \to j \to k \to l$，机械特性均处在第一象限，故都是正转电动状态。

另外，在空钩下放时也属电动状态。此时不但有空钩重力产生的位能力矩（见图 10-26 中的特性 a），而且有摩擦力产生的阻力矩（见图 10-26 中的特性 b），而阻力矩又比位能力矩大。将两者叠加即为电动机轴上的负载转矩（见图 10-26 及图 10-27 中的特性 c）。应用图 10-27 中的特性 $3'$、$4'$ 及 $5'$ 以下放空钩，此时特性 c 与机械特性的交点均在第三象限（相当于 d、e、f 三点），故为反向电动状态。在第一象限中特性 c 与一些机械特性的交点，相当于提升空钩时的正向电动状态。

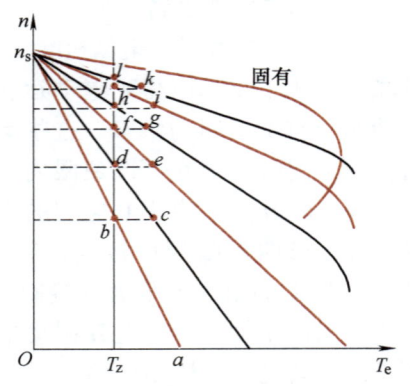

图 10-25 转速逐级提升过程的机械特性

表 10-2 控制电动机的手柄位置及对应的转子电路串联电阻与机械特性编号

控制电动机的手柄位置	对应的机械特性编号	转子电路的串联电阻	控制电动机的手柄位置	对应的机械特性编号	转子电路的串联电阻
提升	1	$R_{\Omega 1} \sim R_{\Omega 6}$	下放	$1'$	$R_{\Omega 1} \sim R_{\Omega 6}$
	2	$R_{\Omega 1} \sim R_{\Omega 5}$		$2'$	$R_{\Omega 1} \sim R_{\Omega 7}$
	3	$R_{\Omega 1} \sim R_{\Omega 4}$		$3'$	$R_{\Omega 1} \sim R_{\Omega 5}$
	4	$R_{\Omega 1} \sim R_{\Omega 3}$		$4'$	$R_{\Omega 1} \sim R_{\Omega 4}$
	5	$R_{\Omega 1} \sim R_{\Omega 2}$		$5'$	$R_{\Omega 1}$
	6	$R_{\Omega 1}$			

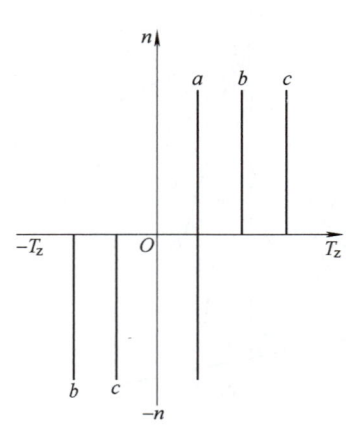

图 10-26 空钩提升与下放时的负载转矩特性

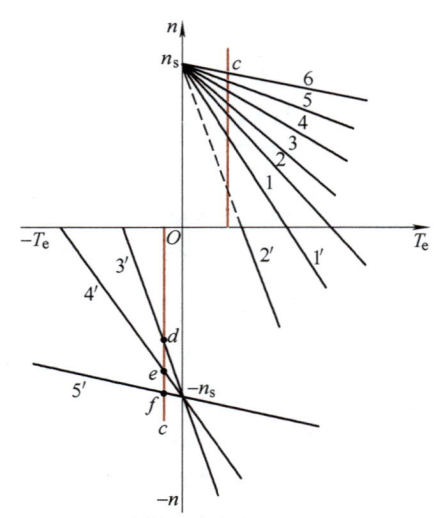

图 10-27 提升与下放空钩时的机械特性与负载转矩特性

第十章 三相异步电动机的机械特性及各种运转状态

2. 反接制动状态

在下放重物时，如负载转矩为 T_z，控制电动机的手柄放在下放1或下放2的位置上，即相当于图10-28的机械特性1′及2′，它们与位能负载转矩特性分别交于 g 及 h 两点，电动机以转速分别为 $-n_1$ 及 $-n_2$ 下放重物。此时交点 g 及 h 均在第四象限，故为反接制动状态。

3. 回馈制动状态

控制电动机的手柄放在下放3~5的位置上，用以下放负载转矩为 T_z 的位能负载。这相当于图10-29上的机械特性3′~5′，它们与位能负载转矩特性分别交于 i、j 及 k 三点，三点对应的转速都超过反向的同步转速，而且都处于第四象限，故电动机运行于反向的回馈制动状态下。

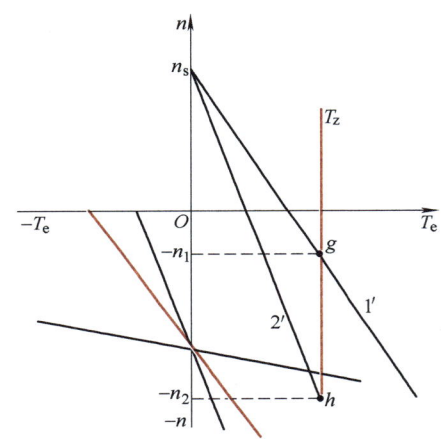

图10-28 反接制动下放重物时的机械特性及负载转矩特性

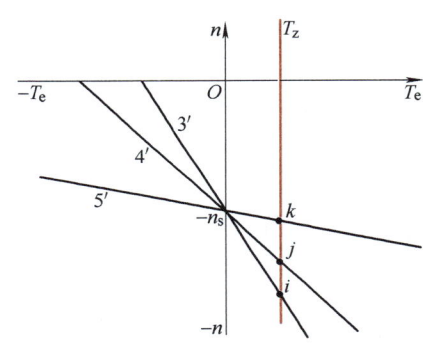

图10-29 回馈制动下放重物时的机械特性与负载转矩特性

第四节 根据异步电动机的技术数据计算异步电动机的参数

一般从异步电动机的产品目录中可以查到一些技术数据，而不给出电动机的定、转子等具体参数，为此必须用工程计算法计算。一般可查到下列技术数据：

1）额定功率 $P_N(kW)$。
2）额定定子线电压 $U_{1N}(V)$。
3）额定定子线电流 $I_{1N}(A)$。
4）额定转速 $n_N(r/min)$。
5）额定效率 $\eta_N(\%)$。
6）定子额定功率因数 $\cos\varphi_{1N}$。
7）过载倍数 $K_T(K_T = T_{max}/T_N)$。
8）飞轮惯量 GD^2（如果在产品目录中单位为 $kg \cdot m^2$，应该化为国际单位制的 $N \cdot m^2$，需乘以9.81）；
9）对于绕线转子异步电动机，还给出两个转子数据：

① 转子额定线电压 U_{2N}（V）。
② 转子额定线电流 I_{2N}（A）。
10) 对于笼型异步电动机，没有转子数据，但给出下列两个数据
① 起动转矩倍数 K_{st}（$K_{st}=T_{st}/T_N$）。
② 起动电流倍数 K_I（$K_I=I_{1st}/I_{1N}$）。

此外，还可能给出定子极对数 p、定子绕组的接线方式、工作制（或定额）、负载持续率、最高温升（或绝缘材料等级）等。我国的额定频率为 50Hz，即 $f_1=50$Hz。

在已知上述数据的基础上，可用工程计算法计算异步电动机参数如下：

(1) 额定转矩 T_N（N·m）

$$T_N = 9550 \frac{P_N}{n_N} \qquad (10\text{-}69)$$

式中，P_N 的单位为 kW，n_N 的单位为 r/min。

(2) 最大转矩 T_{max}（N·m）

$$T_{max} = K_T T_N \qquad (10\text{-}70)$$

(3) 绕线转子每相绕组电阻 R_2（Ω）

$$R_2 = \frac{s_N U_{2N}}{\sqrt{3} I_{2N}} \qquad (10\text{-}71)$$

R_2 也可用式（10-72）计算，计算结果与式（10-71）可能稍有不同：

$$R_2 = \frac{s_N P_N \times 1000}{3(1-s_N) I_{2N}^2} \qquad (10\text{-}72)$$

式中

$$s_N = \frac{n_s - n_N}{n_s} \qquad (10\text{-}73)$$

$$n_s = \frac{60 f_1}{p} \qquad (10\text{-}74)$$

如果定子极对数未给出，可取 $n_s > n_N$ 又接近 n_N 而符合式（10-74）的数值。

(4) 电压比 k

定子Y联结：

$$k = \frac{0.95 U_{1N}}{U_{2N}} \qquad (10\text{-}75a)$$

定子△联结：

$$k = \frac{0.95 \sqrt{3} U_{1N}}{U_{2N}} \qquad (10\text{-}75b)$$

如定子与转子的相数相同，即 $m_1=m_2$，则由本书上册，$k=k_e=k_i$。

(5) 转子绕组每相电阻折算值 R_2'

$$R_2' = R_2 k^2 \qquad (10\text{-}76)$$

(6) 定子绕组每相电阻 R_1

定子Y联结：

$$R_1 = \frac{0.95 U_{1N} s_N}{\sqrt{3} I_{1N}} \qquad (10\text{-}77a)$$

定子△联结：

$$R_1 = \frac{0.95 \sqrt{3} U_{1N} s_N}{I_{1N}} \qquad (10\text{-}77b)$$

(7) 临界转差率 s_m

第十章 三相异步电动机的机械特性及各种运转状态

$$s_m = s_N(K_T + \sqrt{K_T^2 - 1}) \tag{10-78}$$

（8）总电抗 $X(X = X_1 + X_2')$　按式（10-17）求 X，考虑到 $\Omega_s = (2\pi f_1)/p$，$T_{max} = K_T T_N$ 及 $m_1 = 3$，则

$$X = \sqrt{\left(\frac{U_\phi^2 p}{210 K_T T_N} - R_1\right)^2 - R_1^2} \tag{10-79}$$

式中，$210 = (4\pi f_1)/3$。

（9）定子电抗 X_1 及转子电抗的折算值 X_2'

$$X_1 \approx X_2' \approx 0.5X \tag{10-80}$$

（10）转子每相电阻的折算值 R_2'　R_2' 也可用下式求得，即

$$R_2' = s_m \sqrt{R_1^2 + X^2} \tag{10-81}$$

式（10-81）实际上是式（10-16）的变形。此式对于绕线转子异步电动机及笼型异步电动机都是适用的。

对于笼型异步电动机，也可用另一计算 R_2' 的公式。在式（10-10）中，如忽略 I_0，则可认为 $I_1 \approx I_2'$，在起动时，$s = 1$，$T_e = T_{st} = K_{st} T_N$，$I_1 = I_{1st} = K_I I_{1N}$，考虑到 $m_1 = 3$，则式（10-10）可化简为

$$R_2' = \frac{K_{st} T_N \Omega_s}{3 K_I^2 I_{1N}^2} \tag{10-82}$$

（11）空载电流 I_0　由图 10-30 可列出下列两式：

$$I_0 = I_{1N}\sin\varphi_1 - I_{2N}'\sin\varphi_2 \tag{10-83}$$

$$I_{1N}\cos\varphi_1 = I_{2N}'\cos\varphi_2 \tag{10-84}$$

对式（10-83）及式（10-84）联立求解，得

$$I_0 = I_{1N}(\sin\varphi_{1N} - \cos\varphi_{1N}\tan\varphi_{2N}) \tag{10-85}$$

式（10-85）中，$\varphi_{1N} = \varphi_1$，$\varphi_{2N} = \varphi_2$，

$$\sin\varphi_{1N} = \sqrt{1 - \cos^2\varphi_{1N}} \tag{10-86}$$

$$\tan\varphi_{2N} = \frac{X_1 + X_2'}{R_1 + \dfrac{R_2'}{s_N}} \tag{10-87}$$

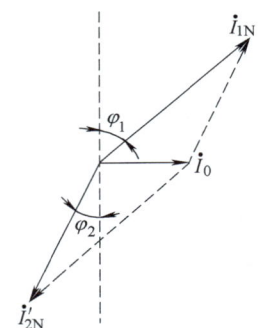

图 10-30　异步电动机的电流相量图

（12）励磁电抗 X_m

定子Y联结：
$$X_m = \frac{0.95 U_{1N}}{\sqrt{3} I_0} \tag{10-88a}$$

定子△联结：
$$X_m = \frac{0.95\sqrt{3} U_{1N}}{I_0} \tag{10-88b}$$

[例 10-1]　一绕线转子异步电动机定子绕组为Y联结，其技术数据如下：$P_N = 330\text{kW}$，$U_{1N} = 6000\text{V}$，$I_{1N} = 47\text{A}$，$n_N = 240\text{r/min}$，$\eta_N = 0.878$，$\cos\varphi_{1N} = 0.77$，$K_T = 1.9$，$U_{2N} = 495\text{V}$，$I_{2N} = 410\text{V}$。试用工程计算法计算异步电动机的下列参数：T_N、T_{max}、R_2、k、R_2'、R_1、s_m、X、X_1、X_2'、X_2、I_0 及 X_m 等。

解　应用本节所列公式，计算电机参数如下：

(1) $T_N = 9550 \dfrac{P_N}{n_N} = 9550 \times \dfrac{330}{240} \text{N} \cdot \text{m} = 13131 \text{N} \cdot \text{m}$

(2) $T_{\max} = K_T T_N = 1.9 \times 13131 \text{N} \cdot \text{m} = 24949 \text{N} \cdot \text{m}$

(3) $s_N = \dfrac{n_s - n_N}{n_s} = \dfrac{250 - 240}{250} = 0.04$

(4) $R_2 = \dfrac{s_N U_{2N}}{\sqrt{3} I_{2N}} = \dfrac{0.04 \times 495}{\sqrt{3} \times 410} \Omega = 0.028 \Omega$

(5) $k = \dfrac{0.95 U_{1N}}{U_{2N}} = \dfrac{0.95 \times 6000}{495} = 11.5$

(6) $R_2' = R_2 k^2 = 0.028 \Omega \times 11.5^2 = 3.703 \Omega$

(7) $R_1 = \dfrac{0.95 U_{1N} s_N}{\sqrt{3} I_{1N}} = \dfrac{0.95 \times 0.04 \times 6000}{\sqrt{3} \times 47} \Omega = 2.8 \Omega$

(8) $s_m = s_N(K_T + \sqrt{K_T^2 - 1}) = 0.04 \times (1.9 + \sqrt{1.9^2 - 1}) = 0.141$

(9) $p = \dfrac{60 f_1}{n_s} = \dfrac{60 \times 50}{250} = 12$

(10) $X = \sqrt{\left(\dfrac{U_\phi^2 p}{210 K_T T_N} - R_1\right)^2 - R_1^2} = \sqrt{\left[\dfrac{(6000/\sqrt{3})^2 \times 12}{210 \times 1.9 \times 13150} - 2.8\right]^2 - 2.8^2} \Omega = 24.5 \Omega$

(11) $X_1 = X_2' = 0.5X = 0.5 \times 24.5 \Omega = 12.25 \Omega$

(12) $X_2 = X_2'/k^2 = 12.25 \Omega / 11.5^2 = 0.0926 \Omega$

(13) $\tan\varphi_{2N} = \dfrac{X_1 + X_2'}{R_1 + \dfrac{R_2'}{s_N}} = \dfrac{24.5}{2.8 + \dfrac{3.69}{0.04}} = 0.258$

(14) $\sin\varphi_{1N} = \sqrt{1 - \cos^2\varphi_{1N}} = \sqrt{1 - 0.77^2} = 0.64$

(15) $I_0 = I_{1N}(\sin\varphi_{1N} - \cos\varphi_{1N}\tan\varphi_{2N}) = 47 \times (0.64 - 0.77 \times 0.258) \text{A} = 20.7 \text{A}$

(16) $X_m = \dfrac{0.95 U_{1N}}{\sqrt{3} I_0} = \dfrac{0.95 \times 6000}{\sqrt{3} \times 20.7} \Omega = 159 \Omega$

第五节　绕线转子异步电动机调速及制动电阻的计算

计算调速及制动电阻的目的是要决定一个适当的电阻 R_f，在绕线转子异步电动机调速及制动时串入转子电路，以保证获得运行所需要的调速及制动特性。

计算的方法是按已知条件，利用机械特性（一般是实用表达式）进行，计算时必须注意不同运转状态下方程式中各参量的正负符号等不同特点。

现举例说明计算方法。

[例 10-2]　一绕线转子异步电动机的铭牌参数如下：$P_N = 75\text{kW}$，$U_{1N} = 380\text{V}$，$I_{1N} = 144\text{A}$，$U_{2N} = 399\text{V}$，$I_{2N} = 116\text{A}$，$n_N = 1460 \text{r/min}$，$K_T = 2.8$。

(1) 当负载转矩 $T_z = 0.8 T_N$，要求转速 $n_B = 500 \text{r/min}$ 时，转子每相应串入多大的电阻（工作点见图 10-31 中的 B 点）？

第十章 三相异步电动机的机械特性及各种运转状态

(2) 从电动状态(图10-31中的A点)$n_A = n_N$时换接到反接制动状态,如果要求开始的制动转矩等于$1.5T_N$(图10-31中的C点),则转子每相应该串接多大电阻?

(3) 如果该电动机带位能负载,负载转矩$T_z = 0.8T_N$,要求稳定的下放转速$n_D = -300$ r/min,求转子每相的串接电阻值。

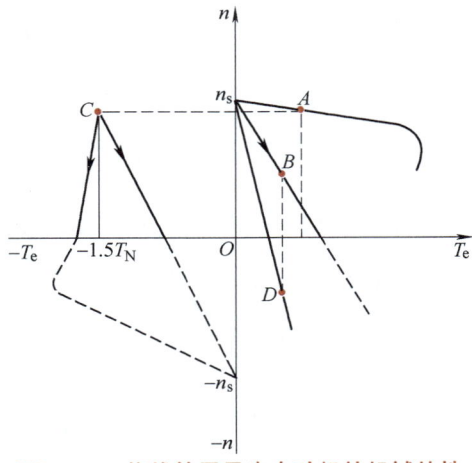

图10-31 绕线转子异步电动机的机械特性

解 $s_N = \dfrac{n_s - n_N}{n_s} = \dfrac{1500 - 1460}{1500} = 0.0267$

$R_2 = \dfrac{s_N U_{2N}}{\sqrt{3} I_{2N}} = \dfrac{0.0267 \times 399}{\sqrt{3} \times 116} \Omega = 0.053 \Omega$

(1) 对于固有特性,则有

$$s_m = s_N(K_T + \sqrt{K_T^2 - 1}) = 0.0267 \times (2.8 + \sqrt{2.8^2 - 1}) = 0.1446$$

1) 对于人为特性,当$s = s_x$时,$T_e = T_x$,其临界转差率为s'_m,代入人为特性的实用表达式,得$T_x = \dfrac{2K_T T_N}{\dfrac{s_x}{s'_m} + \dfrac{s'_m}{s_x}}$,化简成求$s'_m$的方程式,得

$$s'^2_m - \left(\dfrac{2K_T T_N s_x}{T_x}\right) s'_m + s_x^2 = 0 \tag{10-89}$$

$$s'_m = s_x \left[\dfrac{K_T T_N}{T_x} \pm \sqrt{\left(\dfrac{K_T T_N}{T_x}\right)^2 - 1} \right] \tag{10-90}$$

将$s_x = s_B = \dfrac{n_s - n_B}{n_s} = \dfrac{1500 - 500}{1500} = 0.666$,$T_x = 0.8T_N$代入式(10-90),得

$$s'_m = 0.666 \left[\dfrac{2.8 T_N}{0.8 T_N} \pm \sqrt{\left(\dfrac{2.8 T_N}{0.8 T_N}\right)^2 - 1} \right] = 4.56 \text{ 或 } 0.097$$

取$s'_m = 4.56$($s'_m = 0.097$不合理,舍去)

由式(10-16)可见,当R_1、X_1及X'_2不变时,

$$s_m \propto R'_2 \tag{10-91}$$

因而得

$$\dfrac{s'_m}{s_m} = \dfrac{R'_2 + R'_{fB}}{R'_2} = \dfrac{R_2 + R_{fB}}{R_2}$$

$$R_{fB} = \left(\dfrac{s'_m}{s_m} - 1\right) R_2 = \left(\dfrac{4.56}{0.1445} - 1\right) \times 0.053 \Omega = 1.62 \Omega$$

2) 如考虑异步机的机械特性为直线:

对于固有特性,由式(10-32),得

$$s_m = 2K_T s_N = 2 \times 2.8 \times 0.0267 = 0.149$$

对于人为特性,式(10-31)中,$s = s_x$,$T_e = T_x$,临界转差率s'_m为

$$s'_m = \dfrac{2T_{max}}{T_x} s_x = \dfrac{2K_T T_N}{T_x} s_x \tag{10-92}$$

将 $s_x = s_B = 0.666$，$T_x = T_B = 0.8T_N$ 代入式（10-92），得

$$s'_m = \frac{2 \times 2.8T_N}{0.8T_N} \times 0.666 = 4.66$$

$$R_{fB} = \left(\frac{4.66}{0.149} - 1\right) \times 0.053\Omega = 1.6\Omega$$

可见与1）求出的 R_{fB} 值极为相近。

（2）1）$s_A = \dfrac{-n_s - n_N}{-n_s} = \dfrac{1500 + 1460}{1500} = 1.973$

$T_C = -1.5T_N$，此时 $T_{max} = -K_T T_N$ 代入式（10-90），得

$$s'_m = 1.973\left[\frac{-2.8T_N}{-1.5T_N} \pm \sqrt{\left(\frac{-2.8T_N}{-1.5T_N}\right)^2 - 1}\right] = 6.8 \text{ 或 } 0.58$$

取 $s'_m = 6.8$，则

$$R_{fA} = \left(\frac{6.8}{0.1445} - 1\right) \times 0.053\Omega = 2.44\Omega$$

取 $s'_m = 0.58$，则

$$R_{fA} = \left(\frac{0.58}{0.1445} - 1\right) \times 0.053\Omega = 0.16\Omega$$

2）如果考虑机械特性为直线，

$$s_m = 0.149$$

$$s'_m = \frac{-2 \times 2.8T_N}{-1.5T_N} \times 1.973 = 7.38$$

$$R_{fC} = \left(\frac{7.38}{0.149} - 1\right) \times 0.053\Omega = 2.57\Omega$$

可见与1）取 $s'_m = 6.8$ 时的结果相近。

（3）1）$s_D = \dfrac{n_s - n_D}{n_s} = \dfrac{1500 - (-300)}{1500} = 1.2$

$T_D = 0.8T_N$，代入式（10-90），得

$$s'_m = 1.2\left[\frac{2.8T_N}{0.8T_N} \pm \sqrt{\left(\frac{2.8T_N}{0.8T_N}\right)^2 - 1}\right] = 8.225 \text{ 或 } 0.175$$

取 $s'_m = 8.225$（$s'_m = 0.175$ 时不能稳定运转，舍去），则

$$R_{fD} = \left(\frac{8.225}{0.1445} - 1\right) \times 0.053\Omega = 2.96\Omega$$

2）如果考虑机械特性为直线，

$$s_m = 0.149$$

$$s'_m = \frac{2 \times 2.8T_N}{0.8T_N} \times 1.2 = 8.4$$

$$R_{fD} = \left(\frac{8.4}{0.149} - 1\right) \times 0.053\Omega = 2.94\Omega$$

可见与1）结果相近。

[**例 10-3**] 绕线转子异步电动机的铭牌数据同例10-2，设从额定点 A（n_N 及 T_N）

第十章 三相异步电动机的机械特性及各种运转状态

换接到能耗制动状态的运行点 E，如图 10-32a 所示，如果要求制动转矩的开始值等于电动机的额定转矩（在 $T_e=0$，$n=0$ 及 $T_e=T_{mT}$，$n=n'_{mT}$ 的机械特性段上），求转子每相的串接电阻 R_{fE}。能耗制动的接线如图 10-32b 所示，定子通入大小为 $2.5I_0$ 的直流电流，假如电动机的空载电流 $I_0=80A$。假定应考虑电动机磁路的饱和。

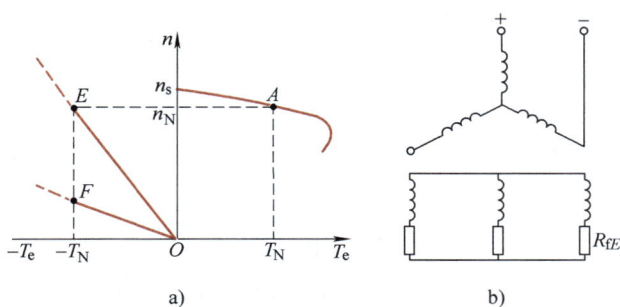

图 10-32 绕线转子异步电动机能耗制动接线图及特性

a）机械特性 b）接线图

解（1）$I_- = 2.5I_0 = 2.5 \times 80A = 200A$

$$I_1 = I_- \frac{\sqrt{2}}{\sqrt{3}} = 200A \times \frac{\sqrt{2}}{\sqrt{3}} = 163.3A$$

$$i_1 = \frac{I_1}{I_0} = \frac{163.3}{80} = 2.04$$

查图 10-21 的曲线，当 $i_1 = 2.04$ 时，$m_m = 1.5$，$V_m = 1.4$；代入式（10-64）及式（10-65），得

$$T_{mT} = \left(\frac{3I_0 U_\phi}{\Omega_s}\right)m_m = \left(\frac{3 \times 80 \times 380/\sqrt{3}}{2\pi \times 1500/60}\right) \times 1.5 N \cdot m = 503 N \cdot m$$

$$k = \frac{0.95 U_{1N}}{U_{2N}} = \frac{0.95 \times 380}{399} = 0.905$$

$$R'_2 = R_2 k^2 = 0.053\Omega \times 0.905^2 = 0.043\Omega$$

$$v_m = \left(\frac{I_0 R'_2}{U_x}\right)V_m = \frac{80 \times 0.043}{380/\sqrt{3}} \times 1.4 = 0.022$$

$$v_E = \frac{n_E}{n_s} = \frac{n_N}{n_s} = \frac{1460}{1500} = 0.973$$

$$T_E = T_N = 9550 \frac{P_N}{n_N} = 9550 \times \frac{75}{1460} N \cdot m = 491 N \cdot m$$

$$T_E = \frac{2T_{mT}}{\dfrac{v_E}{v'_m} + \dfrac{v'_m}{v_E}} \tag{10-93}$$

$$490 = \frac{2 \times 505}{\dfrac{0.973}{v'_m} + \dfrac{v'_m}{0.973}}, \quad v'^2_m - 1.998 v'_m + 0.947 = 0$$

$$v'_m = \frac{1.998 \pm \sqrt{1.998^2 - 4 \times 0.947}}{2} = 1.225 \text{ 或 } 0.773$$

取 $v'_m = 1.225$（因 $v_E = 0.973 > v'_m = 0.773$，故 $v'_m = 0.773$ 不符合本例要求，舍去），得

$$R_{fE} = \left(\frac{v'_m}{v_m} - 1\right)R_2 = \left(\frac{1.221}{0.022} - 1\right) \times 0.053\Omega = 2.889\Omega$$

（2）如果考虑能耗制动特性为直线 对于图 10-32b 中的运行点 E，$v_E = 0.973$，$T_E = T_N$，如果考虑能耗制动特性为直线，忽略式（10-93）中的 $\frac{v_E}{v'_m}$，得

$$v'_m = \frac{2T_{mT}}{T_E}v_E = \frac{2 \times 505}{490} \times 0.973 = 2$$

对于转子电路不串电阻时，图 10-32a 中能耗制动特性为 OF，F 点的相对转速为 v_F，$T_F = T_N$，F 点也应该处在能耗制动特性为曲线时的曲线段上，因此应满足下列关系：

$$T_F = T_N = \frac{2T_{mT}}{\frac{v_F}{v_m} + \frac{v_m}{v_F}}, \quad 490 = \frac{2 \times 505}{\frac{v_F}{0.022} + \frac{0.022}{v_F}}$$

$$v_F^2 - 0.0453v_F + 0.000484 = 0$$

$$v_F = \frac{0.0453 \pm \sqrt{0.0453^2 - 4 \times 0.000484}}{2} = 0.0173 \text{ 或 } 0.028$$

取 $v_F = 0.0173$（$v_F = 0.028 > v_m = 0.0222$ 不符合本例要求，舍去），如果能耗制动特性为直线，转子电路不串电阻，则 v_m 将为

$$v_m = \frac{2T_{mT}}{T_F}v_F = \frac{2 \times 505}{490} \times 0.0173 = 0.036$$

此时，R_{fE} 将为

$$R_{fE} = \left(\frac{2}{0.036} - 1\right) \times 0.053\Omega = 2.891\Omega$$

可见与（1）结果相近。

[例 10-4] 绕线转子异步电动机的技术数据同例 10-2。如果使用能耗制动使电动机快速停车，要求保证最大制动转矩 $T_{mT} = 1.5T_N$ 时，$v'_m = 0.407$。接线如图 10-33 所示。假定桥式整流后电压与交流电压有效值之比为 0.9，整流电压经电容滤波后增高 30%。试计算：

（1）直流励磁电路中的附加电阻 $R_{\Omega 1}$。

（2）异步机转子电路每相应串接的电阻 $R_{\Omega 2}$。

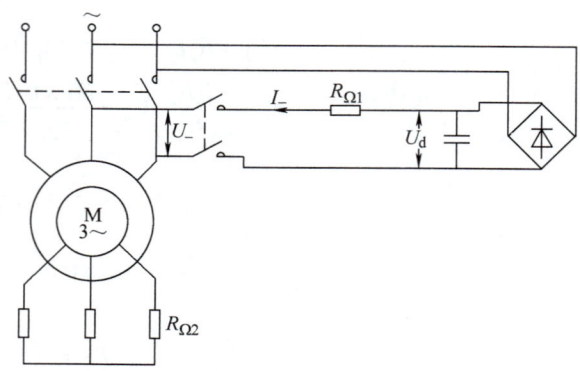

图 10-33 绕线转子异步电动机能耗制动接线图

解 （1） $T_{mT} = 1.5T_N = 1.5 \times 490\text{N} \cdot \text{m} = 735\text{N} \cdot \text{m}$

第十章 三相异步电动机的机械特性及各种运转状态

$$m_\mathrm{m} = \frac{T_\mathrm{mT}}{\dfrac{3I_0 U_\phi}{\Omega_\mathrm{s}}} = \frac{735}{\dfrac{3\times 80\times 380/\sqrt{3}}{2\pi\times 1500/60}} = 2.2$$

查图 10-21 的曲线，当 $m_\mathrm{m} = 2.2$ 时，$i_1 = 2.7$，$V_\mathrm{m} = 1.7$

$$I_1 = i_1 \times I_0 = 2.7\times 80\mathrm{A} = 216\mathrm{A}$$

$$I_- = I_1 \times \frac{\sqrt{3}}{\sqrt{2}} = 216\mathrm{A} \times \frac{\sqrt{3}}{\sqrt{2}} = 265\mathrm{A}$$

由式（10-77）得

$$R_1 = \frac{s_\mathrm{N}\times 0.95 U_{1\mathrm{N}}}{\sqrt{3}I_{1\mathrm{N}}} = \frac{0.0267\times 0.95\times 380}{\sqrt{3}\times 144}\Omega = 0.039\Omega$$

$$U_- = I_- \times 2R_1 = 265\times 2\times 0.039\mathrm{V} = 20.67\mathrm{V}$$

由图 10-33，得

$$R_{\Omega 1} = \frac{U_\mathrm{d} - U_-}{I_-} = \frac{380\times 0.9\times 1.3 - 20.5}{265}\Omega = 1.6\Omega$$

（2）由式（10-65），得

$$v_\mathrm{m} = \frac{I_0 R_2'}{U_{1\phi}}V_\mathrm{m} = \frac{80\times 0.435}{380/\sqrt{3}}\times 1.7 = 0.0269$$

$$R_{\Omega 2} = \left(\frac{v_\mathrm{m}'}{v_\mathrm{m}} - 1\right) R_2 = \left(\frac{0.407}{0.0269} - 1\right)\times 0.053\Omega = 0.748\Omega$$

小　　结

本章研究了三相异步电动机的机械特性及机械特性的计算。
异步电动机的机械特性可导出三种形式的表达式，即
（1）物理表达式

$$T_\mathrm{e} = C_{\mathrm{T1}}\Phi_\mathrm{m} I_2' \cos\varphi_2'$$

（2）参数表达式

$$T_\mathrm{e} = \frac{m_1}{\Omega_\mathrm{s}} \cdot \frac{U_\phi^2 \dfrac{R_2'}{s}}{\left(R_1 + \dfrac{R_2'}{s}\right)^2 + (X_1 + X_2')^2}$$

（3）实用表达式

$$T_\mathrm{e} = \frac{2T_\mathrm{max}}{\dfrac{s}{s_\mathrm{m}} + \dfrac{s_\mathrm{m}}{s}}$$

三者的形式很不相同，但可以从一种形式推导出另外两种形式，可见它们是同一条机械特性的不同表达形式，但三者在电力拖动系统中应用的场合是不同的。
物理表达式用以分析异步电动机在各种运转状态下的物理过程较为方便，因为与左手定则配合，可用以分析转矩 T_e 与磁通 Φ_m 及转子电流的有功分量 $I_2'\cos\varphi_2'$ 间的方向与数量关系。

参数表达式能直接反映异步电动机的转矩与一些参数间的关系。配合由参数表达式推导出的 T_{max}、s_m 及 T_{st} 等表达式，可分析一些参数改变对电动机性能与特性的影响，从而得出改善电动机性能与特性的途径。

实用表达式在电力拖动中应用最为广泛。在按产品目录求出 T_{max} 及 s_m 后，实用表达式即可用以绘制机械特性或进行机械特性的计算。

机械特性三种表达式可用以表示异步电动机的固有机械特性，也可用以表示改变各种参数时的人为机械特性，根据不同的目的，可有起动、调速及各种制动状态的人为机械特性，在形式上，这些特性的表达式是相同的。

在工程上，常常希望根据起动、调速及制动等不同目的，计算应串联到绕线转子中的电阻值。此时在根据电动机产品目录的数据计算出 s_m（固有机械特性）后，用实用表达式按已知条件可计算出人为机械特性的 s'_m，然后根据下列关系，即可算出串联的附加电阻 R_f。

$$\frac{s'_m}{s_m} = \frac{R_2 + R_f}{R_2}$$

写成另一形式即为

$$R_f = \left(\frac{s'_m}{s_m} - 1\right)R_2$$

当然，也可能在已知 R_f 的情况下，求特性的其他参数，如 T_e 及 s（或 n）等。显然，这时用人为机械特性的实用表达式（在用上式求得 s'_m 后）即可解决这一问题。

转差率是异步电动机最基本的参数，在应用实用表达式时，必须注意在不同运转状态下转差率 s 的大小与正负符号。当然同时也必须注意到其他三个参数（即 T_e、s_m 与 T_{max}）的大小及正负符号。

本章仅涉及调速及制动特性的计算，有关起动特性的计算问题，将在第十一章中介绍。

习　题

10-1　一绕线转子异步电动机，其技术数据如下：$P_N = 75\text{kW}$，$n_N = 720\text{r/min}$，$U_{1N} = 380\text{V}$，$I_{1N} = 148\text{A}$，$\eta_N = 90.5\%$，$\cos\varphi_{1N} = 0.85$，$K_T = 2.4$，$U_{2N} = 213\text{V}$，$I_{2N} = 220\text{A}$。

（1）用实用表达式绘制电动机的固有特性。

（2）用该电动机带动位能负载，如果下放负载时要求转速 $n = 300\text{r/min}$，负载转矩 $T_z = T_N$ 时转子每相应该串接多大电阻？

（3）电动机在额定状态下运转，为了停车采用反接制动，如果要求制动转矩在起动时为 $2T_N$，求每相串接的电阻值；

（4）用工程计算法计算异步电动机的下列参数：T_N、T_{max}、R_2、k、R'_2、R_1、s_m、X_1、X'_2、X_2、I_0 及 X_m 等。

10-2　一绕线转子异步电动机带动一桥式起重机的主钩，其技术数据如下：$P_N = 60\text{kW}$，$n_N = 577\text{r/min}$，$I_{1N} = 133\text{A}$，$I_{2N} = 160\text{A}$，$\eta_N = 89\%$，$\cos\varphi_{1N} = 0.77$，$K_T = 2.9$，$U_{2N} = 253\text{V}$。

（1）设电动机转子每转动35.4转，主钩上升1m。如果要求带额定负载时重物以8r/min的速度上升，求电动机转子电路串接的电阻值。

（2）为了消除起重机各机构齿轮间的间隙，使起动时减小机械冲击，转子电路备有预备级电阻。

第十章 三相异步电动机的机械特性及各种运转状态

设计时如果要求串接预备级电阻后,电动机起动转矩为额定转矩的40%,求预备级电阻值。

(3) 预备级电阻一般也作为反接电阻,用以在反接制动状态下下放负载。如果下放时电动机的负载转矩 $T_z = 0.8T_N$,求电动机在下放负载时的转速。

(4) 如果电动机在回馈制动状态下下放负载,转子串接电阻为 0.06Ω,如果下放负载时 $T_z = 0.8T_N$,求此时电动机的转速。

10-3 一绕线转子异步电动机的技术数据如下:$P_N = 15.5\text{kW}$,$U_N = 380\text{V}$,定子空载电流 $I_0 = 17.6\text{A}$,$n_N = 1425\text{r/min}$,$R_1 = 0.6\Omega$,$R_2' = 0.5\Omega$,$U_{2N} = 232\text{V}$。电动机在能耗制动状态下工作,其定子绕组的接线如图 10-34 所示。直流电压为 78V。

如果在转速为 $0.7n_s$ 时,对应的制动转矩为 $0.7T_N$,并且假设电动机工作在 $T_e = 0$,$n = 0$,以及 $T_e = T_{mT}$ 及 $n = n_m'$ 的机械特性段上。求转子电路串接电阻值。计算时应考虑电动机磁路的饱和。

10-4 一绕线转子异步电动机的技术数据如下:$P_N = 75\text{kW}$,$U_{1N} = 380\text{V}$,$I_{1N} = 144\text{A}$,$n_N = 1460\text{r/min}$,$U_{2N} = 399\text{V}$,$I_{2N} = 116\text{A}$,$K_T = 2.8$。

能耗制动时的接线如图 10-34 所示,定子通入大小为 $3I_0$ 的直流电流(即 $I_- = 3I_0$),假定电动机的空载电流 $I_0 = 80\text{A}$。

电动机由额定状态下的电动状态换接到能耗制动状态,如果制动开始时的制动转矩等于电动机的额定转矩(在 $T_e = 0$,$n = 0$ 以及 $T_e = T_{max}$ 及 $n = n_m'$ 的机械特性段上),则转子每相应该串接多大电阻?计算时应考虑电动机磁路的饱和。

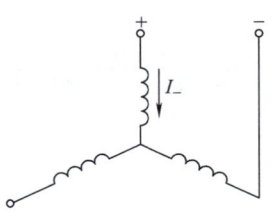

图 10-34 习题 10-3 图

第十一章

三相异步电动机的起动及起动设备的计算

> **内容提要**
>
> 本章将较全面地介绍三相异步电动机的各种起动方法及起动电阻与起动设备的计算方法。第一节介绍笼型异步电动机的直接、减压与软起动方法以及绕线转子异步电动机的转子串联变阻器与频敏变阻器的起动方法；第二节介绍改善起动性能的深槽与双笼型异步电动机的工作原理及起动特性；第三节及第四节分别介绍笼型异步电动机定子对称起动电阻及起动自耦变压器的计算；第五节介绍绕线转子异步电动机转子对称起动电阻的计算；第六节及第七节重点介绍异步电动机的空载起动过程，计算空载起动的时间，分析临界转差率的数值对起动时间的影响，论述过渡过程的能量损耗并分析其减小的方法。在本章附录中，软起动器为参考内容，在本书中标以"*"号。

第一节 三相异步电动机的起动方法

一、三相笼型异步电动机的起动方法

三相笼型异步电动机可有直接起动、减压起动与软起动等三种起动方法。

1. 直接起动

直接起动即全压起动，是一种最简单的起动方法。起动时，通过一些直接起动设备，把全部电源电压（即全压）直接加到电动机的定子绕组上，显然，这时起动电流较大，可达额定电流的 4~7 倍，根据对国产电动机实际测量，某些笼型异步电动机甚至可达 8 倍以上。

对于经常起动的电动机，过大的起动电流将造成电动机发热，影响电动机寿命；同时电动机绕组（特别是端部）在电动力的作用下，会发生变形，可能造成短路而烧坏电动机；过大的起动电流，会使线路压降增大，造成电网电压显著下降而影响接在同一电网的其他用电设备的工作，有时甚至使其他电动机停下来或无法带负载起动。这是因为，在第十章中已分析到，T_{st} 及 T_{max} 均与电网电压的二次方成正比，电网电压的显著下降，可使 T_{st} 及 T_{max} 均下降到低于 T_z。

一般规定，异步电动机的功率低于 7.5kW 时允许直接起动。如果功率大于 7.5kW，而电源总容量较大，能符合式（11-1）要求者，电动机也可允许直接起动。

第十一章 三相异步电动机的起动及起动设备的计算

$$K_1 = \frac{I_{1st}}{I_{1N}} \leqslant \frac{1}{4}\left[3 + \frac{电源总容量(kV \cdot A)}{起动电动机容量(kV \cdot A)}\right] \quad (11-1)$$

如果不能满足式（11-1）的要求，则必须采用减压起动的方法，通过减压，把起动电流 I_{1st} 限制到允许的数值。

2. 减压起动

以下介绍四种减压起动的方法：

（1）串电阻减压或串电抗减压起动 电动机起动过程中，在定子电路串联电阻或电抗，起动电流在电阻或电抗上将产生压降，降低了电动机定子绕组上的电压，起动电流也从而得到减小。

图 11-1 表示串电阻减压起动的原理图，图 11-2 为串电抗减压起动的原理图。两图中 Q_1 是主开关，起隔离电源的作用。起动时把换接开关 Q_2 投向"起动"的位置，此时起动电阻 R_{st} 或起动电抗 X_{st} 接入定子电路，然后闭合主开关 Q_1，电动机开始旋转，待转速接近稳定转速，把开关 Q_2 换接到"运行"的位置，电源电压直接加到定子绕组上，电动机起动结束。

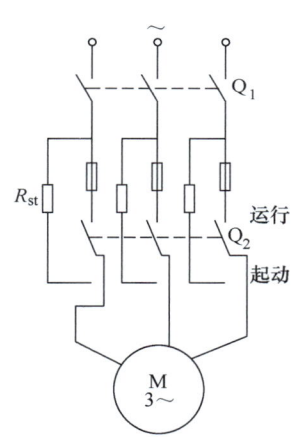

图 11-1 笼型异步电动机串电阻减压起动的原理图

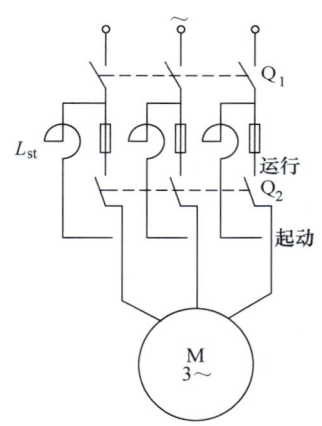

图 11-2 笼型异步电动机串电抗减压起动的原理图

这两种起动方法具有起动平稳、运行可靠、构造简单等优点。如用电阻减压起动，则还有起动阶段功率因数较高等优点。

但是，电压降低后，T_{st} 和电压的二次方成正比地减小，因此这两种起动方法一般用在轻载起动的场合。电抗减压起动通常用于高压电动机，电阻减压起动一般用在低压电动机。

电阻减压及电抗减压起动有手动及自动等多种控制线路。由于成本较高，起动时电能损耗较多，因此实际应用不多。

（2）自耦减压起动 自耦减压起动是利用自耦变压器降低加到电动机定子绕组上的电压，以减小起动电流。

图 11-3 表示自耦变压器的减压原理图，图中只绘出一相，U_ϕ 及 I_1 分别表示自耦变压器一次侧相电压和相电流，即电网电压和电流；U_x 和 I_x 分别表示变压器的二次侧相电压和相电流，即电动机定子的相电压和相电流；N_1 和 N_2 分别表示变压器的一次绕组

及二次绕组匝数（N_2 即抽头部分的匝数）。由变压器原理，得

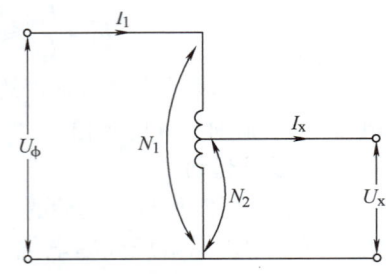

$$\frac{U_x}{U_\phi} = \frac{N_2}{N_1} \quad (11\text{-}2)$$

设 I_x 为当定子电压为 U_x 时的起动电流，I_{st} 为全压 U_ϕ 时的起动电流，则

$$\frac{I_x}{I_{st}} = \frac{U_x}{U_\phi} \quad (11\text{-}3)$$

将式（11-2）代入式（11-3），得

$$\frac{I_x}{I_{st}} = \frac{N_2}{N_1} \quad (11\text{-}4)$$

图 11-3 自耦变压器的减压原理图

再利用变压器原理，得

$$\frac{I_1}{I_x} = \frac{N_2}{N_1} \quad (11\text{-}5)$$

将式（11-4）与式（11-5）相乘，得

$$\frac{I_1}{I_{st}} = \left(\frac{N_2}{N_1}\right)^2 \quad (11\text{-}6)$$

由式（11-2）、式（11-4）、式（11-5）及式（11-6）可见，利用自耦变压器后，电压 U_x 降低到 $(N_2/N_1)U_\phi$，定子起动电流 I_x 也降低到 $(N_2/N_1)I_{st}$，通过自耦变压器，又使从电网吸取的电流降低为

$$I_1 = \left(\frac{N_2}{N_1}\right)I_x = \left(\frac{N_2}{N_1}\right)^2 I_{st} \quad (11\text{-}7)$$

另外，由于 $U_x = (N_2/N_1)U_\phi$，$T_e \propto U^2$，故起动转矩降低为 $(N_2/N_1)^2 T_{st}$，T_{st} 为全压 U_1 时的起动转矩。起动转矩与起动电流降低同样的倍数。

为了满足不同负载的要求，自耦变压器的二次绕组一般有两个或三个抽头，供选择使用。

图 11-4 为自耦减压起动的原理线路图，起动时，把开关投向"起动"位置，这时自耦变压器一次绕组加全电压，而电动机定子电压仅为抽头部分的电压值，电动机减压起动。待转速接近稳定值时，把开关转换到"运行"的位置，这样就把自耦变压器切除，电动机全压运行，起动结束。

自耦减压起动适用于容量较大的低压电动机作减压起动用，应用很广泛，有手动及自动控制线路。其优点是电压抽头可供不同负载起动时选择；缺点是体积大，质量大，价格高，需维护检修。

（3）星形-三角形（Y-△）起动　星形-三角形起动也是一种减压起动方法。适用这种起动方法的异步电动机，在运行时定子三相绕组是连接成三角形的，而且每相绕组引出两个出线端，三相共引出六个出线端。在起动时，先将三相定子绕组连

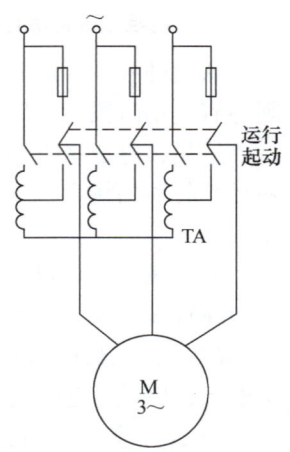

图 11-4　异步电动机自耦减压起动的原理线路图

第十一章 三相异步电动机的起动及起动设备的计算

接成星形，待转速接近稳定时再改连接成三角形。这样，起动时连接成星形的定子绕组电压与电流都只有三角形联结时的 $1/\sqrt{3}$，由于三角形联结时绕组内的电流是线路电流的 $1/\sqrt{3}$，而星形联结时两者则是相等的。因此，连接成星形起动时的线路电流只有连接成三角形直接起动时线路电流的 $1/3$。由于起动转矩 $T_{st} \propto U^2$，T_{st} 也要降低到直接起动时的 $1/3$，因此这种起动方法只适用于空载或轻载起动。

图 11-5 为星形-三角形起动的原理线路图。当起动时，将开关 Q_2 投向"丫"侧，定子绕组联结成星形，电动机减压起动；当电动机转速接近稳定值时，可将开关 Q_2 迅速投向"△"侧，使定子绕组联结成三角形运行，起动过程结束。

电动机停转时，可直接断开电源开关 Q_1，并应随手断开开关 Q_2，并放在中间位置，否则下次起动时将造成直接起动，这是不允许的。

手动星形-三角形起动器的结构形式很多，还有自动控制线路可供选用，它们的减压起动原理都是相同的。

这种起动方式的优点是设备体积小、质量轻、价廉、运行可靠、检修方便。其缺点是起动电压只能降到 $1/\sqrt{3}$，不能像自耦减压起动那样，可按不同的负载选择不同的起动电压。

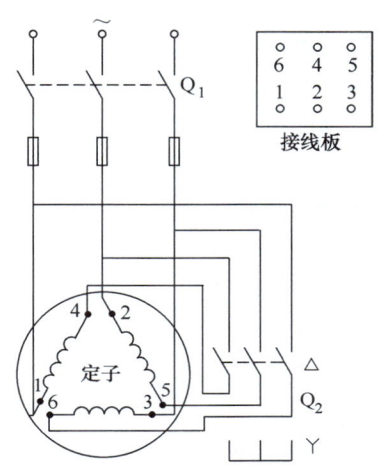

图 11-5 笼型异步电动机星形-三角形起动的原理线路图

*（4）延边三角形起动 延边三角形（△）起动法是利用电动机引出的九个出线端（即每相定子绕组多引出一个出线端）的一种联结方法，能达到减压起动的目的。图 11-6 表示正常运行时为△联结的电动机（380/660V）的定子三相绕组，每相绕组的中间引出一个出线端。如在起动时将绕组 1、2、3 三个出线端接电源；4、5、6 三个出线端分别与三个中间出线端 8、9、7 相连，即成了延边三角形联结，如图 11-7 所示。从图形上看，它好像是将一个三角形的三条边延长，因此称之为延边三角形（△）。三相绕组连接成△时，绕组的相电压有所降低，起动电流也随之下降。相电压是随电动机绕组不同的抽头比例

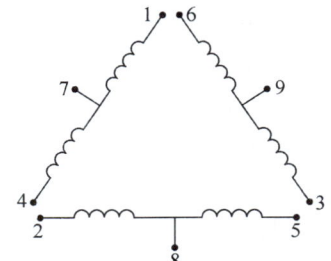

图 11-6 引出九个出线端的定子三相绕组（△联结）

而变化的。如果将△看成为一部分是△联结（见图 11-7 中三相绕组的 4-7、6-9、5-8 三部分），另一部分是丫联结（如同图中的 1-7、2-8、3-9 三部分），那么连接成丫联结的绕组比例越大，起动时电动机的相电压降得越低。根据实测，当抽头比例是 1∶1（即 $N_{11}：N_{12} = 1：1$）时，电动机堵转状态下测得的相电压为 264V 左右（见图 11-7）；当抽头比例是 1∶2（$N_{11}：N_{12} = 1：2$）时，相电压为 290V。

采用不同的抽头比例，可以改变△联结的相电压，其值比丫-△起动时丫联结高，因此起动转矩较丫-△起动时大，能用于较重负载起动。

延边三角形起动设备具有体积小、质量小、允许经常起动等优点，其缺点是电动机内部接线较为复杂。

延边三角形起动方法起动时定子绕组联结成△，起动结束时应将定子绕组改接成△，即在图 11-6 中将三个中间出线端 7、8、9 空着；1、2、3 三个出线端分别与 6、4、5 三个出线端相连后接电源。可用手动或自动控制线路进行绕组的改接。

3. 软起动方法

前面介绍的几种减压起动方法都属于有级起动方法，起动的平滑性不高。应用一些自动控制线路组成的软起动器可以实现笼型异步电动机的无级平滑起动，这种起动称为软起动方法。软起动器可分为磁控式与电子式两种。磁控式软起动器应用一些磁性自动化元件（如磁放大器、饱和电抗器等）组成，由于它们的体积大、较笨重、故障率高，现已被先进的电子软起动器取代。

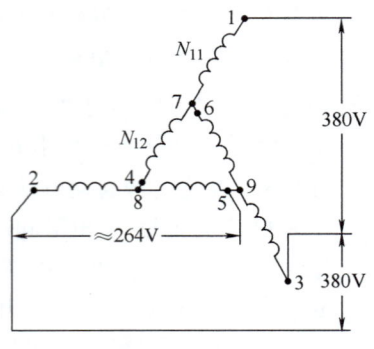

图 11-7 笼型异步电动机定子三相绕组联结成△

现简单介绍电子软起动器的五种起动方法：

（1）限流或恒流起动方法 用电子软起动器实现起动时限制电动机起动电流或保持恒定的起动电流，主要用于轻载软起动。

（2）斜坡电压起动法 用电子软起动实现电动机起动时定子电压由小到大斜坡线性上升，主要用于重载软起动。

（3）转矩控制起动法 用电子软起动实现电动机起动时起动转矩由小到大线性上升，起动的平滑性好，能够降低起动时对电网的冲击，是较好的重载软起动方法。

（4）转矩加脉冲突跳控制起动法 此方法与转矩控制起动法类似，其差别在于：起动瞬间加脉冲突跳转矩以克服电动机的负载转矩，然后转矩平滑上升。此法也适用于重载软起动。

（5）电压控制起动法 用电子软起动器控制电压以保证电动机起动时产生较大的起动转矩，是较好的轻载软起动方法。

电子软起动方法也为进一步的智能控制打下良好的基础。

目前，一些生产厂已经生产各种类型的电子软起动装置，供不同类型的用户选用。

笼型异步电动机的减压起动方式历经星形-三角形起动器以及自耦减压起动器，发展到磁控式软起动器，目前又发展到先进的电子软起动器。在实际应用中，当笼型异步电动机不能用直接起动方式时，若经济条件允许，应该首先考虑选用电子软起动方式。

二、三相绕线转子异步电动机的起动方法

三相绕线转子异步电动机有转子串联电阻及转子串联频敏变阻器两种起动方法。

1. 转子串联电阻起动

绕线转子异步电动机转子串联电阻起动，可达到减小起动电流的目的，其线路如图 11-8 所示。电动机的定子绕组接到三相交流电网，转子绕组经集电环和电刷，接到起动变阻器上。电动机起动时，对于有举刷装置的电动机，如果电刷在举起位置，首先应把电刷放下，变阻器应调在最大电阻位置，然后将定子接通电源，电动机开始转动。随着电动机转速的增加，均匀地减小电阻，直到将电阻完全切除。待转速稳定后，将集

第十一章 三相异步电动机的起动及起动设备的计算

电环短接，同时举起电刷，这样可减少电刷的磨损，又可减少摩擦损耗。电动机切断电源而停转，此时应将电刷放下，并将集电环开路，变阻器再次调到最大电阻的位置，为再次起动做好准备。

在第十章中已分析到，绕线转子异步电动机转子串联起动电阻，既可限制起动时的转子及定子电流，还能增大起动转矩，减少起动时间。因此，绕线转子比笼型异步电动机有较好的起动特性，适用于功率较大的重载起动。

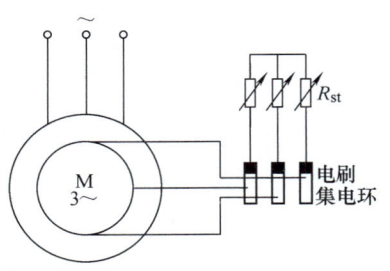

图 11-8 绕线转子异步电动机转子串联电阻起动线路图

2. 转子串联频敏变阻器起动

上述转子串联电阻起动绕线转子异步电动机，当功率较大时，转子电流很大，电阻逐段变化，转矩变化较大，对机械冲击较大，控制设备也较庞大，操作维修不便。如采用频敏变阻器代替上述起动电阻，则可克服上述缺点。频敏变阻器的特点是其电阻值随转速上升而自动减小，使电动机能平滑起动。

图 11-9 示出了频敏变阻器的结构，其铁心由几片或十几片较厚的钢板或铁板叠成，三个铁心柱上绕着连接成星形的三相绕组。当绕组内通过交流电时，铁心内产生铁耗。频敏变阻器的等效电路如图 11-10 所示。其中 R_1 为绕组的电阻，X_F 为带铁心绕组的电抗，R_F 是反映铁耗的等效电阻，频敏变阻器的铁耗较大（因铁心片较厚），故 R_F 的值较一般电抗器大。当电动机起动时，转子频率较高，频敏变阻器内的与频率二次方成正比的涡流损耗较大，即 R_F 值较大，起限制起动电流及增大起动转矩的作用。随着转速的上升，转子频率不断下降，频敏变阻器铁心的涡流损耗 R_F 值跟着下降，使电动机起动平滑。起动过程结束，应将集电环短接，把频敏变阻器切除。

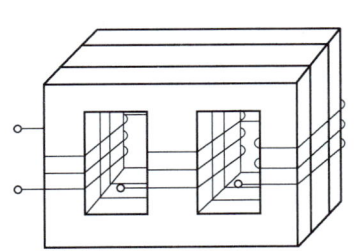

图 11-9 频敏变阻器的结构

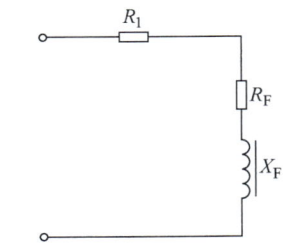

图 11-10 频敏变阻器的等效电路

除了图 11-9 所示的结构外，尚有另一种结构如图 11-11 所示。图中只画出一相。除了铁心及绕组外，图 11-11 所示的结构还带有感应圈 4，它相当于二次侧短路圈，一般由铝或黄铜制成，置于绕组 3 的外面，起改善功率因数、增大起动转矩的作用，因此可用于重载起动。

图 11-11 所示的结构中，铁心由铁心管 1 和上、下轭 2 组成，铁心管由钢管制成，上、下轭则由较厚的钢板制成。铁心既是导磁体，

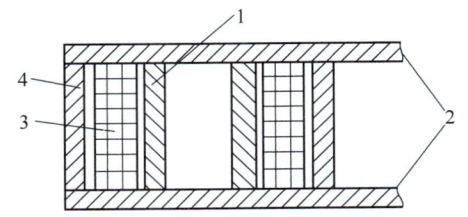

图 11-11 带感应圈的频敏变阻器结构

1—铁心管　2—上、下轭　3—绕组　4—感应圈

又是频敏变阻器的骨架。

绕组 3 由铜线或铝线绕制而成，置于铁心与感应圈之间。为便于调节，绕组可有几个抽头。

绕线转子串联频敏变阻器起动设备，具有结构简单、价格便宜、制造容易、运行可靠、维护方便、能自动操作等多种优点，目前已获得大量推广与应用。

第二节　改善起动性能的三相异步电动机

前已指出，笼型异步电动机优点显著，但起动转矩较小，起动电流很大。为了改善这种电动机的起动性能，可以从转子槽形着手，设法利用"趋肤效应"，使起动时转子电阻增大，以增大起动转矩并减小起动电流，在正常运行时转子电阻又能自动变小。深槽与双笼型就是能改善起动性能的异步电动机。

一、深槽异步电动机

这种电动机的转子槽形窄而深，通常槽深 h 与槽宽 b 之比 $h/b = 10 \sim 12$。沿 h 方向转子导条可理解为由许多根小股线并联组成（在图 11-12a 中只示出上下两根小股线用打斜纹线的小扁块表示），由图 11-12a 中槽漏磁的分布可见，下面的小股线所链的漏磁通比上部的股线要多得多，因此槽底比槽口股线的漏电抗大。在起动时，转子频率较高，漏电抗较大，成为漏阻抗中的主要成分，导条中电流密度 j 的分布将自上而下逐步地减小，如图 11-12b 所示。电流大部分集中到导条的上部，这种现象称为电流的趋肤效应。由于这一效应，导条的槽底部分作用很小，这相当于减小了导体的有效高度和截面积（见图 11-12c），使转子电阻 R_2 增大，从而增加了起动转矩与限制了起动电流。

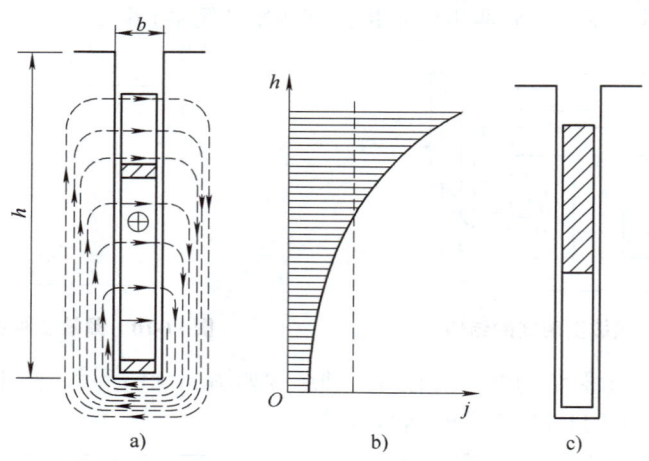

图 11-12　深槽导条中沿槽高方向电流的分布
a）转子槽漏磁　b）电流密度的分布　c）导条的有效截面

转子频率越高，槽高越大，趋肤效应越强。当起动完毕，频率 f_2 仅为 $1 \sim 3Hz$，趋肤效应基本消失，转子导条内的电流均匀分布，导条电阻变为较小的直流电阻。

目前笼型异步电动机的转子槽一般较深，还采用瓶形槽等结构，以改善其起动性能。

第十一章 三相异步电动机的起动及起动设备的计算

二、双笼型异步电动机

这种异步电动机的转子上有两套导条，如图 11-13a 所示的上笼 1 与下笼 2，两笼间由狭长的缝隙隔开，显然与下笼相链的漏磁通（也即下笼的漏抗）比上笼的大得多。上笼通常用电阻系数较大的黄铜或铝青铜制成，且导条截面积较小，故电阻较大；下笼截面积较大，用纯铜等电阻系数较小的材料制成，故电阻较小。

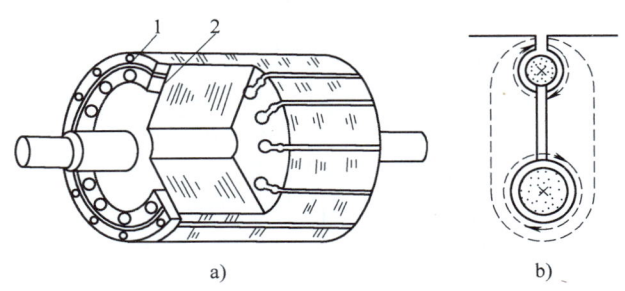

图 11-13 双笼型转子的结构与漏磁通
a）双笼型转子的结构 b）双笼型转子的漏磁通
1—上笼 2—下笼

起动时，转子电流频率较高，下笼漏抗大，故电流小，电流大部分流过上笼，趋肤作用显著。上笼电阻大，流过电流大，产生较大的起动转矩，在起动时起主要作用，因此有时上笼也称为起动笼，其对应的机械特性在图 11-14 上为 T_1；起动结束，电动机进入正常运行，转子频率很小，两笼的漏抗都很小，电流在两笼间的分配主要取决于直流电阻，此时电流主要流过电阻较小的下笼，因此下笼在运行时起主要作用而有时称为运行笼，其对应的机械特性在图 11-14 上为 T_2。

在不同的转速下把 T_1 与 T_2 叠加，可得双笼型异步电动机的合成机械特 T_e。由 $n = f(T_e)$ 曲线可见，双笼型异步电动机具有较好的起动特性。

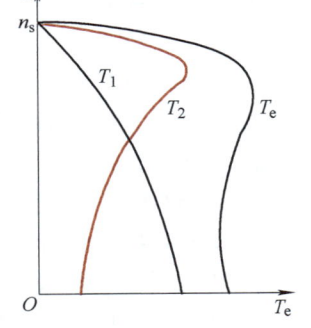

图 11-14 双笼型异步电动机的机械特性

上述两种改善起动性能的异步电动机，与普通笼型异步电动机相比，因转子漏抗较大，故额定功率因数及最大转矩稍低，而且用铜量较多，制造工艺（特别是双笼型）也较复杂，因此价格较高，一般用于要求起动转矩较高的生产机械上。

第三节 三相笼型异步电动机定子对称起动电阻的计算

在图 11-1 中，定子串联对称电阻 R_{st} 起动，现介绍 R_{st} 的计算方法如下：

设全压直接起动时，电动机的起动电流为 I_{1st}（$I_{1st} = K_I I_{1N}$，K_I 为起动电流倍数），起动转矩为 T_{st}（$T_{st} = K_{st} T_N$，K_{st} 为起动转矩倍数）。

当电动机定子串联 R_{st} 起动时，设起动电流降为 I'_{1st}（$I'_{1st} = a_I I_{1N}$，a_I 为串联 R_{st} 后起动电流倍数），起动转矩降为 T'_{st}（$T'_{st} = a_T T_N$，a_T 为串联 R_{st} 后的起动转矩倍数）。

$$\frac{I_{1\text{st}}}{I'_{1\text{st}}} = \frac{K_I}{a_I} = a \tag{11-8}$$

$$\frac{T_{\text{st}}}{T'_{\text{st}}} = \frac{K_{\text{st}}}{a_T} = b \tag{11-9}$$

起动时 $s=1$，如忽略 I_0，则 $I_1 = I'_2$，故 $T_{\text{st}} \propto I^2_{1\text{st}}$，由式（11-8）及式（11-9）得

$$a^2 = b \tag{11-10}$$

根据式（11-8）、$I_{1\text{st}} = aI'_{1\text{st}}$，忽略 I_0 时，得

$$\frac{U_\phi}{\sqrt{(R_1 + R'_2)^2 + (X_1 + X'_2)^2}} = a \frac{U_\phi}{\sqrt{(R_1 + R'_2 + R_{\text{st}})^2 + (X_1 + X'_2)^2}}$$

化简上式，并设 $R_1 + R'_2 = R$，$X_1 + X'_2 = X$，得

$$R_{\text{st}} = \sqrt{(a^2 - 1)X^2 + a^2 R^2} - R \tag{11-11}$$

由式（11-10），则 R_{st} 又可写成

$$R_{\text{st}} = \sqrt{(b-1)X^2 + bR^2} - R \tag{11-12}$$

在式（11-11）及式（11-12）中，按一般电动机的平均数值可令

$$R \approx (0.25 \sim 0.4)Z \tag{11-13}$$

式中，$Z = \dfrac{U_{1N}}{\sqrt{3} I_{1\text{st}}} = \dfrac{U_{1N}}{\sqrt{3} K_I I_{1N}}$（当定子绕组为星形联结时）或 $Z = \dfrac{\sqrt{3} U_{1N}}{I_{1\text{st}}} = \dfrac{\sqrt{3} U_{1N}}{K_I I_{1N}}$（当定子绕组为三角形联结时）。

$$X = \sqrt{Z^2 - R^2} \approx (0.91 \sim 0.97)Z \tag{11-14}$$

系数 a 和 b 的数值由生产机械的要求决定，必须保证减压起动时，电动机降低的起动转矩 T'_{st} 应大于负载转矩 T_z，使电动机能起动起来。除了限制起动电流，有时减小起动转矩为其主要目的，以减轻对机构的冲击，并保证平稳加速。

[例 11-1] 一笼型异步电动机的额定电压为 380V，额定电流为 13.6A，起动电流倍数 $K_I = 4.4$，起动转矩倍数 $K_{\text{st}} = 3$，试就下列两种情况，求定子串接电阻 R_{st}。

（1）起动电流减小到直接起动时的一半。
（2）起动转矩减小到直接起动时的一半。

解 定子星形联结时

$$Z = \frac{U_{1N}}{\sqrt{3} K_I I_{1N}} = \frac{380}{\sqrt{3} \times 4.4 \times 13.6}\Omega = 3.67\Omega$$

$$R = 0.4Z = 0.4 \times 3.67\Omega = 1.47\Omega$$

$$X = 0.91Z = 0.91 \times 3.67\Omega = 3.34\Omega$$

（1） $a = 2$

$$R_{\text{st}} = \sqrt{(a_2 - 1)X^2 + a^2 R^2} - R = (\sqrt{(2^2 - 1) \times 3.34^2 + 2^2 \times 1.47^2} - 1.47)\Omega = 5\Omega$$

（2） $b = 2$

$$R_{\text{st}} = \sqrt{(b-1)X^2 + bR^2} - R = (\sqrt{(2-1) \times 3.34^2 + 2 \times 1.47^2} - 1.47)\Omega = 2.46\Omega$$

第四节　三相笼型电动机起动自耦变压器的计算

笼型异步电动机用自耦减压起动，一般可根据电动机的额定电压和功率选择与电动

第十一章 三相异步电动机的起动及起动设备的计算

机功率相等的定型产品的自耦减压起动器。但起动器规定有一次或数次连续起动的最大起动时间 t_{st}（对于不同类型的起动器 $t_{st}=0.5\sim1\text{min}$ 或 $t_{st}=2\text{min}$），在电动机要求连续起动时间较多时，势必选择较大容量的起动器。

自耦变压器容量 P_{TA}（kV·A）的计算公式如下

$$P_{TA} \geqslant \frac{P_d K_I (U_{TA}\%)^2 nt}{t_{st}} \tag{11-15}$$

式中　P_d——电动机额定容量（kV·A）；
　　　K_I——电动机起动电流的倍数；
　　$U_{TA}\%$——自耦变压器的抽头电压，以额定电压的百分数表示；
　　　n——起动次数；
　　　t——起动一次的时间（min）；
　　P_{TA}——对应于抽头电压 $U_{TA}\%$ 时自耦变压器的容量（kV·A）。

在式（11-15）中，$U_{TA}\%$ 的值应为二次方，这是由于当利用自耦变压器使电动机定子减压时，如定子电压降为额定电压的 $U_{TA}\%$，则定子电流也按比例降为直接起动电流的 $U_{TA}\%$。

这样，电动机起动时，自耦变压器的起动功率 P_{TAst} 为

$$P_{TAst} = P_d K_I (U_{TA}\%)^2 \tag{11-16}$$

[例 11-2]　电动机容量为 500kV·A；如直接起动时起动电流的倍数 $K_I=5$；按生产机械的要求，电动机起动时容许的最小电压为额定电压的 60%；设起动器起动次数 $n=3$，每次起动的时间 $t=30\text{s}=0.5\text{min}$。试计算并选择自耦变压器（选择最大起动时间 $t_{st}=2\text{min}$ 的类型）。

解　如选择 $U_{TA}\%=65\%$，将已知数据代入式（11-15），得

$$P_{TA} \geqslant \frac{P_d K_I (U_{TA}\%)^2 nt}{t_{st}} = \frac{500 \times 5 \times \left(\frac{65}{100}\right)^2 \times 3 \times 0.5}{2} \text{kV·A} = 792 \text{kV·A}$$

可选择电压抽头 65% 时容量略大于 792kV·A 的自耦变压器，其最大起动时间为 2min。

第五节　三相绕线转子异步电动机转子对称起动电阻的计算

下面介绍图解法及解析法两种计算起动电阻的方法。

1. 图解法

为简化计算，异步电动机的机械特性可视为直线，其方程为

$$T_e = \frac{2T_{max}}{s_m}s \tag{11-17}$$

当转子电路串联电阻时，最大转矩 T_{max} 保持不变，而临界转差率 s_m 则与转子电路的总电阻 R_T 成正比，即

$$s_m \propto R_T \tag{11-18}$$

由式（11-17）可见，当转矩 T_e 一定时（T_{max} 不变），得

$$s_m \propto s \tag{11-19}$$

这样，由式（11-18）与式（11-19），当 T_e 一定时，

$$s \propto R_T \tag{11-20}$$

式（11-20）为图解法的依据，它说明，在转矩为恒值的条件下，转差率与转子电路的总电阻成正比。

在图 11-15 中绘出了异步电动机转子电路及三级起动的机械特性图。特性绘制的方法与直流他励电动机电枢电路串电阻分级起动相同。起动最大转矩 T_1 一般取为

$$T_1 \leq 0.85 T_{max} \tag{11-21}$$

切换转矩 T_2 一般取为

$$T_2 \geq (1.1 \sim 1.2) T_z \tag{11-22}$$

在图 11-15 中，对于特性 $n_s ab$ 与 $n_s cd$，当 $T_e = T_1$ 并保持不变时，应用式（11-20），得

$$\frac{s_b}{s_d} = \frac{R_2}{R_{T1}} \tag{11-23}$$

式中 s_b、s_d——b、d 点的转差率，在图 11-15 中对应为线段 kb 及 kd；

R_2——转子每相绕组电阻。

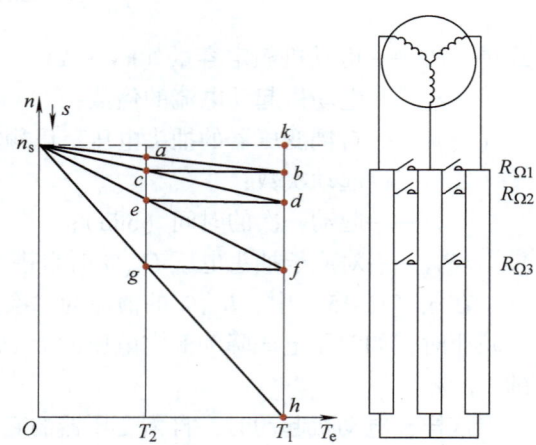

图 11-15 异步电动机的转子电路及起动特性图

$$R_2 = \frac{s_N E_{2N}}{\sqrt{3} I_{2N}}$$

$$R_{T1} = R_2 + R_{\Omega 1}$$

式（11-23）可改写成

$$\frac{kb}{kd} = \frac{R_2}{R_2 + R_{\Omega 1}}$$

或

$$\frac{kb + bd}{kb} = \frac{R_2 + R_{\Omega 1}}{R_2}$$

同样，当 $T_e = T_1$ 时，可得

$$\left. \begin{array}{l} R_{\Omega 1} = \dfrac{bd}{kb} R_2 \\[4pt] R_{\Omega 2} = \dfrac{df}{kb} R_2 \\[4pt] R_{\Omega 3} = \dfrac{fh}{kb} R_2 \end{array} \right\} \tag{11-24}$$

2. 解析法

由式（11-17）可见，当 s 不变时（亦即转速不变时），T_e 与 s_m 成反比，即

$$T_e \propto \frac{1}{s_m} \tag{11-25}$$

由式（11-18），$s_m \propto R_T$，故

$$T_e \propto \frac{1}{R_T} \tag{11-26}$$

第十一章　三相异步电动机的起动及起动设备的计算

式（11-26）即为用解析法计算起动电阻的依据，它说明，在转速（或转差率）不变时，T_e 与转子电路的总电阻成反比。

在图 11-15 中，特性 $n_s ab$ 及 $n_s cb$ 相当于转子电路总电阻值分别为 R_2 及 R_{T1} 时，根据 b、c 两点的转速相等，应用式（11-26）得

$$\frac{T_1}{T_2}=\frac{R_{T1}}{R_2}$$

对于 d、e 两点，则得

$$\frac{T_1}{T_2}=\frac{R_{T2}}{R_{T1}}$$

在一般情况下，当起动级数为 m 时，得

$$\frac{R_{Tm}}{R_{T(m-1)}}=\frac{R_{T(m-1)}}{R_{T(m-2)}}=\cdots=\frac{R_{T2}}{R_{T1}}=\frac{R_{T1}}{R_2}=\frac{T_1}{T_2}$$

令 $\beta=\dfrac{T_1}{T_2}$，则

$$\left.\begin{aligned}R_{T1}&=\beta R_2\\R_{T2}&=\beta^2 R_2\\&\vdots\\R_{Tm}&=\beta^m R_2\end{aligned}\right\} \quad (11\text{-}27)$$

由式（11-27）的最后一行，得

$$\beta=\sqrt[m]{\frac{R_{Tm}}{R_2}}=\sqrt[m]{\frac{\dfrac{E_{2N}}{\sqrt{3}I_{2st}}}{\dfrac{s_N E_{2N}}{\sqrt{3}I_{2N}}}}=\sqrt[m]{\frac{I_{2N}}{s_N I_{2st}}}=\sqrt[m]{\frac{T_N}{s_N T_1}} \quad (11\text{-}28)$$

由于 $T_1=\beta T_2$，代入式（11-28），得

$$\beta=\sqrt[m+1]{\frac{T_N}{s_N T_2}} \quad (11\text{-}29)$$

如给定 β，将式（11-28）两边取对数，得

$$m=\frac{\lg\left(\dfrac{R_{Tm}}{R_2}\right)}{\lg\beta}=\frac{\lg\left(\dfrac{T_N}{s_N T_1}\right)}{\lg\beta} \quad (11\text{-}30)$$

如欲求每级的分段电阻值，则可由相邻两级总电阻值相减求得，即

$$\left.\begin{aligned}R_{\Omega m}&=R_{Tm}-R_{T(m-1)}=(\beta^m-\beta^{m-1})R_2=\beta R_{\Omega(m-1)}\\R_{\Omega(m-1)}&=R_{T(m-1)}-R_{T(m-2)}=(\beta^{m-1}-\beta^{m-2})R_2=\beta R_{\Omega(m-2)}\\&\vdots\\R_{\Omega 2}&=R_{T2}-R_{T1}=(\beta^2-\beta)R_2=\beta R_{\Omega 1}\\R_{\Omega 1}&=R_{T1}-R_2=(\beta-1)R_2\end{aligned}\right\} \quad (11\text{-}31)$$

与直流他励电动机相同，用解析法计算时，可能有起动级数 m 已定与未定两种情况，请参阅直流他励电动机有关内容，现不重复了。

[**例 11-3**] 某生产机械用绕线转子异步电动机拖动,其技术数据如下:P_N = 28kW,I_{1N} = 96/55.5A,$\cos\varphi_N$ = 0.87,η_N = 87%,E_{2N} = 250V,I_{2N} = 71A,过载能力 K_T = 2,n_N = 1420r/min,U_{1N} = 220/380V。试求空载起动时三级起动电阻(用解析法)。

解 电动机转子绕组每相 R_2 为

$$R_2 = \frac{s_N E_{2N}}{\sqrt{3} I_{2N}} = \frac{0.0533 \times 250}{\sqrt{3} \times 71}\Omega = 0.108\Omega$$

式中,$s_N = \dfrac{n_s - n_N}{n_s} = \dfrac{1500 - 1420}{1500} = 0.0533$。

取 $T_1 = 1.7 T_N$,则

$$\beta = \sqrt[m]{\frac{T_N}{s_N T_1}} = \sqrt[3]{\frac{1}{0.0533 \times 1.7}} = 2.23$$

$$T_2 = \frac{T_1}{\beta} = \frac{1.7 T_N}{2.23} = 0.762 T_N$$

由于电动机是空载起动,故切换转矩 T_2 已比空载负载转矩 T_z 大得多。

由式(11-31),转子每相各段起动电阻为

$$R_{\Omega 1} = R_2(\beta - 1) = 0.108\Omega \times (2.23 - 1) = 0.133\Omega$$

$$R_{\Omega 2} = \beta R_{\Omega 1} = 2.23 \times 0.133\Omega = 0.297\Omega$$

$$R_{\Omega 3} = \beta R_{\Omega 2} = 2.23 \times 0.297\Omega = 0.662\Omega$$

转子每相串接总的电阻为 $R_{\Omega 1} + R_{\Omega 2} + R_{\Omega 3} = 1.092\Omega$。

第六节 三相异步电动机的起动过程

研究三相异步电动机的起动过程可用图解法与解析法两种方法。

一、研究三相异步电动机起动过程的图解法

异步电动机的机械特性是曲线变化的,有些生产机械的负载转矩特性也不是恒定的。这样,电力拖动系统的加速转矩是非线性变化的,此时用图解法较为方便。

现介绍图解法中的比例法。比例法的依据是,把运动方程式中的无限小的增量 dn 和 dt 用有限增量 Δn 与 Δt 代替,并且假定在 Δn 期间,可用电动机转矩的平均值 T_d 与负载转矩的平均值 T_{Zd} 来代替实际的变化值。这样,加速转矩在 Δt 时间内是一个常值,且 $T_{ad} = T_d - T_{Zd}$,而在该时间段内 $n = f(t)$ 的关系将为直线变化。此时,运动方程式可写成下列比例形式

$$\frac{T_{ad}}{\frac{GD^2}{375}} = \frac{\Delta n}{\Delta t} \tag{11-32}$$

当已知 T_{ad}、$GD^2/375$ 与 Δn 后,便可求出相应的 Δt。在作图时,利用两个相似三角形对应边成比例的原理,以 T_{ad} 与 $GD^2/375$ 为一个三角形的两边,而 Δn 与 Δt 为另一个三角形的两边,这样,只要设法作出两个相似三角形,Δt 便可用图解法求出。

作图时,式(11-32)中各量都要以长度表示,为此应该选择适当的比例尺。令 μ_T、μ_{GD^2}、μ_n、μ_t 分别代表转矩、飞轮惯量、转速、时间的比例尺系数(即每1mm 或

第十一章　三相异步电动机的起动及起动设备的计算

cm 所代表的 N·m、N·m²、r/min、s），则用线段长度表示的式（11-32）有下列形式

$$\frac{T_{ad}/\mu_T}{\left(\dfrac{GD^2}{375}\right)\Big/\mu_{GD^2}} = \frac{\Delta n/\mu_n}{\Delta t/\mu_t} \tag{11-33}$$

比较式（11-32）与式（11-33）可见，各比例尺系数之间必须具有下列关系，即

$$\frac{\mu_{GD^2}}{\mu_T} = \frac{\mu_t}{\mu_n} \tag{11-34}$$

一般 μ_T、μ_t 与 μ_n 三个比例尺系数根据图形尺寸而任意选择，而 μ_{GD^2} 必须根据下列关系选定：

$$\mu_{GD^2} = \frac{\mu_T \mu_t}{\mu_n} \tag{11-35}$$

应用图解法（比例法）求解机械过渡过程 $n=f(t)$ 的步骤如下：

如以求解笼型异步电动机（其负载为通风机）的起动过程 $n=f(t)$ 为例，首先在图 11-16 中的左边象限内作出 $n=f(T_e)$ 与 $n=f(T_z)$。在不同转速下，由两曲线横坐标之差作出加速转矩 $T_a = T_e - T_z = f(n)$ 曲线，该曲线也绘于这个象限内。然后用阶梯状线段代替加速转矩曲线，要使阶梯状线段所包围的面积与原来的 $T_a = f(n)$ 曲线所包围的面积基本相等。在阶梯线段的每段上 T_{ad} 为常值。在用式（11-35）根据已选定的 μ_T、μ_t、μ_n 算出 μ_{GD^2} 后，在横坐标轴原点的左边，截取长度 $OA = (GD^2/375)/\mu_{GD^2}$，把从各阶梯线段上得到的 T_{ad} 绘在纵轴原点的上方，例如从各线段绘出 OB_1、OB_2 等。连接 AB_1、AB_2、AB_3 等直线。由原点作直线 OC_1 与 AB_1 平行，OC_1 与第一线段结束时的转速的水平线交于 C_1 点，得到两个三角形 OAB_1 与 OD_1C_1 相似，据此可写出比例关系，即

$$\frac{OB_1}{OA} = \frac{C_1 D_1}{OD_1}$$

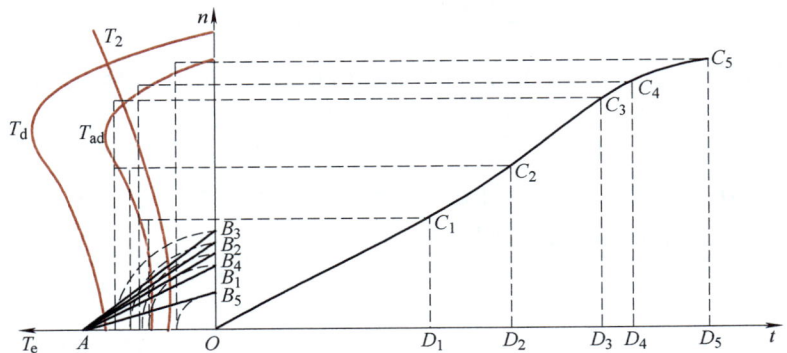

图 11-16　求笼型异步电动机起动过程 $n=f(t)$ 的图解法

由于 $OB_1 = T_{ad1}/\mu_T$，$OA = (GD^2/375)/\mu_{GD^2}$，$C_1D_1 = \Delta n_1/\mu_n$；因此，根据式（11-33），得

$$OD_1 = \frac{\Delta t_1}{\mu_t}$$

即 OD_1 段代表第一段的起动时间。第二段的转速变化曲线由 C_1 点开始绘制，作直线 C_1C_2 与 AB_2 平行，与第二段结束时的转速水平线交在 C_2 点，显然 D_1D_2 段代表第二段

的起动时间。按同样的方法绘制下去，直到加速转矩 $T_a = 0$ 为止。最后得出用 $OC_1C_2C_3C_4C_5$ 表示的 $n = f(t)$，OD_5 为总的起动时间。

二、解析法

下面以异步电动机空载（$T_z = 0$）起动过程为例介绍解析法。

当 $T_z = 0$，电力拖动运动方程式为

$$T_e = \frac{GD^2}{375} \frac{dn}{dt} \tag{11-36}$$

代入机械特性的实用表达式，并考虑到 $n = n_s(1-s)$，$dn/dt = -n_s(ds/dt)$，得

$$\frac{2T_{max}}{\frac{s}{s_m} + \frac{s_m}{s}} = -\frac{GD^2 n_s}{375} \frac{ds}{dt}$$

写成另一形式，得

$$dt = -\frac{GD^2 n_s}{375 T_{max}} \frac{1}{2} \left(\frac{s}{s_m} + \frac{s_m}{s} \right) ds \tag{11-37}$$

式中，令

$$T_{MA} = \frac{GD^2 n_s}{375 T_{max}} \tag{11-38}$$

式中 T_{MA}——异步电动机拖动系统的机械时间常数。

将式（11-37）两边积分，得空载过渡过程时间为

$$t_0 = \int_0^t dt = -\frac{T_{MA}}{2} \int_{s_{st}}^{s_x} \left(\frac{s}{s_m} + \frac{s_m}{s} \right) ds \tag{11-39}$$

式中 s_{st}、s_x——转差率的过渡过程开始与终了值。

将式（11-39）化简，得

$$t_0 = \frac{T_{MA}}{2} \left(\frac{s_{st}^2 - s_x^2}{2s_m} + s_m \ln \frac{s_{st}}{s_x} \right) \tag{11-40}$$

当空载起动时，$s_{st} = 1$，$s_x = 0.05$，代入式（11-40），得空载起动时间 t_{0st} 为

$$t_{0st} = \frac{T_{MA}}{2} \left(\frac{1^2 - 0.05^2}{2s_m} + s_m \ln \frac{1}{0.05} \right) \approx T_{MA} \left(\frac{1}{4s_m} + 1.5 s_m \right) \tag{11-41}$$

由式（11-40）与式（11-41）可见，空载过渡过程持续时间与 s_m 的数值有关。现求 t_0 最短时的 s_{m0}，令 $dt_0/ds_m = 0$，得

$$s_{m0} = \sqrt{\frac{s_{st}^2 - s_x^2}{2\ln \frac{s_{st}}{s_x}}} \tag{11-42}$$

在空载起动时，对应于 t_{0st} 最短的 s_{m0st} 可在式（11-41）中令 $dt_0/ds_m = 0$ 求得

$$s_{m0st} \approx 0.407$$

这一数值同样可用 $s_{st} = 1$，$s_x = 0.05$ 代入式（11-42）求得。$s_{m0st} \approx 0.407$ 时 t_{0st} 为最短，也可用图 11-17 来说明，在图 11-17 上绘出 s_m 不同数值时的三条

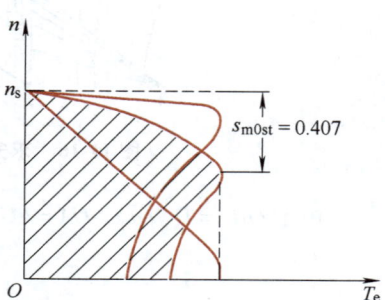

图 11-17 笼型异步电动机 s_m 为不同时的机械特性

第十一章　三相异步电动机的起动及起动设备的计算

机械特性。由图可见，当 $s_{m0st} \approx 0.407$ 时，由 $n=0$ 到 $n=n_s$ 的起动范围内，特性与两坐标轴间包围的面积最大，亦即对应于最大的平均起动转矩 T_{st}（T_{st} = 面积$/n_s$），因而即对应于最短的 t_{0st}。

但是普通的笼型异步电动机的 $s_m \approx 0.1 \sim 0.15$，显然，如欲得到较短的起动时间，必须采用转子电阻较高的高转差率笼型异步电动机。

对于绕线转子异步电动机，可以采用转子电路串联电阻的方法以提高 s_m，从而缩短起动时间。

[例 11-4] 一机床的主拖动电动机为双速电动机，其技术数据见表 11-1。控制线路设计为：起动分两级，第一级为自 $n=0$ 加速到接近 1500r/min，电动机定子绕组接成三角形；第二级为自 1500r/min 左右加速到近 3000r/min，定子绕组换接成双星形（YY）。求第一级的起动时间。设拖动系统的飞轮惯量为 3.19N·m²。

表 11-1　双速电动机的技术数据

接法	P_N/kW	n_N/(r/min)	U_{1N}/V	I_{1N}/A	η_N（%）	$\cos\varphi_{1N}$	K_I	K_{st}	K_T
△	6.5	1450	380	13.5	88.3	0.90	5	2.0	2.2
YY	7.5	2930	380	14.5	81.7	0.83	5	1.5	2.0

解　机床的拖动电动机为空载起动，故可用式（11-41）计算。

$$s_N = \frac{1500-1450}{1500} = 0.033$$

$$s_m = s_N(K_T + \sqrt{K_T^2-1}) = 0.033(2.2 + \sqrt{2.2^2-1}) = 0.137$$

$$T_{max} = K_T T_N = K_T \cdot 9550 \cdot \frac{P_N}{n_N} = 2.2 \times 9550 \times \frac{6.5}{1450} \text{N·m} = 94.2\text{N·m}$$

代入式（11-41），得起动时间为

$$t_{0st} \approx \frac{3.19 \times 1500}{375 \times 94.2}\left(\frac{1}{4 \times 0.137} + 1.5 \times 0.137\right)\text{s} = 0.275\text{s}$$

第七节　三相异步电动机过渡过程的能量损耗

与研究直流电动机过渡过程的能量损耗时相同，对于异步电动机也只考虑定子与转子电路的铜耗，而把电动机的铁耗及机械损耗等忽略，以简化研究的问题。现就空载起动、空载能耗制动及空载反接制动三种情况，研究异步电动机过渡过程的能量损耗，先推导异步电动机过渡过程能量损耗的一般公式。

异步电动机定子与转子电路均有铜耗，则过渡过程的能量损耗为

$$\Delta W = \int_0^t 3I_1^2 R_1 dt + \int_0^t 3I_2'^2 R_2' dt \tag{11-43}$$

粗略地可忽略 I_0，则 $I_1 = I_2'$，式（11-43）可写成

$$\Delta W = \int_0^t 3I_2'^2 R_2'\left(1 + \frac{R_1}{R_2}\right)dt \tag{11-44}$$

由于 $T_e = (3I_2'^2 R_2'/s)/\Omega_s$，则 $3I_2'^2 R_2' = T_e \Omega_s s$，代入式（11-44），得

$$\Delta W = \int_0^t \Omega_s \left(1 + \frac{R_1}{R'_2}\right) s T_e \mathrm{d}t \tag{11-45}$$

对于空载过渡过程，电力拖动运动方程式为（$T_z = 0$）

$$T_e = J \frac{\mathrm{d}\Omega}{\mathrm{d}t} \tag{11-46}$$

由于 $\Omega = \Omega_s(1-s)$，则式（11-46）可改写为

$$T_e \mathrm{d}t = -J\Omega_s \mathrm{d}s \tag{11-47}$$

将式（11-47）代入式（11-45）得

$$\Delta W = \int_{s_{st}}^{s_x} -J\Omega_s^2 \left(1 + \frac{R_1}{R'_2}\right) s \mathrm{d}s$$

化简得

$$\Delta W = \frac{1}{2} J \Omega_s^2 \left(1 + \frac{R_1}{R'_2}\right)(s_{st}^2 - s_x^2) \tag{11-48}$$

一、空载起动过程电动机的能量损耗

空载起动时，$s_{st} = 1$，$s_x \approx 0$，代入式（11-48），得空载起动过程电动机的能量损耗 ΔW_{st} 为

$$\Delta W_{st} = \frac{1}{2} J \Omega_s^2 \left(1 + \frac{R_1}{R'_2}\right) \tag{11-49}$$

二、空载反接制动过程电动机的能量损耗

空载反接制动时，$s_{st} = 2$，$s_x = 1$，代入式（11-48），得空载反接制动过程电动机的能量损耗 ΔW_{T1} 为

$$\Delta W_{T1} = \frac{1}{2} J \Omega_s^2 \left(1 + \frac{R_1}{R'_2}\right)(2^2 - 1^2) = 3 \left[\frac{1}{2} J \Omega_s^2 \left(1 + \frac{R_1}{R'_2}\right)\right] = 3\Delta W_{st} \tag{11-50}$$

三、空载能耗制动过程电动机的能量损耗

在第十章中，推导出异步电动机的能耗制动机械特性方程式。此时

$$T_e = \frac{3 I_2'^2 \frac{R'_2}{v}}{\Omega_s}$$

即

$$3 I_2'^2 R'_2 = T_e \Omega_s v = T_e \Omega \tag{11-51}$$

空载能耗制动时的运动方程式为

$$-T_e = J \frac{\mathrm{d}\Omega}{\mathrm{d}t} \tag{11-52}$$

将式（11-52）代入式（11-51），再代入式（11-44），得空载能耗制动过程电动机的能量损耗 ΔW_{T2} 为

$$\Delta W_{T2} = \int_{\Omega_s}^0 -J\Omega \mathrm{d}\Omega \left(1 + \frac{R_1}{R'_2}\right) = \frac{1}{2} J \Omega_s^2 \left(1 + \frac{R_1}{R'_2}\right) \tag{11-53}$$

由式（11-49）、式（11-50）、式（11-53）可见，ΔW_{st}、ΔW_{T1} 及 ΔW_{T2} 均与系统的动能储存量成正比。其中空载反接制动的能量损耗最大，为起动过程能量损耗的三倍，也几乎为能耗制动过程能量损耗的三倍。对于经常要求起动、制动的生产机械，在选择电气制动方法时，必须考虑到这一因素。

第十一章 三相异步电动机的起动及起动设备的计算

由异步电动机过渡过程的能量损耗的公式可见，(R_1/R_2') 的比值还会影响能量损耗的数值。当 R_2' 有较大值时，定子电路的能量损耗较小，但转子电路的能量损耗则与 R_2' 之值无关。

对于笼型异步电动机，由于 R_1 及 R_2' 均在电动机内部，电动机发热较严重；而绕线转子异步电动机的 R_2 中可包括转子绕组电阻与串联的附加电阻两部分，热量按比例分布在内外电阻上，因此电动机内部发热情况较好。

四、减少异步电动机过渡过程能量损耗的方法

减少异步电动机过渡过程的能量损耗，可用下列三种方法。

1. 减少拖动系统的动能储存量 $J\Omega^2/2$

这个方法与前述直流电动机的过渡过程能量损耗的减少方法相同，即把经常起动、制动的异步电动机的转子设计成细而长的形状以减小 J 的数值；也可采用两个一半功率的电动机组成的双电动机拖动系统。适当选择电动机的额定转速，亦即选择最合适的传动比，也能减小过渡过程的能量损耗。这些方法的原理在"直流电动机的电力拖动"（第九章）中已有介绍，不再重复。

2. 合理选择电动机的起动、制动方式

采用改变同步转速 n_s 的起动方法，可以减少起动过程的能量损耗。例如，多速电动机的定子绕组起动时先连接成极数较多（即 n_s 较低），而后改换成极数较少（即 n_s 较高）的联结方式，则能降低起动过程的能量损耗。

同样，如果异步电动机在起动过程中定子电压的频率由低到高平滑变化，则可大大减少起动过程的能量损耗。

按 n_s 由低到高分级起动，其减小起动过程的能量损耗的原理与直流电动机是相同的。

另外，应尽可能选用能耗制动，因为电动机能耗制动过程的能量损耗仅为反接制动过程的 1/3。往往有些起动、制动次数较多的异步电动机原采用反接制动时发热严重，甚至可能烧坏电动机，在改用能耗制动或机械制动后，电动机即能正常运转，发热在允许范围之内了。

3. 合理选择电动机的参数

异步电动机转子绕组的电阻增大，可使过渡过程中的定子电路能量损耗降低。对于绕线转子异步电动机，起动时可在转子电路串联电阻；对于笼型异步电动机，可把转子电阻设计得高一些，即一种高转差率异步电动机。高转差率电动机不仅可减少过渡过程的能量损耗，而且还可缩短过渡过程的时间，对于一些经常起动、制动的生产机械，这将有利于提高生产率。

[例 11-5] 一台四速异步电动机的四个同步转速为：3000r/min、1500r/min、1000r/min 及 500r/min。试计算空载直接起动（$n = 0$ 到 $n = 3000$r/min）和分级起动（$n = 0$ 经 500r/min、1000r/min、1500r/min 到 3000r/min）时电动机的能量损耗。如果电力拖动系统的转动惯量 $J = 0.98$kg·m^2，$\dfrac{R_1}{R_2'} = 1.5$，固定损耗可以忽略。

解 （1）空载直接起动时电动机的能量损耗

$$\Delta W_{st} = \frac{1}{2}J\Omega_s^2\left(1+\frac{R_1}{R_2'}\right)(s_{st}^2 - s_x^2) = \frac{1}{2}\times 0.98\left(\frac{2\pi\times 3000}{60}\right)^2\times(1+1.5)\times(1^2-0^2)\text{W}\cdot\text{s}$$
$$= 120780\text{W}\cdot\text{s} = 120780\text{J}$$

(2) 空载分级起动时电动机的能量损耗

$$\Delta W_{st1} = \frac{1}{2}\times 0.98\times(1+1.5)\times\left(\frac{2\pi}{60}\right)^2\times 500^2\times(1^2-0^2)\text{J}$$
$$= \frac{1}{2}\times 0.98\times(1+1.5)\times\left(\frac{2\pi}{60}\right)^2\times 500^2\text{J}$$

$$\Delta W_{st2} = \frac{1}{2}\times 0.98\times(1+1.5)\times\left(\frac{2\pi}{60}\right)^2\times 1000^2\times\left[\left(\frac{1000-500}{1000}\right)^2-0^2\right]\text{J}$$
$$= \frac{1}{2}\times 0.98\times(1+1.5)\times\left(\frac{2\pi\times 500}{60}\right)^2\text{J}$$

$$\Delta W_{st3} = \frac{1}{2}\times 0.98\times(1+1.5)\times\left(\frac{2\pi}{60}\right)^2\times 1500^2\times\left[\left(\frac{1500-1000}{1500}\right)^2-0^2\right]\text{J}$$
$$= \frac{1}{2}\times 0.98\times(1+1.5)\times\left(\frac{2\pi\times 500}{60}\right)^2\text{J}$$

$$\Delta W_{st4} = \frac{1}{2}\times 0.98\times(1+1.5)\times\left(\frac{2\pi}{60}\right)^2\times 3000^2\times\left[\left(\frac{3000-1500}{3000}\right)^2-0^2\right]\text{J}$$
$$= \frac{1}{2}\times 0.98\times(1+1.5)\times\left(\frac{2\pi\times 1500}{60}\right)^2\text{J}$$

空载分四级起动时电动机的能量损耗

$$\Delta W_{st}' = \Delta W_{st1} + \Delta W_{st2} + \Delta W_{st3} + \Delta W_{st4} = \frac{1}{2}\times 0.98\times(1+1.5)\times\left(\frac{2\pi}{60}\right)^2\times$$
$$(500^2+500^2+500^2+1500^2)\text{W}\cdot\text{s} = 40260\text{W}\cdot\text{s} = 40260\text{J}$$

*本章附录 软起动器

目前，在工业界广泛使用的用于异步电动机起动的电力电子学设备有两种：一种是变频器，设定频率按照某种曲线逐步从低到高，直至额定频率，这种方式需要使用变频器，成本较高；另一种是使用软起动器，三相电源线上都串接双向晶闸管，随着电动机速度的上升，触发延迟角由大到小逐渐变化（电动机的电源电压随之由小到大逐渐变化），这种方式成本较低。

市场上常见的软起动器分为旁路型、无旁路型和节能型等三种。旁路型的特点是：当电动机转速达到额定转速时，用旁路接触器取代已经完成任务的软起动器，可以降低晶闸管的热损耗。无旁路型的软起动器的特点是：当电动机转速达到额定转速时，晶闸管的触发延迟角就被推到零，晶闸管处于全导通状态，它适用于频繁地起动和停止的电动机。节能型的特点是：在无旁路型的基础上，完成起动之后，当电动机的负荷较轻时，软起动器会自动降低电动机定子端的电压，减少电动机的励磁电流分量，提高功率因数。带有旁路型软起动器的异步电动机主电路图如

第十一章 三相异步电动机的起动及起动设备的计算

图 11-18 所示。

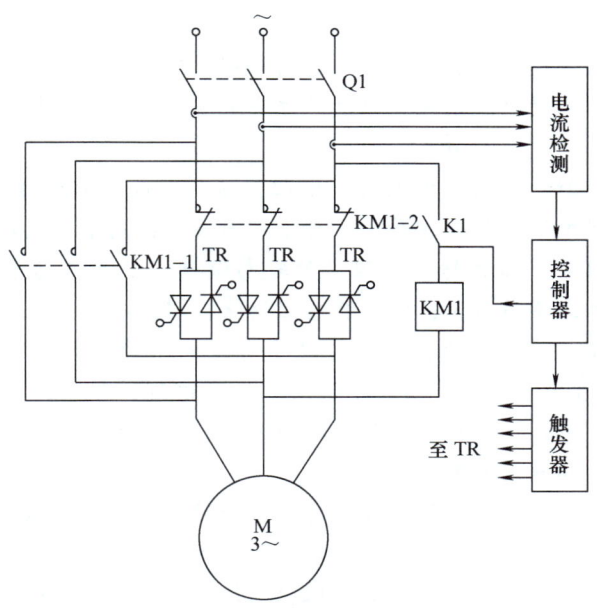

图 11-18 带有软起动器的异步电动机主电路

电动机起动时 Q1 闭合，串联在电源线上的双向晶闸管 TR 的触发延迟角 α 都处于所设置的大值上，电动机接线端上的电压较低（见图 11-19）。随着电动机转速逐渐上升，调节双向晶闸管触发延迟角 α 使它逐渐下降到 0，与之相对应，电动机接线端上的电压逐渐上升到额定值。这时继电器 K1 吸合，使得交流接触器 KM1 的线圈得电，交流接触器 KM1 的常开触点 KM1-1 闭合，常闭触点 KM1-2 断开。至此，异步电动机的软起动过程就完成了。

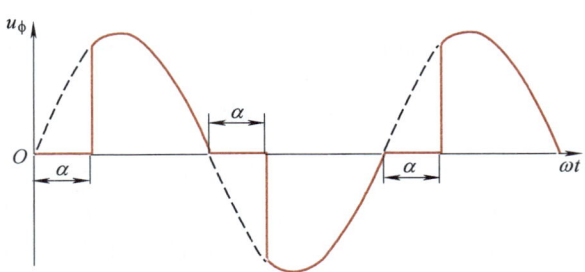

图 11-19 双向晶闸管控制后的电源相电压波形

小　　结

本章介绍了三相笼型及绕线转子异步电动机的各种起动方法及起动电阻与起动设备的计算方法。

标志异步电动机起动性能的主要指标是起动转矩倍数 $K_{st} = T_{st}/T_N$ 和起动电流倍数 $K_I = I_{st}/I_N$。生产机械一般要求电动机具有足够大的起动转矩，以便很快达到正常转速而进行工作，对于经常起动、制动的生产机械更可提高生产率；另一方面，又希望起动电流不要太大，以免电网产生过大的电压下降，从而影响接在同一电网上的其他电气设备的正常运行。

但是异步电动机的起动电流很大，而起动转矩则不大，为此必须限制起动电流。对于笼型异步电动机，起动电流用减压起动的方法来限制，但此时起动转矩及最大转矩也相应地减小了。

解决这一矛盾较好的办法是增大转子电阻，这样对改善起动性能十分有利。此时，一方面可以减小起动电流，另一方面由于转子功率因数提高了，起动转矩也能提高。在绕线转子异步电动机中，增大转子电阻显然较易做到，只要在转子电路中串联电阻即可。在起动结束转入正常运行时，将串联电阻切除，以减小电动机转子铜耗从而提高电动机效率。对于笼型异步电动机，起动时转子有效电阻的增大只有依靠改变转子槽形（如深槽转子及双笼型转子），利用"趋肤效应"来达到，起动结束时转子电阻基本上减小到直流电阻值。另外，还可用电阻率较高的材料制成笼型转子的导条以增大转子电阻，这种电动机称为高转差率电动机。

异步电动机起动电阻及设备的计算与选择，一般根据生产机械或电网对电动机起动转矩及起动电流等的要求来进行。经过理论推导，得出一些实用的计算公式。

研究电力拖动的过渡过程可以正确合理地选择电动机的容量；可以研究如何缩短过渡过程的时间，从而提高生产机械的生产率；可以研究电动机与生产机械运行的条件，改善其运行情况，使设备能经济安全地运行；可以研究过渡过程中所产生的损耗，找到减少损耗的途径，提高电动机的利用率。

过渡过程的能量损耗与系统的动能储存量、起动、制动的方式及异步电动机的转子参数有关。把转子设计成细而长的形状；采用双电动机拖动系统；选择合适的传动比；按不同的同步转速 n_s 由低到高分级起动；采用能耗制动或机械制动以代替反接制动；采用高转差率异步电动机及在绕线转子异步电动机转子电路串联适当电阻等，均可减少过渡过程的能量损耗。适当增大异步电动机的转子电阻，不仅可改善电动机的起动性能，减少过渡过程的能量损耗，而且还可缩短过渡过程的持续时间。

习 题

11-1 某台绕线转子异步电动机的数据如下：$P_N = 44\text{kW}$，$n_N = 1435\text{r/min}$，$E_{2N} = 243\text{V}$，$I_{2N} = 110\text{A}$。设起动时负载转矩 $T_z = 0.8T_N$，最大允许的起动转矩 $T_1 = 1.87T_N$，起动切换转矩 $T_2 = T_N$，试用解析法求起动电阻的级数及每级的电阻值。在计算时可以将机械特性视为直线。

11-2 某台绕线转子异步电动机的数据如下：$P_N = 11\text{kW}$，$n_N = 715\text{r/min}$，$E_{2N} = 163\text{V}$，$I_{2N} = 47.2\text{A}$，起动最大转矩与额定转矩之比 $T_1/T_N = 1.8$，负载转矩 $T_z = 98\text{N}\cdot\text{m}$。求三级起动时的每级起动电阻值。

11-3 某台绕线转子异步电动机的数据如下：$P_N = 30\text{kW}$，$n_N = 725\text{r/min}$，$U_{1N} = 380\text{V}$，$E_{2N} = 257\text{V}$，$I_{2N} = 74.3\text{A}$，当负载持续率为 25% 时，$T_{max}/T_N = 3$。该电动机转子电路串不对称电阻起动，电阻共 8 段（三相），分 7 级起动，第一级同时短接两段电阻，其他 6 级每级只短接一段电阻。试计算各段的电阻值。计算时取 $T_2/T_N = 1.15$。

11-4 某台绕线转子异步电动机的数据如下：$P_N = 30\text{kW}$，$n_N = 725\text{r/min}$，$E_{2N} = 257\text{V}$，$I_{2N} = 74.3\text{A}$。该电动机的转子电路串接对称电阻起动，起动级数为 6。试计算各相的分段电阻值。计算时可取 $T_1/T_N = 1.8$。

第十一章 三相异步电动机的起动及起动设备的计算

11-5 某台笼型异步电动机的数据如下：$P_N = 40\text{kW}$，$n_N = 2930\text{r/min}$，$U_{1N} = 380\text{V}$，$K_I = 5.5$，$\eta_N = 90\%$，$\cos\varphi_{1N} = 0.91$，$\cos\varphi = 0.3$（即 $R = Z\cos\varphi = 0.3Z$）。用定子电路串接对称电阻减压起动。设在串接电阻后使起动电流减到 1/4，求串接电阻数值（计算时可忽略 I_0）。

11-6 某台笼型异步电动机的数据如下：$P_N = 7.5\text{kW}$，$U_{1N} = 380\text{V}$，$n_N = 1450\text{r/min}$，$I_{1N} = 15.1\text{A}$，$\cos\varphi_{1N} = 0.87$，$\eta_N = 87\%$，$K_I = 7$，$K_{st} = 1.4$，$K_T = 2$，$GD^2 = 2.75\text{N} \cdot \text{m}^2$，定子绕组为星形联结。

该电动机在反接制动时，定子电路的二相内串接电阻（不对称系统），如果希望限制反接制动开始时电流（按接成对称时）为 5 倍额定电流，制动开始时的转速约等于 1500r/min（空载反接制动），求两相内串接电阻的数值。

11-7 笼型异步电动机用以拖动一生产机械（如电动葫芦），为了平滑地慢加速起动，电动机定子一相内接入电阻 R_{st}，如图 11-20 所示。电动机的数据为：$P_N = 7.5\text{kW}$，$U_{1N} = 380\text{V}$，$n_N = 905\text{r/min}$，$I_{1N} = 19.3\text{A}$，$K_t = 4.4$，$K_{st} = 3$，$\cos\varphi_N = 0.44$。设起动转矩为 $0.7T_N$，试计算起动电抗 R_{st} 及流过 R_{st} 的起动电流。

11-8 笼型异步电动机的数据同题 11-7，只是 $\sin\varphi \approx 1$。如果将图 11-20 中的 R_{st}^* 用起动电抗器 X_{st} 代替，以达到慢加速起动的同样目的。如果要求起动转矩减到 $0.7T_N$，试计算起动电抗 X_{st} 及流过 X_{st} 的起动电流。

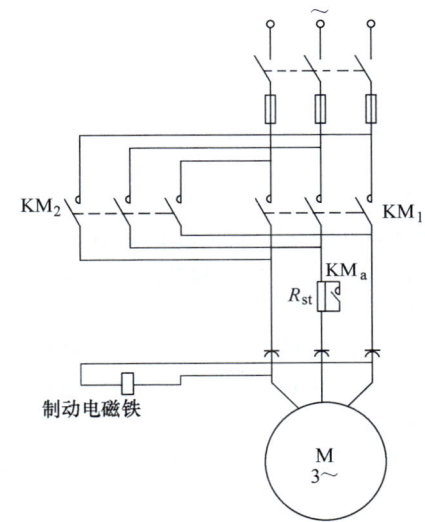

图 11-20 习题 11-7 图

11-9 某台笼型异步电动机的数据如下：$P_N = 40\text{kW}$，$U_{1N} = 380\text{V}$，$I_{1N} = 75.1\text{A}$，$n_N = 1470\text{r/min}$，$\cos\varphi_{1N} = 0.89$，$\eta_N = 91\%$，$K_I = 6.9$，$K_{st} = 1.2$，$\lambda_T = 2$，$GD^2 = 29.4\text{N} \cdot \text{m}^2$。该电动机用星-三角起动器空载减压起动，控制线路如图 11-21 所示。起动时定子绕组为星形联结，待转速上升到接近 $0.95n_s$ 时（由时间继电器 KT 的时限控制），换接成三角形联结。如果时间继电器的动作时间为 0.15s，求时间继电器的整定时限。传动机构的 GD^2 可假定为电动机转子的 GD^2 的 30%。

11-10 一台四速笼型异步电动机的四个同步转速为：$n_{s1} = 3000\text{r/min}$，$n_{s2} = 1500\text{r/min}$，$n_{s3} = 1000\text{r/min}$，$n_{s4} = 500\text{r/min}$。试计算在下列两种空载分级起动的情况下，起动到最大转速时电动机的能量损耗：

（1）两级起动：先由 $n = 0$ 到 $n_{s2} = 1500\text{r/min}$，而后到 $n_{s1} = 3000\text{r/min}$。

（2）三级起动：先由 $n = 0$ 到 $n_{s3} = 1000\text{r/min}$，而后到 $n_{s2} = 1500\text{r/min}$，最后到 $n_{s1} = 3000\text{r/min}$。

假定拖动系统的转动惯量 $J = 0.98\text{kg} \cdot \text{m}^2$，$R_1/R_2' = 1.5$，定子铁耗与机械损耗可以忽略。

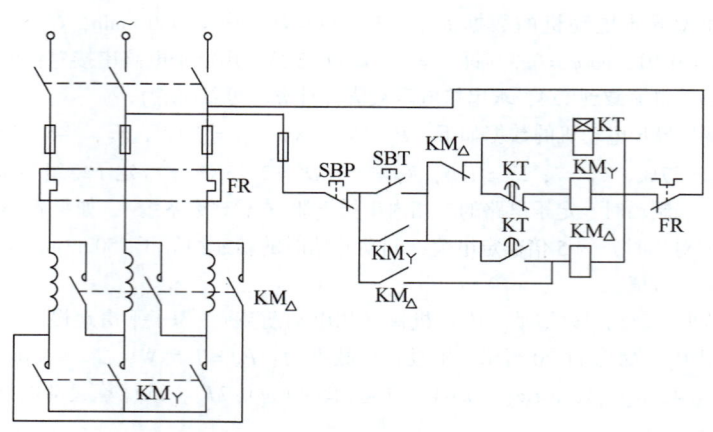

图 11-21 习题 11-9 图

11-11 在题 11-10 中的四速异步电动机由最高转速空载逐级制动，试计算电动机的能量损耗。

(1) 一级反接制动：由 n_{s1} 到 $n=0$。

(2) 二级制动：由 n_{s1} 到 n_{s2} 用回馈制动（极对数由 $p=1$ 变为 $p=2$），由 n_{s2} 到 $n=0$ 用反接制动。

(3) 三级制动：由 n_{s1} 到 n_{s2}，然后到 n_{s3} 用回馈制动（$p=1$ 变为 $p=2$，而后变为 $p=3$），由 n_{s3} 到 $n=0$ 用反接制动。

(4) 四级制动：由 n_{s1} 到 n_{s2}，接着到 n_{s3}，然后到 n_{s4} 用回馈制动（$p=1$ 变为 $p=2$，而后变为 $p=3$ 再变为 $p=6$），由 n_{s4} 到 $n=0$ 用反接制动。

定子铁耗及机械损耗可以忽略。

11-12 双速笼型异步电动机的同步转速是 3000r/min，1500r/min，转子转动惯量 $J=1.96\text{kg}\cdot\text{m}^2$，$R_1/R_2'=1.2$，铁耗与机械损耗可以忽略。试计算下列四种情况下电机的能量损耗：

(1) 一级起动：由 $n=0$ 到 $n_{s1}=3000\text{r/min}$。

(2) 二级起动：先由 $n=0$ 到 $n_{s2}=1500\text{r/min}$，而后到 $n_{s1}=3000\text{r/min}$。

(3) 一级反接制动：由 n_{s1} 到 $n=0$；①定子绕组在 n_{s1} 时由 2 极改为 4 极；②定子绕组在 n_{s1} 时仍为 2 极接法。

(4) 二级制动：由 n_{s1} 到 n_{s2} 用回馈制动（$p=1$ 变为 $p=2$，此时定子两相不反接），而后由 n_{s2} 到 $n=0$ 用反接制动。

11-13 题 11-12 中的双速电动机由最高同步转速 n_{s1} 空载制动，试计算下列两种情况下电动机的能量损耗（铁耗与机械损耗可以忽略）：

(1) 一级能耗制动：由 n_{s1} 到 $n=0$。

(2) 二级制动：由 n_{s1} 到 n_{s2} 用回馈制动，由 n_{s2} 到 $n=0$ 用能耗制动。

第十二章

三相异步电动机的调速

> **内容提要**
>
> 本章主要介绍异步电动机的各种调速方法的基本原理、方法与特性，不介绍实现各种调速方法的线路。第一节介绍笼型异步电动机改变极对数的调速方法；第二节简单介绍变频调速的基本原理与特性（主要用于笼型异步电动机）；第三节介绍几种调节转差能耗的调速方法，用于绕线转子异步电动机的有转子电路串联电阻、串级调速等，而主要用于笼型异步电动机则有改变定子电压调速（并简单介绍调压与变极相结合的调速方法）及脉冲调速（标以"＊"号的章节作为参考内容，各校可根据需要选用）等，同时还介绍了滑差电动机的结构与原理。最后，通过小结，对各种调速方法进行了评价。

由异步电动机转速的表达式

$$n = n_s(1-s) = \frac{60f_1}{p}(1-s)$$

可见，**要调节异步电动机的转速，可从改变下列三个参数入手**，即

1) 改变定子绕组的极对数 p。
2) 改变供电电源的频率 f_1。
3) 改变转差率 s。

现分别介绍上列三方面的调速方法。

第一节 变极调速

改变定子的极对数，可使异步电动机的同步转速 $n_s = \frac{60f_1}{p}$ 改变，从而使电动机转速得到调节。

改变定子的极对数，通常改变定子绕组的联结方法。这种电动机一般采用笼型转子，其转子的极对数能自动地与定子极对数相对应。现用图 12-1 来说明定子绕组联结方法改变时定子极对数改变的原理。

图 12-1 中每相绕组由两个半绕组 1 和 2 组成，用图 12-1a 中顺接串联的方法可得到 4 极的磁场分布。如将半绕组 2 的始、末端改接，使其中每一瞬间电流的方向与顺接串

联时相反,用图 12-1b 的反接串联或图 12-1c 中的并联联结法即可得 2 极的磁场分布。由此可见,改变联结方法,得到的极对数成倍地变化,同步转速也成倍地变化,所以这种调速属于有级调速方法。

三相绕组联结方法是相同的,因此只要了解其中一相的联结方法即可知道其他两相。在图 12-2 中表示最常用的两种三相绕组改变联结的方法:图 12-2a 由一个星形联结改变成两个并联的星形联结;图 12-2b 由一个三角形联结改变成并联的两个星形联结。

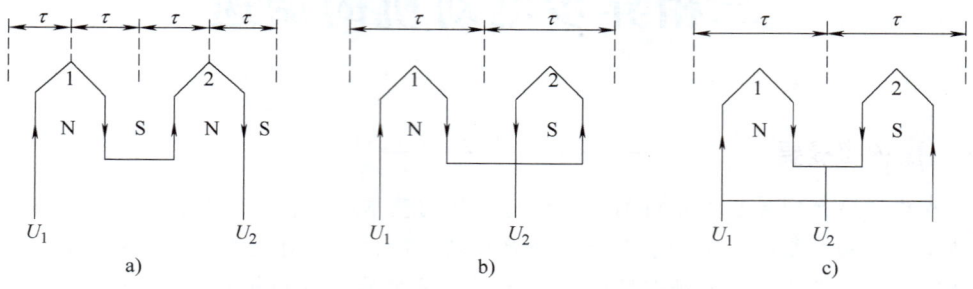

图 12-1 改变定子绕组联结方法以改变定子极对数

a) $p=2$ b) $p=1$ c) $p=1$

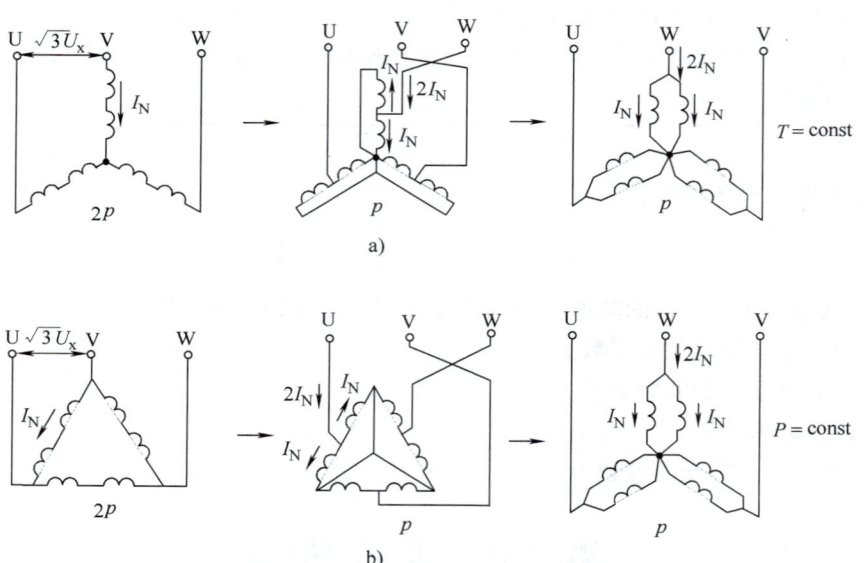

图 12-2 常用的两种三相绕组改变联结的方法

a) 星形联结改变成并联的两个星形联结 b) 三角形联结改变成并联的两个星形联结

必须注意,**绕组联结改变后,应将 V、W 两相的出线端交换,以保持高速与低速时电动机的转向相同**。因为在极对数为 p 时,如果 V、W 两相的出线端与 U 端的相位关系为 0°、120°、240°;则在极对数为 $2p$ 时,三者的相位关系将变为 $2 \times 0° = 0°$,$2 \times 120° = 240°$,$2 \times 240° = 480°$(相当于120°),显然,在极对数为 p 及 $2p$ 下的相序将相反,V、W 两端必须对调,以保持变速前后电动机的转向相同。

现分析变极调速时,电动机的容许输出功率或转矩在变速前后的关系。输出功率为

第十二章 三相异步电动机的调速

$$P_2 = \eta P_1 = 3U_\phi I_1 \cos\varphi_1 \eta \tag{12-1}$$

式中　η——电动机效率；
　　　U_ϕ——电动机定子相电压；
　　　I_1——电动机定子相电流；
　　　P_1——定子输入功率；
　　　$\cos\varphi_1$——定子功率因数。

假定在不同极对数下，η 与 $\cos\varphi_1$ 均保持不变，则式（12-1）变为

$$P_2 \propto U_\phi I_1 \tag{12-2}$$

如果忽略定子损耗，则电磁功率 P_e 与输入功率 P_1 相等，转矩 T_e 为

$$T_e = 9550 \frac{P_e}{n_s} \propto \frac{U_\phi I_1}{n_s} \propto U_\phi I_1 p \tag{12-3}$$

式中　p——极对数。

对于图 12-2a，当定子绕组从一个星形联结改成两个星形联结的并联时，极对数减小为原来的一半，n_s 增加一倍。为使调速时电动机得到充分利用，在高、低速运行时，电动机绕组内均流过额定电流，这样在两种联结方法下的转矩之比为

$$\frac{T_{e\curlyvee}}{T_{e\curlyvee\curlyvee}} = \frac{U_\phi I_N (2p)}{U_\phi (2I_N) p} = 1 \tag{12-4}$$

对于图 12-2b，当定子绕组从一个三角形联结改成两个星形联结的并联时，极对数也减小为原来的一半，n_s 也增加一倍。两种联结方法的功率比为

$$\frac{P_{2\triangle}}{P_{2\curlyvee\curlyvee}} = \frac{\sqrt{3} U_\phi I_N}{U_\phi (2I_N)} = \frac{\sqrt{3}}{2} = 0.866 \tag{12-5}$$

由式（12-5）可见，△联结改为YY联结的变极调速，容许输出是近似恒功率的（约相差13.4%），其机械特性如图12-3b所示。

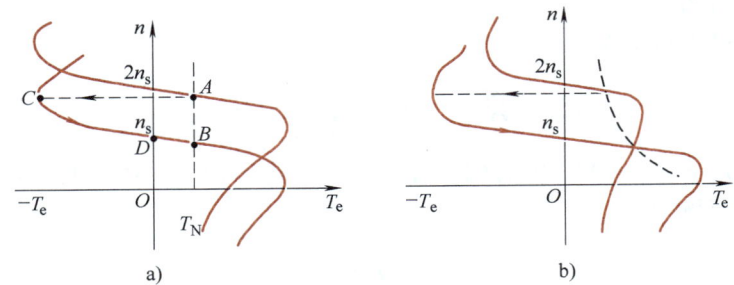

图 12-3　异步电动机变极调速的机械特性
a）Y联结改为YY联结　b）△联结改为YY联结

变极调速的电动机一般称为多速异步电动机。改变定子极对数，除上面介绍的方法外，还可以在定子上装上两组独立的绕组，各连接成不同的极对数。如将两种方法配合，则可得更多的调速级数。但以采用一组独立绕组的变极调速比较经济。

显然，当电动机在高速下运转时（见图12-3a中的 A 点），改变绕组联结使极对数增高，从而电动机降为低速，在降速过程中，电动机工作在回馈制动状态（图12-3a中机械特性的 CD 段）。

可以按生产机械的要求，采用不同接法的多速异步电动机，例如拖动中小型机床的电动机，一般都采用△-YY联结，具有一组独立绕组的双速电动机，此时近似恒功率的调速方法用于恒功率性质的负载（如机床负载），配合较好。

设计多速电动机时，要充分注意不同极对数时定子磁动势的波形，尽可能使其接近正弦波。以2/4极的双速异步电动机为例，在2极联结时，定子绕组的节距为短距（半极距）；当换成4极联结时，定子绕组的节距就变为全节距了。

第二节 变频调速

采用改变供电电源频率 f_1 的调速方法，可以得到很大的调速范围、很好的调速平滑性和有足够硬度的机械特性。

异步电动机的转速 $n = (60f_1/p)(1-s)$，当转差率变化不大时，n 基本上正比于 f_1。显然，如有频率可平滑调节的供电设备，即可平滑调节异步电动机的转速。

变频调速时，为了使励磁电流和功率因数基本保持不变，则希望磁通 Φ 也保持不变。显然，如果 $\Phi > \Phi_N$（Φ_N 为正常运行时的额定磁通），将引起磁路过分饱和而使励磁电流增加，功率因数降低。如果 $\Phi < \Phi_N$，电动机将由于容许输出转矩 T_e 下降，其功率得不到充分利用而造成浪费。因此，在变频调速时，一般要求 Φ 保持不变。由定子电路的电动势方程式可见，在忽略定子漏阻抗的情况下，得

$$U_\phi \approx E_\phi = 4.44 f_1 N_1 k_{w1} \Phi \tag{12-6}$$

为使在 f_1 变化时 Φ 保持不变，则由式（12-6）可见 U_ϕ/f_1 必须为定值，即 U_ϕ 必须与 f_1 成比例地变化。

对于恒转矩调速，如果变频装置保证 U_ϕ 随 f_1 成正比地变化，则可保证在频率变化过程中电动机具有同样的过载能力，在恒转矩调速下的变频装置一般就是根据这一要求设计的。现分析如下：

电动机的最大转矩为

$$T_{\max} = \frac{m_1}{\Omega_s} \frac{U_\phi^2}{2(\sqrt{R_1^2 + (X_1 + X_2')^2} + R_1)} \tag{12-7}$$

式中，$\Omega_s = 2\pi f_1/p$，$X_1 + X_2' = 2\pi f_1(L_1 + L_2')$，代入式（12-7）并考虑到 f_1 相对较高时，$(X_1 + X_2') \gg R_1$ 而略去 R_1，得

$$T_{\max} \approx C \left(\frac{U_\phi}{f_1}\right)^2 \tag{12-8}$$

式中 C——常数，$C = (m_1 p)/[8\pi^2(L_1 + L_2')]$。

由于 $T_{\max} = K_T T_N$，将其代入式（12-8）得

$$T_N \approx C \frac{U_\phi^2}{K_T f_1^2} \tag{12-9}$$

因此，如频率变为 f_1'，定子相电压、额定转矩及过载倍数相应地变为 U_ϕ'、T_N' 及 K_T'，则频率变化前后额定转矩之比为

$$\frac{T_N'}{T_N} \approx \left(\frac{U_\phi'}{U_\phi}\right)^2 \left(\frac{f_1}{f_1'}\right)^2 \left(\frac{K_T}{K_T'}\right) \tag{12-10}$$

为使频率变化前后电动机具有同样的过载能力，即 $K_T = K_T'$，则定子电压应根据下列规律来调节：

$$\frac{U_\phi'}{U_\phi} = \frac{f_1'}{f_1}\sqrt{\frac{T_N'}{T_N}} \tag{12-11}$$

对于恒转矩调速，$T_N' = T_N$，则由式（12-11），可得

$$\frac{U_\phi'}{f_1'} = \frac{U_\phi}{f_1} = 定值 \tag{12-12}$$

由此可见，恒转矩变频调速时，如能保持 $U_\phi/f_1 = $ 定值，则可保证调速过程中电动机的过载能力基本不变，同时可满足磁通 Φ 基本不变的要求。

在恒功率调速时，由于 $P_{TN} = T_N'\Omega_s' = T_N\Omega_s = $ 定值，则 $T_N'f_1' = T_Nf_1$，即 $T_N'/T_N = f_1/f_1'$，代入式（12-11），可见此时定子电压应按下列规律调节：

$$\frac{U_\phi'}{U_\phi} = \sqrt{\frac{f_1'}{f_1}} \tag{12-13}$$

或

$$\frac{U_\phi'}{\sqrt{f_1'}} = \frac{U_\phi}{\sqrt{f_1}} = 定值 \tag{12-14}$$

由此可见，在恒功率调速时，如能满足 $U_\phi/\sqrt{f_1} = $ 定值的条件，调速过程中电动机的过载能力就能保持不变，但此时磁通将发生变化了。如果此时按恒转矩调速满足 $U_\phi/f_1 = $ 定值的条件，则磁通将基本不变，但电动机的过载能力将在调速过程中改变。

下面分析一下改变电源频率时，异步电动机的人为特性。

此时可从下列公式说明，即

$$n_s = \frac{60f_1}{p} \propto f_1 \tag{12-15}$$

$$s_m = \frac{R_2'}{\sqrt{R_1^2 + (X_1 + X_2')^2}} \tag{12-16}$$

在式（12-16）中，同样，当 f_1 相对较高时，可忽略 R_1，则

$$s_m \approx \frac{R_2'}{X_1 + X_2'} \propto \frac{1}{f_1} \tag{12-17}$$

当 f_1 相对较小时，由于 $X_1 + X_2'$ 较小，R_1 的影响即不能忽略。此时 T_{max} 的数值大为降低。在图 12-4 上绘出了变频时异步电动机的机械特性，其中 $f_{11} > f_{12} > f_{13} > f_{14} > f_{15} > f_{16}$。由式（12-7）可见，当考虑 R_1 的影响时，则随着 f_1 的降低，T_{max} 将有所下降。当 f_1 较低，如 f_{15} 及 f_{16} 时，T_{max} 大为降低。为了保持电动机在低速时有足够大的 T_{max}，可在低速时，使 U_ϕ 比 f_1 降低的比例小一些，使 U_ϕ/f_1 的比值随 f_1 的降低而增加（见图中虚线）。

变频调速具有优异的性能，调速范围较大，平滑性较高，变频时 U_ϕ 按不同规律变化可实现恒转矩或恒功率调速，以适应不同负载的要求，低速时特性的静差率较高，是异步电动机调速最有发展前途的一种方法。其

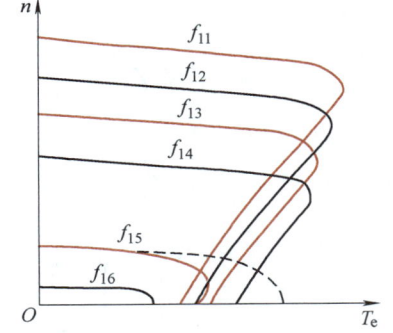

图 12-4　$U_\phi/f_1 = $ 定值时异步电动机变频调速的特性

缺点是必须有专用的变频电源；在恒转矩调速时，低速段电动机的过载倍数大为降低，甚至不能带动负载。

在本书第十四章第七节中将进一步讨论低于以及高于额定频率调速时，电动机的容许输出转矩及功率。

变频电源目前都应用电力电子器件组成的变频装置。随着半导体变流技术的不断发展，已出现一些简单可靠、性能优异、价格便宜的变频调速线路，异步电动机的变频调速方法的应用已日见广泛，从而可从根本上解决笼型异步电动机的调速问题。

关于变频调速的具体控制方法将在本专业的后续课程中介绍，本节仅介绍了变频调速的原理、性能及特性。

第三节 调节转差能耗调速

在本节中，将依次介绍一些调节转差能耗的调速方法，即转子电路串联电阻调速、改变定子电压调速（结合介绍调压与变极相结合的调速方法）、滑差电动机、串级调速及脉冲调速等。这些方法的共同特点是：在调速过程中均产生大量的转差功率 sP_e，并且消耗在转子电路中，使转子发热，调速的经济性较差（除串级调速外）。现分析如下：

一、转子电路串联电阻调速

在图 12-5 中，转子电路串联电阻 R_Ω 后，使转子电流 I_2' 减小，转矩 T_e（$T_e = C_{T1} \Phi I_2' \cos\varphi_2$）也相应减小，$T_e < T_z$（原来 $T_e = T_z$），电动机减速，转差率 $s [s = (n_s - n)/n_s]$ 将增加到 s_1，sE_2 将增加到 $s_1 E_2$，I_2 及 T_e 一直增加到 $T_e = T_z$ 时，电动机达到新的平衡状态，电动机以对应于 s_1 的转速带负载稳定运行。

在图 12-6 上绘出电动机转子电路串联电阻 $R_{\Omega 1}$ 及 $R_{\Omega 2}$（$R_{\Omega 2} > R_{\Omega 1}$）时的人为机械特性。由图可见，对于同样的 ΔT，由于曲线的斜率不同，$\Delta n_1 < \Delta n_2 < \Delta n_3$，则 $\beta_1 = \left(\dfrac{\Delta T}{\Delta n_1}\right)\% > \beta_2 = \left(\dfrac{\Delta T}{\Delta n_2}\right)\% > \beta_3 = \left(\dfrac{\Delta T}{\Delta n_3}\right)\%$，转子电路串联电阻的数值越大，人为机械特性越软。

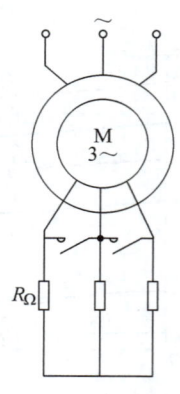

图 12-5 绕线转子异步电动机转子电路串联电阻

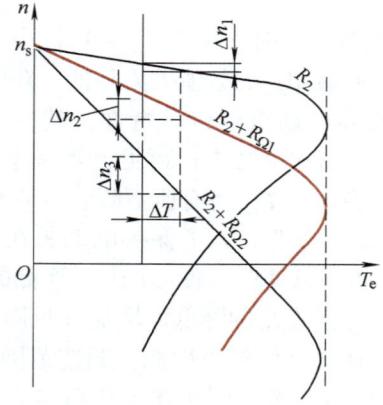

图 12-6 转子电路串联不同电阻时的人为机械特性

这种调速方法的调速上限是 n_N，其下限受允许静差率的限制，所以调速的范围仅能达到 2~3。甚至当允许静差率为 50% 时，调速范围低于 2。

因调节的电路电流较大，所以调速级数少，平滑性不高。

由于 $T = C_{T1}\Phi I_2'\cos\varphi_2$，在额定电压时，磁通 $\Phi = \Phi_N =$ 定值，调速时 $I_2 = I_{2N}$，则

$$I_2 = I_{2N} = \frac{E_2}{\sqrt{\left(\frac{R_2}{s_N}\right)^2 + X_2^2}} = \frac{E_2}{\sqrt{\left(\frac{R_2 + R_\Omega}{s_1}\right)^2 + X_2^2}} = 定值 \quad (12\text{-}18)$$

由式（12-18）可见

$$\frac{R_2}{s_N} = \frac{R_2 + R_\Omega}{s_1} \quad (12\text{-}19)$$

串联电阻 R_Ω 后，转差率由 s_N 增加到 s_1，转子电路的功率因数为

$$\cos\varphi_2 = \frac{\dfrac{R_2 + R_\Omega}{s_1}}{\sqrt{\left(\dfrac{R_2 + R_\Omega}{s_1}\right)^2 + X_2^2}} \quad (12\text{-}20)$$

将式（12-19）代入式（12-20），得

$$\cos\varphi_2 = \frac{(R_2 + R_\Omega)/s_1}{\sqrt{\left(\dfrac{R_2 + R_\Omega}{s_1}\right)^2 + X_2^2}} = \frac{R_2/s_N}{\sqrt{\left(\dfrac{R_2}{s_N}\right)^2 + X_2^2}} = \cos\varphi_{2N} = 定值 \quad (12\text{-}21)$$

这样，转矩 T_e 为

$$T_e = C_{T1}\Phi_N I_{2N}'\cos\varphi_{2N} = T_N = 定值 \quad (12\text{-}22)$$

可见，转子串联电阻为恒转矩调速方法。

现分析调速的经济性问题如下：

转子损耗功率为

$$\Delta P_2 = sP_e = 3I_2^2(R_2 + R_\Omega) \quad (12\text{-}23)$$

如忽略机械损耗，则输出功率为

$$P_2 = P_e(1 - s) \quad (12\text{-}24)$$

调速时转子电路的效率为

$$\eta = \frac{P_2}{P_2 + \Delta P_2} = \frac{P_e(1-s)}{P_e(1-s) + sP_e} = 1 - s \quad (12\text{-}25)$$

可见，当转速降低（s 增高）时，η 下降，转子损耗功率增高，故经济性不高。

这种方法的优点是，方法简单，初期投资不高，一般适用于恒转矩负载，如起重机。对于通风机负载也可应用。

二、改变定子电压调速

图 12-7 表示改变异步电动机定子电压的人为机械特性。由图可见，当 $T_z = T_N$ 时，如电压由 U_1 减到 U_1''，转速将由 n_1 降到 n_3。因转速低于 n_m 的机械特性部分对恒转矩负载不能稳定运转，因此不能用以调速，调速范围很小（仅为 n_s 到 n_m 的转速区段可调）。但若负载为通风机，如图 12-7 中的特性 T_z，则由于低于 n_m 时，人为机械特性与负载转矩特性的交点也能稳定运转，调速范围显著扩大了。

对于恒转矩调速，如能增加异步电动机的转子电阻（如绕线转子异步电动机或高转差率笼型异步电动机），则改变定子电压可得较宽的调速范围，如图 12-8 所示。但此时特性太软，其静差率常不能满足生产机械的要求，而且低压时的过载能力较低，负载的波动稍大，电动机就有可能停转。

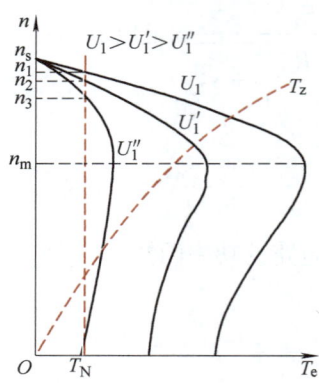

图 12-7　改变异步电动机定子电压的人为特性

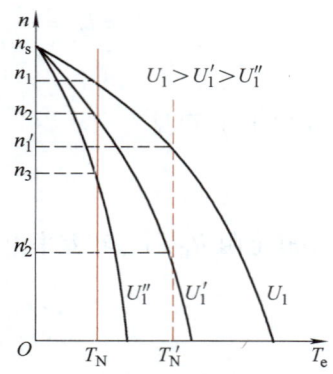

图 12-8　转子电路电阻较高时改变定子电压的人为机械特性

如采用图 12-9 所示的闭环系统，则既能提高低速时的机械特性硬度，又能保证一定的过载能力。

图 12-9 中的调压装置过去用饱和电抗器，目前都采用晶闸管等电力电子器件组成的交流调压装置。它可根据控制信号 e 的大小将电源电压 U_1 改变为不同的可变电压 U'_x。控制信号为给定信号 e_0 与来自测速发电机的测速反馈信号 e_n 之差。由图 12-8 可见，当输出电压 $U'_\mathrm{x} = U'_1$ 时（对应于某一控制信号 e），对应于额定负载

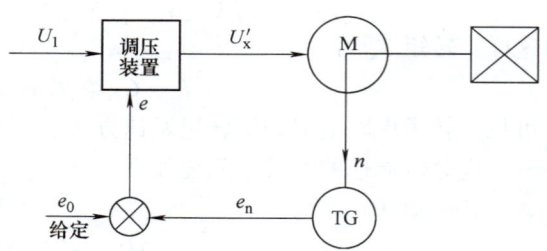

图 12-9　异步电动机改变定子电压调速的闭环系统

T_N 时的转速为 n_2；当负载增至 T'_N 后，如无反馈则转速将沿着对应于 U'_1 的人为机械特性下降到 n'_2，速度下降极为严重。但在图 12-9 所示的闭环系统中，负载稍有增加引起转速的下降，正比于转速的 e_n 也将减小。$e(= e_0 - e_\mathrm{n})$ 的数值自动变大，使输出电压 U'_x 增高，电动机将产生较大转矩以与负载转矩平衡。如负载增至 T'_N，U'_x 增到 U_1，则此时转速仅降到 n'_1，显然闭环系统中机械特性的硬度大见提高。为了调节转速，可改变给定信号 e_0，此时可得到一些基本平行的特性族，如图 12-10 所示。

在闭环系统中，如能平滑地改变定子电压，即能平滑调节异步电动机的转速；低速的特性较硬，调整范围可较宽。

现分析一下这种调速方法电动机的允许输出。由于 $T_e \propto 3I'^2_2 R'_2 / s$，为使调速时电动机能被

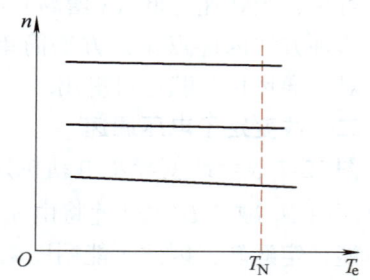

图 12-10　异步电动机改变定子电压调速的闭环系统特性

充分利用，则 $I_2' = I_{2N}' = $ 恒值，R_2' 也为恒值，则 $T_e \propto \dfrac{1}{s}$，可见这种调速方法既非恒转矩又非恒功率的调速方法。显然最适用 T_z 随 n 降低（s 增加）而降低的负载（如通风机负载）。对于恒功率负载最不适应，能勉强用于恒转矩负载，如纺织、印染及造纸等机械。

改变定子电压调速方法的缺点是，调速时的效率较低（这点与前述绕线转子异步电动机转子串联电阻时调速相同），功率因数比转子串联电阻时更低（因调速时 R_2 为定值）。

由于低速时消耗于转子电路的功率很大，电动机发热严重。因此，改变定子电压的调速方法一般适用于高转差笼型异步电动机（或称为"力矩电动机"），也可用于绕线转子异步电动机，在其转子电路中可串联一段电阻。如果用于普通的笼型异步电动机，则必须在低速时欠载运行，或短时工作。在低速时可用他扇冷却方式，以改善电动机的散热情况。

为了改善改变定子电压调速低速运行时的性能，进一步扩大调速范围，在改变定子电压调速方法的基础上发展成一种变极变压相结合的调速方法。这一调速方法应用于单绕组多速（一般为两速或三速）笼型异步电动机，为了使减压降速时电流不致太大，转子采用高电阻的导条。图 12-11 所示为一台多速电动机（$2p = 4$、6、10）在变极变压时的机械特性。当电动机极数一定时，改变定子电压，转速也就随之改变。

在图 12-11 中，当负载转矩由 T_1 变化到 T_2 时，采用闭环控制系统，定子电压由 U_1''' 自动增加到 U_1，工作点从 a 点过渡到 b 点，连接 a、b 两点即得一条以 n_1 为给定转速的硬度很高的人为机械特性。改变给定转速值，可得到与 ab 基本平行的人为机械特性。

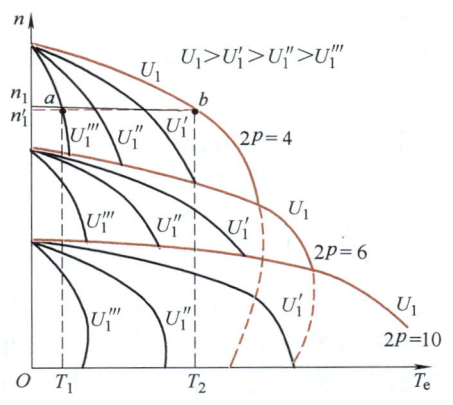

图 12-11　多速电动机（$2p = 4$、6、10）在变极变压时的机械特性

根据不同的速度范围，控制系统中有一个自动换极的装置，使电动机能在相应极数下运行。例如在图 12-11 上，当转速由 4 极情况下的最高额定转速通过改变给定转速降到 6 极最高额定转速时，控制系统保证自动换极装置动作，改变定子绕组的联结方法，使电动机转换到 6 极运行。在 6 极的接线下的最高额定转速降到 10 极最高额定转速时，电动机又自动换接成 10 极，然后转速又可在 10 极的情况下继续降下去，实现电动机的平滑调速。

变极变压调速除了改变转差率外，还改变了异步电动机的同步转速，显然，在第十一章分析过渡过程的能量损耗时已指出，改变同步转速的调速方法可减少过渡过程的能量损耗，从而提高电动机低速运行时的效率，使单纯改变定子电压调速方法的缺点有所改善。其缺点是控制装置及定子绕组接线比较复杂。

三、滑差电动机

滑差电动机又名"电磁调速异步电动机"，其特点是在笼型异步电动机轴上装有一个电磁滑差离合器，并由晶闸管控制装置控制离合器励磁绕组的电流。改变这一电流，即可调节离合器的输出转速。因此，滑差电动机是由笼型异步电动机、滑差离合器和控制装置三者构成的。

下面分别介绍滑差离合器的调速原理、结构形式及调速性能。

1. 电磁滑差离合器的调速原理

滑差离合器又名转差率离合器，其基本作用原理都是基于电磁感应现象。图 12-12 绘出一个实心电枢离合器的示意图。滑差离合器一般由主动与从动两个基本部分组成，图中 1 为主动部分，由笼型异步电动机带动，以恒速旋转，它是一个由铁磁材料制成的圆筒，习惯上称为电枢；2 为从动部分，一般也是由同样材料制成，称之为磁极，在磁极上装有励磁绕组 3，绕组与磁极的组合称为感应子，被拖动的生产机械就连接在感应子的轴上，绕组的引线接于集电环上，通过电刷与直流电源接通，绕组内流过的励磁电流即由直流电源供给。电枢与感应子之间的气隙一般是很小的。

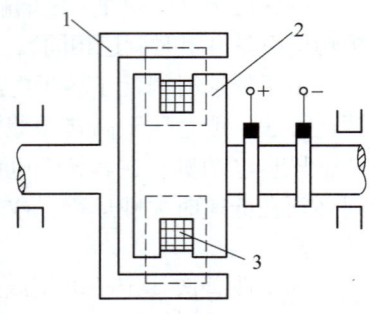

图 12-12　滑差离合器的示意图
1—电枢　2—磁极　3—励磁绕组

当绕组内有电流通过时，在电枢与感应子之间便有磁通相链，如图中虚线所示。当异步电动机带动电枢旋转时，电枢便以相应的转速在感应子所建立的磁场内旋转，于是电枢的各点上磁通处在不断重复的变化之中，根据电磁感应定律可知，电枢上将出现感应电动势。当感应子也旋转时，此感应电动势为

$$E = BlR(\Omega_1 - \Omega_2) \tag{12-26}$$

式中　B——气隙磁感应强度；
　　　l——电枢的有效长度；
　　　R——电枢的有效半径；
　　　Ω_1——异步电动机旋转的角速度（rad/s）；
　　　Ω_2——感应子旋转的角速度（rad/s）。

在此感应电动势的作用下，电枢内将出现涡流，涡流的方向与路径如图 12-13 所示。其数值为

$$I = \frac{E}{Z_p} = \frac{BlR}{Z_p}(\Omega_1 - \Omega_2) \tag{12-27}$$

式中　Z_p——一个极下的等效阻抗。

涡流与感应子磁场相互作用力为

$$F = BlI \tag{12-28}$$

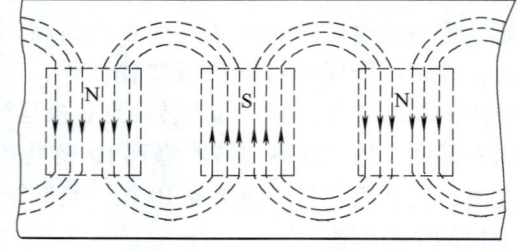

图 12-13　滑差离合器电枢内涡流的方向与路径

其方向沿电枢的切向，转矩为

$$T_e = FR = 2p\frac{B^2 l^2 R^2}{Z_p}(\Omega_1 - \Omega_2) \tag{12-29}$$

式中　p——磁极对数。

转矩 T_e 使感应子带动生产机械沿电枢的转向旋转，异步电动机的能量通过电枢与感应子间的电磁联系传递到被它拖动的装置中。平滑地调节滑差离合器的励磁电流，即可实现感应子的无级调速。

第十二章　三相异步电动机的调速

由式（12-29）可见，如主动与从动部分间没有相对运动，即 $\Omega_1 = \Omega_2$，则 $T_e = 0$。因此电枢与感应子间必须存在转速差，这点与异步电动机的工作原理极为相似。其区别仅在于异步电动机的旋转磁场由三相交流电流产生，而滑差离合器的旋转磁场则由直流电流产生，由于电枢的转动才起旋转磁场的作用。

2. 电磁滑差离合器的几种结构类型

（1）双电枢无集电环滑差离合器　图 12-14 绘出双电枢无集电环滑差离合器的结构图。它由磁极 1、电枢 2、机壳 3 和绕组 4 组成。电枢由外电枢、内电枢（即所谓双电枢、铸钢制成）和奥氏体不锈钢隔磁块焊成一体，固定安装在从动轴上。磁极（又称齿极）装在主动轴上，也由铸钢和奥氏体不锈钢制成，齿极块数的多少与容量大小有关，容量大则齿极块数多一些，一般不少于 8 块，各齿极块间由奥氏体不

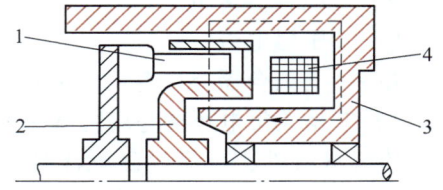

图 12-14　双电枢无集电环滑差离合器的结构图
1—磁极　2—电枢　3—机壳　4—绕组

锈钢隔磁（两者用焊接法连成一体）。励磁绕组是静止不动的，固定在导磁体上。励磁电流直接引入，不通过集电环。工作磁通的路径如图上虚线所示。由于不用集电环，提高了工作的可靠性。

这种结构类型加工工艺比较简单，但尺寸较大，机械特性较软，广泛应用于小功率大范围调速。

（2）杯形电枢滑差离合器　图 12-15 表示杯形电枢滑差离合器的结构图。其特点是电枢选用非磁性材料（如铝合金）制成，形状似杯形，其壁很薄（见图中 1），置于磁极 2 与固定磁轭的气隙之间，磁通分布如虚线所示。磁极往往与异步电动机连接作为主动部分，杯形电枢 1 作为从动部分，由于其质量很小，因此也称为小惯量滑差离合器，励磁绕组 3 一般是固定不动的。这种结构适用于小功率。

（3）爪式无集电环滑差离合器　图 12-16 示出爪式滑差离合器的结构图。其主要部件有电枢 1、磁极 2、励磁绕组 3 和托架 4 等组成。电枢为圆筒形结构，它与异步电动机相连，为了散热，电枢上带有风叶与散热筋。磁极为爪形结构，若干对爪形磁极借放在中间的隔磁环用铆钉铆牢，它与输出轴连接。托架是圆环形，固定在端盖上，用以支持励磁绕组，并作为磁路的一部分。电枢、磁极和托架均为低碳钢浇注而成。这种结构适用于较大功率。

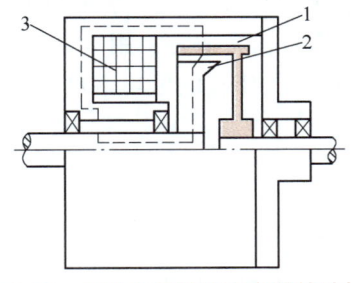

图 12-15　杯形电枢滑差离合器的结构图
1—杯形电枢　2—磁极　3—励磁绕组

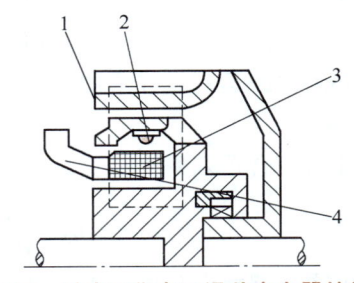

图 12-16　爪式无集电环滑差离合器的结构图
1—电枢　2—磁极　3—励磁绕组　4—托架

3. 电磁滑差离合器的调速性能

这种调速系统的机械特性可近似地用下列经验公式表示：

$$n_2 = n_1 - K\frac{T^2}{I_B^4} \tag{12-30}$$

式中 n_1——离合器主动部分的转速；

n_2——离合器从动部分的转速；

T——离合器转矩；

I_B——励磁电流；

K——与离合器类型有关的系数。

图 12-17 是无集电环滑差离合器在不同励磁电流下的机械特性，可见励磁电流越小，特性越软。要得到较大的调速范围，提高调速的平滑性，必须采用闭环系统。

滑差离合器调速时，不同转速下的允许输出可按保持相同的转差功率的条件来确定，这样在不同转速下，离合器的温升都不会超过允许值。

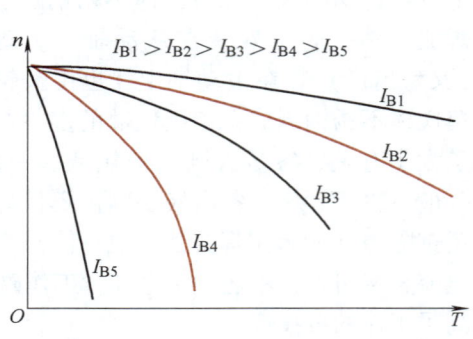

图 12-17　无集电环滑差离合器在不同 I_B 下的机械特性

转差功率 ΔP 为

$$\Delta P = P_1 - P_2 \tag{12-31}$$

式中 P_1——滑差离合器的输入功率（kW），

$$P_1 = \frac{T_1 n_1}{9550} \tag{12-32}$$

P_2——滑差离合器的输出功率（kW），

$$P_2 = \frac{T_2 n_2}{9550} \tag{12-33}$$

将式（12-32）及式（12-33）代入式（12-31），如 $T_1 = T_2 = T$，得

$$\Delta P = \frac{T(n_1 - n_2)}{9550}$$

则

$$n_2 = n_1 - \frac{9550\Delta P}{T} \tag{12-34}$$

由式（12-34）可见，当 ΔP（即温升）一定时，允许输出转矩 T 将随转速的降低而降低。调速既非恒转矩，也非恒功率。用于通风机负载较为适宜，用于恒转矩负载，低速时必须欠载运行，或增加他扇冷却设备。显然，用于机床类的恒功率负载是极不适宜的。

调速时离合器效率为

$$\eta_2 = \frac{P_2}{P_1} = \frac{n_2}{n_1} = \frac{n_1(1-s)}{n_1} = 1 - s \tag{12-35}$$

滑差离合器在实际应用中总是与异步电动机组合在一起的，因此滑差电动机的总效率为

$$\eta = \eta_1\eta_2 = \eta_1(1-s) \quad (12\text{-}36)$$

式中 η_1——异步电动机的效率。

由式（12-36）可见，滑差电动机的效率随转速的下降而下降，而损耗功率 ΔP（$\Delta P = P_1 - P_2 = sP_1$）则随转速的下降而增高。

滑差电动机的优点是结构简单、运行可靠、维护方便、加工容易、能平滑调速，用闭环系统可扩大笼型异步电动机的调速范围。其缺点是：必须增加滑差离合器设备；调速时效率低；在负载转矩 $T_z < 10\% T_N$ 时，可能失控（即存在不可控区）。

四、串级调速

1. 串级调速的一般原理

中等以上功率的绕线转子异步电动机与其他电动机或电子设备串级连接以实现平滑调速，称为串级调速。

异步电动机的串级调速，就是在异步电动机转子电路内引入感应电动势 E_f，以调节异步电动机的转速。引入电动势的方向，可与转子电动势 E_2s 方向相同或相反，其频率则与转子频率相同。

（1）E_f 与 E_2s 同相（相位差 $\theta = 0°$） 当 E_f 未引入时，转子电流 I_2 为

$$I_2 = \frac{E_2 s}{\sqrt{R_2^2 + s^2 X_2^2}} \quad (12\text{-}37)$$

E_f 引入后，I_2 变为

$$I_2 = \frac{E_2 s + E_f}{\sqrt{R_2^2 + s^2 X_2^2}} \quad (12\text{-}38)$$

可见，转子电流增高了，$T_e = C_{T1} \Phi I_2' \cos\varphi_2$ 也增加，这样 $T_e > T_z$，使转速增加，转差率下降，$(E_2 s + E_f)$ 的数值也下降，I_2 及 T_e 下降，电动机的加速度下降但仍在加速，一直加速到新的稳定转速时，T_e 又与 T_z 相等，调速过程结束。

（2）E_f 与 E_2s 反相（$\theta = 180°$） 此时 E_f 的引入，使 I_2 变为

$$I_2 = \frac{E_2 s - E_f}{\sqrt{R_2^2 + s^2 X_2^2}} \quad (12\text{-}39)$$

故 I_2 及 T_e 将下降，$T_e < T_z$，使转速下降，用上面同样的分析方法，电动机将减速到新的稳定转速。

如能用某一装置使 E_f 的数值平滑改变，则异步电动机的转速也就能平滑调节。

有时为了提高异步电动机的功率因数 $\cos\varphi_1$，设法使 E_f 超前于 E_2s 某一角度 θ，此时既能使异步电动机调速，又能提高 $\cos\varphi_1$。现举一 E_f 超前 E_2s 90°的特殊情况来说明。

在图 12-18a 中绘出 E_f 没有引入时异步电动机的相量图，定子电流与电网电压的相位差角是 φ_1。在图 12-18b 中绘出 E_f 超前 E_2s 90°时异步电动机的相量图。这时转子电路的合成电动势为 E，它在相位上超前于 E_2s。转子电流有所增加（转子电流为 E/Z_2），但对 E 的相位差仍为 φ_2，从相量图可见，φ_1 比 $E_f = 0$ 时减小，因之 $\cos\varphi_1$ 提高了。

显然，对于图 12-19 所示 E_f 超前 E_2s 某一角度 θ 的一般情况，可将 E_f 分解为两个分量，即与 E_2s 同相的分量 $E_f \cos\theta$，与超前 E_2s 90°的分量 $E_f \sin\theta$，它们既能使电动机调速，又能提高定子的功率因数 $\cos\varphi_1$。

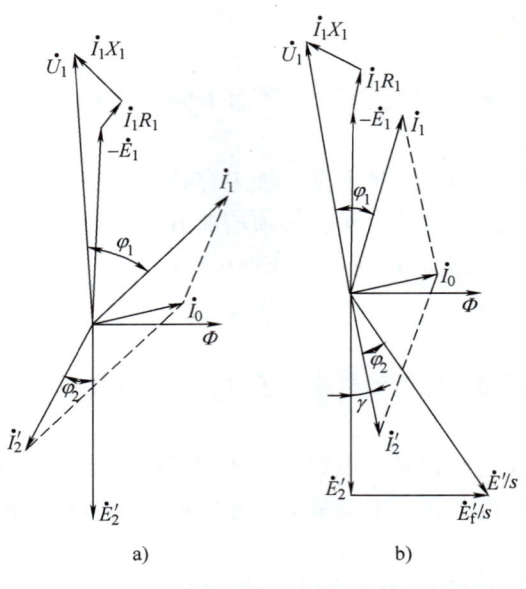
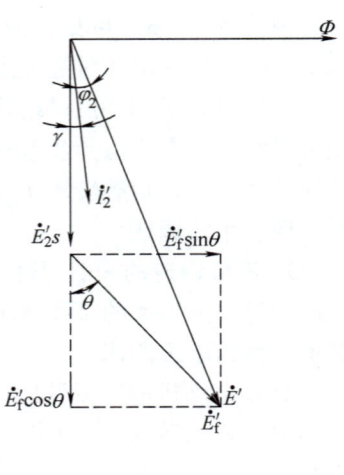

图 12-18 $E_f=0$ 及 E_f 超前 E_2s 90°时异步电动机的相量图
a) 未引入 E_f 时 b) E_f 超前 E_2s 90°

图 12-19 E_f 超前 E_2s 某一 θ 角时转子电路电压相量图

2. 串级调速的机械特性

根据图 12-19 的相量图，E_f 超前 E_2s 的角度为 θ，如取 E_2s 为参考相量，则

$$\dot{I}'_2 = \frac{\dot{E}'_2s + \dot{E}'_f}{R'_2 + jX'_2s} = \frac{(E'_2s + E'_r\cos\theta + jE'_f\sin\theta)(R'_2 - jX'_2s)}{R'^2_2 + X'^2_2 s^2} \tag{12-40}$$

异步电动机的转矩为

$$T_e = C_{T1}\Phi I'_2\cos\varphi_2 = C_{T1}\Phi I'_{2a} \tag{12-41}$$

式中 I'_{2a}——转子电流的有功分量，其值即为式（12-40）中 I'_2 的实数部分，即

$$I'_{2a} = \frac{E'_2sR'_2 + E'_f X'_2 s\sin\theta + E'_f R'_2\cos\theta}{R'^2_2 + X'^2_2 s^2}$$

$$= \frac{E'_2 sR'_2}{R'^2_2 + s^2 X'^2_2}\left(1 + \frac{E'_f}{E'_2}\frac{X'_2}{R'_2}\sin\theta + \frac{E'_f}{E'_2 s}\cos\theta\right) \tag{12-42}$$

式中 $\dfrac{E'_2 sR'_2}{(R'^2_2 + s^2 X'^2_2)}$——$E_f=0$ 时普通异步电动机转子电流的有功分量，$\dfrac{E'_2 sR'_2}{(R'^2_2 + s^2 X'^2_2)} = (E'_2 sR'_2)/(R'^2_2 + sX'^2_2) = (E'_2 s/Z'_2)(R'_2/Z'_2) = I'_{2aD}$。

将式（12-42）两边同时乘以 $C_{T1}\Phi$，得

$$T_e = T_D\left(1 + \frac{E'_f}{E'_2}\frac{X'_2}{R'_2}\sin\theta + \frac{E'_f}{E'_2 s}\cos\theta\right) \tag{12-43}$$

式中 T_D——$E_f=0$ 时异步电动机的转矩，其机械特性实用表达式为

$$T_D = 2T_{mD}/(s/s_{mD} + s_{mD}/s)$$

式中 T_{mD}、s_{mD}——最大转矩及临界转差率。

1) $\theta = 90°$时转矩为

第十二章 三相异步电动机的调速

$$T_e = \frac{2T_{mD}}{\frac{s_{mD}}{s}+\frac{s}{s_{mD}}}\left(1+\frac{E'_f}{E'_2}\frac{X'_2}{R'_2}\right) \tag{12-44}$$

由式（12-44）可见，当 E_f 超前 sE_2 90°时，不致引起临界转差率的变化，但最大转矩则为 $E_f = 0$ 时的 $[1+(E'_f/E'_2)(X'_2/R'_2)]$ 倍。

2） $\theta = 0°$ 时转矩为

$$T_e = \frac{2T_{mD}}{\frac{s_{mD}}{s}+\frac{s}{s_{mD}}}\left(1+\frac{E'_f}{E'_2 s}\right) \tag{12-45}$$

或可写成

$$T_e = \frac{2T_{mD}}{\frac{s_{mD}}{s}+\frac{s}{s_{mD}}} + \frac{2T_{mD}s_{mD}}{s_{mD}^2+s^2}\frac{E'_f}{E'_2} = T_1+T_2 \tag{12-46}$$

式中　T_1——$E_f = 0$ 时的异步电动机的转矩，其机械特性方程式与实用表达式是一致的；T_1 由旋转磁场与 sE_2 引起的那一部分电流相互作用产生，

$$T_1 = (2T_{mD})/(s_{mD}/s+s/s_{mD});$$

T_2——由旋转磁场与 E_f 所引起的那一部分电流相互作用产生的转矩分量，

$$T_2 = [(2T_{mD}s_{mD})/(s_{mD}^2+s^2)]E'_f/E'_2。$$

在图 12-20a、b 表示串级调速的两个转矩分量 T_1 及 T_2 与 n 的关系曲线。$n = f(T_1)$ 的形状与一般异步电动机（当 $E_f = 0$ 时）的特性相同；而 T_2 的符号则与 E_f 的符号相同。当 $E_f > 0$ 时，亦即 E_f 与 sE_2 方向一致时，T_2 为正值；当 $E_f < 0$ 时，亦即 E_f 与 sE_2 方向相反时，T_2 为负值。

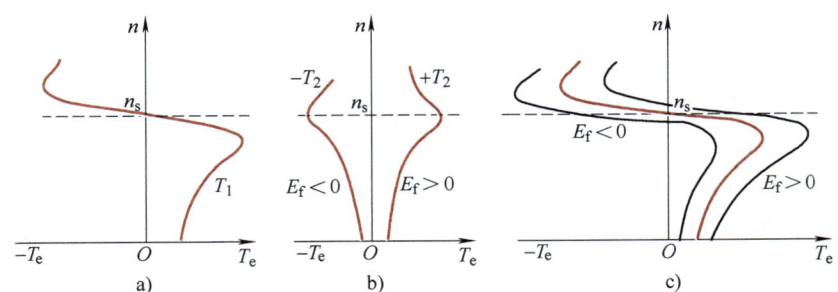

图 12-20　串级调速时异步电动机的机械特性
a) $n = f(T_1)$　b) $n = f(T_2)$　c) $n = f(T_e)$

由 T_2 的表达式可见，T_2 的最大值 T_{2m} 出现在 $s = 0$ 或 $n = n_s$ 时，即

$$T_{2m} = \frac{2T_{mD}}{s_{mD}}\frac{E'_f}{E'_2} \tag{12-47}$$

$n = f(T_2)$ 曲线是以同步转速 n_s 为对称轴的对称曲线。

在 $E_f < 0$、$E_f = 0$、$E_f > 0$ 三种情况下，利用同一转速下 T_1 与 T_2 的代数和，可绘出三条串级调速机械特性，如图 12-20c 所示。

当 $E_f > 0$ 且其数值增大时，串级调速的机械特性将向上移动；反之，当 $E_f < 0$ 且其绝对值增大时，机械特性将向下移动。

这样，利用 E_f 大小和方向的改变，即能改变串级调速特性的位置，因而既可在同步转速以上，又可在同步转速以下调节转速。

在图 12-20c 中，特性与纵轴的交点为理想空载转速 n'_s，得

$$n'_s = n_s(1 - s_s) \tag{12-48}$$

式中　n_s——$E_f = 0$ 时异步电动机的同步转速。

显然，令 $T_e = 0$，由式（12-45）即可求出对应于 n'_s 的 s_s，得

$$1 + \frac{E'_f}{E'_2 s_s} = 0$$

即为

$$s_s = -\frac{E'_f}{E'_2}$$

代入式（12-48），得

$$n'_s = n_s\left(1 + \frac{E'_f}{E'_2}\right) \tag{12-49}$$

当 E_f 与 sE_2 方向相同时，$E'_f > 0$，则 $n'_s > n_s$；当 E_f 与 sE_2 方向相反时，$E'_f < 0$，则 $n'_s < n_s$。

由图 12-20c 可见，机械特性的工作部分较硬，当 $|-E_f|$ 之值较大时，最大转矩（即过载能力）降低，起动转矩也减小。

3. 晶闸管串级调速的基本原理

图 12-21 上绘出晶闸管串级调速的原理线路图。由图可见，绕线转子异步电动机 M 的转子电压经晶闸管整流电路变为直流电压 U_d，再由晶闸管逆变器将 U_β 逆变为交流，功率经变压器 T 反馈（或不用 T 而直接反馈）到交流电网。这时逆变器电压 U_β 可视为加到电动机转子电路的电动势 E_f。控制逆变角 β，就可改变 U_β 的数值，亦即改变了引入转子电路的电动势 E_f 从而实现了异步电动机的串级调速。

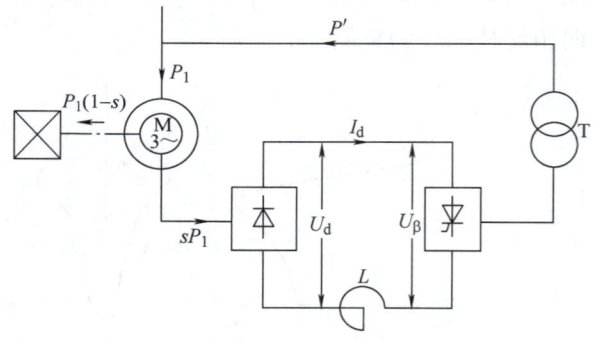

图 12-21　晶闸管串级调速的原理线路图

图 12-21 中还表明了转子转差功率的转换过程。图中，P_1 为异步电动机的输入功率，当 $P_1 \approx P_e$ 时，$P_1(1-s)$ 为负载机械功率，sP_1 为转子转差功率，P' 为反馈电网的功率，如忽略损耗，则 $sP_1 \approx P'$。控制反馈功率 P' 即可调节异步电动机的转速。

晶闸管串级调速具有调速范围宽，效率高（转差功率可反馈电网），便于向大容量发展等优点，是很有发展前途的绕线转子异步电动机的调速方法。它的应用范围很广，适用于通风机负载，也可用于恒转矩负载。其缺点是功率因数较差，现采用电容补偿等措施，功率因数可有所提高。总之，晶闸管串级调速向大功率发展，是很有前途的。

＊五、脉冲调速

这种调速方法是用周期性闭合、断开触点的方法使异步电动机定子或转子的电气参数或者定子绕组的相序进行周期性改变，使电动机一直工作在电动状态及制动状态（或

第十二章 三相异步电动机的调速

自由停车）的相互转换的过渡过程中，电动机周期性地加速或减速，得到某一平均转速。改变脉冲作用的相对时间，即可得到不同的平均转速。

在图 12-22a 中，异步电动机定子电路内接有触点 K，当 K 长期闭合时，电动机的机械特性即为固有机械特性，如图 12-22b 上的特性 T_1；当 K 断开时，电动机的机械特性即为自由停车特性 T_2，如图 12-22b 上的纵坐标轴所示。

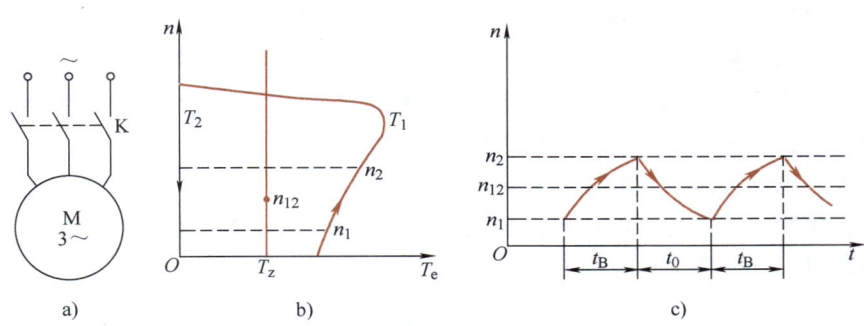

图 12-22　脉冲调速的电路、机械特性及 $n=f(t)$ 曲线
a）电路图　b）机械特性　c）$n=f(t)$ 曲线

当 K 闭合时，电动机沿固有机械特性加速（由于 $T_1 > T_z$），经时间 t_B 后，转速达到 n_2 时，触点 K 断开，电动机由固有机械特性转换到自由停车机械特性，电动机开始减速（由于 $T_2 < T_z$），经时间 t_0 后，转速达 n_1，触点 K 重又闭合，电动机重新转换到固有机械特性上运行，如图 12-22b 所示，又开始加速。这样，用周期性闭合、断开触点 K 的方法，即可使电动机获得一平均转速 n_{12}，而在负载转矩 T_z 下能获得一稳定低速，如图 12-22b、c 所示。在图 12-22c 中如用系数 ε 表示脉冲作用的相对时间，即

$$\varepsilon = \frac{t_B}{t_B + t_0} \tag{12-50}$$

称为负载持续率或相对闭合时间。改变系数 ε，即改变闭合或断开触点 K 的持续时间，可得到不同的平均转速，从而可调节异步电动机的转速。

脉冲调速还可有其他线路，如图 12-23 所示。图 12-23a 中，当 K 闭合时，电动机加速；K 断开时，定子电路接入电阻，由于 $T < T_z$，电动机减速。此时不论 K 闭合与否，电动机均在电动状态下运转，也可获得某一平均转速。图 12-23b 中，当触点 KM_1 闭合时（此时触点 KM_2 断开），电动机在电动状态下工作；当触点 KM_2 闭合（触点 KM_1 断开）时，电动机在反接制动状态下工作，这样触点 KM_1 与 KM_2 交替闭合与断开，定子绕组的相序做周期性地改变，同样也可得到某一平均转速。

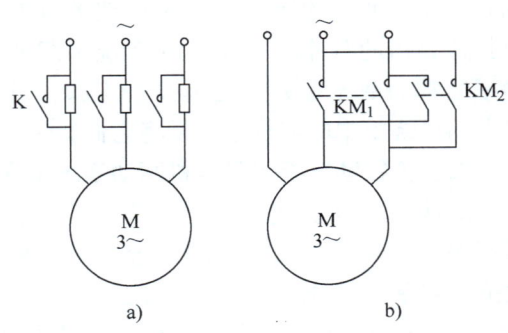

图 12-23　异步电动机脉冲调速的两种电路
a）定子电阻做周期性改变　b）定子绕组相序做周期性改变

*本章附录

一、常用变频器的工作原理简介

目前，市场上的变频器主要有西门子、施耐德、ABB、艾默生、三垦、欧姆龙、安川等品牌。它们的工作原理都大同小异。基本上都是：首先将三相对称工频交流电源电压用三相二极管桥式整流器整流成直流电压，经过大的电解电容器滤波（电压型），再使用三相桥式逆变器逆变成为频率和幅值都可变的对称三相交流电压。现在的逆变器主要开关器件大多采用 IGBT。由于采用了正弦脉冲宽度调制（SPWM）技术，不仅输出频率可以控制，输出电压的幅值也可以控制。

变频器主电路如图 12-24 所示。三相对称交流电源电压经过二极管三相全桥整流电路整流成直流电压，经过滤波，再经过三相桥式逆变电路，将直流电压逆变成为频率和电压幅值都可以控制的交流电压。

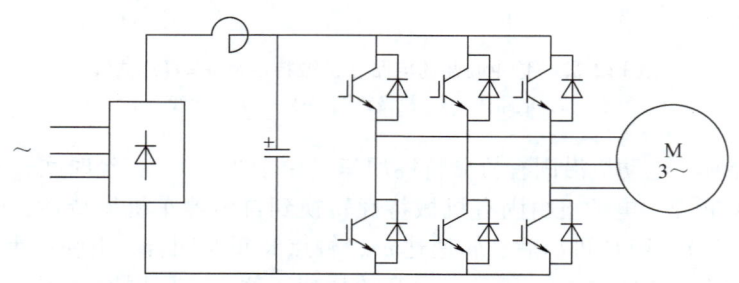

图 12-24 变频器主电路

图 12-25 中所示的是三相输出电压中某一相的波形图。采用了 SPWM 技术，其中，u_r 是参考电压信号，u_c 是三角载波信号，u_p 是输出的相电压波形。u_p 中含有的基波电压成分如图中虚线所示，其幅值大小取决于 u_r 的大小。u_p 中还含有高次谐波成分，高次谐波的频率为三角载波的频率及其整数倍的频率。由于实际系统中载波频率通常为数千赫兹，远远高于工频，所以电动机绕组中的电抗很容易将它们滤除。

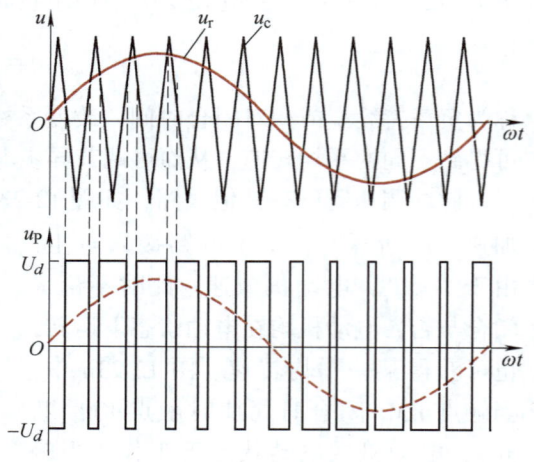

图 12-25 PWM 变频器输出电压波形

二、高铁动车组牵引电机驱动系统简介

高铁是一种快速、安全、低成本、节能环保、大运量的长途运输系统，是一种集成了各种高科技的综合性的工业产品，是一个国家制造业水平的重要标志，是我国推行"一带一路"战略的主要技术支撑。

根据不同速度和路况的要求，高铁列车的动力配置可以采用不同的方案，有的列车所有车厢都是动力车，而有的列车则是采用如图 12-26 所示的配置方案，在两节动力车

第十二章 三相异步电动机的调速

之间挂接一节无动力的拖车车厢。受电弓通常安装在装有变压器的车厢顶部。所有车厢都搭载乘客，设备安装在车厢的底部以及两端。

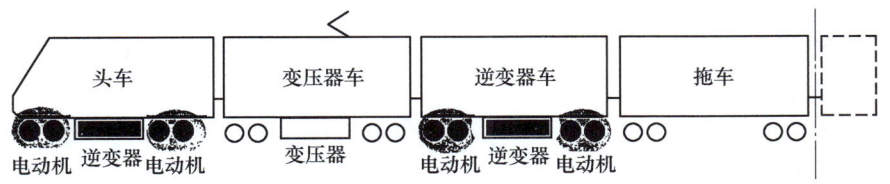

图 12-26 高铁动车组列车动力配置

目前，我国高铁采用交流异步电动机变频驱动。每一节动力车厢装备有一台逆变器，每节车厢有两个车架，每个车架上安装了两台异步电动机（见图 12-26），即一台逆变器带着一组 4 台并联的异步电动机（见图 12-27）。每台电动机的功率为 230kW，则每节动力车厢提供 920kW 的驱动功率。一列火车如果是 11 节车厢（包括头车），则有 6 节动力车厢，6 组共 24 台电动机，总共可以提供 5520kW 驱动功率。

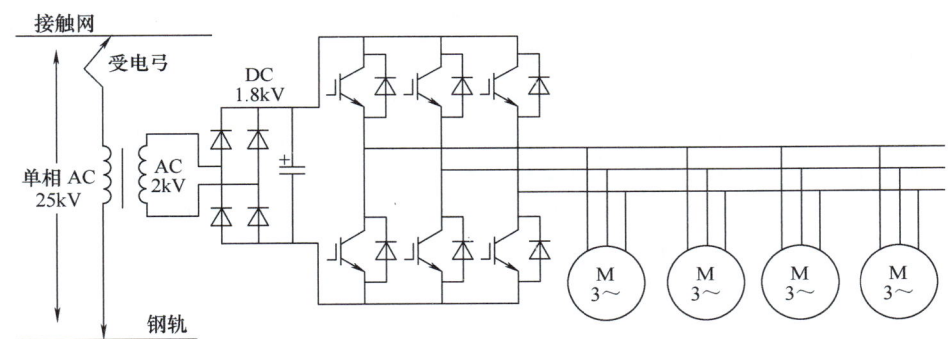

图 12-27 动力车驱动主电路图

所有电动机都是开环运行，这样的好处是：由于整列火车的速度是一定的，车轮不打滑的情况下所有电动机的转速必然是相同的，因为电动机开环机械特性比较软，即使各台电动机（以及各组电动机）的特性略有差别，各台电动机的输出转矩以及输出功率相互之间可以自动调整，差别很小。可以避免出现输出功率在各台（或各组）电动机间分配严重不平衡的现象。

高铁列车的电源来自接触网（相线）和钢轨（地线）间单相 25kV 交流电。常见的供电方案是：将 11kV 三相交流电网接入变电站，经过三相二极管桥式整流电路整流成直流电。再由 GTO 单相逆变桥逆变成 25kV 单相交流电（50Hz 方波），再经 1∶1 单相变压器隔离以及初步滤波后，为接触网供电（见图 12-28）。

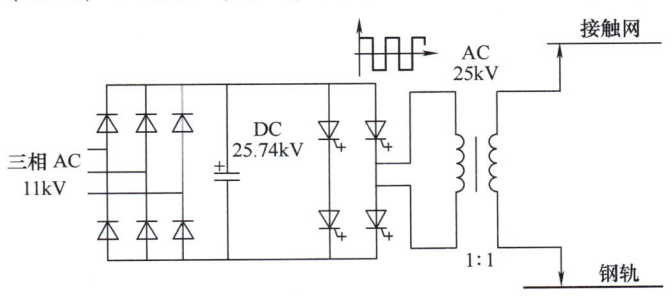

图 12-28 接触网供电电路图

小 结

本章介绍了变极、变频及调节转差能耗等三种异步电动机的调速方法。在调节转差能耗的调速方法中主要讨论了转子电路串联电阻、改变定子电压、滑差电动机、串级调速及脉冲调速等。

异步电动机结构简单、便宜、工作可靠,采用变频调速的异步电动机在一定程度上正在取代直流电动机。

变极调速是通过改变定子绕组的联结方法来得到不同的极数和转速。这一调速方法适用于不需要平滑调速的场合。调速时低速的人为特性较硬,静差率较高,经济性也较好。定子绕组的不同接法可实现恒转矩调速(Y/YY)及近似恒功率调速(△/YY)。此方法适用于笼型异步电动机,这种电动机称为多速电动机。

绕线转子异步电动机一般采用转子电路串联电阻及串接电动势(即串级调速)两种调速方法。前者损耗较大,效率低,调速指标都不高,范围不大,平滑性差,低速特性较软,但因比较简单,在恒转矩负载(如起重机等)下应用较多。后者(串级调速)可用晶闸管等装置接入转子电路,达到平滑调速的目的。晶闸管串级调速的性能优异,转差功率可反馈电网,调速效率高,经济性较好,便于向大容量发展,最适用于通风机负载,也可用于恒转矩负载。晶闸管串级调速与直流调速系统比较,在同等功率条件下,设备、指标等差不多。但直流电动机用铜量大得多,维护复杂,价格要贵2~3倍。在向大功率发展时,直流电动机制造困难,而异步电动机便于制造,且采用铝导线后可节约大量的铜。如将晶闸管串级调速与交流换向器电动机比较,后者用铜量大,换向困难,维护复杂,而且调速性能也不如前者。

变频调速用于笼型异步电动机,性能优异、调速范围大、平滑性高、低速特性较硬、调速过程如保证电压随频率成正比变化、可实现恒转矩调速,并保持过载能力不变。其缺点是必须有专用的变频电源,低速时可能因转矩大为降低而带不动负载。

笼型异步电动机采用改变定子电压、滑差离合器及脉冲调速等调速方法都属于调节转差能耗的调速方法,其共同特点是转差功率都消耗在笼型转子或滑差离合器的电枢电路中,调速时发热较为严重,效率不高。它们只能用在功率不大的生产机械上。

晶闸管交流调压调速用闭环系统可实现平滑调速,得到低速硬特性与较大的调速范围,而且结构简单、成本较低。它与滑差电动机相比,由于省去了滑差离合器,具有体积小、质量轻、节省金属材料、加工方便等优点。一般用于高转差率异步电动机。晶闸管交流调压调速虽然性能比变频调速差,但由于设备简单,性能也尚好,因此这种调速方法应用已较多,是有其发展前途的。

滑差电动机的结构也还算简单,运行可靠,用闭环系统能平滑调节生产机械的转速,扩大了笼型异步电动机的调速范围。显然,它与晶闸管交流调压调速相比,还多了个滑差离合器,因此只能用于小功率的设备上,可用于短时低速运转,快速性要求不太高的场合。

脉冲调速在低速时异步电动机的发热也很严重,这是能耗转差调速方法的共同缺点。因此脉冲调速只能用于短时低速运转,如在异步电动机拖动的矿井提升机上,在停车前的短时间内,为了准确停车,要求电动机有一稳定低速,此时可用脉冲调速的

第十二章 三相异步电动机的调速

方法。

总之，对于大功率绕线转子异步电动机，晶闸管串级调速性能优异，最有发展前途；而对于笼型异步电动机，变频调速性能最优异，是最有发展前途的平滑调速方法，其次为晶闸管交流调压调速。

习 题

12-1 有一台三相6极绕线转子异步电动机，定子绕组Y联结，其额定定子线电压 $U_{1N}=380\mathrm{V}$，额定频率 $f_1=50\mathrm{Hz}$，额定转速 $n_N=980\mathrm{r/min}$，每相定子电阻以及折算到定子边的转子电阻为 $R_1=R_2'=0.1\Omega$，定子漏抗以及折算到定子边的转子漏抗为 $X_1=X_2'=0.3\Omega$，电压比及电流比 $k_e=k_i=1.2$。

（1）如果在转子回路中每相串接电抗器（纯电感）$X_L=0.695\Omega$（当转子频率为额定转速附近的转差频率 $f_2=sf_1$ 时的电抗值），并且保持电源电压、频率以及电磁转矩对于额定运行时的数值不变，试求转子串电抗器以后的转速。

（2）试与绕线转子异步电动机转子回路串接电阻相比较，说明绕线转子异步电动机转子回路串接电抗器能否用来调速及改善起动性能。

12-2 一台三相4极绕线转子异步电动机，其定子、转子均为Y联结。额定功率为 $P_N=22\mathrm{kW}$，额定转速 $n_N=1440\mathrm{r/min}$，频率 $f_1=50\mathrm{Hz}$。如果将供电频率改变为 $f_1'=60\mathrm{Hz}$，而 U_1、$I_2'\cos\varphi_2'$、s_N 均保持不变，也不考虑磁路饱和的影响。试求：

（1）电动机的转速、转矩、功率各为多少？

（2）当保持恒转矩调速时，电动机的功率会如何变化？

12-3 一台三相4极绕线转子异步电动机，其定子、转子均为Y联结。额定功率为 $P_N=22\mathrm{kW}$，额定转速 $n_N=1728\mathrm{r/min}$，频率 $f_1=60\mathrm{Hz}$。若供电频率改变为 $f_1'=50\mathrm{Hz}$，而 U_1、$I_2'\cos\varphi_2'$、s_N 均保持不变，也不考虑磁路饱和的影响。试求：

（1）电动机的转速、转矩、功率各为多少？

（2）是否过载？如何克服？

12-4 某一台三相4极笼型异步电动机，其定子绕组为Y联结，该电动机的技术数据为：$P_N=11\mathrm{kW}$，$U_{1N}=380\mathrm{V}$，$n_N=1430\mathrm{r/min}$，$K_T=2.2$，用它来拖动 $T_z=0.8T_N$ 的恒转矩负载运行。求：

（1）电动机的转速。

（2）若降低电源电压到 $0.8U_N$ 时电动机的转速。

（3）若降低频率到 $0.7f_N=35\mathrm{Hz}$，保持 E_1/f_1 不变时电动机的转速。

第十三章

多电动机拖动系统

> **内容提要**
>
> 本章主要介绍硬轴连接的双电动机拖动系统及同步旋转系统（电轴系统）。前者着重分析两台电动机硬轴连接时，轴上负载在两电动机之间的合理分配问题；后者将介绍三种电轴系统（具有辅助电动机、公共可变电阻器及变频装置等三种系统）的工作原理，着重分析以异步电动机作为辅助电动机的电轴系统，重点分析其工作原理及能量传送的方向。

第一节　硬轴连接的双电动机拖动系统

在本书上册的绪言中，对多电动机拖动系统已做了某些介绍。多电动机拖动系统一般采用于具有多个工作机构的生产机械上，有时也在仅有一个工作机构的生产机械上应用。在机械上，各电动机间可以是刚性的、差动的或摩擦的联系，也可以没有任何联系。在电气上，用不同的电气控制线路，实现电动机间的联锁，或者维持某些参数（如张力等）于容许范围内，以及使工作机构的转速关系维持恒定等。

下面我们介绍硬轴连接（刚性联系）的双电动机拖动系统及维持工作机构转速比例关系恒定的电轴系统。

两台电动机的硬轴连接是指两台电动机同轴连接或通过传动机构联系起来，两者共同带动一台生产机械（或工作机构）。双电动机拖动系统中的两台电动机可以是异步电动机，也可以是他励或串励直流电动机；一般是两台功率相等、型号相同的电动机，有时也可能是两台功率不等、转速不同的电动机。

应用硬轴连接的双电动机拖动系统可以满足生产机械的不同要求；有时为了减少电力拖动系统的飞轮惯量，以加快过渡过程及减少过渡过程的能量损耗；有时为了承担功率较大的负载（此时当负载轻时可由一台电动机拖动，以提高运行效率与异步电动机的功率因数）；也有的是为了获得稳定的低速（此时一台电动机工作在电动状态，而另一台工作在制动状态）。

现分别讨论两台他励直流电动机及两台异步电动机硬轴连接时的机械特性。

一、他励直流电动机的双机拖动

图 13-1 中，两台他励直流电动机各自的机械特性相同（特性 1），轴上输出的合成

特性（特性2），其转矩相当于同一转速下特性1转矩的两倍。这样，总的负载转矩 T_z 由两台电动机平均分担，每台电动机承担 $T_z/2$。由图可见，合成特性比每台电动机的机械特性更硬一些。

因此，如果同一型号的两台电动机硬轴连接，两台电动机的机械特性相同，则负载在两台电动机间分配平均，每台电动机能得到充分利用。

但是，在一般情况下，即使型号相同的两台电动机，由于制造上的原因，往往可能出现电枢电阻或磁通不相等的情况，导致两台电动机的特性不相同。图 13-2 表示特性不同的两台电动机硬轴连接的特性，特性 1 及 2 分别为电动机 M_1（电枢电阻为 R_{a1}）及 M_2（电枢电阻为 R_{a2}）的机械特性，显然 $R_{a1} > R_{a2}$。图中特性 3 为双机拖动的合成特性。此时负载在两台电动机间就不能平均分配了，电动机 M_1 承担的负载 $T_{z1} < T_z/2$，而电动机 M_2 承担的负载则较重，$T_{z2} > T_z/2$。这样，两台电动机中一台过热，而另一台则负载不足，没有得到充分利用。为了使负载在两台电动机间平均分配，当两台电动机的电枢用并联联结法时，可在 R_a 较小或磁通 Φ 较大的电动机电枢或励磁电路内串联电阻来调节。

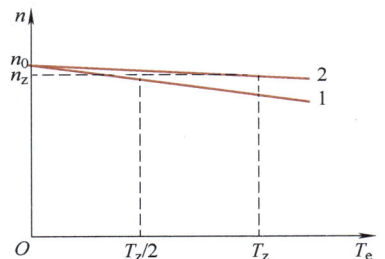

图 13-1　他励直流电动机双机拖动的特性
1—单台电动机的特性　2—双机拖动的合成特性

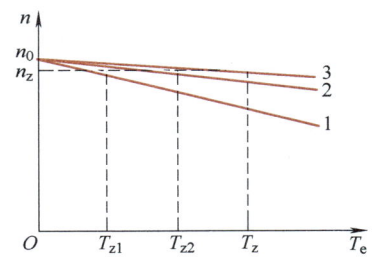

图 13-2　电枢电阻不同的两台电动机
硬轴连接的特性
1、2—电动机 M_1 及 M_2 的特性
3—双机拖动的合成特性

当电源电压允许较高时，采用两台电动机的电枢串联，也可使负载在两台电动机间的分配均匀。因为当两个电枢串联时，两台电动机通过的电流相同，如果两台电动机的磁通相等，负载在两台电动机间自然均匀分配了。这还可用机械特性说明如下：

两台他励直流电动机的电枢串联如图 13-3 所示。由于两台电动机硬轴连接，则两者的转速相同，此时电动机 M_1 的电枢端电压为

$$U_1 = C_e \Phi n + I_a R_{a1}$$

而电动机 M_2 的电枢端电压为

$$U_2 = C_e \Phi n + I_a R_{a2}$$

如果 $R_{a1} > R_{a2}$，则 $U_1 > U_2$；由于 $U_1 + U_2 = U$，显然 $U_1 > U/2$，$U_2 < U/2$。

图 13-4 中特性 $n_0 a$ 及 $n_0 b$ 分别为电动机 M_1 及 M_2 在 $U/2$ 时的机械特性。由于 $U_1 > U/2$，特性 $n_0 a$ 应平行上移，而特性 $n_0 b$ 则因 $U_2 < U/2$ 而平行下移（如图 13-4 中虚线所示）。两虚线在 C 点相交，该点对应的每台电动机的转矩是一样的，即 $T_{zc} = T_z/2$，负载因两电枢串联而得均匀分配。在图 13-4 中，双机拖动的合成特性为 $n_0 d$。

两电枢并联或串联的双机拖动系统，在龙门刨床及船舶推进装置中都有应用。

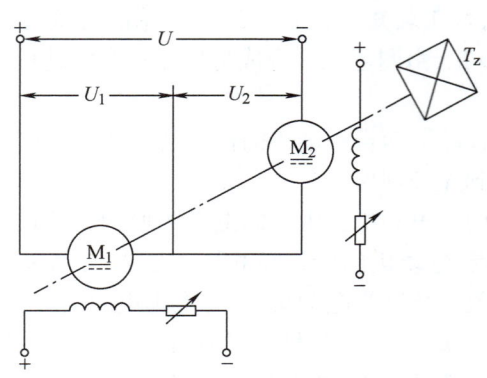

图 13-3 两台他励直流电动机电枢串联电路图

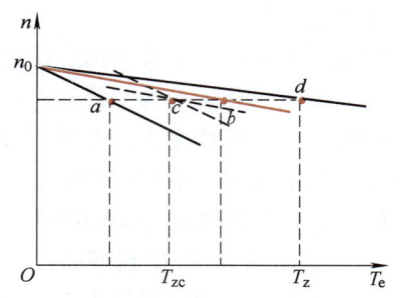

图 13-4 两电枢串联时双机拖动的特性

二、交流异步电动机的双机拖动

两台异步电动机硬轴连接，两机均在电动状态，其定子并联时，情况与上述直流电动机的硬轴连接相似，不再重复。

在某些机床上，轻载时有时将两个定子绕组串联，两台电动机都处于低压的电动状态，这样可提高系统的效率和功率因数。当然，在负载较大时，两定子绕组必须改成并联。

两台异步电动机定子绕组并联联结时，经常使一台电动机工作于电动状态，而另一台电动机则在制动状态下运转，以扩大异步电动机的调速范围并获得稳定的低速。现说明如下：

两台异步电动机硬轴连接如图 13-5 所示。电动机 M_1 工作在电动状态，M_2 则工作在能耗制动状态（见图 13-5a）或反接制动状态（见图 13-5b），其特性分别表示于图 13-6 中。曲线 1 为电动机 M_1 的机械特性，曲线 2 在图 13-6a 中为电动机 M_2 的能耗制动特性，而在图 13-6b 中则为反接制动特性。将特性 1 与 2 在不同转速下叠加可得到合成特性 3。由图 13-6 可见，在负载转矩 T_z 下，可得稳定低速 n_z，或称为蠕行速度。

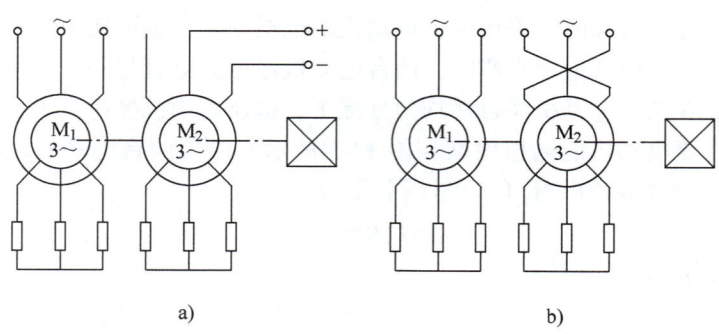

图 13-5 两台异步电动机硬轴连接示意图
a) M_1 电动状态，M_2 能耗制动状态 b) M_1 电动状态，M_2 反接制动状态

改变在电动状态或制动状态下的特性（如改变电动机 M_1 或 M_2 转子电路内的电阻），可得一系列的合成调速特性，这些特性在低速时硬度较高，异步电动机的调速范围因之得到扩大。

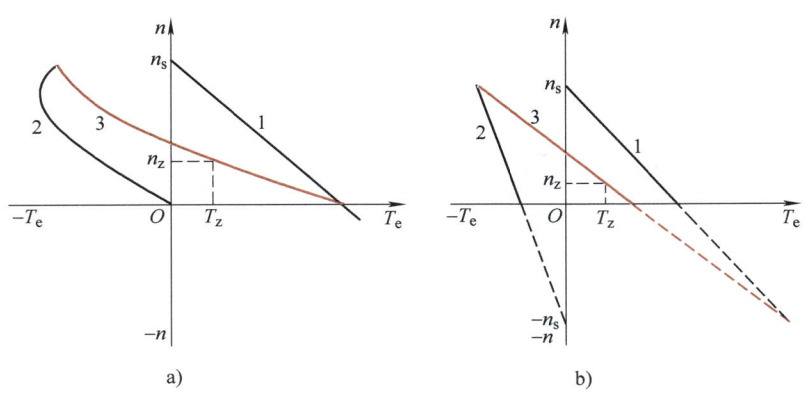

图 13-6　一台电动机为电动状态、另一台电动机为制动状态时双机拖动的特性
1—电动状态特性　2—能耗制动特性（图 a）及反接制动状态（图 b）　3—合成特性

上述获得稳定低速的方法一般用在要求准确停车的生产机械上，如矿井提升机、电梯及某些机床等。由于应用这种方法时损耗较大，一般在停车前的较短时间内使用，如矿井提升机的卸载阶段，可以采用这种方法以获得稳定的低速。

在图 13-5 中的电动机 M_2，如果无需工作于电动状态以带动负载，而只是为了调速，则 M_2 可采用小功率电动机。如高楼的电梯，在降低速度平层时，可采用一台较小功率电动机（工作于制动状态）与另一台工作于电动状态的主拖动电动机硬轴连接，以达到低速平稳平层的目的。

第二节　同步旋转系统（电轴系统）

欲使各工作机构同步旋转，可以用机械联系的方法。但是，如一台生产机械的各工作机构相距较远，用机械联系将使传动机构极为复杂，结构也很笨重，有时甚至无法实现机械的联系。这时如果在各个工作机构间采用电气同步旋转系统，则可使生产机械的结构简单而且紧凑。

电气同步旋转系统通常又称为电轴系统，在这种系统中，机械上没有联系的几个工作机构，可以有相同的转速或恒定的转速比例关系。

电轴系统可应用于龙门吊车、船坞闸门、水坝闸门等生产机械，在金属切削机床及冶金工业中的飞剪等生产机械上也有应用。

需要同步旋转的各个工作机构可用电动机拖动，也可用其他类型的动力机械来拖动，但都用电气方法实现各工作机构的同步旋转。

电轴系统主要可分为三种：
1) 具有辅助电动机的电轴系统。
2) 具有公共可变电阻器的电轴系统。
3) 具有变频装置的电轴系统。

现分别简述如下：

一、具有辅助电动机的电轴系统

具有辅助异步电动机的电轴系统是最常用的，其原理电路图如图 13-7 所示。

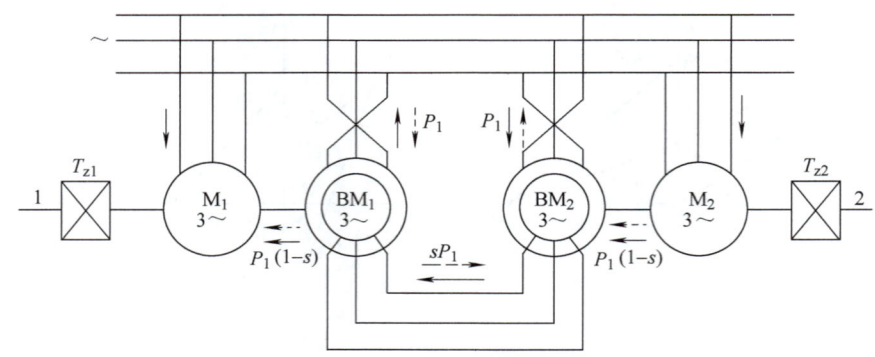

图 13-7 具有辅助异步电动机的电轴系统的原理电路图

图 13-7 中，M_1 及 M_2 为两台主拖动电动机（或简称主机），分别拖动两个工作机构，负载转矩为 T_{z1} 及 T_{z2}。M_1 及 M_2 通常为型号相同，功率与机械特性相同的异步电动机，也可为直流电动机，甚至可为其他类型的动力机械。

为了使两根轴 1 与 2 同步旋转，在每根轴上设有辅助电动机（或简称辅机）BM_1 及 BM_2，它们是绕线转子异步电动机，其功率与机械特性相同。当主拖动电动机带动 BM_1 及 BM_2 旋转时，转向可以顺着或逆着辅助电动机定子磁场的旋转方向。

1. 辅助电动机顺着定子磁场旋转

当两个辅助电动机的转子顺着它们定子磁场的转向旋转，而且两机转子绕组的轴线对于定子磁场的轴线具有相同的位置时，在 BM_1 及 BM_2 的转子电路中没有电流通过。这可用图 13-8 来解释，图 13-8a 中用线圈 BW_1 及 BW_2 表示两个转子绕组的相对位置，用 N 极表示两台电动机的定子重合后的某一磁极，它以同步转速逆时针方向旋转，两转子绕组以小于 n_s 的相同的转速 n 顺磁场旋转。当两根轴的负载 T_{z1}、T_{z2} 相等时，两转子绕组的轴线彼此重合，两绕组同时感应最大电动势，即两台电动机的转子电动势 $\dot{E}_2'$ 与 $\dot{E}_2''$ 同相（见图 13-8b），两台辅助电动机转子绕组轴线间的位差角 $\theta=0$。因为两转子绕组逆向连接，转子电路的合成电动势 $\dot{E}_2' - \dot{E}_2'' = 0$，因此转子电流 $\dot{I}_2$ 及辅助电动机的转矩 $T_{e1} = T_{e2} = 0$，辅机 BM_1 及 BM_2 处于空载状态，两主拖动电动机的转矩 $T_{M1} = T_{M2} = T_{z1} = T_{z2}$。

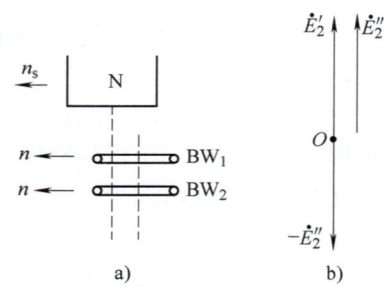

图 13-8 两轴负载相同时两转子绕组的相对位置及转子电动势的相量图
a) 两转子绕组的相对位置图
b) 转子电动势相量图

如果主机 M_1 轴上的负载 T_{z1} 增加，因而大于第二台主机 M_2 轴上的负载 T_{z2} 时，辅机 BM_1 的转子开始落后于辅机 BM_2 的转子。两转子绕组的相对位置如图 13-9a 所示。两绕组轴线间有一位差角 θ。显然，旋转磁场切割线圈 BW_1 而感应最大电动势的时刻比在线圈 BW_2 中感应最大电动势的时刻早，即 $\dot{E}_2'$ 比 $\dot{E}_2''$ 超前一个 θ 角，如图 13-9b 所示。

这样，两辅机的转子电动势 $\dot{E}_2'$ 与 $\dot{E}_2''$ 大小相等，但不同相，转子电路内合成电动

势 $\Delta \dot{E}_2 = \dot{E}_2' - \dot{E}_2'' \neq 0$，在它的作用下，辅机的转子电路中将产生平衡电流 $\dot{I}_2$，它滞后于 $\Delta \dot{E}_2$ 某一角度。

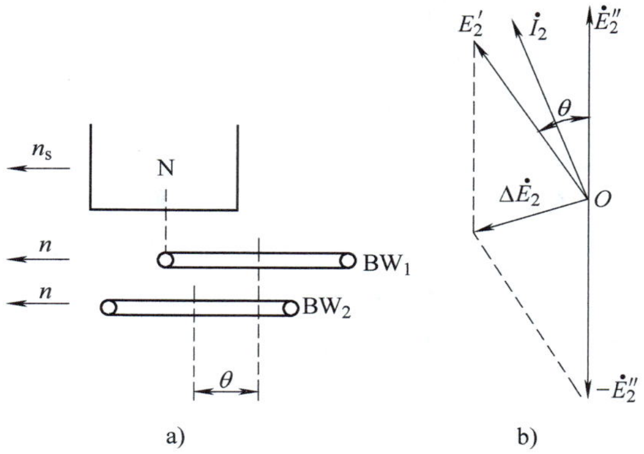

如以辅机 BM_1 的转子电动势 $\dot{E}_2'$ 为参考相量，则平衡电流 $\dot{I}_2$ 可求得

$$\dot{I}_2 = \frac{\dot{E}_2' - \dot{E}_2''}{2Z_2} = \frac{sE_{2N} - sE_{2N}e^{-j\theta}}{2(R_2 + jX_2s)} \tag{13-1}$$

图 13-9 $T_{z1} > T_{z2}$ 时两转子的相对位置及转子相量图

a）两转子绕组的相对位置图 b）转子相量图

式中 E_{2N}——转子静止时的感应电动势；

Z_2, X_2, R_2——转子每相阻抗、电抗及电阻；

s——转差率。

由式（13-1）可求出辅机 BM_1 中电流的有功分量 I_{2a1}：

$$I_{2a1} = \frac{sE_{2N}R_2}{R_2^2 + X_2^2 s^2} \cdot \frac{1 - \cos\theta + \frac{X_2 s}{R_2}\sin\theta}{2} \tag{13-2}$$

式中 $(sE_{2N}R_2)/(R_2^2 + X_2^2 s^2)$ ——异步电动机在正常连接（指不接成电轴系统）时，转子电流的有功分量，$\frac{(sE_{2N}R_2)}{(R_2^2 + X_2^2 s^2)} = I_{2a}$。

如果异步电动机的磁通不变，其转矩将正比于转子电流的有功分量，则辅机 BM_1 的转矩 T_{e1} 为

$$T_{e1} = T_e \frac{1 - \cos\theta + \frac{X_2 s}{R_2}\sin\theta}{2} \tag{13-3}$$

式中 T_e——每台异步电动机在正常连接时的转矩，$T_e = (2T_{max})/(s/s_m + s_m/s)$。

用类似的方法，如以辅机 BM_2 的转子电动势 $\dot{E}_2''$ 为参考相量，可求出辅机 BM_2 的转矩 T_2 为

$$T_{e2} = T_e \frac{1 - \cos\theta - \frac{X_2 s}{R_2}\sin\theta}{2} \tag{13-4}$$

由式（13-3）及式（13-4）可见，在某一位差角 θ 及转差率 s 下，两辅机的转矩是不相等的。当辅机转子顺磁场旋转时，T_{e1} 总是正值，而 T_{e2} 则可能是负值。这也可由图 13-10 中看到。图中绘出以相对单位表示的辅机转矩 (T_{e1}/T_{max})（用实线画出）与 (T_{e2}/T_{max})（用

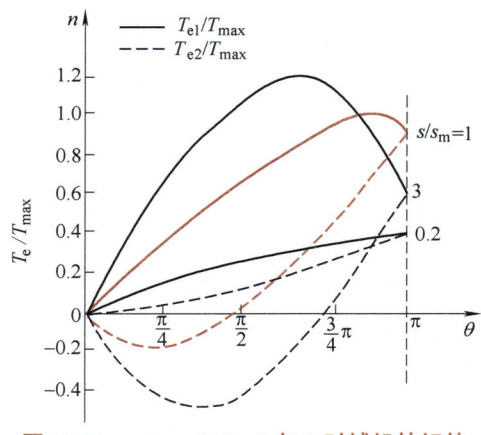

图 13-10 $s/s_m = 0.2$、1 与 3 时辅机转矩的相对值对于位差角 θ 的特性曲线

虚线画出）对位差角 θ 的特性曲线族，它们分别对应于不同的转差率比值 s/s_m（即 $s/s_m = 0.2$、1 与 3 时）。

图 13-10 是按式（13-3）及式（13-4）绘制而成。由图可见，在某一转差率比值 s/s_m 下，当位差角小于某值时，T_{e2} 可能是负值。

在带辅机的电轴系中，当辅机转子顺磁场旋转时，转矩为正的辅机 BM_1 从电网吸取功率 P_1（见图 13-7），其中一部分（如忽略损耗）功率 $P_2 = P_1(1-s)$ 输送到轴 1 上，而另一部分 sP_1 则以转差功率的形式输送到 BM_2 的转子。辅机 BM_1 工作如一台电动机，它产生与其定子旋转磁场同向的正值转矩（T_{e1} 为正值），从而减轻了主机 M_1 的负载。

现在讨论辅机 BM_2 的情况，如 T_{e2} 为负值，即为制动转矩，它加重了主机 M_2 的负载。这样两个辅机对两个主机起着平衡作用，系统的两个轴，虽然加有不同的负载，却能以相同的转速旋转，即实现同步旋转。辅机 BM_2 的功率分配及传送方向可确定如下：

定子功率 P_1（当忽略定子损耗时即为电磁功率，单位为 kW）为

$$P_1 = \frac{T_{e2} n_s}{9550}$$

式中　T_{e2}——负值转矩（N·m）；
　　　n_s——同步转速（r/min）。

可见 P_1 为负值，如定子由电网吸取功率时规定为正，则辅机 BM_2 的定子向电网输出功率 P_1。

轴上机械功率（如忽略损耗）$P_2 = P_1(1-s)$，由于 P_1 为负值，故 P_2 亦为负值。如规定轴上输出机械功率时为正，则辅机 BM_2 由轴上输入机械功率 P_2。

转差功率 sP_1 如忽略损耗时，即为转子电路内传送的功率，由于 P_1 为负值，故 sP_1 亦为负值。如规定转子电路输出功率时为正，则辅机 BM_2 的转子有电功率输入。

这样，辅机 BM_2 工作如一发电机，它由轴上与转子电路分别吸取机械功率与电功率，并由定子将电功率向电网输出。

在图 13-7 上，用虚线箭头表示辅机顺磁场旋转时，功率（或能量）在电轴系中流动的方向。必须指出，当忽略损耗时，两个辅机由电网所吸取的总功率等于零。

2. 辅助电动机逆着定子磁场旋转

由式（13-3）及式（13-4）可见，在一定的位差角下，转差率越高，则辅机发出的转矩越大。因此，为了保证可靠的同步运行，实际上常使辅机转子逆着定子磁场旋转，此时 $s>1$，T_{e1} 及 T_{e2} 可得到加大。在图 13-7 上，两辅机 BM_1 及 BM_2 的定子两相画成交叉，即表示这一经常使用的接线。

现同样以 $T_{z1} > T_{z2}$ 为例，分析辅机逆着磁场旋转时，电轴系统的工作原理。

如果 $T_{z1} > T_{z2}$，辅助电动机 BM_1 的转子也将落后于 BM_2 的转子，但由于转子的转向与旋转磁场的方向相反，BM_1 的转子电动势将滞后于 BM_2 的转子电动势。用类似分析转子顺磁场旋转时的方法，可得 T_{e1} 与 T_{e2} 为

$$T_{e1} = T_e \frac{1 - \cos\theta - \dfrac{X_2 s}{R_2}\sin\theta}{2} \tag{13-5}$$

$$T_{e2} = T_e \frac{1 - \cos\theta + \frac{X_2 s}{R_2}\sin\theta}{2} \tag{13-6}$$

可见，与辅机顺磁场旋转时相反，当逆磁场旋转时，T_{e2} 为正值，即 T_{e2} 与旋转磁场的方向（也就是 n_s 的方向）相同，而与旋转的方向相反。T_{e2} 为制动转矩，它加重了负载较小的电动机 BM_2 的负载。同样，T_{e1} 虽为负值，但其方向却与旋转的方向一致（因 T_{e1} 与 n_s 反向，而与 n 同向），因此 T_{e1} 为电动转矩，它减轻了负载较重的主机 M_1 的负载。这样，与前辅机顺磁场旋转时相似，两主机的负载得到平衡，从而使两轴同步旋转。

现在分析一下功率传送的方向。

对于辅助电动机 BM_2，由于 T_{e2} 为制动转矩，则其轴 2 上功率 P_2 为负值，即辅机 BM_2 由轴 2 上吸取功率 P_2；其定子功率 $P_1 = \frac{P_2}{(1-s)}$，由于 P_2 为负值，$s > 1$，故 P_1 为正值，即 BM_2 由电网吸取电功率 P_1；转子电路的转差功率 sP_1 为正值，即 BM_2 的转子输出转差功率 sP_1。由功率分析可见，BM_2 是在反接状态下工作的。

用同样的方法分析辅机 BM_1，由于 T_1 为电动转矩，BM_1 在轴 1 上输出机械功率 P_2，且其定子向电网输出电功率 $P_1 = P_2(1-s)$（P_1 为负值），其转子由电轴系统的转子电路吸取电功率 sP_1（为负值）。

当辅机逆磁场旋转时，功率传送的方向，在图 13-7 上用实线箭头表示。

电轴系统中的平衡作用决定于两辅机转矩之差，我们把这个转矩差称为平衡转矩 ΔT，其值为（辅机顺磁场旋转时）

$$\Delta T = T_{e1} - T_{e2} = T_e \frac{X_2 s}{R_2}\sin\theta \tag{13-7}$$

由式（13-7）可见，在一定的位差角下，转差率 s 越高，平衡转矩越大。

显然，当 $\theta = 90°$ 时，平衡转矩最大。而当 $\theta > 90°$ 时，系统将失步。一般在稳定状态下的位差角不超过 $30°$，所以要得到足够的平衡转矩，辅机必须逆着磁场旋转。在实际的生产机械上，广泛应用的就是辅机逆磁场旋转的电轴系统，而顺磁场旋转的系统几乎是不采用的。

3. 电轴系统的起动

电轴系统起动时，必须先使两辅机整步。这是因为系统在上一次停车时，由于两轴的惯性可能不一致，以及两轴制动的时间和转矩不一致等原因，造成两轴的位置不一致，两辅机转子间在起动时将存在一位差角 θ_0，如不作整步，当 θ_0 较大时，在转子电路中将流过太大的起动电流，还可能导致系统失步。

当辅机定子三相接入电网时，如 θ_0 不大，则经过一连串的振荡之后，θ_0 将减小到使两轴的位置基本一致。如 θ_0 较大，$\theta_0 > 0.8\pi$，而且两轴的负载极不均衡时（如 T_{z1} 很小，而 T_{z2} 很大），则辅机 BM_1 可能会单独旋转起来，造成系统的失步。现利用图 13-11 解释如下：

图 13-11 上绘出当 $s/s_m = 4$，即 $s \approx 1$ 接近于起动时 T_{e1}/T_{max} 与 T_{e2}/T_{max} 对于位差角 θ 的特性曲线。

由图可见，在 θ_0 较小时，T_{e1} 为正值，T_{e2} 为负值，如果两者分别大于负载转矩，则两辅机彼此相迎旋转，结果使位差角减小，待 θ 减到零时，由于惯性，两辅机继续旋转，θ 变负，T_{e1} 及 T_{e2} 也改变符号（见图 13-11 纵坐标左边的曲线段），对两辅机起制动作用，使两辅机停在某一负的 θ 角。而后两台辅机又在相反的方向相迎旋转……这样，就发生了一系列的振荡运动。在摩擦的作用下，振荡逐渐衰减，最后，两辅机停止运转，两轴的位置基本一致。

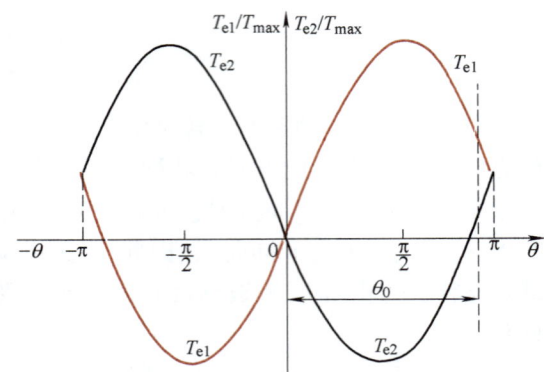

图 13-11　$s/s_m = 4$ 时 T_{e1}/T_{max} 与 T_{e2}/T_{max} 对于位差角 θ 的特性曲线

当 θ_0 较大，T_{z1} 很小，辅机 BM_2 相当于被堵转，T_{z2} 很大，由于 $T_{e1} > T_{z1}$，BM_1 将旋转起来，位差角 θ 将减小，由图 13-11 可见，T_{e1} 的值仍为正；当 $\theta = 0$ 时，$T_{e1} = 0$，此时由于惯性，BM_1 继续旋转，θ 变负，T_{e1} 亦变负，BM_1 开始减速。如果 θ 在负方向增加时，BM_1 转子放出的动能比 θ 在正方向时储存的小，则当转了 360°，转子回到开始时的位置时，转子仍具有一定的动能，BM_1 的转速继续上升。转过第二个 360°，转子的动能储存量又有所增加，BM_1 继续加速。这样形成了第一根轴已旋转起来，而第二根轴仍处于静止状态的局面，导致了系统的失步。

产生这一结果的主要原因，在于辅机的转矩对位差角的曲线，对于横坐标轴是不对称的，正如图 13-11 所示，转矩曲线好像有个恒定分量，从而使辅机 BM_1 起动。

由此可见，起动时把两辅机定子接到三相电网（两主机未接电源），可能达不到整步的目的。用单相线路法可以使电轴系统在起动时整步：即在起动时，将两辅机的定子绕组的一相与电网断开，另外两相接到电网。待整步后，将断开的一相接通电源，而后使两主机起动。

两辅助电动机定子在起动时先接成单相，此时其 T_{e1} 及 T_{e2} 对 θ 的曲线对于横坐标轴是对称的，因此不会发生上述不对称时的失步现象，电轴系统在起动时就能整步了。

具有辅助异步电动机的电轴系统，其主要缺点就是要有辅机，增加了设备费用，并使系统运行复杂。

[**例 13-1**]　有一个带辅机的电轴系统，接线如图 13-12 及图 13-13 所示，分别相当于辅机转子顺磁场及逆磁场旋转两种情况。两轴负载 $T_{z1} = 80\%$，$T_{z2} = 60\%$，如果忽略系统中的损耗，试分别就顺磁场和逆磁场旋转的两种情况，在每种情况下，当（1）$n = 0.5 n_s$ 及（2）$n = 1.25 n_s$ 时，电轴系统中功率传送的方向及分配情况。

解　在稳定状态下，两台主机的转矩彼此相等，即 $T_{eD1} = T_{eD2} = T_{eD}$（因为两轴同步旋转）。

当 $T_{z1} > T_{z2}$ 时，两轴的转矩平衡方程式为

$$T_{z1} = T_{eD1} + T_{e1} = T_{eD1} + T_e \frac{1 - \cos\theta + \dfrac{X_2 s}{R_2}\sin\theta}{2} \qquad (13\text{-}8)$$

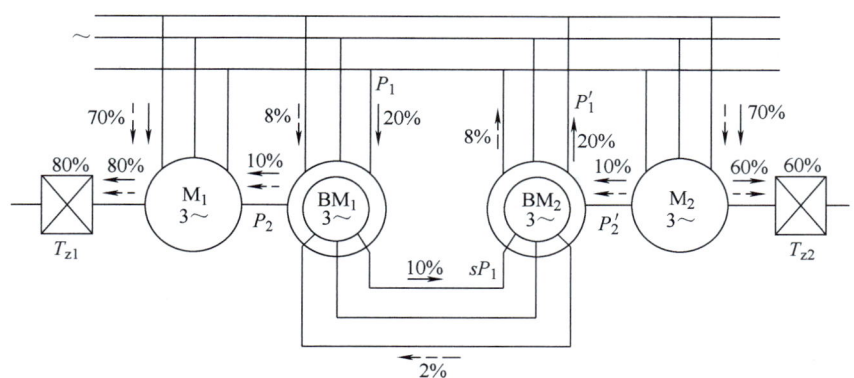

图 13-12　辅机顺磁场旋转时电轴系统的功率大小与方向示意图

$$T_{z2} = T_{eD2} + T_{e2} = T_{eD2} + T_e \frac{1 - \cos\theta - \frac{X_2 s}{R_2}\sin\theta}{2} \tag{13-9}$$

实际上可能利用的 θ 较小，粗略地可在 T_{e1} 及 T_{e2} 的表达式中忽略 $(1-\cos\theta)$ 项，则

$$T_{e1} \approx T_e \frac{X_2 s}{2R_2}\sin\theta \tag{13-10}$$

$$T_{e2} \approx -T_e \frac{X_2 s}{2R_2}\sin\theta \tag{13-11}$$

由式（13-10）及式（13-11）得

$$T_{e2} = -T_{e1} \tag{13-12}$$

把式（13-8）及式（13-9）相加，除以 2，并考虑 $T_{eD} = T_{eD1} = T_{eD2}$ 及式（13-12），得

$$T_{eD} = T_{eD1} = T_{eD2} = \frac{1}{2}(T_{z1} + T_{z2}) = \frac{1}{2}(80 + 60)\% = 70\% \tag{13-13}$$

即两主机定子输入功率为 70%。

把式（13-8）减式（13-9）并除以 2，得

$$T_{e1} = \frac{1}{2}(T_{z1} - T_{z2}) = \frac{1}{2}(80 - 60)\% = 10\% \tag{13-14}$$

由式（13-12），得

$$T_{e2} = -T_{e1} = -10\%$$

即辅机 BM_1 在轴上输出功率 10%，而辅机 BM_2 则由轴上输入功率 10%。

辅机顺磁场旋转时：

（1） $n = 0.5 n_s$，$s = \frac{n_s - n}{n_s} = 0.5$

1）辅机 BM_1 的轴上机械功率 $P_2 = 10\%$，即辅机 BM_1 在轴上输出机械功率 10%。

2）辅机 BM_1 的定子功率 P_1，$P_1 = \frac{P_2}{1-s} = \frac{10\%}{1-0.5} = 20\%$，即辅机 BM_1 由电网吸取功率 20%。

3）辅机 BM_1 的转差功率 sP_1，$sP_1 = 0.5 \times 20\% = 10\%$，即辅机 BM_1 向转子电路输

出功率 10%。

4) 辅机 BM_2 的轴上机械功率 P'_2，$P'_2 = -10\%$，即辅机 BM_2 由轴上输入机械功率 10%。

5) 辅机 BM_2 的定子功率 P'_1，$P'_1 = \dfrac{P'_2}{1-s} = \dfrac{-10\%}{1-0.5} = -20\%$，即辅机 BM_2 向电网输出功率 20%。

辅机顺磁场旋转及 $n = 0.5n_s$ 时，电轴系统中功率传送方向如图 13-12 中实线箭头所示。

(2) $n = 1.25n_s$，$s = \dfrac{n_s - n}{n_s} = -0.25$

1) $P_2 = 10\%$

2) $P_1 = \dfrac{P_2}{1-s} = \dfrac{10\%}{1-(-0.25)} = 8\%$

3) $sP_1 = -0.25 \times 8\% = -2\%$，即辅机 BM_1 转子输入功率为 2%。

4) $P'_2 = -10\%$

5) $P'_1 = \dfrac{P'_2}{1-s} = \dfrac{-10\%}{1-(-0.25)} = -8\%$

辅机顺磁场旋转及 $n = 1.25n_s$ 时，电轴系统中功率传送方向如图 13-12 中虚线箭头所示。

辅机逆磁场旋转时：

(1) $n = -0.5n_s$（逆磁场旋转时取负号）

$s = \dfrac{n_s - n}{n_s} = 1.5$

1) $P_2 = 10\%$

2) $P_1 = \dfrac{P_2}{1-s} = \dfrac{10\%}{1-1.5} = -20\%$

3) $sP_1 = 1.5 \times (-20\%) = -30\%$

4) $P'_2 = -10\%$

5) $P'_1 = \dfrac{P'_2}{1-s} = \dfrac{-10\%}{1-1.5} = 20\%$

辅机逆磁场旋转及 $n = -0.5n_s$ 时，电轴系统中功率传送方向如图 13-13 中实线箭头所示。

(2) $n = -1.25n_s$，$s = \dfrac{n_s - n}{n_s} = 2.25$

1) $P_2 = 10\%$

2) $P_1 = \dfrac{P_2}{1-s} = \dfrac{10\%}{1-2.25} = -8\%$

3) $sP_1 = 2.25 \times (-8\%) = -18\%$

4) $P'_2 = -10\%$

第十三章 多电动机拖动系统

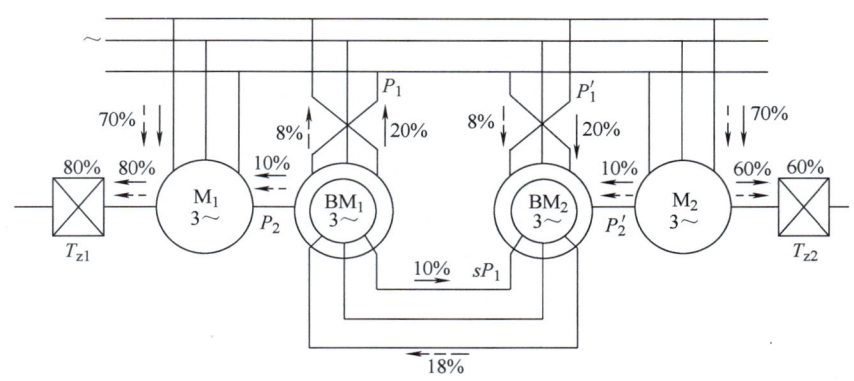

图 13-13 辅机逆磁场旋转时电轴系统的功率大小与方向示意图

5) $P_1' = \dfrac{P_2'}{1-s} = \dfrac{-10\%}{1-2.25} = 8\%$

辅机逆磁场旋转及 $n = -1.25 n_s$ 时，电轴系统中功率传送方向如图 13-13 中虚线箭头所示。

二、具有公共可变电阻器的电轴系统

当两轴的负载不平衡程度不大时，可用具有公共可变电阻器的电轴系统。在这种系统中，主机为绕线转子异步电动机（见图 13-14 中的 M_1 与 M_2），它们的定子接于电网，转子电路并联于一个公共可变电阻器 R_Ω 上。其作用原理简述如下：

当两轴的负载相等时，由于两主机的型号、功率及机械特性相同，它们将同步旋转，两转子间没有位差角，因此转子电路中除各自流过公共可变电阻器的工作电流外，没有平衡电流。在公共可变电阻器内的总电流等于各工作电流之和。

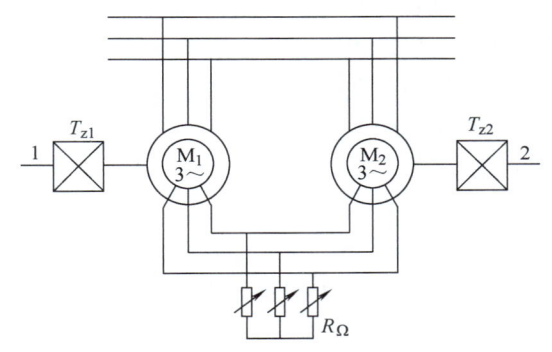

图 13-14 具有公共可变电阻器的电轴系统的原理电路

当两轴的负载不相等时，转子电路中除了从转子流向可变电阻器的工作电流之外，还要产生平衡电流，后者不流到可变电阻器，而只在两转子电路内流动。与带辅机的电轴系统相同，如果 $T_{z1} > T_{z2}$，则平衡电流使 M_1 产生附加的电动转矩，M_1 输出转矩增加以承担较大的 T_{z1}；同时平衡电流又使 M_2 产生附加的制动转矩，M_2 输出转矩减小，以便带动较小的 T_{z2}。因此，在具有公共可变电阻器的电轴系统中，一台电动机同时起到了主机与辅机的作用。

在一般情况下，当 $T_{z1} = T_{z2}$ 时，功率从每台电动机的转子流向公共可变电阻器。当两轴的负载不相等时（如果 $T_{z1} > T_{z2}$），除了仍有功率从每台电动机的转子流向公共可变电阻器外，有部分功率则从负载较重的电动机（如 M_1）的转子流向负载较轻电动机

（如 M_2）的转子。

起动具有公共可变电阻器的电轴系统时也必须进行整步，两电动机应在断开公共可变电阻器的情况下接入电网，方法与具有辅机的电轴系统相似。如有必要，也可应用单相线路法来整步。待整步后，接入公共可变电阻器，两台电动机开始旋转，为了使两台电动机加速，可逐步切除公共可变电阻器的部分电阻。

在具有公共可变电阻器的电轴系统中，由于电动机转子只能顺着磁场方向旋转，转差率不大，电动机的平衡转矩较小。增加公共可变电阻器的阻值以增加转差率，可使平衡转矩增加一些，但这样会增加能耗，降低运行效率。但此系统较为简单，可以用在负载不平衡程度不大的系统中。

三、具有变频装置的电轴系统

如果要求电轴系统具有较大的调速范围，而且调速平滑，则可采用具有变频装置的电轴系统。图 13-15 是这种系统的原理示意图。

图中的变频装置可以是电机型的或晶闸管的变频线路。电动机是绕线转子异步电动机，图中用 M_1 及 M_2 表示，它们既是主拖动电动机，又是均衡电动机，这与具有公共可变电阻器的电轴系统中的两台电动机是相似的。具有变频装置的电轴系统调速的原理如下：

电轴系统的转速为

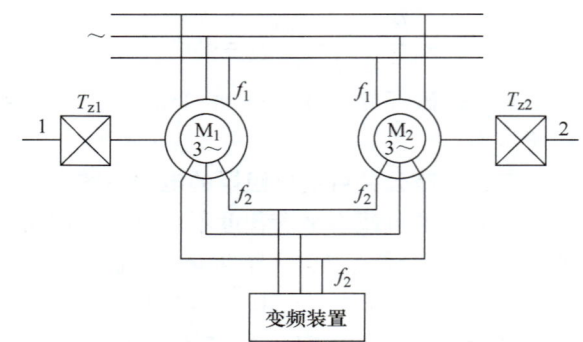

图 13-15 具有变频装置的电轴系统的原理示意图

$$n = \frac{60f_1}{p}(1-s) = \frac{60}{p}(f_1 - sf_1) \tag{13-15}$$

$$f_2 = sf_1 \tag{13-16}$$

将式 (13-16) 代入式 (13-15)，得

$$n = \frac{60(f_1 - f_2)}{p} \tag{13-17}$$

式中 f_2——转子电动势的频率，即变频装置输出电动势的频率；
f_1——电源频率。

由式 (13-17) 可见，用变频装置以平滑调节 f_2，即可实现电轴系统的平滑调速。

在图 13-15 所示的电轴系统中，通常使电动机 M_1 及 M_2 逆磁场旋转（使 $s>1$），以增加系统平衡负载的能力。由式 (13-16) 可见，只要使 $f_2 > f_1$，就能达到 $s>1$。

在式 (13-17) 中，当 $f_2 > f_1$ 时，n 为负值，亦即电动机逆磁场旋转。

只要调节变频装置的频率 f_2，即可同时而且同步地调节各主电动机的转速。

因此，具有变频装置的电轴系统属于一种可调电轴，在一个具有晶闸管变频装置的实际系统中，变频装置的输出频率 $f_2 = 50 \sim 100$Hz 平滑可调，电源频率 $f_1 = 50$Hz，由式 (13-17) 可见，电轴系统可实现自零到同步转速的无级调速。

小 结

本章介绍了多电动机拖动系统中的两个问题：

第十三章 多电动机拖动系统

1) 硬轴连接的双电动机拖动系统。
2) 电轴系统。

在双电动机硬轴连接时，由于两台电动机的参数不可能完全相等，导致负载在两电动机间分配不平均，为了克服这一缺点，对于两台直流电动机组成的双机拖动，可采用两电枢或两励磁绕组串联的方法，或者在 R_a 较小或磁通 Φ 较大的电动机的电枢或励磁电路内串联一点电阻；对于绕线转子异步电动机的双机拖动，可在转子绕组电阻较小的转子电路内串联一点电阻。

为了扩大异步电动机的调速范围，在异步电动机的双机拖动系统中，经常使一台电动机工作于电动状态，而另一台电动机则在制动状态下运行。改变两种状态的特性，可得一系列的系统合成特性，并可获得稳定的低速。

在电轴系统中介绍了三种类型的电轴系统，其中带公共可变电阻器的结构与线路最为简单，而带辅机的电轴系统需用较多电动机。具有变频装置的电轴系统中，有些变频线路较为复杂。

就对负载的平衡能力而言，具有辅机及变频装置的两种电轴系统，由于转子能逆着磁场旋转，平衡能力较强。而具有公共可变电阻器的系统由于转子只能顺着磁场旋转，平衡能力较差。

必须指出，具有公共可变电阻器的电轴系统的效率最低。

至于调速性能，具有变频装置的电轴系统较好，是一种可调速的系统，具有调速平滑、调速范围大等优点；在具有公共可变电阻器的电轴系统中，虽改变可变电阻器的电阻可以调节转速，但平滑性不高，调速范围不大，调速不经济，实际上不采用它作为可调速的电轴；至于具有辅助电动机的电轴系统，如主机为笼型异步电动机，则难于调速，除非主机用调速电动机，但这时也必须保证同时而且同步地调节各主机的转速。在具有辅机的电轴系统中，如主机用绕线转子异步电动机，有时将主机的转子接到公共可变电阻器上，这有利于提高系统在低速起动过程中的平衡转矩。

具有辅机的电轴系统有较好的动态稳定性，因为此时主机的机械特性较硬，振荡衰减很快。显然，在具有公共可变电阻器的电轴系统中，由于电动机的转子电路接有大电阻，机械特性较软，振荡衰减很慢。

习 题

13-1 两台相同的他励直流电动机的参数如下：$P_N = 10\text{kW}$，$U_N = 220\text{V}$，$I_N = 52.2\text{A}$，$n_N = 2250\text{r/min}$，$R_a = 0.147\Omega$。它们硬轴连接，其中一台电动机在电动状态下工作，其电枢电路中串接电阻为 2.1Ω；另一台电动机在能耗制动状态下工作，其电枢电路中串接电阻为 4Ω。

若此时轴上的负载转矩是 $34\text{N}\cdot\text{m}$，试在忽略空载转矩的情况下求每一台电动机的转矩及转速。

13-2 两台他励直流电动机硬轴连接，每台电动机的参数如下：$P_N = 2.8\text{kW}$，$U_N = 110\text{V}$，$I_N = 31.5\text{A}$，$n_N = 1500\text{r/min}$，$R_a = 0.178\Omega$。如果一台电动机的磁通 $\Phi = 0.9\Phi_N$，其电枢电路串接电阻为 $R_\Omega = 0.15 R_N \left(R_N = \dfrac{U_N}{I_N} \right)$，而另一台电动机在固有特性上工作。如果轴上负载转矩 $T_z = 1.5 T_N$（T_N 为一台电动机的额定转矩），求双机拖动轴上的转速及发出的转矩（计算时可忽略空载转矩）。

13-3 两台相同的绕线转子异步电动机硬轴连接，电动机转速同为 $n_N = 1425\text{r/min}$，但是其磁场旋转方向相反。在一台电动机的转子电路中接入电阻为 $0.7 R_{2N}$，而在另一台电动机转子电路中则接入

$2R_{2N}$ 的电阻 $\left(R_{2N} = \dfrac{E_{2N}}{\sqrt{3}I_{2N}}\right)$。

求在下列条件下电动机的转速。如果在轴上加：

(1) 阻转矩等于 $0.5T_N$。

(2) 位能转矩等于 $1.5T_N$。

其中 T_N 为一台电动机的额定转矩。电动机的机械特性可视为直线，计算时可忽略空载转矩。

13-4 有一个具有辅机的电轴系统，线路的接线图如图13-16所示，负载转矩 $T_{z1} = 88.3\text{N·m}$，$T_{z2} = 49\text{N·m}$；主机 M_1 和 M_2 为笼型转子异步电动机，机械特性完全相同，其同步转速均为 1000r/min；辅机 BM_1 及 BM_2 为绕线转子异步电动机，机械特性完全相同，其同步转速均为 1500r/min。

若忽略系统中损耗（包括铜耗、铁耗及机械损耗等），求辅机顺磁场与逆磁场旋转时，电轴系统中功率的大小和方向。

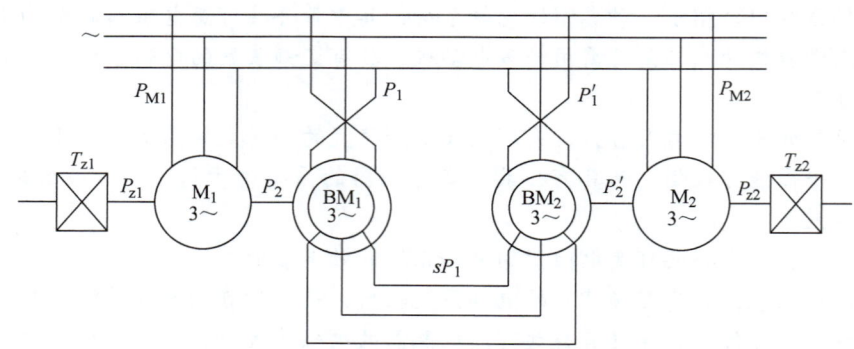

图 13-16 具有辅机的电轴系统的线路图

第十四章

电力拖动系统电动机的选择

> **内容提要**
>
> 本章阐明如何为生产机械正确地选择电动机。第一节首先介绍电动机的发热和冷却过程;第二节至第四节分别介绍连续、短时及断续周期三种工作制电动机的选择问题,着重介绍按发热观点的平均损耗法与等效法的本质和用法以及按满足起动能力要求的短时工作制电动机的选择;第五节中分析笼型异步电机按发热观点允许小时合闸次数 Z,探讨如何增加 Z 以满足生产率的要求;第六节中介绍带飞轮及冲击负载时电动机选择的有关问题;第七节介绍电力拖动调速电动机功率的选择,分别介绍直流调速电动机及变频调速笼型异步电动机功率的选择;第八节介绍选择电动机功率的实用方法(统计法或类比法);第九节介绍电动机电流种类、型式、额定电压与额定转速的选择方法等有关内容。

电力拖动系统电动机的选择,首要的是在各种工作制下电动机功率的选择,同时还要确定电动机的电流种类、型式、额定电压与额定转速。

正确选择电动机功率的原则,应当是在电动机能够胜任生产机械负载要求的前提下,最经济最合理地决定电动机的功率。

正确决定电动机的功率有很重要的意义。如果功率选得过大,会造成浪费,设备投资增大,而且电动机经常欠载运行,效率及交流电动机的功率因数较低,运行费用较高,极不经济;反之,如果功率选小了,电动机将过载运行,造成电动机过早地损坏。或者在保持电动机不过热的情况下,只能降低负载使用。因此,电动机不适当地选得太大或太小,都将会造成资源的浪费和损失。

决定电动机功率时,要考虑电动机的发热、允许过载能力与起动能力等三方面的因素,一般情况下,以发热问题最为重要。

电动机的发热,是由于在实现能量变换过程中在电动机内部产生损耗并变成热量使电动机的温度升高。在电动机中,耐热最差的是绕组的绝缘材料,不同等级的绝缘材料,其最高允许温度是不同的。电动机中常用的绝缘材料可有五种等级:

(1) A级绝缘 包括经过绝缘浸渍处理的棉纱、丝、纸等;普通漆包线的绝缘漆。最高允许温度为105℃。

(2) E级绝缘 包括高强度漆包线的绝缘漆,环氧树脂,三醋酸纤维薄膜、聚酯薄膜及青壳纸，纤维填料塑料。最高允许温度为120℃。

(3) B级绝缘　包括由云母、玻璃纤维、石棉等制成的材料，用有机材料黏合或浸渍；矿物填料塑料。最高允许温度为130℃。

(4) F级绝缘　包括与B级绝缘相同的材料，但黏合剂及浸渍漆不同。最高允许温度为155℃。

(5) H级绝缘　包括与B级绝缘相同的材料，但用耐温180℃的硅有机树脂粘合或浸渍；硅有机橡胶；无机填料塑料。最高允许温度为180℃。

目前的趋势是日益广泛地使用高允许温度等级的绝缘材料，如F、H级绝缘材料。这样，可以在一定的输出功率下使电动机的质量与体积大为降低。

当电动机温度不超过所用绝缘材料的最高允许温度时，绝缘材料的寿命较长，可达20年以上；反之，如温度超过上述最高允许温度，则绝缘材料老化、变脆，缩短了电动机的寿命，严重情况下，绝缘材料将碳化、变质、失去绝缘性能，从而使电动机烧坏。

由此可见，绝缘材料的最高允许温度是一台电动机带负载能力的限度，而电动机的额定功率就是代表这一限度。电动机铭牌上所标的额定功率即指如环境温度（或冷却介质温度）为40℃，电动机带动额定负载（指负载功率为额定值）长期连续工作，温度逐渐升高趋于稳定后，最高温度可达到绝缘材料允许的极限。

上述环境温度40℃是我国规定的标准（我国旧系列电动机，如J、Z系列电动机，标准的环境温度曾规定为35℃）。既然电动机的额定功率是对应于环境温度为标准值40℃时的功率，则当环境温度低于40℃时，电动机可带动高于额定值的负载；反之，当环境温度高于40℃时，所带负载应适当降低，以保证两种情况下电动机最终都达到绝缘材料最高允许温度。

必须指出，在研究电动机发热时，常把电动机温度与周围环境温度之差称为"温升"。显然，使用不同的绝缘材料的电动机，其最高允许温升是不同的。电动机铭牌上所标的温升是指所用绝缘材料的最高允许温度与40℃之差，或称为额定温升，例如，国产Z2—72型直流电动机用的是E级绝缘，其最高允许温度是120℃，所以其铭牌上标的温升是80℃。

选择电动机功率时，除考虑发热外，有时还要考虑电动机的过载能力是否足够，因为各种电动机的短时过载能力都是有限的。校验电动机的过载可按下列条件：

$$T_{max} \leqslant K'_T T_N \tag{14-1}$$

式中　K'_T——电动机的转矩允许过载倍数；

T_{max}——电动机在工作中承受的最大转矩。

对于异步电动机，K'_T取决于K_T，其关系为

$$K'_T = (0.8 \sim 0.85) K_T \tag{14-2}$$

式中　K_T——异步电动机临界转矩T_{max}对额定转矩T_N的倍数，$K_T = T_{max}/T_N$；

0.8~0.85——考虑电网电压下降引起T_{max}及K_T下降的系数。

对于直流电动机，过载能力受换向所允许的最大电流值的限制。一般Z2型与Z型直流电动机，在额定磁通下，K'_T可选为

$$K'_T = 1.5 \sim 2 \tag{14-3}$$

对于专为起重机、轧钢机、冶金辅助机械等设计的 ZZ 型和 ZZY 型电动机，以及同步电动机，K'_T 为

$$K'_T = 2.5 \sim 3 \qquad (14-4)$$

当过载校验不能通过时，则另选过载能力较大的电动机或选功率较大的电动机，来满足过载条件的要求。

对于笼型异步电动机，有时还须进行起动能力的校验。如果该电动机的起动转矩 T_{st} 较小，在起动时低于负载转矩 T_z，则不能满足生产机械的要求，此时必须改选 T_{st} 较大的异步电动机或选功率较大的电动机。对于直流电动机与绕线转子异步电动机，则不必校验起动能力，因其起动转矩 T_{st} 的数值是可调的。

第一节　电动机的发热和冷却及电动机工作制的分类

一、电动机的发热过程

我们首先研究电动机长时连续工作，负载不变情况下的发热过程。

电动机的发热是由于工作时，在其内部产生损耗 ΔP 造成的，其值为

$$\left. \begin{aligned} \Phi &= \Delta P = P_1 - P_2 = P_2\left(\frac{1}{\eta} - 1\right) \\ \Phi &= \Delta P = P_1(1 - \eta) \\ \Phi &= \Delta P = p_0 + p_{Cu} \end{aligned} \right\} \qquad (14-5)$$

式中　Φ——热流量（电动机单位时间内发出的热量）（J/s 或 W）；

P_1、P_2——电动机的输入功率和轴上的输出功率（W）；

η——电动机效率；

p_0——不变损耗，即为空载损耗，包括铁耗与机械损耗，它们仅与转速有关，而与负载的大小无关；

p_{Cu}——可变损耗，即为铜耗，它随负载的变化而变化，与负载电流的二次方成正比。

电动机发热的具体情况较为复杂，为了研究方便，我们把电动机看成是一个在任何时候各部分温度均相同的均匀整体，其热容量可用一个系数表示，电动机向周围介质散发的热量与两者的温度差（即温升 τ）成正比关系。

为了求出表达电动机发热情况的温升变化曲线 $\tau = f(t)$，首先应写出热量平衡的基本方程。在时间 dt 内，电动机所发出的热量 Φdt 有两个去向，一部分 $Cd\tau$ 被电动机吸收，使电动机的温度升高 $d\tau$（C 为电动机的热容，即为使电动机温度升高 1℃ 所需的热量，单位为 J/K），另一部分是向周围介质散发的热量 $aS\tau dt$ 或 $A\tau dt$，$A = aS$ 为电动机的散热系数，即电动机与周围介质温度相差 1℃ 时，单位时间内电动机向周围介质散发的热量，单位为 W/K；S 为散热表面积，单位为 m²；a 为传热系数，即温升 1℃ 时，每秒钟从每平方米的面积上散发的热量，单位为 W/(m²·K)。这样，可以写出热平衡方程式为

$$\Phi dt = Cd\tau + A\tau dt \qquad (14-6)$$

将式（14-6）除以 Adt，整理后得

$$\tau + \frac{C}{A}\frac{d\tau}{dt} = \frac{\Phi}{A}$$

令 $C/A = T_\theta$，$\Phi/A = \tau_W$，得基本形式的微分方程

$$\tau + T_\theta \frac{d\tau}{dt} = \tau_W \tag{14-7}$$

其解为下列形式：

$$\tau = \tau_W(1 - e^{-t/T_\theta}) + \tau_Q e^{-t/T_\theta} \tag{14-8}$$

式中 τ_Q——发热过程的起始温升。

显然，如发热过程由周围介质温度开始，即 $\tau_Q = 0$，则式（14-8）变为

$$\tau = \tau_W(1 - e^{-t/T_\theta}) \tag{14-9}$$

在图 14-1 上绘出两条 $\tau = f(t)$ 曲线，其中曲线 2 对应于 $\tau_Q = 0$。可见温升按指数规律变化，最终趋于稳定温升 τ_W。

由温升曲线可见，发热过程开始时，由于温升较小，散发到周围空气中去的热量较小，大部分热量被电动机吸收，因而温升 τ 增长较快；其后，随着温度的升高，散发出去的热量不断加大，而电动机发出热量则由于负载不变而维持不变，电动机吸收的热量不断减少，温升曲线趋于平缓；最后，发热量与散热量相等，电动机的温度不再升高，温升达到稳定值 τ_W。

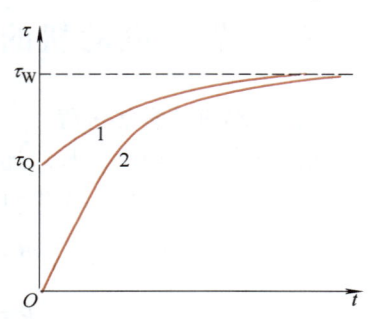

图 14-1 电动机发热过程的温升曲线
1—$\tau_Q \neq 0$　2—$\tau_Q = 0$

我们把 T_θ 称为发热时间常数

$$T_\theta = \frac{C}{A} \tag{14-10}$$

T_θ 表示电动机温升变化快慢的程度，是一个表征热惯性的时间常数，由 C 与 A 的单位可导出 T_θ 的单位为 s。与前反映机械惯性及电磁惯性的时间常数相比，发热时间常数 T_θ 是很大的，它以几十分钟甚至几小时计。

T_θ 的大小与电动机构造尺寸以及散热条件有关，电动机的体积越大，一般发热时间常数 T_θ 也越大，这是因为，热容 C 与电动机体积（或质量）成正比，而散热系数则与电动机的外表面积成正比。

下面讨论一下另一个参量 τ_W。

由式（14-8）可见，当 $t = \infty$ 时，

$$\tau = \tau_W = \frac{\Phi}{A} \tag{14-11}$$

即发热过程终了时，温升不再升高，趋于稳定值 τ_W。此时 $d\tau = 0$，由式（14-6）可见

$$\Phi dt = A\tau_W dt$$

显然，此时电动机在时间 dt 内发出的热量全部向周围介质散发掉，电动机不再吸收热量，其温度也自然不再升高了。因此，只要稳定温升 τ_W 控制在绝缘材料允许的最高温升 τ_m 以内，电动机连续工作也不会过热。

电动机的最高稳定温升可达 τ_m

$$\tau_m = \frac{\Phi_N}{A} = \frac{\Delta P_N}{A} \quad (14\text{-}12)$$

式中 ΔP_N、Φ_N——电动机在额定功率下运行时的损耗功率及热流量。

在运行中，只要电动机发出的热流量 $\Phi \leqslant \Phi_N$ 或 $\Delta P \leqslant \Delta P_N$，电动机温度就不会超过允许值。

在式（14-12）中，如用 $\Delta P_N = P_N(1/\eta_N - 1)$ 代入，并稍加整理，得

$$P_N = \frac{\tau_m A \eta_N}{1 - \eta_N} \quad (14\text{-}13)$$

由式（14-13）可见，对同样尺寸的电动机，欲使其额定功率 P_N 提高，可由下列三方面入手。

1）提高额定效率 η_N，即相当于采取措施降低电动机损耗。

2）提高散热系数 A，用加大空气流通速度与散热表面积可使散热加快，因此电动机中广泛采用风扇（自带风扇的自扇冷式及另外配备通风机的他扇冷式）和带散热筋的机壳，在结构形式上，同样尺寸的开启式电动机，其额定功率比封闭式的大，因前者的散热条件较好，其散热系数比后者的大。

3）提高绝缘材料的允许温升 τ_m，这可从采用等级较高的绝缘材料达到要求。

二、电动机的冷却过程

电动机的冷却可能有两种情况。其一是负载减小，电动机损耗功率 ΔP（或热流量 Φ）下降时；其二是电动机自电网断开，不再工作，电动机的 ΔP 或 Φ 变为零。

电动机冷却过程的温升曲线变化规律方程式的形式与式（14-8）相同，其中 τ_Q 为冷却开始时的温升，而 τ_W 为由降低负载后的 ΔP 或 Φ 所决定的稳定温升，显然 $\tau_W < \tau_Q$，这一情况在图 14-2 上用曲线 1 表示。

当电动机自电网断开时，$\Delta P = \Phi = 0$，则 $\tau_W = 0$，式（14-8）变为

$$\tau = \tau_Q e^{-t/T_\theta} \quad (14\text{-}14)$$

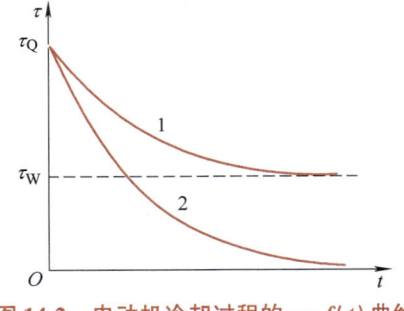

图 14-2　电动机冷却过程的 $\tau = f(t)$ 曲线
1—负载减小时　2—电动机脱离电网

在图 14-2 上用曲线 2 表示电动机脱离电源的冷却过程的 $\tau = f(t)$ 曲线。

必须注意，电动机脱离电网时的冷却时间常数 T'_θ 与电动机通电时的时间常数 T_θ 不同。这是因为，当电动机由电网断开后，电动机停转，在采用自扇冷式的电动机上，风扇不转，散热系数下降为 A'，使时间常数增大为 $T'_\theta = C/A'$，T'_θ 可达 $(2\sim3)T_\theta$。在采用他扇冷式时，则 $T'_\theta = T_\theta$。

由图 14-2 可见，在电动机冷却时，发热减小或没有了，原来储存在电动机中的热量逐渐散出，使电动机温升下降。冷却开始时，电动机的温升大，散热量大，温升下降快；随着温升的不断下降，散热量越来越小，温升下降变得平缓，最后趋于 τ_W 或 $\tau_W = 0$。

三、电动机工作制的分类

电动机工作时，负载持续时间的长短对电动机的发热情况影响很大，因而也对决定

电动机的功率大有影响。按电动机发热的不同情况，可分为三类工作制。

1. 连续工作制

电动机连续工作时间很长，其温升可达稳定值。显然，工作时间 $t_g > (3 \sim 4) T_\theta$，可达几小时甚至几昼夜。属于这类的生产机械有水泵、鼓风机、造纸机、机床主轴等。其简化的负载图 $P = f(t)$ 及温升曲线 $\tau = f(t)$ 如图 14-3 所示。

2. 短时工作制

电动机的工作时间 t_g 较短，在此时间内温升达不到稳定值，而停车时间 t_0 又相当长，电动机的温度可以降到周围介质的温度

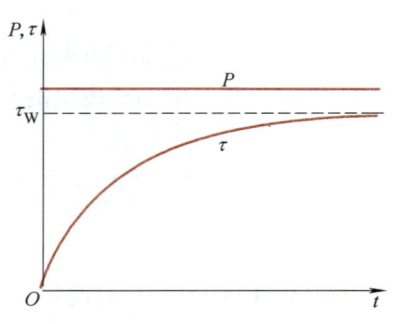

图 14-3 连续工作制的 $P = f(t)$ 及 $\tau = f(t)$ 曲线

（即 $\tau_W = 0$），属此类的生产机械有机床的辅助运动机械、某些冶金辅助机械、水闸闸门启闭机等。简化的功率负载图 $P = f(t)$ 及温升曲线图 $\tau = f(t)$ 如图 14-4 所示。

图中用虚线表示带同样大小功率的负载而且连续工作时的 $\tau = f(t)$ 曲线。由图可见，如果已把 t_g 结束时的温升设计为绝缘材料允许的最高温升，则该电动机带同样负载而连续工作时，稳定温升将大大超过上述允许温升而烧坏。我国规定的短时工作的标准时间有 15min、30min、60min 及 90min 四种。

3. 断续周期工作制

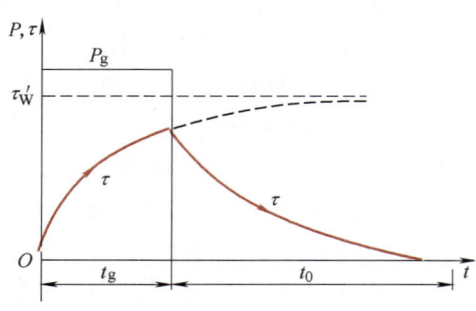

图 14-4 短时工作制的 $P = f(t)$ 及 $\tau = f(t)$ 曲线

在这种工作制中，工作时间 t_g 和停歇时间 t_0 轮流交替，两段时间都较短。在 t_g 期间，电动机温升来不及达到稳定值，而 t_0 期间，温升也来不及降到 $\tau_W = 0$。这样经过每一周期 $(t_g + t_0)$，温升有所上升，最后温升将在某一范围内上下波动。属于这类工作制的生产机械有起重机、电梯、轧钢辅助机械（如辊道、压下装置）等。其负载图和温升曲线图如图 14-5 所示。图中也用虚线表示带同样大小的负载而连续工作时的温升曲线。与短时工作制相似，不可按电动机的断续周期定额作连续运行，否则电动机也会过热而烧坏。

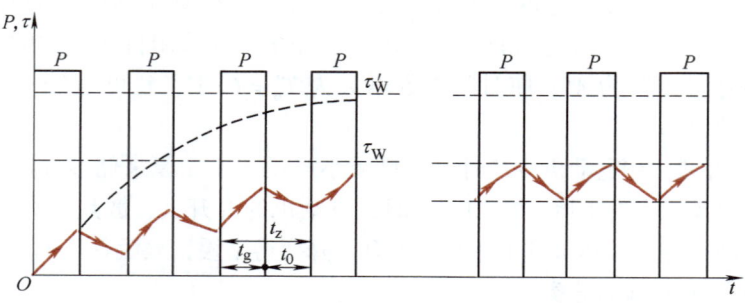

图 14-5 断续工作制的 $P = f(t)$ 及 $\tau = f(t)$ 曲线

第十四章 电力拖动系统电动机的选择

在断续周期工作制中,负载工作时间与整个周期之比称为负载持续率 $ZC\%$,即

$$ZC\% = \frac{t_g}{t_g + t_0} \times 100\% \quad (14\text{-}15)$$

我国规定的标准负载持续率有 15%、25%、40%、60% 四种,一个周期的总时间规定为 $t_g + t_0 \leq 10\text{min}$。

电机厂专门设计和制造了适应不同工作制的电动机,并规定了连续、短时、断续等三种定额,供按不同的负载性质选配。

我国把周期工作制分为两类,上述一类称为断续周期工作制,另外还有一类为连续周期工作制,其负载图 $P = f(t)$ 如图 14-6 所示。此时电动机连续通电,负载作周期变化,每个周期由短时额定功率与短时空载功率组成。其负载持续率的定义与断续周期工作制时相似,亦为

$$ZC\% = \frac{t_g}{t_g + t_0} \times 100\%$$

每个周期的总时间也小于 10min。

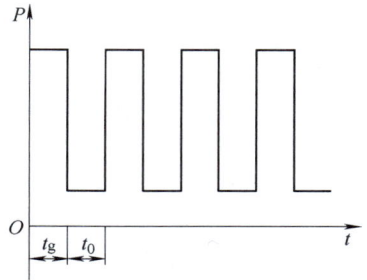

图 14-6 连续周期工作制的 $P = f(t)$ 曲线

对于各种不同的生产机械,电动机负载图是不同的,但就发热而言,一般都可归于连续、短时及断续周期三类工作制中的一类,而连续周期工作制本质上应归于连续工作制(属负载变化时的连续工作制)。

不同工作制下电动机功率选择的方法是不同的,在下列几节中将分别进行研究。

第二节 连续工作制电动机的选择

连续工作制电动机的负载可分为两类,即常值负载与变化负载(大多数情况属周期性变化负载),现分别介绍选择电动机功率的方法。

一、常值负载下电动机功率的选择

在计算出负载功率 P_z 后,选择额定功率 P_N 等于或略大于 P_z 的电动机,即

$$P_N \geq P_z \quad (14\text{-}16)$$

因一般电动机是按常值负载连续工作设计的,电动机设计及出厂试验保证电动机在额定功率下工作时,温升不会超过允许值,电动机带的负载功率 $P_z \leq P_N$,发热自然没有问题,不需要进行发热校验。

电动机起动电流较大,但由于起动时间较短,对电动机发热影响不大,可不予考虑。如果选用笼型异步电动机,一般还需校验其起动能力。

如果电动机周围环境温度 θ_0 与标准值 40℃ 相差较大,则为了充分利用电动机,其输出功率可与 P_N 不同,两者的关系可由以下方法计算。

设在 40℃ 时,电动机的稳定温升为 τ_{WN},热流量为 Φ_N,额定功率为 P_N,而在实际环境温度 θ_0 时,稳定温升为 τ_W,热流量为 Φ,允许输出功率为 P,为了在发热方面充分利用,电动机在不同的环境温度下,都应能达到绝缘材料的最高允许温度 θ_m,即

$$\theta_m = \tau_{WN} + 40℃ = \tau_W + \theta_0$$

由上式可见

$$\theta_m - 40℃ = \tau_{WN} = \frac{\Phi_N}{A} = \frac{\Delta P_N}{A} \tag{14-17}$$

$$\theta_m - \theta_0 = \tau_W = \frac{\Phi}{A} = \frac{\Delta P}{A} \tag{14-18}$$

将式（14-18）除以式（14-17），得

$$\frac{\theta_m - \theta_0}{\theta_m - 40℃} = \frac{\Delta P}{\Delta P_N} \tag{14-19}$$

由式（14-5），得

$$\left.\begin{array}{l}\Delta P = p_0 + p_{Cu} = p_{CuN}\left(k + \dfrac{p_{Cu}}{p_{CuN}}\right) = p_{CuN}\left(k + \dfrac{I^2}{I_N^2}\right) \\ \Delta P_N = p_0 + p_{CuN} = p_{CuN}(k+1)\end{array}\right\} \tag{14-20}$$

式中 k——不变损耗（空载损耗）与额定负载下可变损耗（铜耗）之比，其值取决于电动机结构与转速，一般在 0.4～1.1 的范围内变化，$k = p_0/p_{CuN}$。

如果电动机的磁通保持不变（对异步电动机则其 $\cos\varphi_2$ 也近似不变），则 T_e 与 I 成正比，即

$$\frac{I}{I_N} = \frac{T_e}{T_N} \tag{14-21}$$

另外如电动机转速保持不变，由 $P = T_N/9550$，可知 P 与 T_e 成正比，即

$$\frac{P}{P_N} = \frac{T_e}{T_N} \tag{14-22}$$

将式（14-21）及式（14-22）代入式（14-20），再代入式（14-19）并化简，得

$$P = P_N\sqrt{\frac{\theta_m - \theta_0}{\theta_m - 40℃}(k+1) - k} \tag{14-23}$$

用式（14-23）即可计算电动机在实际环境温度 θ_0 时的允许输出功率 P，显然当 $\theta_0 > 40℃$ 时，$P < P_N$；当 $\theta_0 < 40℃$ 时，$P > P_N$。

在周围环境温度不同时，电动机功率可粗略地按表 14-1 相应增减。

环境温度低于 30℃ 时，一般电动机功率也只增加 8%。

表 14-1 不同环境温度下，电动机功率的修正

环境温度	30℃	35℃	40℃	45℃	50℃	55℃
电动机功率增减的百分数	+8%	+5%	0	-5%	-12.5%	-25%

必须指出，工作环境的海拔对电动机温升有影响，这是由于海拔越高，虽然气温降低越多，但由于空气稀薄，散热条件大为恶化。这两方面的因素互相补偿，因此规定，使用地点的海拔不超过 1000m 时，额定功率不必进行校正。当海拔在 1000m 以上时，平原地区设计的电动机，出厂试验时必须把允许温升降低，才能供高原地带应用。

[例 14-1] 一台与电动机直接连接的离心式水泵，流量为 90m³/h，扬程为 20m，吸程为 5m，转速为 2900r/min，泵的效率 $\eta_B = 0.78$，试选择电动机。

解 水泵在电动机轴上的负载功率为

$$P_z = \frac{V\gamma H}{\eta_B \eta} \times 10^{-3}$$

式中　V——泵每秒排出的水量（m^3/s）；

　　　γ——液体的比重（N/m^3），水的比重 $\gamma = 9810 N/m^3$；

　　　H——排水高度（m）；

　　　η_B——泵的效率，活塞式泵为 0.8~0.9，高压离心泵为 0.5~0.8，低压离心泵为 0.3~0.6；

　　　η——传动机构效率，直接连接为 0.95~1，带传动为 0.9。

将已知数据代入上式，取 $\eta = 0.95$，得

$$P_z = \frac{(90/3600) \times 9810 \times (20+5)}{0.78 \times 0.95} \times 10^{-3} kW = 8.3 kW$$

选 $P_N \geq P_z$，电动机的额定转速与水泵对应的转速必须配合，因为两者直接连接，故电动机的 n_N 亦应为 2900r/min 左右。

选择 Y2 系列两极异步电动机即可（可参阅生产厂家的产品目录），其数据为：$P_N = 10kW$，$U_N = 380V$，$n_N = 2920r/min$。对选用的电动机不必进行发热校验。

二、变化负载下电动机功率的选择

在变化负载下所使用的电动机，一般是为常值负载工作而设计的。因此，这种电动机用于变化负载下的发热情况，必须进行校验。所谓发热校验，就是看电动机在整个运行过程中所达到的最高温升是否接近并低于允许温升，因为只有这样，电动机的绝缘材料才能充分利用而又不致过热。

下面我们将讨论变化负载下电动机发热校验的问题。

图 14-7 上绘出周期性变化负载下 $\Delta P = f(t)$ 及 $\tau = f(t)$ 曲线。其绘制法如下。

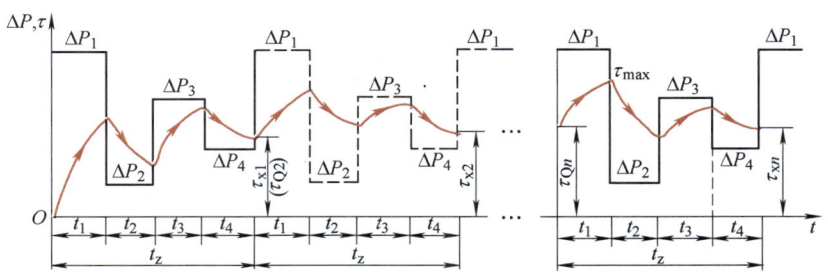

图 14-7　周期性变化负载下的 $\Delta P = f(t)$ 及 $\tau = f(t)$ 曲线

每一周期包括 $t_1 \sim t_4$ 四段时间，其相应的不同负载时的损耗功率为 $\Delta P_1 \sim \Delta P_4$ [ΔP 可按式（14-5）计算]。如预选电动机的发热时间常数 T_θ 及散热系数 A 为已知（预选电动机的方法以后将介绍），温升曲线即可绘出。温升在 t_1 段内由零开始，指数曲线先以 $\Delta P_1/A$ 为稳定值，到 t_1 段终了时，曲线在 t_2 段改以 $\Delta P_2/A$ 为稳定值，t_2 段温升的开始值即为 t_1 段温升的终了值，用同法连续绘制 t_3 及 t_4 段曲线，得到第一周期温升的终了值 τ_{x1}。第二周期温升的开始值 $\tau_{Q2} = \tau_{x1}$，再连续绘制到 τ_{x2}，这样重复绘制，直到第 n 周期的 $\tau_{Qn} = \tau_{xn}$ 温升变化进入稳态循环，以后各周期均按第 n 周期的规律变化。如果稳

态循环周期中的最大温升 τ_{max} 接近并小于电动机的容许温升 τ_m，电动机的发热校验即算圆满通过。这种发热校验的方法称为温升曲线法，它是以最大温升 $\tau_{max} \leq \tau_m$ 为依据的。

由于直接绘制温升曲线比较困难（由于发热时间常数 T_θ 及散热系数 A 难以预知），所以一般校验发热用一些间接的方法（如平均损耗法、等效法等）。但这些方法实际上都是由温升曲线法引出来的。

变化负载下电动机功率选择的一般步骤如下：

1) 计算并绘制生产机械负载图 $P_z = f(t)$ 或 $T_z = f(t)$。

2) 预选电动机的功率。预选是在上述 $P_z = f(t)$ 或 $T_z = f(t)$ 的基础上进行的。利用它们，可以求出负载的平均功率 P_{zd} 或平均转矩 T_{zd} 为

$$P_{zd} = \frac{P_{z1}t_1 + P_{z2}t_2 + \cdots}{t_1 + t_2 + \cdots} = \frac{\sum_{i=1}^{n} P_{zi}t_i}{\sum_{i=1}^{n} t_i} \tag{14-24}$$

$$T_{zd} = \frac{T_{z1}t_1 + T_{z2}t_2 + \cdots}{t_1 + t_2 + \cdots} = \frac{\sum_{i=1}^{n} T_{zi}t_i}{\sum_{i=1}^{n} t_i} \tag{14-25}$$

在过渡过程中，可变损耗与电流的二次方成正比，电动机发热较为严重，而上述 P_{zd} 及 T_{zd} 中没有反映过渡过程中的发热情况。因此，电动机额定功率按式（14-26）和式（14-27）预选：

$$P_N \geq (1.1 \sim 1.6) P_{zd} \tag{14-26}$$

$$P_N \geq (1.1 \sim 1.6) \frac{T_{zd} n_N}{9550} \tag{14-27}$$

在式（14-26）及式（14-27）中，如过渡过程在整个工作过程中占较大比重，则系数（1.1~1.6）中选偏大的数值。

电动机预选后，按式（14-28）可算出电动机额定损耗功率 ΔP_N，即

$$\Delta P_N = \frac{P_N}{\eta_N} - P_N \tag{14-28}$$

参照产品目录，可查到电动机额定电流 I_N，并可算出额定转矩 T_N。以后可见，ΔP_N、I_N、T_N 及 P_N 四个数据是用不同方法校验发热的标准。

3) 作出电动机的负载图 $\Delta P = f(t)$、$I = f(t)$、$T_e = f(t)$ 或 $P = f(t)$，作图时已考虑了电动机的稳定运转及过渡过程等工作情况。

4) 进行发热、过载能力及必要时的起动能力校验。

如果校验通过，并且功率适当，则电动机功率即可决定下来。如果校验不能通过或者电动机功率预选过大，需重新选择电动机，再作电动机的负载图进行校验，如此反复进行，直到所选功率合适为止。一般情况下，只要预选一次或两次即可把电动机功率确定。在有些情况下，上述步骤可以合并或简化。

下面着重介绍校验发热的方法。

1. 平均损耗法

在图 14-7 所示的周期性变化负载下，如变化周期较短 $t_z < 10\text{min}$，而发热时间常数

第十四章 电力拖动系统电动机的选择

较大，即 $T \gg t_z$ 时，稳态循环中温升曲线上下波动不大，因此在校验发热时，可以用温升平缓变化的稳态循环中的平均温升 τ_d 代替最大温升 τ_{max}，即认为 $\tau_{max} \approx \tau_d$。为了计算 τ_d，将热量平衡方程式（14-6）两边积分，得

$$\int_0^{t_z} \Phi dt = \int_0^{t_z} \Delta P dt = \int_0^{t_z} C d\tau + \int_0^{t_z} A\tau dt \tag{14-29}$$

在稳态循环中，$\tau_{Qn} = \tau_{xn}$，得

$$\int_0^{t_z} C d\tau = C\int_{\tau_{Qn}}^{\tau_{xn}} d\tau = 0$$

这样，由式（14-29）得平均温升 τ_d，即

$$\tau_d = \frac{\int_0^{t_z} \tau dt}{t_z} = \frac{\int_0^{t_z} \Delta P dt/t_z}{A} = \frac{\Delta P_d}{A} = \frac{\Phi_d}{A} \tag{14-30}$$

由式（14-30）可见，平均损耗 ΔP_d 对应的稳定温升 Φ_d/A 正好等于变化负载稳态循环的平均温升 τ_d。这样我们就可用平均损耗功率 ΔP_d 来校验电动机的发热。

如果给出的负载图为 $P = f(t)$，则应改成为 $\Delta P = f(t)$，ΔP 与 P 间的关系为

$$\Delta P_i = \frac{P_i}{\eta_i} - P_i \tag{14-31}$$

式中 ΔP_i——第 i 段的损耗功率；

P_i——第 i 段电动机的输出功率；

η_i——输出功率为 P_i 时的效率，其值可由电动机的效率曲线查到。

这样，变化负载下的平均损耗为

$$\Delta P_d = \frac{\sum_{i=1}^{n} \Delta P_i t_i}{\sum_{i=1}^{n} t_i} \tag{14-32}$$

把 ΔP_d 与式（14-28）中求出的 ΔP_N 相比，如 $\Delta P_d \leq \Delta P_N$，则预选电动机的功率是合适的，说明平均温升略低于绝缘材料允许的最高温升，发热校验通过，而且电动机得到充分利用。

如果 $\Delta P_d > \Delta P_N$，说明预选电动机功率太小，发热校验通不过。需重选功率较大的电动机，再进行发热校验。

如果 $\Delta P_d \ll \Delta P_N$，预选电动机功率太大，电动机得不到充分利用。这时需改选功率较小的电动机，重新进行发热校验。

基于平均温升 $\tau_d \leq \tau_m$ 的平均损耗法，可用于电动机大多数工作情况下的发热校验。其缺点是计算步骤较为复杂。

2. 等效法

等效法包括等效电流法、等效转矩法及等效功率法三种。

（1）等效电流法　由上述平均损耗法可引出等效电流法。变化负载下第 i 级负载的损耗 $\Delta P_i = p_0 + p_{Cu}$，其中 p_0 为不变损耗，不随负载变化而变化；p_{Cu} 为可变损耗，它随负载电流而变化，$p_{Cu} = CI_i^2$，当电动机主电路电阻不变时，C 为常数，这样

$$\Delta P_i = p_0 + CI_i^2 \tag{14-33}$$

把平均损耗 ΔP_d 中的可变损耗所对应的电流称为等效电流 I_dx，则

$$\Delta P_\mathrm{d} = p_0 + CI_\mathrm{dx}^2 \tag{14-34}$$

把式（14-33）及式（14-34）代入式（14-32），得

$$p_0 + CI_\mathrm{dx}^2 = \frac{\sum_{i=1}^{n}(p_0 + CI_i^2)t_i}{\sum_{i=1}^{n} t_i} = p_0 + \frac{C\sum_{i=1}^{n} I_i^2 t_i}{\sum_{i=1}^{n} t_i} \tag{14-35}$$

化简后得

$$I_\mathrm{dx} = \sqrt{\frac{\sum_{i=1}^{n} I_i^2 t_i}{\sum_{i=1}^{n} t_i}} \tag{14-36}$$

等效电流法，就是按照损耗相等的原则，求出一个等效的不变的电流 I_dx 来代替变化的负载电流 $I = f(t)$（对于交流异步电动机，I 应为定子电流），如果预选电动机的额定电流 I_N 满足下列条件：

$$I_\mathrm{N} \geqslant I_\mathrm{dx}$$

则发热校验通过。如果电流负载图中某一段的电流较大，则应进行短时电流过载能力的校验。

等效电流法由平均损耗法引出，在推导过程中，假定不变损耗 p_0 及电动机主电路电阻不变。在某些个别情况下，例如，对于深槽及双笼型异步电动机，在经常起动与反转时，其电阻与铁耗均在变化（一般笼型异步电动机经常起动及反转时的铁耗也是变量），便不能用等效电流法校验发热，此时必须采用平均损耗法。

（2）等效转矩法　有时已知的不是负载电流图，而是转矩图，如果转矩与电流成正比（当直流电动机励磁不变，异步电动机磁通 Φ 与 $\cos\varphi_2$ 不变时），则可用等效转矩 T_edx 来代替等效电流 I_dx，式（14-36）可以写成转矩形式

$$T_\mathrm{edx} = \sqrt{\frac{\sum_{i=1}^{n} T_{ei}^2 t_i}{\sum_{i=1}^{n} t_i}} \tag{14-37}$$

如果预选电动机的额定转矩 $T_\mathrm{N} \geqslant T_\mathrm{edx}$，则发热校验通过。$T_\mathrm{N}$（N·m）可由预选电动机的额定功率 P_N 及额定转速 n_N 算出，即

$$T_\mathrm{N} = 9550 \frac{P_\mathrm{N}}{n_\mathrm{N}} \tag{14-38}$$

式中　P_N——额定功率（kW）；

n_N——额定转速（r/min）。

由于等效转矩法由等效电流法推导得出，因此上述对后者应用条件的限制同样适用于前者，而且还要附加 T_e 与 I 成正比的条件的限制。如果 T_e 与 I 不成正比时（如在直流电动机工作周期中包括减弱励磁阶段，或异步电动机负载极小，接近空载，空载电流又较大时），则可将 $T_e = f(t)$ 改绘为 $I = f(t)$，而后用等效电流法校验发热；或者对 T_e

第十四章 电力拖动系统电动机的选择

与 I 不成正比的区段（如第 i 段）的转矩 T_{ei} 进行修正，而后将修正后能反映电动机发热的转矩 T'_{ei} 代入式（14-37）进行发热校验。

如果 Φ_N 为额定磁通，而 Φ 为减弱后的磁通，则 T_{ei} 可用下式修正为 T'_{ei}，修正的方法是使 T_{ei} 按因磁通减弱而使电流增大的同样比例增加。

$$T'_{ei} = \frac{\Phi_N}{\Phi} T_{ei} \tag{14-39}$$

如果直流电动机励磁减弱时电枢电压不变，则

$$U \approx C_e \Phi_N n_N \approx C_e \Phi n$$

$$\frac{\Phi_N}{\Phi} \approx \frac{n}{n_N} \tag{14-40}$$

将式（14-40）代入式（14-39），则 T_{ei} 可用式（14-41）修正，必须指出，该式仅适用于因 Φ 减弱而使 $n > n_N$ 的情况，而不适用于电压降低而使直流电动机 $n < n_N$ 的区段，此时因 $\Phi = \Phi_N$ 而转矩图不必修正。

$$T'_{ei} = \frac{n}{n_N} T_{ei} \tag{14-41}$$

式中　n——磁通减弱时的转速；

　　　n_N——额定转速（额定磁通时）。

对于交流异步电动机，特别是有些电动机的空载电流较大，当负载极小接近空载时，转矩 T_e 与转子电流的折算值虽成正比，但与定子电流极不成比例，此时必须对 T_e 进行修正。修正的方法是：如果有电动机的定子电流 I_1（一般是 I_1/I_{1N}）对转矩 T_e（一般是 T_e/T_N）的特性曲线，则可按此曲线查出对应于 T_{ei}/T_N 的 I_{1i}/I_{1N} 的数值，而后将 T_{ei} 修正为 $T'_{ei} = T_{ei}(I_{1i}/I_{1N})$；如没有上述曲线，则当负载极小接近空载时，可将 T_{ei} 修正为 $T'_{ei} = T_{ei}(I_0/I_{1N})$，其中 I_0 为空载电流。

应用等效转矩法时，同样必须校验电动机的转矩过载能力。

（3）等效功率法　等效功率法是当转速 n 基本不变时由等效转矩法引出来的。因为 $P = Tn/9550$，当 n 不变时，P 与 T_e 成正比，式（14-37）可写成功率的形式：

$$P_{dx} = \sqrt{\frac{\sum_{i=1}^{n} P_i t_i}{\sum_{i=1}^{n} t_i}} \tag{14-42}$$

如果已知功率负载 $P = f(t)$，用式（14-42）算出等效功率 P_{dx}，把它与预选电动机的 P_N 比较，如 $P_N \geq P_{dx}$，则电动机的发热校验即告通过。同样，必须进行功率过载能力的校验。

等效功率法的应用场合较等效转矩法更少，因为还必须附加转速基本不变的条件。在功率负载图转速变化（如起动、制动及直流电动机降低电压调速时）的区段，可将功率 P_i 进行修正，修正的依据与上述转矩的修正相同，即使修正后的 P'_i 能反映电动机的发热实际情况。最后将 P'_i 代入式（14-42）中的第 i 区段后进行发热校验。

在功率负载图的 $n < n_N$ 的区段，必须进行修正，例如，第 i 段的 P_i 可按下式进行修正为 P'_i，即

$$P'_i = \frac{n_N}{n} P_i \tag{14-43}$$

必须指出，式（14-43）仅适用于 $n < n_N$ 的区段，而对于直流机因减弱 Φ 而使转速高于额定转速 n_N 的区段，功率图不必修正，因为此时功率与电流成正比，功率图能反映电动机的发热情况。现说明如下：

当磁通由 Φ_N 减弱为 Φ，转速上升为 $n' > n_N$，此时功率 P 为

$$P = \frac{Tn'}{9550} = \frac{C_T \Phi n' I}{9550} \tag{14-44}$$

由于电枢电压不变，则 $U \approx C_e \Phi n' \approx$ 常值，$\Phi n'$ 接近不变，由式（14-44）可见，P 与 I 成正比。

上述三种等效法都是由平均损耗法引出来的，用等效法校验发热，其依据都是平均温升 $\tau_d \leqslant \tau_m$。

3. 有起动、制动及停歇过程时校验发热公式的修正

有时一个周期内的变化负载包括起动、制动、停歇等过程，如采用的是自扇冷式电动机，则散热条件变坏，实际温升将要提高。一般应把平均损耗或等效电流、转矩及功率提高一些来反映这个散热条件变坏的影响。为了达到此目的，在式（14-32）、式（14-36）、式（14-37）、式（14-42）的分母上，在对应的起动与制动时间上乘以散热恶化系数 a，在对应停歇的时间上乘以散热恶化系数 a_0，a 与 a_0 均为小于 1 的系数。

对于直流电动机，可采用 $a = 0.75$，$a_0 = 0.5$；对于异步电动机，可采用 $a = 0.5$，$a_0 = 0.25$。

今以图 14-8 所示的负载电流图为例，图中，t_1、t_2、t_3、t_0 分别为起动、稳定运转、制动、停歇时间；I_1、I_2、I_3 分别为起动、稳定运转、制动过程中的电流（同图上并绘出 $n = f(t)$ 曲线），修正后的等效电流可写成

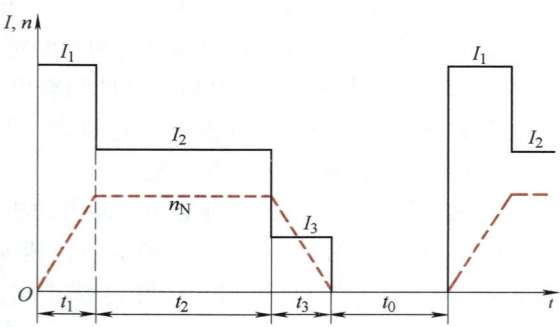

图 14-8 起动、制动，停歇时间的变化负载电流图

$$I_{dx} = \sqrt{\frac{I_1^2 t_1 + I_2^2 t_2 + I_3^2 t_3}{at_1 + t_2 + at_3 + a_0 t_0}} \tag{14-45}$$

4. 等效法在非恒值变化负载下的应用

非恒值变化负载电流图如图 14-9 所示，如果电流随时间变化的函数是已知的，则可用等效电流法的积分形式，就是

$$I_{dx} = \sqrt{\frac{\int_0^{\Sigma t} i^2 dt}{\int_0^{\Sigma t} dt}} = \sqrt{\frac{\int_0^{\Sigma t} i^2 dt}{\Sigma t}} \tag{14-46}$$

另一种较简便的方法是把变化曲线分成许多直线段，求出各段的等效值，然后仍用

式（14-36）求出等效电流值。图14-9中把曲线简化成具有恒值、三角形与梯形三种线段变化的形式（用虚线表示）。恒值线段不必求等效值，三角形与梯形线段的等效值可求出如下。

图14-9中第一段，虚线电流按直线规律变化（三角形线段）

$$I = \frac{I_1}{t_1} t \quad (14\text{-}47)$$

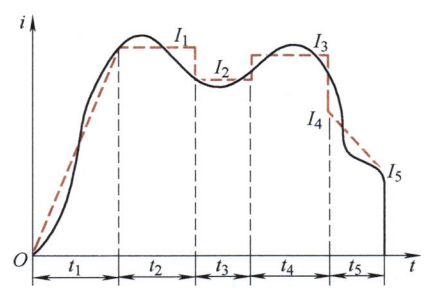

图14-9 用直线段代替曲线变化负载电流图

将式（14-47）代入式（14-46），得三角形线段的等效值，即

$$I_{dx1} = \sqrt{\frac{1}{t_1} \int_0^{t_1} \frac{I_1^2}{t_1^2} t^2 dt} = \frac{I_1}{\sqrt{3}} \quad (14\text{-}48)$$

用类似方法可以求出图14-9中第五段（梯形线段）的等效值为

$$I_{dx5} = \sqrt{\frac{I_4^2 + I_4 I_5 + I_5^2}{3}} \quad (14\text{-}49)$$

显然，上述以等效电流法为例导出的三角形及梯形线段变化的等效值，同样适用于等效转矩法及等效功率法。

[**例14-2**] 图14-10中绘出了具有尾绳和摩擦轮的矿井提升机的示意图。电动机直接与摩擦轮1相连，摩擦轮旋转，靠摩擦力带动绳子及罐笼3（内有矿车及矿物G）提升或下放。尾绳系在两罐笼之下，以平衡提升机左右两边绳子的重力。提升机用双电动机拖动，试计算电动机功率。已知下列数据：

1. 井深 $H = 915\text{m}$；
2. 负载重 $G = 58800\text{N}$；
3. 每个罐笼（内有一空矿车）重 $G_3 = 77150\text{N}$；
4. 主绳与尾绳每米重 $G_4 = 106\text{N/m}$；
5. 摩擦轮直径 $d_1 = 6.44\text{m}$；
6. 摩擦轮飞轮惯量 $GD_1^2 = 2730000\text{N} \cdot \text{m}^2$；
7. 导轮直径 $d_2 = 5\text{m}$；
8. 导轮飞轮惯量 $GD_2^2 = 584000\text{N} \cdot \text{m}^2$；
9. 额定提升速度 $v_N = 16\text{m/s}$；
10. 提升加速度 $a_1 = 0.89\text{m/s}^2$；
11. 提升减速度 $a_3 = 1\text{m/s}^2$；
12. 周期长 $t_z = 89.2\text{s}$；
13. 摩擦用增加负载重的20%考虑。

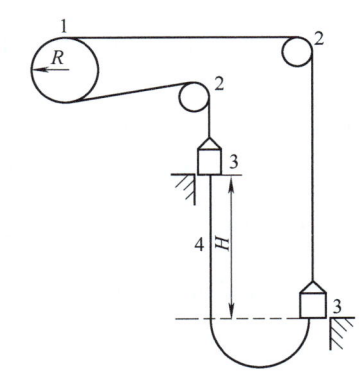

图14-10 具有尾绳和摩擦轮的矿井提升机示意图
1—摩擦轮 2—导轮 3—罐笼 4—尾绳

解 预选电动机功率：

$$P = k \frac{1.2 G v_N}{1000}$$

式中 k——考虑起动及制动过程中加速转矩的系数，$k = 1.2 \sim 1.25$。现取 $k = 1.25$，则

$$P = 1.25 \times \frac{1.2 \times 58800 \times 16}{1000} \text{kW} \approx 1411 \text{kW}$$

每台电动机的功率为 706kW。

电动机的额定转速为

$$n_N = \frac{60 v_N}{\pi d_1} = \frac{60 \times 16}{\pi \times 6.44} \text{r/min} = 47.5 \text{r/min}$$

对于功率为 700kW，转速为 47.5r/min 的电动机，飞轮惯量 $GD_D^2 = 1065000 \text{N} \cdot \text{m}^2$，阻转矩可用下式计算：

$$T_z = 1.2 G \frac{d_1}{2} = 1.2 \times 58800 \times \frac{6.44}{2} \text{N} \cdot \text{m} \approx 227203 \text{N} \cdot \text{m}$$

加速时间

$$t_1 = \frac{v_N}{a_1} = \frac{16}{0.89} \text{s} = 18 \text{s}$$

加速阶段罐笼行经高度

$$h_1 = \frac{1}{2} a_1 t_1^2 = \frac{1}{2} \times 0.89 \times 18^2 \text{m} = 144.2 \text{m}$$

减速时间

$$t_3 = \frac{v_N}{a_3} = \frac{16}{1} \text{s} = 16 \text{s}$$

减速阶段罐笼行经高度

$$h_3 = \frac{1}{2} a_3 t_3^2 = \frac{1}{2} \times 1 \times 16^2 \text{m} = 128 \text{m}$$

稳定速度罐笼行经高度

$$h_2 = H - h_1 - h_3 = 915\text{m} - 144.2\text{m} - 128\text{m} = 642.8\text{m}$$

稳定速度运行时间

$$t_2 = \frac{h_2}{v_N} = \frac{642.8}{16} \text{s} = 40.2 \text{s}$$

停歇时间

$$t_0 = t_z - t_1 - t_2 - t_3 = (89.2 - 18 - 40.2 - 16) \text{s} = 15 \text{s}$$

为了计算加速转矩，必须求出折算到电动机轴上系统总的飞轮惯量 GD^2：

$$GD^2 = GD_a^2 + GD_b^2$$

式中 GD_a^2——系统中转动部分的飞轮惯量；

GD_b^2——系统中直线运动部分的飞轮惯量。

导轮转速

$$n_2 = \frac{60 v_N}{\pi d_2} = \frac{60 \times 16}{\pi \times 5} \text{r/min} = 61 \text{r/min}$$

两个导轮折算到电动机轴上的飞轮惯量为

$$2(GD_2^2)' = 2GD_2^2 \left(\frac{n_2}{n_N}\right)^2 = 2 \times 584000 \times \left(\frac{61}{47.5}\right)^2 \text{N} \cdot \text{m}^2 \approx 1926262 \text{N} \cdot \text{m}^2$$

系统中转动部分的飞轮惯量为

$$GD_a^2 = 2GD_D^2 + GD_1^2 + 2(GD_2^2)' = (2130000 + 2730000 + 1926262) \text{N} \cdot \text{m}^2 = 6786262 \text{N} \cdot \text{m}^2$$

系统直线运动部分总重

$$G' = G + 2G_3 + G_4 L$$

式中 $L \approx 2H + 90\text{m} = (2 \times 915 + 90)\text{m} = 1920\text{m}$（注：其中 90m 是绕摩擦轮及二导轮的绳长）

$$G' = (58800 + 2 \times 77150 + 106 \times 1920) \text{N} = 416620 \text{N}$$

系统直线运动部分重量折算到电动机轴上的飞轮惯量

$$GD_b^2 = \frac{365 G' v_N^2}{n_N^2} = \frac{365 \times 416620 \times 16^2}{47.5^2} \text{N} \cdot \text{m}^2 = 17253838 \text{N} \cdot \text{m}^2$$

系统总飞轮惯量为
$$GD^2 = GD_a^2 + GD_b^2 = (6786262 + 17253838)\text{N}\cdot\text{m}^2 = 24040100\text{N}\cdot\text{m}^2$$
加速阶段的加速转矩为
$$T_{a1} = \frac{GD^2}{375}\left(\frac{\text{d}n}{\text{d}t}\right)_1 = \frac{24040100}{375}\times\frac{n_N}{t_1} = \frac{24040100}{375}\times\frac{47.5}{18}\text{N}\cdot\text{m} = 169171\text{N}\cdot\text{m}$$
减速阶段的动态转矩为
$$T_{a3} = \frac{GD^2}{375}\left(\frac{\text{d}n}{\text{d}t}\right)_3 = -\frac{GD^2}{375}\times\frac{n_N}{t_3} = -\frac{24040100}{375}\times\frac{47.5}{16}\text{N}\cdot\text{m} = -190317\text{N}\cdot\text{m}$$
电动机转矩 $T_e = T_z + T_a$

加速阶段 $t_1 = 18\text{s}$；$T_{e1} = (227203 + 169171)\text{N}\cdot\text{m} = 396374\text{N}\cdot\text{m}$；

稳定运行阶段 $t_2 = 40.2\text{s}$；$T_{e2} = 227203\text{N}\cdot\text{m}$；

减速阶段 $t_3 = 16\text{s}$；$T_{e3} = (227203 - 190317)\text{N}\cdot\text{m} = 36886\text{N}\cdot\text{m}$；

停歇阶段 $t_0 = 15\text{s}$；$T_{e0} = 0$。

在图 14-11 上，按上列数据绘出负载转矩图 $T_e = f(t)$。

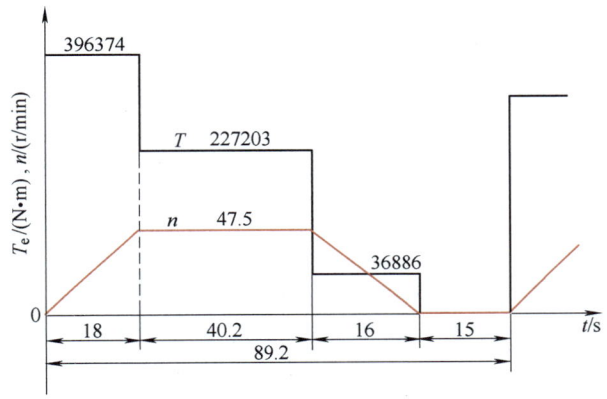

图 14-11 矿井提升的负载图 $T = f(t)$ 及 $n = f(t)$

按负载图，求出等效转矩 T_{edx}：
$$T_{edx} = \sqrt{\frac{T_1^2 t_1 + T_2^2 t_2 + T_3^2 t_3}{at_1 + t_2 + at_3 + a_0 t_0}}$$
式中，散热恶化系数 $a = 0.75$，$a_0 = 0.5$。
$$T_{edx} = \sqrt{\frac{396374^2 \times 18 + 227203^2 \times 40.2 + 36886^2 \times 16}{0.75\times 18 + 40.2 + 0.75\times 16 + 0.5\times 15}}\text{N}\cdot\text{m} = 259386\text{N}\cdot\text{m}$$
两台电动机的等效功率 P_{dx} 为
$$P_{edx} = \frac{T_{edx}n_N}{9550} = \frac{259386\times 47.5}{9550}\text{kW} = 1293\text{kW},\ P_{dx} < P_N = 1400\text{kW}$$
过载能力校验：

所选电动机的额定转矩（两个电动机）为
$$T_N = 9550\frac{P}{n_N} = 9550\times\frac{1400}{47.5}\text{N}\cdot\text{m} = 281474\text{N}\cdot\text{m}$$

过载倍数 $\dfrac{T_{e1}}{T_N} = \dfrac{396374}{281474} = 1.41 < 2$

因此，电动机发热及过载能力的校验均可通过。

第三节 短时工作制电动机的选择

对于短时工作制，可选用为连续工作制而设计的电动机，也可选用专为短时工作制而设计的电动机。

一、选用为连续工作制而设计的电动机

设短时功率为 P_g，时间为 t_g。如果选择连续工作制电动机，使 $P'_N \geqslant P_g$，显然在 $t = t_g$ 时，温升按曲线 1 只能达到 τ'_g，而达不到 τ_m，即 $\tau_g < \tau_m$，由发热观点，电动机不能得到充分利用（见图 14-12）。为此，选用连续工作制电动机的 $P_N < P_g$，在工作时间 t_g 内电动机过载运行，温升按曲线 2 上升，在 $t = t_g$ 时达到 τ_g，使 τ_g 与稳定温升 τ_W 相等，亦即与绝缘材料允许的最高温升 τ_m 相等，这样，电动机在发热上得到充分利用了。

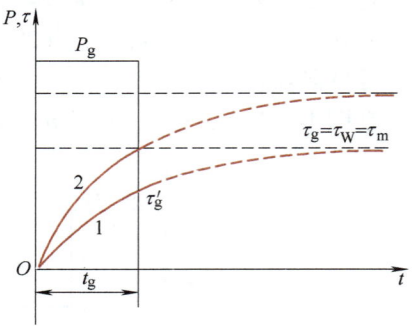

图 14-12 短时工作时的 $P = f(t)$ 及 $\tau = f(t)$

选择 P_N 的依据就是 $\tau_g = \tau_W = \tau_m$，即

$$\tau_g = \dfrac{\Delta P_g}{A}(1 - e^{-t_g/T_\theta}) = \tau_W = \dfrac{\Delta P_N}{A} \quad (14\text{-}50)$$

式中　ΔP_g、ΔP_N——相当于功率为 P_g 及 P_N 时的损耗功率。

利用式（14-20）、式（14-21）及式（14-22），对式（14-50）进行化简整理，得

$$\lambda_Q = \dfrac{P_g}{P_N} = \sqrt{\dfrac{1 + k e^{-t_g/T_\theta}}{1 - e^{-t_g/T_\theta}}} \quad (14\text{-}51)$$

式中　λ_Q——按发热观点的功率过载倍数。

图 14-13 上绘出当 $k = 1$（即不变损耗与额定可变损耗相等）时的 $\lambda_Q = f(t_g/T_\theta)$ 的曲线。

由图 14-13 可见，对应于 t_g/T_θ 的某一数值，可查到 λ_Q 值，按发热观点可选额定功率为 P_N 的连续工作制电动机，此时

$$P_N \geqslant \dfrac{P_g}{\lambda_Q} \quad (14\text{-}52)$$

当 $t_g/T_\theta \leqslant 0.3$ 时，$\lambda_Q > 2.5$，已超过了一般电动机的允许过载倍数，即 $\lambda_Q > K_T$，此时可按式（14-53）选择连续工作制电动机的额定功率：

$$P_N \geqslant \dfrac{P_g}{K_T} \quad (14\text{-}53)$$

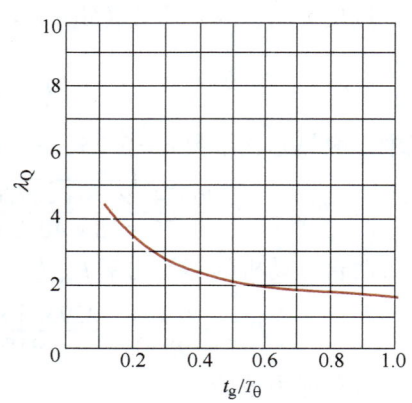

图 14-13 当 $k = 1$ 时 $\lambda_Q = f(t_g/T_\theta)$ 的曲线

因满足电动机过载能力时，一般发热肯定可通过，而且还可能有裕度，因此不必进行发

热校验。例如机床的横梁夹紧电动机或刀架移动电动机等，t_g 一般小于 2min，而 T_θ 一般大于 15min，$t_g/T_\theta \approx 0.1$，λ_Q 将大于 4，此时按式（14-53）选电动机即可。

当短时工作期间负载功率变化时，如按发热观点选电动机，应把工作期间的等效功率求出。在式（14-52）中用等效功率代替式中的 P_g。此时还必须用最大负载功率来校验电动机的过载能力。一台电动机的最大允许输出是固定值，连续工作时电动机输出功率小，允许过载倍数较大，同台电动机短时工作时输出功率增大，其允许过载倍数将下降。如电动机功率是按允许过载倍数决定，则在式（14-53）中的 P_g 即为最大负载功率（当负载功率变化时），因此不必进行过载能力的校验。某些电动机（例如笼型异步电动机）的起动转矩是一定的，无论按发热或允许过载能力决定的电动机功率，在短时过载运行时，都必须校验起动能力。

[例 14-3] 大型车床刀架快速移动机构，其拖动电机是短时工作制，刀架重力为 5300N，移动速度为 15m/min，传动比为 100r/m，动摩擦系数为 0.1，静摩擦系数为 0.2，传动效率为 0.1，试选择电动机的功率。

解 刀架移动时，电动机的负载功率为

$$P_z = \frac{G\mu v}{60 \times 1000 \times \eta} \tag{14-54}$$

式中　G——刀架重力（N）；
　　　μ——摩擦系数（起动时为 0.2，移动时为 0.1）；
　　　v——移动的速度（m/min）；
　　　η——传动效率。

把已知数据代入式（14-54），得

$$P_z = \frac{5300 \times 0.1 \times 15}{60 \times 1000 \times 0.1}\text{kW} = 1.325\text{kW}$$

按允许过载能力选电动机，$P_z = P_g$ 代入式（14-53），得

$$P_N \geq \frac{P_g}{K'_T} = \frac{1.325}{0.9^2 K_T} = \frac{1.325}{0.9^2 \times 2}\text{kW} = 0.82\text{kW}$$

式中　0.9——考虑交流电网波动 10%；
　　　K_T——交流电动机的过载倍数，$K_T = 2$。

如果由产品目录，初选 Y2 系列某型 4 极笼型异步电动机，其数据为：$P_N = 1.1$kW，$U_N = 380$V，$I_{1N} = 2.68$A，$n_N = 1410$r/min（由已知传动比为 100r/m，则 $n_N \approx 100 \times 15$r/min $= 1500$r/min），起动转矩倍数 $K_{st} = 1.8$，过载倍数 $K_T = 2$。

必须校验起动能力：

由于静摩擦系数为动摩擦系数的两倍，故起动负载的功率为

$$P_{zst} = 2P_z = 2 \times 1.325\text{kW} = 2.65\text{kW}$$

电动机能发出的起动功率为

$$P_{st} = K_{st} P_N = 1.8 \times 1.1\text{kW} = 1.98\text{kW}$$

由于 $P_{st} < P_{zst}$，故起动能力校验通不过。

改选另一型号电动机，$P_N = 1.5$kW，$n_N = 1410$r/min，$K_T = 2$，$K_{st} = 1.8$，则此时

$$P_{st} = 1.8 \times 1.5\text{kW} = 2.7\text{kW}$$

此时 $P_{st} \geqslant P_{zst}$，起动能力校验可通过。但是 P_{st} 与 P_{zst} 几乎相等，如果交流电网电压稍有下降，则可能起动不起来。为了提高可靠性，可选用 Y2 系列另外一个型号的 4 极笼型异步电动机，其数据为：$P_N = 2.2\text{kW}$，$n_N = 1430\text{r/min}$，$K_T = 2$，$K_{st} = 1.8$。

二、选用专为短时工作制而设计的电动机

我国专为短时工作制设计的电动机，其工作时间为 15min、30min、60min、90min 四种。对于某一电动机，对应不同的工作时间，其标称功率是不同的，其关系为 $P_{15} > P_{30} > P_{60} > P_{90}$，显然其过载倍数也是不同的，其关系为 $\lambda_{15} < \lambda_{30} < \lambda_{60} < \lambda_{90}$。一般这种电动机铭牌上标的小时功率即为 P_{60}。选择这种电动机当实际工作时间接近上述标准时间时很方便，只要按对应的工作时间与功率，由产品目录上直接选用即可。在变化负载下，可按算出的等效功率选择，同时还应进行过载能力与起动能力（对笼型异步电动机）的校验。专为短时工作制设计的电动机，一般有较大的过载倍数与起动转矩。

当电动机实际工作时间 t_{gx} 与标准值 t_g 不同时，应把 t_{gx} 下的功率 P_x 换算到 t_g 下的功率 P_g，再按 P_g 来进行电动机功率的选择或发热校验。换算的依据是 t_{gx} 与 t_g 下的损耗相等，即发热情况相同。假设 t_{gx} 与 t_g 下的 ΔP_x 与 ΔP 均可分为不变与可变损耗功率两部分，而且在 t_g 下，两者的比值为 k，即

$$k = \frac{p_0}{p_{Cu}}$$

这样，可写出

$$\left[p_0 + p_{Cu}\left(\frac{P_x}{P_g}\right)^2\right]t_{gx} = (p_0 + p_{Cu})t_g$$

$$\left[k + \left(\frac{P_x}{P_g}\right)^2\right]t_{gx} = (k+1)t_g$$

解出 P_g 与 P_x 的关系为

$$P_g = \frac{P_x}{\sqrt{\dfrac{t_g}{t_{gx}} + k\left(\dfrac{t_g}{t_{gx}} - 1\right)}} \tag{14-55}$$

当 t_{gx} 与 t_g 相差不太大时，可略去 $k[(t_g/t_{gx}) - 1]$，得

$$P_g \approx P_x \sqrt{\frac{t_{gx}}{t_g}} \tag{14-56}$$

换算时，应取 t_{gx} 最接近的 t_g 值代入式（14-56）。

如果没有合适的专为短时工作制设计的电动机，可采用专为断续周期工作制设计的电动机（请参考下节），其对应关系可近似地定为 $t_g = 30\text{min}$ 相当于负载持续率 $ZC\% = 15\%$；$t_g = 60\text{min}$ 相当于 $ZC\% = 25\%$；$t_g = 90\text{min}$ 相当于 $ZC\% = 40\%$。

第四节 断续周期工作制电动机的选择

与第三节短时工作制相似，断续周期工作制也可选用普通的连续工作制电动机。

由于生产机械的拖动电动机在断续周期工作制下工作的很多，因此专为这一工作制设计了电动机，并且大量生产，供这类生产机械选用。这类电动机的共同特点是起动能

第十四章 电力拖动系统电动机的选择

力强、过载能力大、惯性小（飞轮惯量小）、机械强度大、绝缘材料的等级高、较多采用封闭式结构、临界转差率 s_m（对于笼型异步电动机）设计得较高。

对一台具体的电动机而言，不同负载持续率 $ZC\%$ 时，其额定输出功率不同。以国产的一台起重机用绕线转子异步电动机为例，其型号及数据见表 14-2。

表 14-2 断续周期工作制绕线转子电动机的型号与数据

型　号	负载持续率（$ZC\%$）	电动机功率/kW	过 载 能 力
YZR225	15	40	—
	25	34	—
	40	30	$\dfrac{T_{max}}{T_N(40\%)} = 3.3$
	60	26	
	100	22	

表 14-2 中，在过载能力一项中，仅给出基准 $ZC\% = 40\%$ 时临界转矩 T_{max} 与额定转矩 $T_N(40\%)$ 的比值，这是由于这台电动机的 T_{max} 是一个固定值，而 T_N 则随 $ZC\%$ 的改变而变化，$ZC\%$ 越小，P_N 与 T_N 越大，则过载能力越低。

断续周期工作制电动机功率选择的步骤与连续工作制变化负载下的功率选择是相似的，在一般情况下，也要经过预选及校验等步骤。在计算负载功率后作出生产机械的负载图，初步确定负载持续率 $ZC\%$。根据负载功率的平均值 P_{zd}（计算时不应包括停歇时间）及 $ZC\%$，预选电动机的功率。作出电动机的负载图，进行发热、过载能力及必要时的起动能力校验。如果在工作时间内负载是变化的，可以用等效法来校验发热，但公式中不应把停歇时间 t_0 计入，因为它已在 $ZC\%$ 中考虑过了。在计算过程中，还应验算一下实际工作时的负载持续率与之前初步确定的是否相同。对于自扇冷式电动机，在起动及制动时散热条件变坏的影响，可在等效值计算公式中考虑，也可以在 $ZC\%$ 值计算时考虑，即

$$ZC\% = \frac{t_1 + t_2 + t_3}{at_1 + t_2 + at_3 + t_0} \times 100\% \tag{14-57}$$

式中　a——对于直流电动机为 0.75；对于异步电动机 $a = 0.5$。

在等效值计算公式及式（14-57）的分母中，停歇时间 t_0 不再乘以散热恶化系数 a_0，因其影响在电动机设计时已考虑过了。

在电动机负载图中，如果不同工作循环的工作时间 t_g 与停歇时间为变数，则计算 $ZC\%$ 时应取平均值，即

$$ZC\% = \frac{\sum t_g}{\sum t_g + \sum t_0} \times 100\% \tag{14-58}$$

当电动机实际工作的 $ZC_x\%$ 与标准值 $ZC\%$ 不同时，应把 $ZC_x\%$ 下的功率 P_x 换算成标准值 $ZC\%$ 下的功率 P，再选择电动机功率或校验发热。换算的方法与短时工作制时相似，其依据也是实际工作 $ZC_x\%$ 与标准值 $ZC\%$ 下损耗相等，发热相同。这样，同样可写出

$$\left[p_0 + p_{Cu}\left(\frac{P_x}{P}\right)^2\right]ZC_x\% = (p_0 + p_{Cu})ZC\%$$

$$\left[k+\left(\frac{P_x}{P}\right)^2\right]ZC_x\% = (k+1)ZC\%$$

式中 $k = p_0/p_{Cu}$。

由上式可解出 P 与 P_x 的关系为

$$P = \frac{P_x}{\sqrt{\frac{ZC\%}{ZC_x\%} + k\left(\frac{ZC\%}{ZC_x\%} - 1\right)}} \tag{14-59}$$

当 $ZC_x\%$ 与 $ZC\%$ 相差不太大时，可将式 (14-59) 中的 $k(ZC\%/ZC_x\% - 1)$ 项忽略，得到简便的换算公式

$$P \approx P_x \sqrt{\frac{ZC_x\%}{ZC\%}} \tag{14-60}$$

用式 (14-60) 时，应将 $ZC_x\%$ 向与其接近的标准 $ZC\%$ 值进行换算。

如果负载持续率 $ZC_x\% < 10\%$，可按短时工作制选择电动机；另外，如 $ZC_x\% > 70\%$，可按连续工作制（即 $ZC_x\% = 100\%$）选择电动机。

[**例 14-4**] 电动机的负载图如图 14-14 所示，试校验某绕线转子异步电动机能否适用，该电动机在负载持续率 $ZC\% = 25\%$ 时，额定功率为 $P_N = 16\mathrm{kW}$，额定转速 $n_N = 720\mathrm{r/min}$，过载倍数 $\lambda = 3$。假定电动机为他扇冷式，而且在不同输出功率时，其功率因数不变。

解 由于负载图第一阶段，转速是变化的，故不能直接用等效功率法进行发热校验。必须按式 (14-43) 进行修正，修正后的第一阶段功率为常值，且等于 25kW。

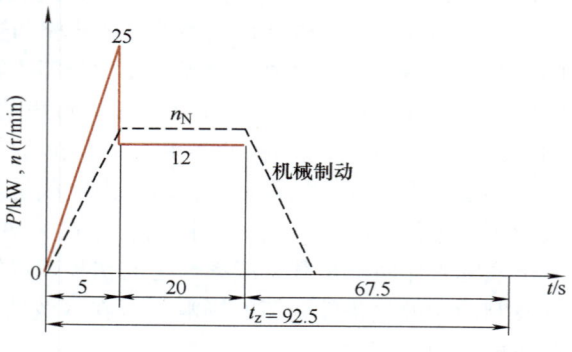

图 14-14 断续周期性工作制电动机的负载图

在电动机工作期间的等效功率 P_{dx} 为

$$P_{dx} = \sqrt{\frac{25^2 \times 5 + 12^2 \times 20}{5 + 20}}\mathrm{kW} = 15.5\mathrm{kW}$$

$$ZC_x\% = \frac{5 + 20}{92.5} = 27\%$$

以 $P_x = P_{dx} = 15.5\mathrm{kW}$，$ZC\% = 25\%$ 代入式 (14-60) 得

$$P = 15.5\sqrt{\frac{27\%}{25\%}}\mathrm{kW} = 16.1\mathrm{kW}$$

如果按式 (14-59) 求解，则 $P > 16.1\mathrm{kW}$。

由于 $P_N < P$，故该电动机不能适用，必须改选功率较大的电动机。

第五节 笼型异步电动机允许小时合闸次数的确定

笼型异步电动机在带动某些生产机械时，起动制动很频繁，每小时合闸次数可达

第十四章 电力拖动系统电动机的选择

600 次以上。此时由于起动与制动过程的能量损耗较大,往往会造成电动机的严重发热,因此笼型异步电动机每小时允许合闸次数根据发热条件是有限制的。选择在这种情况下工作的电动机,必须进行小时合闸次数的校验,每小时实际的合闸次数必须低于允许的合闸次数,检验才算通过,电动机连续工作才不致过热。

在合闸次数较多时,用等效法选择笼型电动机的功率往往得不到正确的结果,因为起动、制动过程中电动机电阻及铁耗不是常值。用平均损耗法来分析笼型异步电动机每小时允许合闸次数 N,可得到较为正确的结果。

用平均损耗法求得的次数 N,指电动机经过 N 次合闸后,电动机的平均温升将等于其最大允许温升,电动机既不过热又得到充分利用。

在发热达到稳态循环时,电动机的平均损耗功率等于其额定损耗功率 ΔP_N,即

$$\Delta P_N = \Delta P_d = \frac{\Delta W_Q + \Delta W_T + \Delta P_W t_W}{a(t_Q + t_T) + t_W + a_0 t_0} \tag{14-61}$$

式中 ΔW_Q、ΔW_T——分别为电动机在一个工作循环内起动及制动过程的能量损耗;

ΔP_W——电动机在一个工作循环内稳速运行时的损耗功率;

t_Q、t_W、t_T、t_0——电动机在一个工作循环内起动、稳速运行、制动、停歇的时间;

a、a_0——起动、制动与停歇期间电动机散热恶化的修正系数。

当每小时允许合闸次数为 N 时,一个工作循环的允许时间(单位为 s)为

$$t_z = \frac{3600}{N}$$

$$t_g = t_Q + t_W + t_T = ZCt_z = \frac{3600}{N}ZC$$

式中 ZC——用小数值表示的负载持续率。

由上式可见

$$t_W = \frac{3600}{N}ZC - t_Q - t_T \tag{14-62}$$

$$t_0 = t_z - t_g = \frac{3600}{N}(1 - ZC) \tag{14-63}$$

将式(14-62)及式(14-63)代入式(14-61)中并予以整理,得

$$N = \frac{3600[(\Delta P_N - \Delta P_W)ZC + \Delta P_N a_0(1 - ZC)]}{\Delta W_Q + \Delta W_T - (t_Q + t_T)(a\Delta P_N + \Delta P_W - \Delta P_N)} \tag{14-64}$$

由于笼型电动机的 $\Delta W_Q + \Delta W_T$ 相当大,式(14-64)分母中 $(t_Q + t_T)(a\Delta P_N + P_W - \Delta P_N) \approx (2\% \sim 4\%)(\Delta W_Q + \Delta W_T)$,如取为 3%,则

$$\begin{aligned} N &= 3600 \frac{(\Delta P_N - \Delta P_W)ZC + \Delta P_N a_0(1 - ZC)}{0.97(\Delta W_Q + \Delta W_T)} \\ &= 3700 \frac{(\Delta P_N - \Delta P_W)ZC + \Delta P_N a_0(1 - ZC)}{\Delta W_Q + \Delta W_T} \end{aligned} \tag{14-65}$$

如果电动机稳速运转时,其负载为额定负载,则损耗功率 $\Delta P_W = \Delta P_N$,则式(14-65)可写成下列形式:

$$N = 3700 \frac{\Delta P_N a_0(1 - ZC)}{\Delta W_Q + \Delta W_T} \tag{14-66}$$

由式（14-66）可见，欲提高每小时允许的合闸次数 N，可从下列三方面着手：

1）采用他扇冷式电动机。此时比自扇冷式电动机 a_0 由 0.25 提高到 1，使 N 提高了 3 倍，是最有效的一种方法。

2）采用等级较高的绝缘材料。此时提高了允许温升，亦即提高了 ΔP_N，从而使 N 值提高。

3）减少 $\Delta W_Q + \Delta W_T$。采用过去讨论过的减少过渡过程能量损耗的方法以提高 N 值。例如，采用改变频率或改变极对数的方法以起动笼型异步电动机，即能降低 ΔW_Q；选用合理的制动方法，如不用反接制动，改用能耗制动甚至不用电气制动而代之以机械制动，均能减少 ΔW_T；选用高转差率笼型异步电动机也能降低 $\Delta W_Q + \Delta W_T$。

如果实际的满足生产率要求的每小时合闸次数低于预选电动机按发热观点的次数 N，则预选电动机的功率是合适的。否则必须采取措施以提高 N 值或者改选电动机的型式及功率。有时单纯地增大电动机的功率并不能提高 N 值，因为电动机功率加大，过渡过程的能耗 $\Delta W_Q + \Delta W_T$ 也增大了。

第六节　带冲击负载时电动机的选择

具有冲击负载的生产机械的负载图，其特点是负载在工作时间中做剧增及剧减变化，并做周期性地交替，如图 14-15 及图 14-16 所示。属于这种类型的生产机械有冲床、压力机、轧钢机、锻锤等。

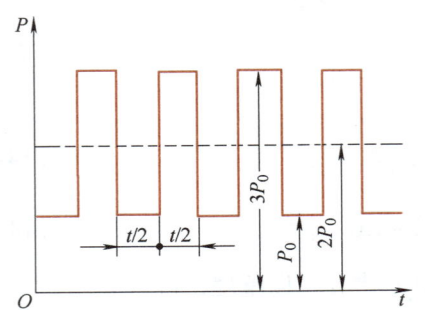

图 14-15　带冲击负载机构的生产机械负载图

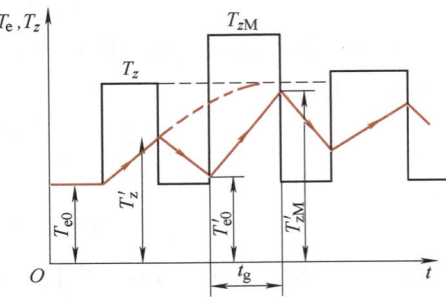

图 14-16　某一轧机的负载图

具有冲击负载的生产机械广泛采用带飞轮的电力拖动系统，当电动机轴上装有飞轮时，在冲击负载作用下，拖动系统减速，负载的一部分由飞轮放出的储存动能来克服，而电动机只承担余下的部分。当冲击负载过去后，负载突减，电动机带飞轮加速，飞轮补充动能，准备下一个冲击负载来时放出，以帮助电动机克服冲击负载。这样，飞轮起到了平衡负载的作用，使电动机的损耗降低，从而降低电动机的功率。

现以图 14-15 为例来说明。假设冲击负载的一个工作循环时间为 t，冲击负载功率为 $3P_0$，空载功率为 P_0，时间各为 $t/2$。当电网电压及功率因数等为常值时，可变损耗与电流二次方或功率二次方成正比，则一个循环的可变能量损耗为

$$\Delta W_{Cu} = C(3P_0)^2 \frac{t}{2} + CP_0^2 \frac{t}{2} = 5CP_0^2 t \tag{14-67}$$

若将冲击负载平衡到某一平均值，如在时间 t 内，平均功率 $P_d = 2P_0$，则一循环的可变能量损耗为

$$\Delta W'_{Cu} = C(2P_0)^2 t = 4CP_0^2 t \tag{14-68}$$

由式（14-67）及式（14-68）可见，负载平衡后可使能量损耗减少 20%。冲击负载的峰值越高，即负载的不平衡程度越高，则负载平衡后将使能量损耗减少越多。

图 14-16 为某一轧机的负载图，现以这一负载图为例，讨论在冲击负载下带飞轮拖动时的有关问题。

由图 14-16 可见，当第一个冲击负载到来时，负载转矩由 T_{e0} 突增至 T_z，起始转矩 $T_{st} = T_{e0}$，稳定转矩为 T_z，当电动机机械特性为直线时，在此期间转矩的变化规律为

$$T_e = T_z(1 - e^{-t/T_{tM}}) + T_{e0} e^{-t/T_{tM}}$$

其后，当第一个冲击负载过去后，负载转矩由 T_z 突减到 T_{e0}，在这段时间内，转矩起始值为 T'_z，稳定值为 T_{e0}，转矩的变化规律为

$$T_e = T_{e0}(1 - e^{-t/T_{tM}}) + T'_z e^{-t/T_{tM}}$$

按同样的方法，可绘制 $T_e = f(t)$ 曲线如图 14-16 所示。曲线按指数规律呈波浪形变化，它与负载转矩变化曲线不同。T_e 比 T_z 小而比 T_{e0} 大，变化较为均衡。

显然，转矩 T 的均衡程度与时间常数 T_{tM} 的大小有关，加大 T_{tM} 会使 T_e 变化缓慢，变化范围缩小，$T_e = f(t)$ 曲线平坦，电动机的功率可以降低。

对于他励直流电动机，时间常数 T_{tM} 可化成另一种形式：

$$T_{tM} = \frac{GD^2 R_a}{375 C_e C_T \Phi^2} = \frac{GD^2 \left(\dfrac{U_N - E_N}{I_N}\right)}{375 C_e C_T \Phi^2} = \frac{GD^2(n_s - n_N)}{375 T_N} = \frac{GD^2 s_N n_s}{375 T_N} \tag{14-69}$$

对于异步电动机，如机械特性视为直线，其时间常数 T_{tM} 也具有式（14-69）同样的形式，可证明如下：

异步电动机的机械特性方程式（如视为直线）为

$$T_e = \frac{2T_{max}}{s_m} s \tag{14-70}$$

考虑到该特性通过额定工作点，当 $s = s_N$ 时，$T_e = T_N$，代入式（14-70），得 $(2T_{max})/s_m = T_N/s_N$，式（14-70）变为

$$T_e = \frac{T_N}{s_N} s \tag{14-71}$$

将式（14-71）代入电力拖动运动方程式 $T_e - T_z = (GD^2/375)(dn/dt)$，考虑到 $T_z = (T_N/s_N)s_z$（s_z 为对应于负载转矩 T_z 时的转差率）及 $n = n_s(1-s)$，得转差率 s 的微分方程为

$$s + \left(\frac{GD^2 n_s s_N}{375 T_N}\right)\frac{ds}{dt} = s_z \tag{14-72}$$

由式（14-72）可见，如异步电动机的机械特性是直线时，机电时间常数为

$$T_{tM} = \frac{GD^2 n_s s_N}{375 T_N}$$

上式与式（14-69）是相同的。

由 T_{tM} 的表达式可见，增大 GD^2（用附加飞轮）及 s_N（用串励直流电动机、他励电动机电枢电路及绕线转子电动机转子电路内串联电阻及或高转差率笼型异步电动机等），均可增大 T_{tM} 的数值。

现介绍附加飞轮的飞轮惯量的计算：

拖动系统飞轮惯量 GD^2 一般按最严重的冲击负载进行计算。当负载转矩和持续时间的乘积最大时，可视为最严重的冲击负载，在图 14-16 上相当于第二个冲击负载（$T_{zM}t_g$ 为最大）。在 t_g 段内，起始转矩 $T_{st} = T_0'$，转矩的稳定值为 T_{zM}，终了值为 $T_x = T_{zM}' = K_T T_N$（K_T 为过载倍数，一般比电动机最大允许过载倍数小，可选用 $K_T = 1.3 \sim 1.6$），这样，在 t_g 段终了时，可写出

$$K_T T_N = T_{zM}(1 - e^{-t_g/T_{tM}}) + T_0' e^{-t_g/T_{tM}} \qquad (14\text{-}73)$$

式中 $T_{e0}' \approx (0.2 \sim 0.3)T_N$，当空载时间较长时，可取 $T_{e0}' \approx T_{e0}$。

将 $T_{tM} = (GD^2 s_N n_s)/375 T_N$ 代入式（14-73），并求解 GD^2，得

$$GD^2 = \frac{375 T_N t_g}{n_s s_N \ln \dfrac{T_{zM} - T_{e0}'}{T_{zM} - K_T T_N}} \qquad (14\text{-}74)$$

在式（14-74）中，当电动机初选后，T_N、n_s、K_T 均为已知，t_g 及 T_{zM} 即为最严重的冲击负载段的持续时间与负载转矩，在确定额定转差率 s_N 后，即可求出 GD^2。

式（14-74）求出的 GD^2 包括电动机转子（或电枢）、传动装置、工作机构及附加飞轮的飞轮惯量。因此欲求附加飞轮的飞轮惯量，必须将另外三部分的飞轮惯量从求出的 GD^2 中减去，然后按其飞轮惯量值进行附加飞轮的尺寸设计。为了使附加飞轮具有较小的尺寸，通常把它装在电动机轴或与电动机相联的下一根轴上（这两根轴转速一般较高）。如果附加飞轮与电动机不同轴，必须把计算所得的附加飞轮的飞轮惯量折算到装飞轮的轴上，然后再进行附加飞轮尺寸的设计。

由式（14-74）可见：

1) 当电动机功率选得较大，则附加飞轮可选得较小。此时 $K_T T_N$ 增大，（$T_{zM} - K_T T_N$）减小，使 GD^2 减小（但此时电动机转子或电枢本身的飞轮惯量则增大了）。

2) 冲击负载持续时间 t_g 不宜长，一般不可逆轧机带飞轮拖动时，$t_g \leq 2 \sim 4s$。因 GD^2 与 t_g 成正比，t_g 越大，则附加飞轮尺寸将越大。

3) GD^2 与 s_N 成反比。增大 s_N 可减小附加飞轮的尺寸，一般 $s_N \leq (15 \sim 20)\%$。s_N 也不能过大，否则在冲击负载下转速下降太多，势必影响生产率。

4) 冲击负载的峰值越高（即 $T_{zM} - T_{e0}'$ 的差值越大），反而可降低 GD^2，即负载越不平衡，越能发挥附加飞轮的平衡作用。

因此，在带附加飞轮的拖动系统中，选择电动机功率时必须综合考虑 T_N、s_N、GD^2 的数值，经过技术经济比较后确定最合理的数值。

最后，介绍一下带附加飞轮拖动系统中电动机功率的选择问题。

选择的步骤如下：

1) 预选电动机。预选电动机的额定负载取为

$$T_N = (1.1 \sim 1.3) T_d$$

式中 T_d——一个工作循环的平均转矩，

$$T_d = \frac{\sum T_{ei} t_i}{\sum t_i}$$

2）预选附加飞轮的飞轮惯量。根据估计的最严重的冲击负载按式（14-74）计算 GD^2，除去电动机转子（或电枢）、传动装置及工作机构的飞轮惯量后，即为附加飞轮的飞轮惯量。

3）绘制电动机的负载图 $T_e = f(t)$。负载图如图 14-16 所示的一些指数曲线组成，为便于计算，可将指数曲线线性化，成为一些梯形组成的负载图。

4）校验电动机的发热。求出各个梯形的等效值，使梯形化成若干个矩形，而后用等效转矩法校验发热。

5）校验过载能力。根据负载图中的最大负载（图 14-16 中为 T'_{zM}），校验过载能力，即如果

$$K_T T_N \geq T'_{zM}$$

则过载能力校验通过。

绘制电动机负载图时，若最大负载 T'_{zM} 不是出现在预先估计的最严重的冲击负载下，则必须重新计算。这时可按出现 T'_{zM} 的冲击负载作为最严重的情况，由计算 GD^2 起按上述步骤再次进行，直到各方面满足要求为止。

第七节　电力拖动调速电动机功率的选择

一、直流调速电动机功率的选择

1. 减压调速

在第八章中已介绍了恒转矩及恒功率等负载转矩特性。若对于恒转矩负载应用减压调速，使 $T_N = T_z = $ 常数，$n_N = n_{max}$（n_{max} 为生产机械要求的最大转速），此时电动机功率为

$$P_N = \frac{T_N n_N}{9550} = \frac{T_z n_{max}}{9550}$$

电动机在任何转速都为满载运行，说明恒转矩调速方式用于恒转矩负载，两者配合较好，电动机得到充分利用。如要考虑低速时电动机散热变坏，则可以适当选大一些的电动机；如果调速范围较大（例如 $D \geq 20$），则应考虑为电动机专门装一台通风机，进行强迫通风，以加强低速时的冷却作用。

这样，可以选择电动机额定功率为

$$P_N \geq \frac{T_z n_{max}}{9550} \tag{14-75}$$

反之，若把减压调速用于恒功率负载，则为了使电动机能安全运行，必须加大电动机的功率，其值将为负载功率的 D 倍，即

$$P_N = DP_z \tag{14-76}$$

式中　P_z——负载功率；
　　　D——调速范围。

式 (14-76) 可证明如下：

图 14-17 中示出恒功率负载的 $n=f(T_z)$ 特性 1，同图上 2 为恒转矩调速特性 $n=f(T_e)$。为了使电动机安全运行，必须使电动机的容许输出转矩等于或略大于最大负载转矩，通常取

$$T_N = T_{zb}$$

由于减压调速由额定转速 n_N 向下调节，因此电动机的 n_N 不能小于负载要求的最高转速，通常取

$$n_N = n_{max}$$

这样，电动机的额定功率为

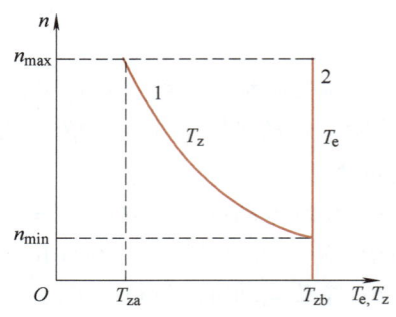

图 14-17 恒转矩调速与恒功率负载的配合

1—恒功率负载 $n=f(T_z)$ 特性
2—恒转矩调速 $n=f(T_e)$ 特性

$$P_N = \frac{T_N n_N}{9550} = \frac{T_{zb} n_{max}}{9550} = \frac{T_{zb} n_{min}}{9550}\left(\frac{n_{max}}{n_{min}}\right) = DP_z$$

此时，电动机额定功率应选为

$$P_N \geq DP_z \tag{14-77}$$

这说明，如将恒转矩调速用于恒功率负载，电动机的额定功率将是负载实际功率的 D 倍，电动机在所有转速下都要欠载运行，显然这样的配合是不好的，将会造成浪费。

现以龙门刨为例，其工作台的负载性质与大多数机床的主拖动负载一样，是恒功率负载，即在不同切削速度 v_z 时的切削功率 P_z 近似保持不变（切削力 F_z 与 v_z 近似成反比）。但实际上由于任何机床的刚度都是有限的，龙门刨有一个最大切削力 F_{max}。

由图 14-18 可见，当 $v_z < v_x$ 时，$F_z = F_{max}$ = 常数，这段称为等切削力区，对电动机而言，其负载是恒转矩性质的；当 $v_z > v_x$ 时，P_z = 常数，故称为恒功率切削区，电动机的负载当然是恒功率性质的了。

恒功率切削区的最低切削速度 v_x 称为计算速度，一般取 $v_x = 12 \sim 15 \text{m/min}$。显然，龙门刨实际需要的切削功率 P_z 为

$$P_z = \frac{F_{max} v_x}{1000 \times 60} \tag{14-78}$$

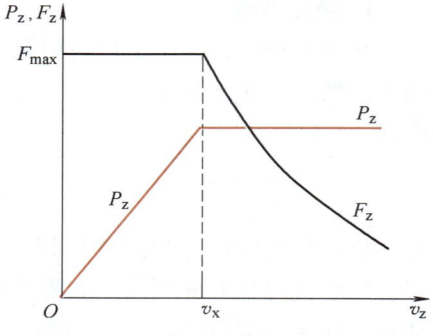

图 14-18 龙门刨的切削功率、切削力与切削速度的关系

式中，P_z、F_{max}、v_x 各参数的单位分别为 kW、N、m/min。

国产 B2010A 型龙门刨，最高切削速度 $v_{max} = 90 \text{m/min}$，最大切削力 $F_{max} \approx 40000\text{N}$，按式 (14-78) 计算，$P_z \approx 10 \text{kW}$，即实际需要的切削功率约为 10kW，但电动机选的功率 $P_N = 60 \text{kW}$，即 $P_N = 6P_z$，这是因为电动机用减压调速，为恒转矩调速，用于恒功率负载，电动机功率 P_N 必须扩大到 DP_z，而恒功率切削区的调速范围 $D = v_{max}/v_x = 90/15 = 6$。

2. 弱磁调速

若应用弱磁调速于恒功率负载，电动机的额定功率选得等于或略大于负载功率，不

必扩大功率,即

$$P_N \geq P_z \tag{14-79}$$

电动机在弱磁调速范围 D_Φ 内都为满载运行,恒功率负载配以恒功率调速,电动机得到充分利用。

但是,调磁通的调速电动机的铭牌功率要比同样体积的普通直流电动机的功率小得多,即调磁通调速电动机具有所谓的"尺寸容量"。这是因为:调磁通调速电动机的额定转速 n_N 较普通直流电动机的额定转速低(因为如果采用与普通直流电机同样的 n_N,如为 1500r/min,则当 $D_\Phi = 4$ 时,n_{max} 将达到 6000r/min,将引起电动机换向困难,电枢的机械强度也将不够,因此只能把 n_N 设计得低一些)。

电动机设计中使用了公式

$$P_N = CD^2 l n_N \tag{14-80}$$

式中 D——电枢直径;
　　l——电枢有效长度;
　　C——常数。

由式(14-80)可见,为了输出同样的功率 P_N,n_N 降低,将导致加大电动机的尺寸($D^2 l$),即加大电枢的直径与长度(即质量)以增加电动机的转矩。显然,这样尺寸的普通直流电动机,其输出功率将比调磁通调速电动机大大增加(要大 D_Φ 倍以上),这个在其外形尺寸下的最大输出功率即称为该电动机的尺寸容量。

表 14-3 中列出几种我国生产的调磁通调速电动机和普通直流电动机的功率与质量的数据。

表 14-3 调磁通调速电动机与普通直流电动机的数据

电动机种类	型号	质量/kg	转速/(r/min)	额定功率/kW
调磁通调速电动机	Z2-52	152	1000/3000	3.0
普通直流电动机	Z2-52	156	3000	13.0
调磁通调速电动机	Z2-82	460	550/1650	6.5
普通直流电动机	Z2-82	430	1500	40.0
调磁通调速电动机	Z2-92	748	500/2000	10.0
普通直流电动机	Z2-92	681	1500	75.0

由表 14-3 数据可见,调磁通调速电动机的尺寸容量比它的铭牌功率要大得多,其尺寸容量与价格可能比选用减压调速而扩大功率的电动机还要大,还要贵。以表 14-3 中 Z2-52 型调磁通调速电动机为例,其尺寸容量为 13kW,如选用减压调速的普通电动机,其功率只要扩大到 $3 \times 3kW = 9kW$ 即可。调磁通调速电动机的调速范围较小($D_\Phi = 3 \sim 4$),往往不能满足生产机械的要求,欲获得较大的调速范围,则在额定转速以下只好用减压调速,显然在功率上将造成浪费。

上面已讨论了恒功率调速用于恒功率负载的情况,如果弱磁调速用于恒转矩负载(见图 14-19),为了在最高转速时也能满足 T_z 的需要,必须按 n_{max} 及 T_z 来选择电动机的功率,即

$$P_N \geq \frac{T_z n_{max}}{9550} \tag{14-81}$$

这样在 $n_N = n_{min}$ 时，电动机的转矩及功率都比实际需要 T_z 及 P_z 大得多，而扩大到 $D_\Phi T_z$ 及 $D_\Phi P_z$，由式（14-80）可见，P_N 及 T_N 的扩大，将增大电动机的尺寸，而且在调速段内，电动机均为欠载运行，造成了浪费。

为了减小这一转矩的扩大，可在电动机和负载工作机构之间附加一个转速比为 D_Φ 的减速器，这样就可以选择尺寸较小的高速电动机。

弱磁调速在不经常逆转的重型机床中应用较广泛，如国产 C660、C670 等机床即采用这种调速方案。重型龙门刨床的主传动，常在高速区采用弱磁调速方法。

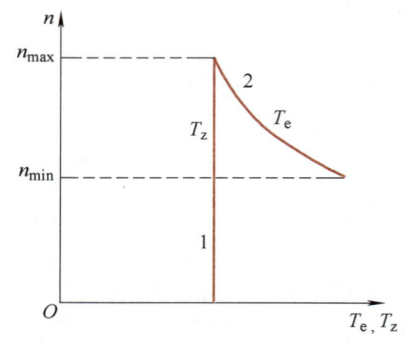

图 14-19 恒功率调速与恒转矩负载的配合
1—恒转矩负载 $n = f(T_z)$ 特性
2—恒功率调速 $n = f(T_e)$ 特性

二、变频调速笼型异步电动机功率的选择

现在分别讨论低于和高于额定频率 $f_N = 50\text{Hz}$ 调速时，电动机的容许输出转矩及功率。

1. $f_1 < f_N$（$n < n_N$）调速段

在本书第十二章第二节中已经介绍，为了使磁通 Φ 在变频时保持不变，异步电动机定子电压与频率之比 U_ϕ/f_1 必须为定值，即 U_ϕ 必须与 f_1 成正比变化。

在变频调速时，电动机的输出功率为

$$P_2 = \eta P_1 = 3\eta U_\phi I_1 \cos\varphi_1 \tag{14-82}$$

式中　　η——电动机的效率；
　　　　U_ϕ——电动机定子相电压；
　　　　I_1——电动机定子相电流；
　　　　P_1——定子输入功率；
　　　　$\cos\varphi_1$——定子功率因数。

假定在不同频率下，η 与 $\cos\varphi_1$ 均保持不变，则式（14-82）变为

$$P_2 \propto U_\phi I_1 \tag{14-83}$$

如果忽略定子损耗，则电磁功率 P_e 与输入功率 P_1 相等，转矩 T_e 为

$$T_e = 9550 \frac{P_e}{n_s} \propto \frac{U_\phi I_1}{f_1} \tag{14-84}$$

当 $f_1 < f_N$，而且 U_ϕ/f_1 为定值，则

$$T_e \propto I_1 \tag{14-85}$$

为使调速时电动机得到充分利用，在频率变化时，电动机绕组内均流过额定电流 I_N。这样，$f_1 < f_N$ 变频时，$I_1 = I_N$，式（14-85）变为

$$T_e = T_N = 定值 \tag{14-86}$$

由此可见，在 $f_1 < f_N$ 调速段，调速方式是近似恒转矩的。频率变化的机械特性如图 14-20a 所示。

图中，$f_1 = f_N$ 时为固有特性（此时定子电压为额定电压 U_N），$f_{11}、f_{12}\cdots f_{15}$ 为变频时的人为特性，而 $f_1 > f_{11} > f_{12} > f_{13} > f_{14} > f_{15}$。

第十四章 电力拖动系统电动机的选择

在第十二章第二节中已经指出,在 f_1 较低时, T_{max} 将大为降低。变频调速自动控制线路组成的各种类型变频器可保证电动机在低速时有较大的 T_{max} ,并且保持低速时的恒转矩输出,如图 14-20 所示。在图 14-20a 上用虚线特性 1,而在图 14-20b 上用实线特性 1 绘出 $f_1 \leqslant f_N$ 调速段的容许输出转矩曲线。可见容许转矩输出近似恒定,而容许输出功率为

$$P = \frac{T_N n}{9550} \propto n \tag{14-87}$$

即正比于转速,如图 14-20b 所示。

图 14-20 上绘出的转速自零到 n_N 的调速段的恒转矩容许输出特性 1,是在假定异步电动机采用强迫通风(即他扇冷式)时得到的。在一般情况下,如果采用自扇冷式,则由于电动机的散热条件在低速时较差,容许输出转矩将降低,此时容许输出转矩特性将如图 14-20b 上特性 2 所示。容许输出转矩的降低将导致重载时电动机调速范围的降低。

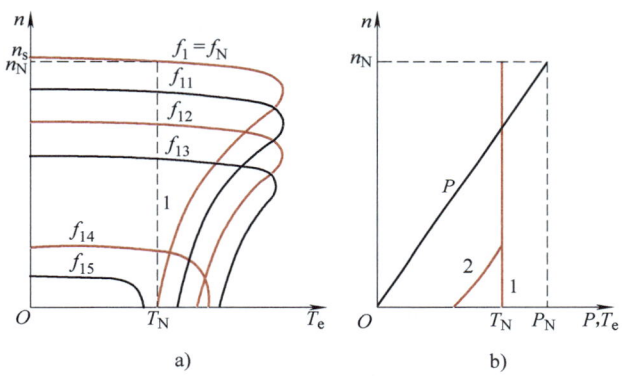

图 14-20　异步电动机 $f_1 \leqslant f_N$ 变频时的机械特性及容许输出转矩与功率
a) 机械特性及容许输出转矩　b) 容许输出转矩与功率

2. $f_1 > f_N (n > n_N)$ 调速段

图 14-21 上绘出 $f_1 \geqslant f_N$ 调速段的固有及人为特性,其中 $f_1 = f_N < f'_{11} < f'_{12} < f'_{13} < f'_{14} < f'_{15}$,固有特性 f_N 时的 $U_1 = U_N$ 。

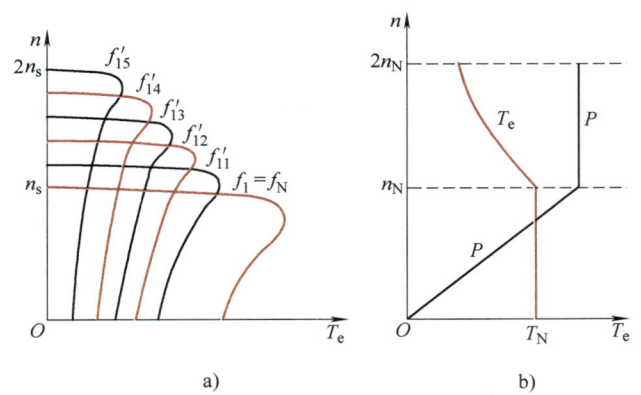

图 14-21　异步电动机 $f_1 \geqslant f_N$ 变频时的机械特性及容许输出转矩与功率
a) 机械特性　b) 容许输出转矩与功率

由于变频器输出电压（即电动机定子电压）U_ϕ 是不能超过额定电压 U_N 的，因此当 $f_1 > f_N$ 时，$U_\phi = U_N$。

由定子电路的电动势方程式可见，在忽略定子漏阻抗时，得

$$U_\phi \approx E_\phi = 4.44 f_1 W_1 k_{W1} \Phi$$

由于 $f_1 > f_N$ 时，$U_\phi = U_N \approx E_N$ 保持不变，此时磁通 Φ 将随 f_1 的上升而下降，导致图 14-21a 上 T_{max} 随 f_1 的增加而下降。这也可以由式（12-8）得到证明：在式（12-8）中，$U_\phi = U_N =$ 常值，则

$$T_{max} \approx C \left(\frac{U_\phi}{f_1}\right)^2 = C \left(\frac{U_N}{f_1}\right)^2 = \frac{C'}{f_1^2} \tag{14-88}$$

式中，$C' = C U_N^2$ 为常值。

由式（14-88）可见，T_{max} 随 f_1 增加而减小。

现在分析当 $f_1 > f_N$（$n > n_N$）时异步电动机的容许输出转矩与功率：

由于在 $f_1 > f_N$ 时，$U_\phi = U_N$，当电动机得到充分利用（即电动机绕组内均流过额定电流 I_N）时，$P_2 = \eta P_1 = 3\eta U_\phi I_1 \cos\varphi_1 = 3\eta U_N I_N \cos\varphi_1$。假定在 $f_1 > f_N$ 时，$\cos\varphi_1$ 及 η 保持不变，则

$$P_2 \propto U_N I_N = \text{定值} \tag{14-89}$$

即当 $f_1 > f_N$ 时，电动机的容许输出功率近似恒功率性质。

如果忽略定子损耗，则电磁功率 $P_e = P_1$，电动机输出转矩 T_e 为

$$T_e = 9550 \frac{P_e}{n_s} \propto \frac{U_\phi I_1}{f_1}$$

当 $f_1 > f_N$ 时，$U_\phi = U_N$，电动机容许输出转矩（当 $I_1 = I_N$ 时）将为

$$T_e \propto \frac{U_N I_N}{f_1} \propto \frac{1}{f_1} \tag{14-90}$$

即电动机容许输出转矩将随 f_1 之增加而减小，而且近似与 f_1 成反比变化。

在图 14-21b 上绘出当 f_1 自 f_N 到 $2f_N$ 变化时的容许输出功率 $P = f(n)$ 及容许输出转矩 $T_e = f(n)$ 曲线，也绘出当 $f_1 < f_N$ 时的容许输出功率 $P = f(n)$ 及容许输出转矩 $T_e = f(n)$ 曲线。图上以额定转速 n_N 为界，分为两个区域：$n > n_N$ 为恒功率调速区，$n < n_N$ 为恒转矩调速区。

由以上分析可见，异步电动机在变频调速时，其容许输出功率与转矩的变化曲线 $P = f(n)$ 及 $T_e = f(n)$ 与直流电动机在弱磁调速与减压调速时极为相似（请读者对比图 9-38b 与图 14-21b）。

这样，变频调速笼型异步电动机的调速方式与负载类型如何相互配合，以及电动机功率如何选择的问题，与直流调速电动机的同类问题的分析方法相似，在此不再重复了。

目前国内外一些电机厂，已为变频器设计生产了各类变频电动机，供配套选用。

第八节　选择电动机功率的统计法或类比法

前面介绍的选择电动机功率的原理和方法是非常重要的，是基础性的内容。但有时

在实际工作中会碰到一些困难，计算工作量也较大。经过不断总结经验，目前已陆续得出一些生产机械选用电动机功率的实用方法。这些方法比较简便，但有一定的局限性。

以机床制造业为例，目前我国对不同类型机床的主拖动电动机的功率采用统计分析法估算。就是将各国同类型先进的机床所选用的电动机功率进行统计和分析，从中找出电动机功率和机床主要参数间的关系，再根据我国的实际情况得出相应的计算公式。这些统计分析公式列出如下：

1. 卧式车床

$$P = 36.5 D^{1.54}$$

式中　D——工件的最大直径（m）。

2. 立式车床

$$P = 20 D^{0.88}$$

式中　D——工件的最大直径（m）。

3. 摇臂钻床

$$P = 0.0646 D^{1.19}$$

式中　D——最大的钻孔直径（mm）。

4. 外圆磨床

$$P = 0.1 KB$$

式中　B——砂轮宽度（mm）；
　　　K——考虑砂轮主轴采用不同轴承时的系数，当采用滚动轴承时 $K = 0.8 \sim 1.1$，若采用滑动轴承时 $K = 1.0 \sim 1.3$。

5. 卧式镗床

$$P = 0.004 D^{1.7}$$

式中　D——镗杆直径（mm）。

6. 龙门铣床

$$P = \frac{B^{1.15}}{166}$$

式中　B——工作台宽度（mm）。

例如：我国 C660 车床的工件最大直径为 1250mm，按上列统计分析公式计算，电动机功率应为

$$P = 36.5 \times \left(\frac{1250}{1000}\right)^{1.54} \text{kW} = 52 \text{kW}$$

而实际应用 $P_N = 60$kW，尚属相近。

另一种实用的方法是类比法。在调查同类生产机械采用电动机（它们已经经过长期的运行考验）的功率数值的基础上，通过类比的方法，确定电动机的功率。

第九节　电动机电流种类、形式、额定电压与额定转速的选择

电动机的选择，除了前面介绍的选择电动机的功率外，还有：①根据生产机械在技术与经济等方面的要求选择电动机的电流种类，即选用交流或直流电动机；②根据生产

机械对电动机安装位置的要求和周围环境的情况选择电动机的结构形式和防护形式；③根据电源的情况及控制装置的要求选择电动机的额定电压；④根据电动机与机械配合的技术经济情况选择电动机的额定转速。下面介绍一下选择原则。

一、电动机电流种类的选择

这方面的选择原则大体如下：

1）尽量优先选用价格便宜、结构简单、维护方便的交流笼型异步电动机。目前已在机床、水泵、通风机等生产机械上得到广泛应用。

高起动转矩的笼型电动机适用于某些要求起动转矩较大的生产机械上，如某些纺织机械、压缩机及带式运输机等。

笼型多速异步电动机可用于要求有级调速的生产机械上，如电梯及某些机床等。

随着晶闸管变频调速及晶闸管调压调速等新技术的不断发展，笼型电动机将大量应用在要求无级调速的生产机械上，它们的应用范围将大大扩大。

2）绕线转子异步电动机能限制起动电流与提高起动转矩（与笼型异步电动机相比），目前多用于起重机及矿井提升机等生产机械上，用转子电路串联电阻起动与调速，调速范围很有限（$D=1.5$左右）。晶闸管串级调速的发展，大大扩大了绕线转子异步电动机的应用范围。

3）滑差电动机和交流换向器电动机目前一般应用在要求平滑调速但调速范围不大（$D<10$）的生产机械上，交流换向器电动机价高且维护复杂，但目前在纺织、造纸等工业中都有应用。随着交流调速系统的不断改进，滑差电动机及交流换向器电动机将逐步被取代。

4）当电动机功率较大又无调速要求时，目前一般采用交流同步电动机以提高工厂企业的功率因数。交流无换向器电动机的发展，使交流同步电动机的应用范围大为扩大。

5）交流电动机国外单机功率已能达到几万千瓦以上，并能做成高压电动机（6000V、10000V、15000V等），一种新型的交流电动机甚至可以直接与高压端连接，电压可高达150000V。交流电动机还能实现高速拖动（几万~几十万转/分），可供有这方面要求的生产机械选用，而直流电动机则达不到这些要求。

6）直流电动机调速性能优异，目前大量应用在功率较大，调速范围要求很大的生产机械上。目前广泛采用晶闸管励磁的直流发电机—电动机组以及用晶闸管直接向直流电动机供电的晶闸管整流器—直流电动机组。

随着交流调速系统的不断发展，目前交流电动机在调速性能方面，已可与直流电动机相比美，并有取代后者之势。

二、电动机结构形式的选择

在工作方式上，前已介绍，按不同工作制可相应选择连续、短时、断续周期工作制的电动机。

电动机的结构形式按其安装位置的不同可分为卧式与立式两种。卧式电动机的转轴是水平安放的，立式电动机的转轴则与地面垂直，两者的轴承不同，因此不能随便混用。在一般情况下应选用卧式；立式电动机的价格较高，只有为了简化传动装置，又必须垂直运转时才采用（如立式深井水泵及钻床等）。

第十四章 电力拖动系统电动机的选择

电动机在特殊情况下可制成两端轴伸，以供安装测速发电机及同时拖动两台生产机械等之用。

为了防止电动机被周围的媒介质所损坏，或因电动机本身的故障引起灾害，必须根据不同的环境选择适当的防护形式。电动机的防护形式分为以下几种：

（1）开启式 这种电动机价格便宜，散热条件好，但容易侵入水汽、铁屑、灰尘、油垢等，影响电动机的寿命及正常运行，因此只能用于干燥及清洁的环境中。

（2）防护式 这种电动机一般可防滴、防雨、防溅，及防止外界物体从上面落入电动机内部，但不能防止潮气及灰尘的侵入，因此适用于干燥和灰尘不多没有腐蚀性和爆炸性气体的环境。在一般情况下可选用此种类型的电动机，它们的通风冷却条件较好。

（3）封闭式 这类电动机又可分为自扇冷式、他扇冷式及密封式三类。前两类可用在潮湿、多腐蚀性灰尘、易受风雨侵蚀等的环境中；第三类一般用于浸入水中的机械（如潜水泵电动机），因为密封，所以水和潮气均不能侵入。这种电动机价格较高，因此在一般情况下尽量少用。

（4）防爆式 这类电动机应用在有爆炸危险的环境（如在瓦斯矿的井下或油池附近等）中。

对于湿热地带或船用电动机还有特殊的防护要求。

三、电动机额定电压的选择

对于交流电动机，其额定电压应选得与供电电网的电压相一致。一般车间低压电网为380V，因此中小型异步电动机都是低压的，额定电压为220/380V（△/Ｙ联结）及380/660V（△/Ｙ联结）两种，后者可用Ｙ/△联结法起动。当电动机功率较大，供电电压为6000V及10000V时可选用3000V、6000V甚至10000V的高压电动机，此时可以节省铜材料并减小电动机的体积（当选用3000V高压电动机时必须另设变压器）。

直流电动机的额定电压也要与电源电压互相配合。当直流电动机由单独的直流发电机供电时，电动机的额定电压常用220V或110V，大功率电动机可提高到600～800V，甚至达1000V。当直流电动机由晶闸管整流装置直接供电时，为了配合不同的整流电路，新改型的Z3型电动机除了原来的电压等级外，还增设了160V（配合单相整流）及440V（配合三相桥式整流）两种电压等级；Z2型电动机也增加了180V、340V、440V等几种电压等级。国外还专门为大功率晶闸管整流装置设计了1200V的直流电动机。

四、电动机额定转速的选择

在第九章中已经指出，额定功率相同的电动机，额定转速越高，则电动机的尺寸、质量和成本越小，因此选用高速电动机较为经济。但由于生产机械速度一定，电动机转速越高，势必加大传动机构的传速比，使传动机构复杂起来，因此必须综合考虑电动机与生产机械两方面的各种因素。选择电动机的额定转速，一般可分下列三种情况讨论。

1）电动机连续工作，很少起制动或反转。此时可从设备的初期投资、占地面积和维护费用等方面，就几个不同的额定转速（即不同的传速比）进行全面比较，最后确定合适的传速比和电动机的额定转速。

2）电动机经常起动、制动及反转，但过渡过程的持续时间对生产率影响不大。例如高炉的装料机械的工作情况即属此类。此时除考虑初期投资外，主要根据过渡过程能量损耗为最小的条件来选择传速比及电动机的额定转速。

3) 电动机经常起动、制动及反转，过渡过程的持续时间对生产率影响较大。属于这类情况的有龙门刨工作台的主拖动。此时主要根据过渡过程持续时间为最短的条件来选择电动机的额定转速。

根据分析，可按与系统动能储存量成正比的 $GD^2n_N^2$ 的值为最小（当电动机转子或电枢之 GD_D^2 占系统的 GD^2 较大比例时，可概略地按 $GD_D^2 n_N^2$ 的值为最小）的条件来选择电动机的额定转速及传速比。因为过渡过程的能量损耗及持续时间都和 $GD^2n_N^2$ 的值成正比。

小 结

在电动机的机电能量变换过程中，必然产生损耗。损耗的能量在电动机中全部转化为热能，一部分为电动机吸收，提高了电动机各部分的温度，另一部分则向周围介质散发出去。随着电动机温度的不断上升，散发的热量不断增加，当转化的热能全部散发出去而不再加热电动机本身时，温度达到稳定。电动机带某一负载连续工作，只要其稳定温度接近并略低于绝缘材料所允许的最高温度，电动机得到充分利用并且不会过热，这样的负载称为电动机的额定负载，对应的功率即为电动机的额定功率。

电动机的额定功率是在连续运行时，在正常的冷却条件下，周围介质温度是标准值（40℃）时所能承担的最大负载功率。电动机短时或断续工作，负载可以超过额定值；如采用他扇冷式以提高散热能力，可提高电动机带负载的能力；如周围介质温度不同于 40℃，可对额定功率进行校正。

电动机的选择包括功率、电流种类、形式、额定电压及额定转速的选择。根据电动机不同的工作制，按不同的变化负载的生产机械负载图，预选电动机的功率，在绘制电动机负载图的基础上进行发热、过载能力及起动能力（笼型异步电动机）的校验。校验发热有平均损耗法及等效法等，其计算公式都是根据变化负载下电动机达到发热稳态循环时的平均温升小于并接近于绝缘材料所允许最高温升的条件推导出来的。

(1) 平均损耗法 该方法应用范围最广，但计算损耗功率时较为复杂；按 $\Delta P = f(t)$ 求出平均损耗功率 ΔP_d，如能满足 $\Delta P_d \leqslant \Delta P_N$ 的条件，则发热校验通过。

(2) 等效电流法 该方法是按不变损耗及电动机电阻保持恒定的假定，由平均损耗法推导得出的。在三种等效法中应用范围最广，可按电流负载图 $I = f(t)$ 求出等效电流 I_{edx}，校验发热即按满足 $I_{edx} \leqslant I_N$ 的条件进行。等效电流法不能用于深槽及双笼型交流电动机，也不能用于经常起动、制动及反转运行的笼型异步电动机的发热校验。对于这几种电动机，可改用平均损耗法进行发热校验。

(3) 等效转矩法 该方法是按直流电动机磁通保持不变的假定，由等效电流法推导出来的。按转矩负载图 $T_e = f(t)$ 求出等效转矩 T_{edx}，如能满足 $T_{edx} \leqslant T_N$ 的条件，发热校验即可通过。除了上述等效电流法应用的局限性同样适用于等效转矩法外，在直流电动机转矩负载图中 $\Phi < \Phi_N (n > n_N)$ 的时间段内，异步电动机空载电流较大，其负载极小，接近空载时，必须将转矩值进行修正，未修正前的转矩值不能直接用以求等效转矩。

(4) 等效功率法 该方法是按电动机转速保持恒定的假定，由等效转矩法推导得出的。按功率负载图 $P = f(t)$ 求出等效功率 P_{dx}，如能满足 $P_{dx} \leqslant P_N$ 的条件，则发热校验即可通过。在功率负载图中 $n < n_N$ 的时间段内，不能直接用其功率值以求等效功率，必须经修正后才能代入求等效功率的公式。必须提出，在 $P = f(t)$ 的个别时间段内，其

$n > n_N$（因 $\Phi < \Phi_N$），此时反而不要修正（与用等效转矩法时相反）。

同样，等效电流法不能采用的场合也不能使用等效功率法。

为了选择调速电动机的功率，必须使调速方式（恒转矩或恒功率调速方式）与负载类型（恒转矩或恒功率负载）配合适当。例如，对恒转矩负载应选择恒转矩调速方式，而对恒功率负载则选择恒功率调速方式。此时按式（14-74）及式（14-78）选的电动机尺寸较合适，在不同转速下可以得到较充分的利用，不至于造成浪费。反之，如果两者配合不好，例如对恒功率负载在某些情况下，不得不选用恒转矩调速方式，按式（14-76）所选电动机功率将比负载实际功率大，会造成浪费；另外，如果对恒转矩负载选用恒功率调速方式，则按式（14-80）所选电动机功率与额定转矩不得不扩大，导致电动机尺寸的增大，在调速范围内电动机都将欠载运行。

按发热观点选择电动机的原理与方法原则上也适用于选择其他发热电器元件。

习 题

14-1 一台离心式水泵，流量为 $720\text{m}^3/\text{h}$，排水高度 $H = 21\text{m}$，转速为 1000r/min，水泵效率 $\eta_B = 0.78$，水的比重 $\gamma = 9810\text{N/m}^3$，传动机构效率 $\eta = 0.98$，电动机与水泵同轴连接。今有一电动机，其功率 $P_N = 55\text{kW}$，定子电压 $U_N = 380\text{V}$，额定转速 $n_N = 980\text{r/min}$，是否能用？

14-2 某台电动机额定功率为 P_N，额定电压为 U_N，额定电流为 I_N，额定转速为 n_N，其绝缘材料的允许温升为 $\tau_m = 70\text{℃}$，不变损耗为全部损耗的 40%，可变损耗则为 60%，当以下两种情况下，电动机铭牌数据应如何修正？

（1）介质温度为 25℃；

（2）介质温度为 45℃。

14-3 某台电动机 $P_N = 10\text{kW}$，已知标准的环境温度为 40℃，允许最高温升为 85℃，设可变损耗与不变损耗均为全部损耗的 50%，求在下列环境温度下电动机的额定功率应修正为多少？

（1）环境温度 $\theta_0 = 50\text{℃}$；

（2）环境温度 $\theta_0 = 25\text{℃}$。

14-4 一他励直流电动机的数据如下：$P_N = 5.6\text{kW}$，$U_N = 220\text{V}$，$I_N = 31\text{A}$，$n_N = 1000\text{r/min}$，它一个周期的负载图如图 14-22 所示，其中第一、四两段为起动，第三、六两段为制动，起动、制动各段及第二段的电动机励磁均为额定值 Φ_N，而第五段的电动机励磁则为额定值的 75%，该电机为自扇冷式。试校验发热。

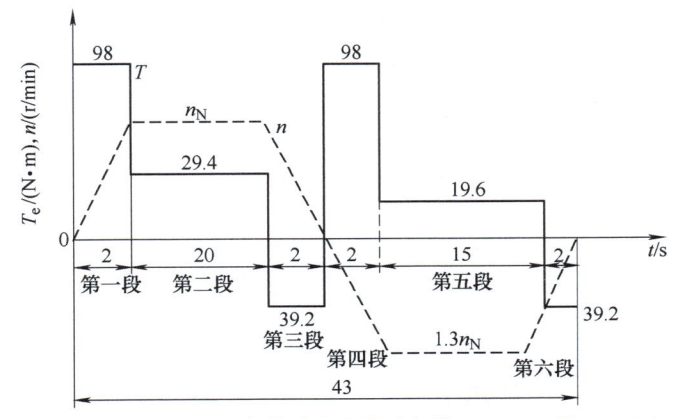

图 14-22 习题 14-4 中他励直流电动机的 $T_e = f(t)$ 及 $n = f(t)$

14-5 他励直流电动机的数据如下：$P_N = 7.5\text{kW}$，$n_N = 1000\text{r/min}$，一个周期的转矩负载图如图 14-23 所示。试就他扇冷式和自扇冷式两种情况校验发热。若发热不能通过，则在环境温度为多少时电机才能连续运行？设电机标准环境温度为 40℃，可变损耗与不变损耗各占全部损耗的一半，绝缘材料允许温升为 65℃。

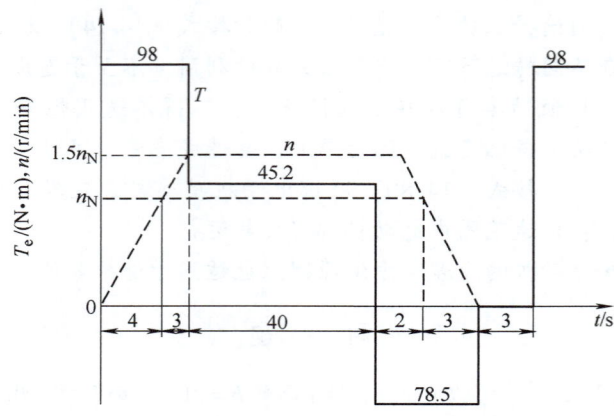

图 14-23 习题 14-5 中他励直流电动机的 $T_e = f(t)$ 及 $n = f(t)$

14-6 某台他励直流电动机 $P_N = 22\text{kW}$，$n_N = 1100\text{r/min}$，由单独的晶闸管整流装置供电，用改变晶闸管整流装置的输出电压来调节电动机的转速。电动机的输出功率 $P = f(t)$ 及 $n = f(t)$ 如图 14-24 所示。由于转速变化的散热恶化系数 a 按下列规律变化：

$$a = 0.5 + 0.5 \frac{n}{n_N}$$

试用等效功率法校验发热。

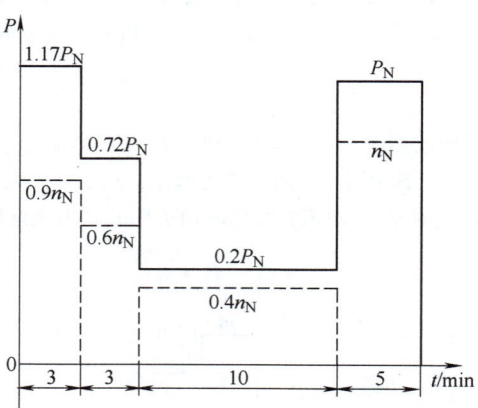

图 14-24 习题 14-6 中他励直流电动机的 $P = f(t)$ 及 $n = f(t)$

14-7 有一台绕线转子异步电动机 $P_N = 11\text{kW}$，$n_N = 1440\text{r/min}$，它通过一传速比为 16 的传动机构去拖动一起重机的跑车车轮，跑车自重为 137500N，载重为 58800N，车轮直径为 0.35m，跑车移动距离总长为 70m。重载移动时作用于电动机轴上的阻转矩为 43.1N·m，空载移动时为 31.4N·m，往返停歇时间为 25s。如果旋转部分折算到电动机轴上的飞轮惯量（包括电动机转子）为 78.5N·m²，电动机平均起动转矩为 $1.6T_N$，平均制动转矩为 T_N。试绘制一个循环的 $T_e = f(t)$，并且用等效转矩法校验发热。

计算时可不考虑散热恶化，假定重载和空载时电动机转速 $n \approx n_N$。

14-8 一台他励直流电动机 $P_N = 15\text{kW}$，$n_N = 1000\text{r/min}$，其 $P = f(t)$ 及 $n = f(t)$ 如图 14-25 所示。试校验在自扇冷式与他扇冷式时电动机的发热。

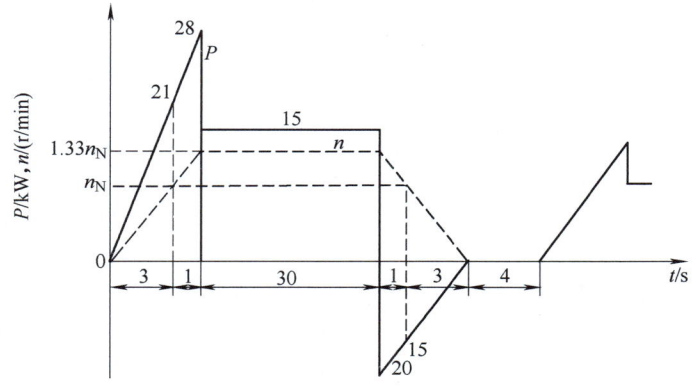

图 14-25 习题 14-8 中他励直流电动机的 $P = f(t)$ 及 $n = f(t)$

14-9 一台他励直流电动机 $P_N = 16\text{kW}$，$ZC\% = 40\%$，其 $P = f(t)$ 及 $n = f(t)$ 如图 14-26 所示。电动机用机械制动，如果用 k 表示不变损耗/可变损耗（当 $ZC\% = 40\%$ 时）$k = \dfrac{p_0}{p_{Cu}} = 1$，试校验电动机发热。

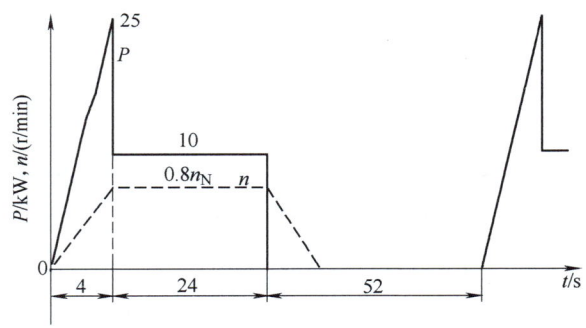

图 14-26 习题 14-9 中他励直流电动机的 $P = f(t)$ 及 $n = f(t)$

14-10 一台绕线转子异步电动机用来拖动起重力为 19620N 的绞车，绞车的工作情况如下：以 120m/min 的速度将重物吊起，提升高度为 20m，然后空钩下放。空钩的重力为 981N，下降速度和提升速度差不多相等，重物提升后和空钩下放前的停歇时间以及空钩下放后和重物提升前的停歇时间各为 28s。假定提升重物和下放空钩时的传动损耗相等，各为绞车有效功率的 6%，电动机的过载能力为 2，电动机停歇时的散热系数为全速时的一半，如不考虑起制动过程，求在标准负载持续率时电动机的功率。

14-11 一桥式起重机的吊钩的工作循环为空钩下放、重载提升、重载下放和空钩提升四个阶段。已知数据为：起重为 49000N；提升及下放速度均为 10.5m/min；提升高度为 16m；空钩重力为 2943N；负载持续率为 30%；设提升负载效率为 0.85；下放负载效率为 0.84；提升空钩效率为 0.37；下放空钩效率为 0.1；电动机经传动装置带动卷筒旋转，卷筒直径为 0.38m，电动机与卷筒间的传速比为 82。预选电动机的数据如下：$P_N = 11\text{kW}$（$ZC\% = 25\%$），$n_N = 715\text{r/min}$，$K_T = 2.9$，$GD_d^2 = 18.2\text{N} \cdot \text{m}^2$，设所有旋转部件（不包括电动机转子）的飞轮惯量为 GD_d^2 的 30%。设电动机的平均起动转矩为 $1.6T_N$，

平均制动转矩为 $1.4T_N$（起制动过程中转矩为恒值）。空钩提升及下放时，电动机接近空载，负载极小，转矩可修正为 $0.6T_N$（设 $\frac{I_0}{I_{1N}}=0.6$）。

试绘制电动机的转矩负载图 $T_e=f(t)$，并校验电动机的发热与过载能力（设：当 $ZC\%=25\%$ 时，$k=p_0/p_{Cu}=1$）。

14-12 有一台电动机拟用以拖动一短时工作制负载，负载功率为 $P_g=18\text{kW}$。现有下列两台电动机可供选用：

电动机 1：$P_N=10\text{kW}$，$n_N=1460\text{r/min}$，$K_T=2.5$，起动转矩倍数 $K_{st}=2$；

电动机 2：$P_N=14\text{kW}$，$n_N=1460\text{r/min}$，$K_T=2.8$，起动转矩倍数 $K_{st}=2$。

试校验过载能力及起动能力，以决定哪一台电动机适用（校验时应考虑到电网电压可能降低 10%）。

14-13 一封闭式笼型异步电动机的参数如下：$P_N=4.5\text{kW}$，$n_N=1440\text{r/min}$，$K_T=2$，起动转矩倍数 $K_{st}=1.4$，$GD_d^2=1.96\text{N}\cdot\text{m}^2$，$\eta_N=0.855$，一个工作循环包括四个阶段：(1) 空载起动；(2) 在负载转矩 $T_z=0.6T_N$ 下稳定运行 10s；(3) 空载反接制动；(4) 停歇。

负载折算到电动机轴上的飞轮惯量 $GD_x^2=0.49\text{N}\cdot\text{m}^2$，在额定负载时电动机的不变损耗占全部损耗的 40%（可变损耗为 60%），停歇时散热系数为额定转速时的 60%，定子的每相电阻比折算后的转子每相电阻大 20%。

试求在发热不超过允许温升条件下电动机每小时的合闸次数。

14-14 某台异步电动机的额定功率 $P_N=212\text{kW}$，额定转速 $n_N=950\text{r/min}$，$K_T=\frac{T_{\max}}{T_N}=2.2$，此电动机带冲击负载，负载转矩图如图 14-27 所示。试计算系统总的折算到电动机轴上的飞轮惯量，并校验电动机的发热及过载能力。在计算中假定第一段开始时电动机发出的转矩为 $686\text{N}\cdot\text{m}$，电动机允许的过载系数 $K_T'=0.85K_T$。

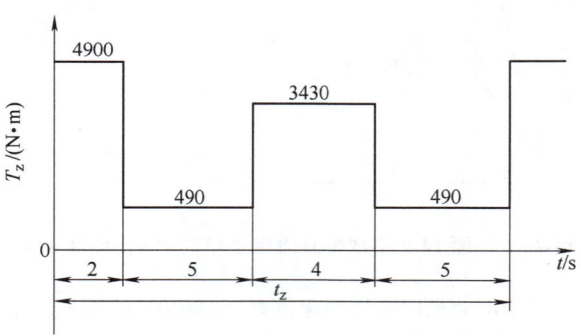

图 14-27 习题 14-14 图

附　　录

附录 A　MATLAB 语言简介

MATLAB（矩阵实验室 MATrix LABoratory 的缩写）是 MathWorks 公司的产品，是一个面向科学和工程计算的高级交互式的软件。MATLAB 环境集成了图示与精确的数值计算，是一个可以完成各种计算和数据处理的、可视化的、易于使用和理解的工具。MATLAB 广泛用于解决应用数学、物理、金融、工程等各个领域。今天，MATLAB 已经成为世界各地各高等院校中最为流行的用于科学计算及仿真的软件。将 MATLAB 用于"电机及拖动基础"课程中的计算和特性曲线的绘制、各种电机模型的仿真研究，也十分方便。本书介绍的是 7.1 版的 MATLAB，现今已经推出了更新版本的 MATLAB 软件，但是，基本内容都差不多，只是新版本的元件库更加丰富，示例更多。

一、MATLAB 语言的特点

MATLAB 的指令系统和语法规则比较简单，更加接近人类的自然语言和思维方式。它还有一个内容非常丰富的预先定义的函数库，因此使用 MATLAB 对科学技术、工程应用等方面遇到的计算问题进行编程十分方便快捷。

与传统的计算机语言相比较，MATLAB 具有以下一些显著的优点：

1. 使用方便

MATLAB 是一种交互式的语言。就像许多版本的 BASIC 语言那样，它很容易使用。在 Command Window 内直接运行许多命令。用 MATLAB 编写程序，就像在一张演算纸上排列公式和求解问题一样，编程效率很高，因此它又被称为演算纸式的科学工程计算语言。由于它还具有内置的集成开发环境，所以很容易用 MATLAB 进行编程、修改和查错。它还具有在线使用手册和帮助功能，并且配有演示例子，方便读者学习掌握。

2. 平台无关性

世界上现有的绝大部分计算机系统都支持 MATLAB。就目前而言，Windows 9x/2000/Me/XP/NT、各种不同版本的 UNIX、Macintosh 等全部都支持 MATLAB。在任何一个计算机平台上编写的 MATLAB 程序拿到另外的计算机平台上都可以运行。

3. 预先定义的函数

MATLAB 软件中包括了一个内容极其丰富的预先定义的函数库。该函数库可以对于许多技术任务提供经过测试的、预先包装的解。例如，要计算一个矩阵的逆，如果用其他的计算机语言，就需要花很多时间编写一个子程序，而在 MATLAB 的函数库中，就已经有求逆的函数，只要调用这一函数，立刻就可算出结果。MATLAB 函数库中还有几百个具有各种功能的函数。安装 MATLAB 时可以选择安装各种工具箱（如信号处理、神经网络、控制系统、统计等）。这些工具箱里装的都是各学科领域的一些专家学者针对该学科领域的一些比较普遍的问题求解而编写的程序。例如控制系统工具箱里有画控制系统根轨迹的程序以及其他许多有关控制系统分析和设计的程序。这些程序的扩展名为 m，又称为 m 文件。有了这些工具箱，使得完成一些工程设计与分析的工作变得更加方便。

4. 与设备无关的绘图功能

与其他的计算机语言相比，MATLAB 软件具有更加丰富的绘图命令，而且 MATLAB 所绘制的图形可以在计算机的操作系统所支持的任何图形显示输出设备上显示或输出。MATLAB 的这一优点对于以可视化的方式显示技术数据（例如绘制各种技术曲线）是十分有利的。

5. 图形用户界面

MATLAB 具有可以构造图形用户界面的工具，编程者可以为自己的程序构造图形用户界面。例如，编程者可以编写出供没有经验的操作者也能够使用的复杂的数据分析程序。

MATLAB 语言的缺点是它的运行速度一般较慢。但是由于计算机的运行速度、内存以及硬盘的容量都已经获得极大的提高，现在，MATLAB 的这一缺点已经被硬件的快速进步所弥补了。

二、MATLAB 环境

MATLAB 环境是一种为数值计算、数据分析和图形显示服务的交互式的环境。MATLAB 有三种窗口，即命令窗口（The Command Window）、m-文件编辑窗口（The Edit Window）和图形窗口（The Figure Window），而 Simulink 另外又有 Simulink 模型编辑窗口。

MATLAB 起源于矩阵实验室（MATrix LABoratory），主要是为"线性代数"课程而编写的软件。可是，发展到今天，它的功能远远超出了"线性代数"的范畴，成为通用的科学和工程技术语言。它的基本的数据单元仍然是矩阵，而标量和向量都可以看成是特殊维数（1×1 和列向量 $n\times1$ 或行向量 $1\times n$）的矩阵。

1. 命令窗口（The Command Window）

当 MATLAB 启动后，出现的最大窗口就是命令窗口。用户可以在提示符" >> "后面输入交互的命令，这些命令就立即被执行。

例如，你要计算半径为 2.5m 的圆面积，就在命令窗口输入

```
>>area=pi* (2.5^2)
```

按下回车键后，运算结果就立刻显示在屏幕上，而且把运算结果存储在名为 area 的变量中。

```
area =
    19.9350
```

变量中的内容显示在屏幕上，该变量仍然可用在进一步的计算中。在 MATLAB 中已经预先定义变量 pi 表示圆周率 π。在 MATLAB 中一连串命令可以放置在一个文件中，不必把它们直接在命令窗口内输入。只要在命令窗口中输入该文件名，这一连串命令就

被执行了。因为这样的文件都是以".m"为扩展名,所以称为 m-文件。

2. m-文件编辑窗口(The Edit Window)

我们可以用 m-文件编辑窗口来产生新的 m-文件,或者编辑已经存在的 m-文件。在 MATLAB 主界面上选择菜单"File"→"New"→"M-file"就打开了一个新的 m-文件编辑窗口;选择菜单"File"→"Open"可以打开一个已经存在的 m-文件,并且可以在这个窗口中编辑这个 m-文件。

3. 图形窗口(The Figure Window)

图形窗口用来显示 MATLAB 程序产生的图形。图形可以是 2 维的、3 维的数据图形,也可以是照片等。例如在一个 m-文件编辑窗口输入以下程序,起名为 testsine. m,并保存在 MATLAB 安装目录下的 work 文件夹里。

```
x = 0:0.1:6* pi;
y = sin(x);
plot(x,y);
```

在命令窗口中输入 >> testsine,回车后,程序自动产生了一个图形窗口,并在该窗口中画出了 $0 \sim 6\pi$ 的正弦曲线(见图 A-1)。

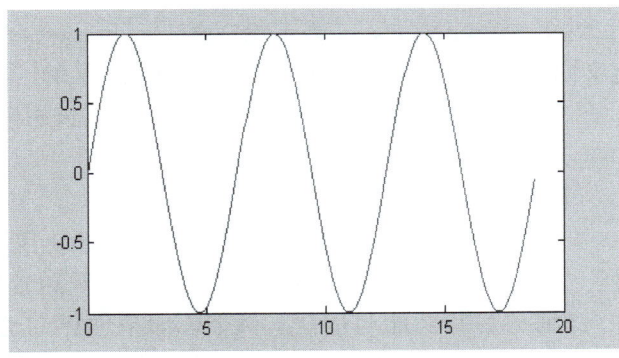

图 A-1 MATLAB 绘制的 $0 \sim 6\pi$ 正弦曲线

三、MATLAB 的基本运算功能

在 MATLAB 的 Command Window 中,如果我们输入:

```
>> A = [1 2;4 6]
```

回车后计算机就显示出:

```
A =
     1     2
     4     6
```

在此,"="表示赋值。这样,变量 A 就被用来表示矩阵 $\begin{bmatrix} 1 & 2 \\ 4 & 6 \end{bmatrix}$。

矩阵 A 在回车后,自动显示在屏幕上。如果语句后面加一个分号";",虽然 A 被赋值,但是不在屏幕上显示出来。在一个语句后面加上分号";"的作用是暂时不在屏幕上显示。当用户不是十分关心某些变量的数值时,可以使其不显示。这样做的好处是可以提高运算速度,因为输出到屏幕上显示要花费一些时间。同时,也可以减少在屏幕上显示用户并不感兴趣的信息。

表 A-1 中列出了 MATLAB 中的运算符号,"先乘除,后加减,括号里面先做"的原则同样有效。为了使复杂的算式容易被理解以及降低出差错的概率,建议读者在编写较为复杂的算式时尽量多用括号。

表 A-1　MATLAB 中的运算符号

＋ 加	－ 减	＊ 乘	／ 除	＾ 乘方

在 MATLAB 中,一个合法的变量名必须以一个字母开头,并且由少于 19 个的字符(字母或者数字)构成。同一个字母大小写表示不同的变量,例如,name、Name 和 naMe 表示三个不同的变量。Name_1 是一个合法的变量名,而 Name－1 就不是合法的变量名,因为它会和 Name 减 1 混淆。

运算过程中的变量都被自动地存储在一个称为 workspace 的内存区间内,我们可以用 who 和 whos 命令来察看当前在 workspace 里面有哪些变量,也可以用 clear 命令把它们清除掉以释放内存空间。

在 MATLAB 中,有几个预先定义的变量,它们是:Inf(infinity,表示 +∞),pi(表示 π,圆周率),NaN(Not-a-Number,表示无意义),j 和 i(都表示 $\sqrt{-1}$,为虚部单位)。如果重复定义同一个变量名,则后定义的覆盖掉先定义的。对于这几个预先定义的变量也是一样。例如:如果我们定义 i＝0:1:10,则 i 就被用来表示行向量 [0 1 2 …10] 而暂时不再表示 $\sqrt{-1}$ 了。

四、常用函数

在 MATLAB 中,有许多预先定义的函数可以供使用者选择使用。在表 A-2 中,我们将按字母顺序排列,简单介绍在本书的计算中需要用到的函数和命令。读者也可以使用 MATLAB 的帮助,详细了解其功能与用法。例如,如果你想知道求矩阵秩的命令 rank 的功能和用法,可以在命令窗口输入 help rank,计算机就会做出解释。

```
>>help rank
 RANK   Matrix rank
     RANK(A) provides an estimate of the number of linearly
     independent rows or columns of a matrix A.
     RANK(A,tol) is the number of singular values of A
     that are larger than tol.
     RANK(A) uses the default tol =max(size(A))* norm(A)* eps.

 Overloaded methods
     help sym/rank.m
     help rptcp/rank.m
```

表 A-2　MATLAB 的常用函数和命令

函 数 名	说　明
abs	计算绝对值(Computes the absolute value)
clear	清空 workspace 中的变量,以释放内存空间(Clears the work space)

（续）

函 数 名	说　　明
clf	清空图形窗口（Clears the figure window）
conv	两个多项式相乘（Multiplies two polynomials）
cos	计算余弦值（Computes the cosine）
eig	计算特征值和特征向量（Computes the eigenvalues and eigenvectors）
eye	计算一个单位矩阵—I 阵（Generates an identity matrix）
grid on	给当前的图形加上格子线（Adds a grid to the current graph）
impulse	计算系统的单位脉冲响应（Computes the unit impulse response of a system）
inv	计算一个方阵的逆（Computes the inverse of a square matrix）
log	计算自然对数（Computes the natural logrithm）
log10	计算常用对数，底数为 10（Computes the logarithm base 10）
mesh	产生三维网格面（Creates three–dimensional mesh surfaces）
phase	计算复数向量的相角（Computes the phase of a complex vector）
plot	产生线性坐标的图形（Generates a linear plot）
pole	计算系统的极点（Computes the poles of a system）
poly	根据方程的根计算相应的多项式系数（Computes polynomial from roots）
polyval	计算多项式的值（Evaluates a polynomial）
rank	计算矩阵的秩（Calculates the rank of a matrix）
residue	计算部分分式展开（Computes a partial fraction expension）
roots	确定一个方程的根（Determines the roots of a polynomial）
sin	计算正弦值（Computes the sine）
sign	判断变量的正负号（Signum function）
sqrt	计算二次方根（Computes the square root）
subplot	将图形窗口分成若干个小窗口（Splits the graph window into subwindows）
tan	计算正切值（Computes the tangent）
xlabel	为当前图的 X 轴加上标注（Adds a label to the x-axis of current graph）
ylabel	为当前图的 Y 轴加上标注（Adds a label to the y-axis of current graph）
zero	计算系统的零点（Computes the zeros of a system）
zeros	产生一个元素全为零的矩阵（Generates a matrix of zeros）

五、Simulink 简介

Simulink 是 MATLAB 的一个部件，它为 MATLAB 用户提供了一种有效的对反馈控制系统进行建模、仿真和分析的方式。它是一种交互式、可视化的工具，读者可以参阅有关书籍，多使用多练习，才能尽快地学会使用。

有以下两种方式启动 Simulink：

1）在 Command window 中，键入 simulink，回车。

2）单击工具栏上 Simulink 图标。

启动 Simulink 后，即打开了 Simulink 库浏览器（Simulink library browser）。在该浏

览器的窗口中单击"Create a new model（创建新模型）"图标，这样就打开一个尚未命名的模型窗口。把 Simulink 库浏览器中的单元拖拽进入这个模型窗口，构造自己需要的模型。对各个单元部件的参数进行设定，可以双击该单元部件的图标，在弹出的对话框中设置参数。

在 Simulink 中有一个电力系统仿真模块集（Power System Blockset），它的功能很强大。用它可以很方便地对电路、电力电子系统、电机系统、电力传输系统等过程进行建模和仿真，它提供了一种类似电路建模的方式进行模型绘制，在仿真前自动将其变化成状态方程描述的系统形式，然后才能在 Simulink 下进行仿真分析。

附录 B   MATLAB 语言应用于计算的实例

MATLAB 的部件 Simulink 中有一个电力系统模块集（Power System Blockset），由于它的功能非常强大而且使用方便，所以可以非常方便地用于电机及拖动领域的各种问题的仿真。

而大多数电机及拖动的计算都是简单的加、减、乘、除、开方及乘方等运算，只要对各种电机的工作原理掌握得较好，运用相应的公式，运算并不复杂。使用 MATLAB 这种演算纸式的计算软件进行计算，也十分方便。

下面我们通过一些例子来进一步熟悉使用 MATLAB 求解电机及拖动领域的计算问题和仿真问题。

[例 B-1] 一绕线转子异步电动机的技术数据为：$P_N = 330\text{kW}$，$U_{1N} = 6000\text{V}$，$I_{1N} = 47\text{A}$，$n_N = 240\text{r/min}$，$\eta_N = 0.878$，$\cos\varphi_{1N} = 0.77$，$K_T = 1.9$，$U_{2N} = 495\text{V}$，$I_{2N} = 410\text{A}$；试用工程计算法计算异步电动机的下列参数：T_N、T_{max}、R_2、k、R_2'、R_1、s_m、X、X_1、X_2'、X_2、I_0 及 X_m 等。

解 本题就是例 10-1，我们运用第十章中的公式，可直接在 Command Window 中运算如下：

```
>> PN =330;U1N =6000;I1N =47;nN =240;aitaN =0.878;cosFi1N =0.77;KT =1.9;U2N
=495;I2N =410;
>> TN =9550* (PN/nN)
TN =
   1.3131e +004
>> Tm =KT* TN
Tm =
   2.4949e +004
>> n0 =250;sN = (n0 - nN)/n0
sN =
   0.0400
>> R2 = (sN* U2N)/(sqrt(3)* I2N),k = (0.95* U1N)/U2N
R2 =
   0.0279
k =
```

```
        11.5152
>> R2p = R2* (k^2)
R2p =
        3.6971
>> R1 = (0.95* U1N* sN)/(sqrt(3)* I1N)
R1 =
        2.8008
>> sm = sN* (KT + sqrt(KT^2 -1))
sm =
        0.1406
>> f1 =50;p = (60* f1)/n0
p =
        12
>> X = sqrt((((U1N/1.732)^2)* p/(210* KT* TN) -R1)^2 -R1^2)
X =
        24.5257
>> X1 =0.5* X,X2p = X1
X1 =
        12.2628
X2p =
        12.2628
>> X2 = X2p/(k^2)
X2 =
        0.0925
>> tgFi2N = (X1 +X2p)/(R1 +R2p/sN)
tgFi2N =
        0.2575
>> sinFi1N = sqrt(1 -cosFi1N^2)
sinFi1N =
        0.6380
>> I0 = I1N* (sinFi1N -cosFi1N* tgFi2N)
I0 =
        20.6674
>> X0 = (0.95* U1N)/(sqrt(3) * I0)
X0 =
        159.2310
```

我们就得到异步电动机的参数如下：$T_N = 13131\text{N} \cdot \text{m}$，$T_{max} = 24949\text{N} \cdot \text{m}$，$R_2 = 0.0279\Omega$，$k = 11.5152$，$R_2' = 3.6971\Omega$，$R_1 = 2.8\Omega$，$s_m = 0.1406$，$X = 24.5257\Omega$，$X_1 = 12.2628\Omega$，$X_2' = 12.2628\Omega$，$X_2 = 0.0925\Omega$，$I_0 = 20.6674\text{A}$ 及 $X_m = 159.23\Omega$。

[例 B-2] 有一台绕线转子异步电动机，其技术数据如下：$P_N = 280\text{kW}$，$U_{1N} = 6000\text{V}$，$I_{1N} = 36.2\text{A}$，$n_N = 490\text{r/min}$，$\eta_N = 0.905$，$\cos\varphi_{1N} = 0.78$，$K_T = 2.35$，$U_{2N} = 484\text{V}$，$I_{2N} = 353\text{A}$。试用实用表达式绘制机械特性。

解 实用表达式为

$$T_e = \frac{2T_{max}}{\dfrac{s}{s_m} + \dfrac{s_m}{s}}$$

$$s_N = \frac{n_s - n_N}{n_s} = \frac{500 - 490}{500} = 0.02$$

$$T_N = 9550 \frac{P_N}{n_N} = 9550 \times \frac{280}{490} \text{N} \cdot \text{m} = 5457.143 \text{N} \cdot \text{m}$$

$$T_{max} = K_T T_N = 2.35 \times 5457.143 \text{N} \cdot \text{m} = 12824.3 \text{N} \cdot \text{m}$$

$$s_m = s_N(K_T + \sqrt{K_T^2 - 1}) = 0.02 \times (2.35 + \sqrt{2.35^2 - 1}) = 0.08953$$

我们可以首先编写一个名为 asmotor.m 的 m-文件,然后在 Command Window 中调用该文件,就可绘出机械特性曲线。

编写名为 asmotor.m 的 m-文件如下:

```
%Touque--Speed characteristic for an Asynchronous Motor
sm = 0.08953;Tm = 12824.3;n0 = 500;
for i = 1:1:100
    s = 0.01 * i;
    n = n0 * (1 - s);
    T = (2 * Tm)/((s/sm) + (sm/s));
    s1(i) = s;
    T1(i) = T;
    n1(i) = n;
end
plot(T1,n1),xlabel('Torque/(N·m)'),ylabel('Speed/(r/min)'),grid on
```

我们将它存放在 MATLAB 安装目录下的 \work\ 文件夹中,然后在 Command Window 中输入:

```
>> asmotor
```

则 MATLAB 自动打开图形窗口,并且绘制出机械特性曲线如图 B-1 所示。

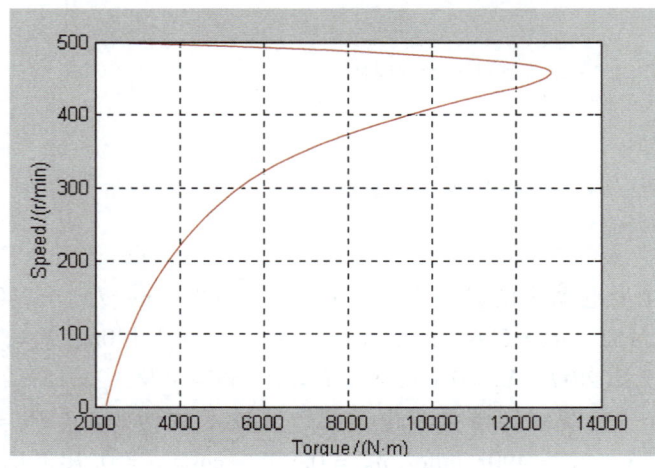

图 B-1 异步电动机机械特性图

附　录

∗思考题： 请读者根据参数表达式，绘制例 B-2 中的机械特性曲线。

[例 B-3] 用 Simulink 对绕线转子异步电动机当转子串有电阻时的起动过程建模并且仿真。

解 在命令窗口中键入 simulink，回车，即启动了 Simulink，出现 Simulink 库浏览器（Simulink library browser）窗口如图 B-2 所示。

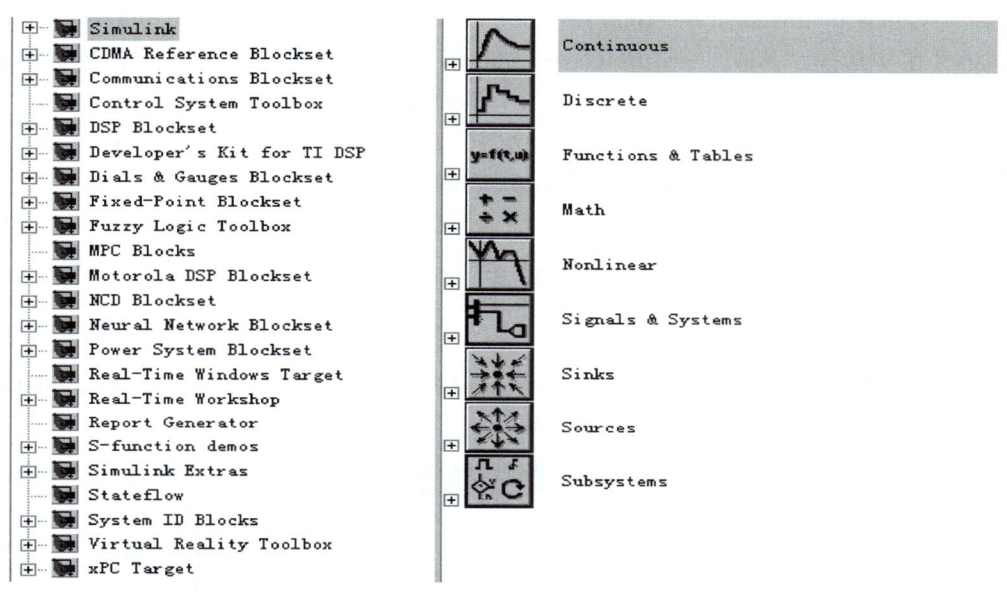

图 B-2　Simulink 库浏览器窗口

用鼠标左键单击其中的 Power System Blockset 前的"＋"号，可以看到这个模块集中许多子模块集（见图 B-3a）。

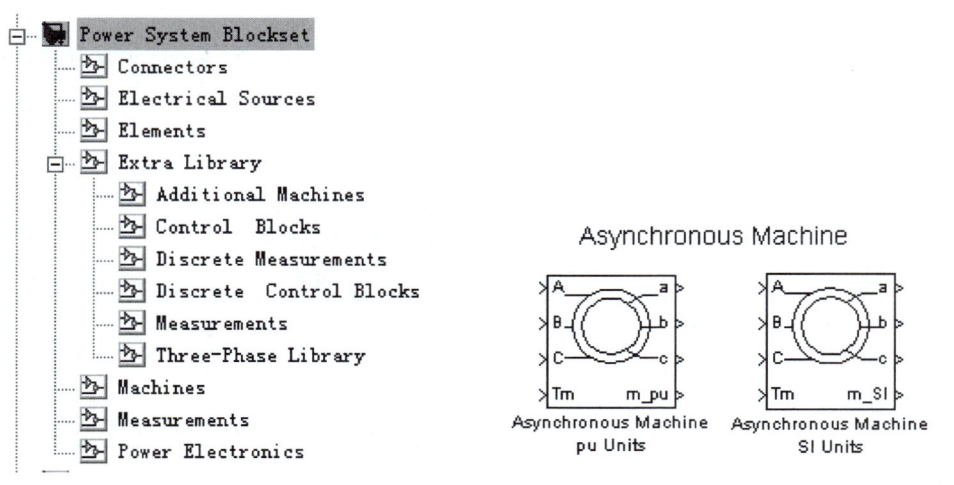

a)　　　　　　　　　　　　　　　　b)

图 B-3　电力系统模块集与异步电机模块

a) 电力系统模块集目录　b) 异步电动机模块

单击每个标题，都将打开一个下级子模块集。例如单击电机（Machines），右边窗口中就出现了电机模块集中的各种模块，其中包括直流电机（DC Machine）、同步电机（Synchronous Machine）、异步电机（Asynchronous Machine）以及其他多种模块。

电力系统工具箱中提供两个异步电机模型（见图B-3b），左侧的为标幺值单位下的异步电机模型（注：pu 表示 per unit），右侧的为国际单位制下的异步电机模型（注：SI 表示 Système International d'Unites）。在 Simulink 库浏览器（Simulink library browser）窗口的菜单中选择"File"→"New"→"Model"，就建立了一个新的模型编辑窗口。把 "Asynchronous Machine SI Units" 的模型图标拖拽进入模型编辑窗口。

异步电机模块有 4 个输入端子和 4 个输出端子，前 3 个输入端子（A、B、C）为电机的定子电压输入，一般可直接接三相电压，第 4 个输入端一般接负载，为轴上的机械转矩，该端子可以直接接 Simulink 信号。这个模块的前 3 个输出端子（a、b、c）为转子电压输出，可以把它们短接在一起，或者连接到其他的附加电路中。第 4 个输出端为 m 端子，它包含一系列电机内部信号集，共有 21 路信号，其构成如下：

第 1~3 路：转子电流 i'_{ra}，i'_{rb}，i'_{rc}。

第 4~9 路：q-d-n 坐标系下的转子信号，依次为 q-轴电流 i'_{qr}，d-轴电流 i'_{dr}，q-轴磁通 ψ'_{qr}，d-轴磁通 ψ'_{dr}，q-轴电压 v'_{qr}，d-轴电压 v'_{dr}。

第 10~12 路：定子电流 i_{sa}，i_{sb}，i_{sc}。

第 13~18 路：q-d-n 坐标系下的定子信号，依次为 q-轴电流 i_{qs}，d-轴电流 i_{ds}，q-轴磁通 ψ_{qs}，d-轴磁通 ψ_{ds}，q-轴电压 v_{qs}，d-轴电压 v_{ds}。

第 19~21 路：电机转速（角速度）ω_m，机械转矩 T，电机转子角位移 θ_m。

该路信号应该接电机测试信号分路器（Machines Measurement Demux）模块，将各路信号分离出来，以便接示波器（Scope）模块进行显示。

双击异步电机模块，将得出该模块的参数对话框，如图 B-4 所示。

在该对话框中需要输入如下参数：

1）转子绕组类型（Rotor type）列表框：分为绕线转子式（Wound）和笼型（Squirrel-cage）

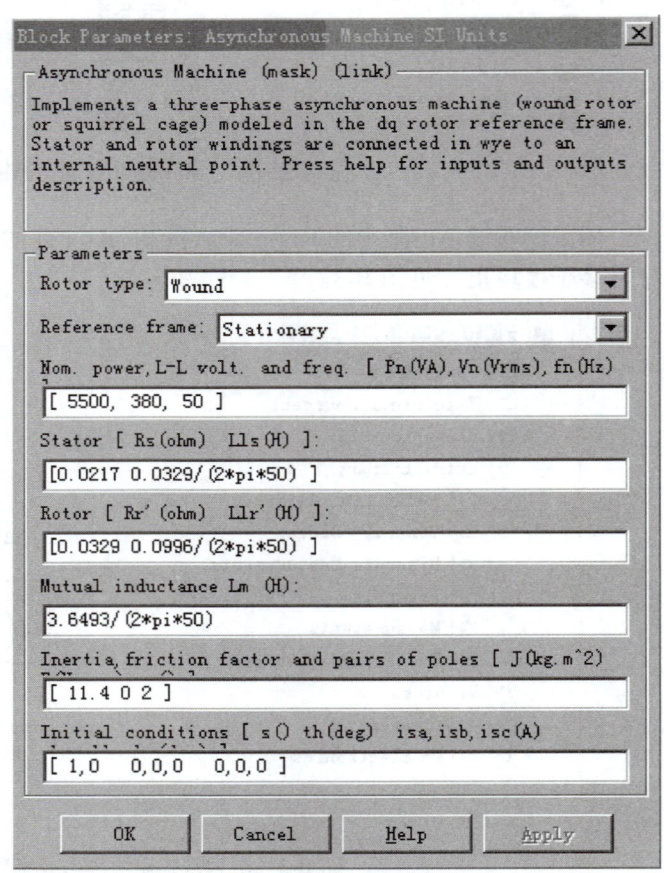

图 B-4 异步电动机参数设置对话框

两种,后者将不显示出转子绕组输出端 a、b、c,而直接将其在模块内部短接。

2) 参考坐标系 (Reference frame) 列表框:其中有 3 种选项:静止坐标系 (Stationary)、基于转子坐标系 (Rotor) 和基于同步旋转磁场坐标系 (Synchronous),一般常选择静止坐标系。

3) 额定参数:额定功率、线电压、电源频率 (Nom. Power, L-L volt. and freq. [Pn (VA) Vn (Vrms) fn (Hz)]);

4) 定子电阻和漏电感 (Stator [Rs (ohm) Lls (H)])。

5) 转子电阻和漏电感 (Rotor [Rr' (ohm) Llr' (H)])。

6) 互电感 (Mutual Inductance Lm (H))。

7) 转动惯量、摩擦系数和极对数 (Inertia J, friction factor F, and pairs of poles P)。

8) 初始条件。

这些参数基本上都是电动机的铭牌参数。如果已知某异步电动机的参数如下:P_N = 5.5kW, U_{1N} = 380V, f_N = 50Hz, R_1 = 0.0217Ω, X_1 = 0.039Ω, R_2 = 0.0329Ω, X_2 = 0.0996Ω, X_m = 3.6493Ω, J = 11.4kg·m, F = 0。

这里的电感由电抗形式给出,需要用公式 $L = X/(2\pi f)$ 计算出电感的数值。具体设置请参见图 B-4。

图 B-5 是所建立的绕线转子异步电动机转子串电阻运行仿真模型。对其中测量分路器 (Machine Measurement Demux) 的设置如图 B-6a 所示。而串接的电阻可以从元件子模块集中得到,具体做法是:选择串联 *RLC* 分支 (Series RLC Branch),然后设置电阻为 1Ω,电感为零,电容为无穷大即可 (见图 B-6b)。

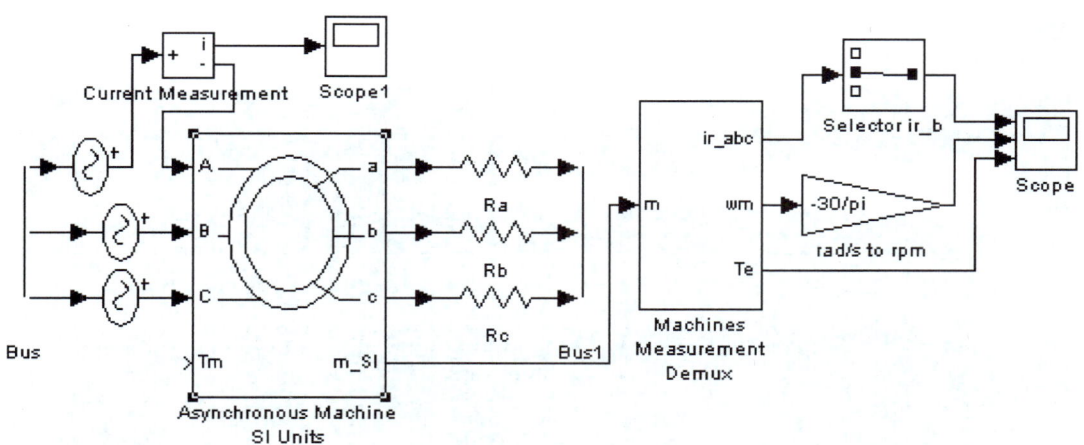

图 B-5 绕线转子异步电动机串电阻运行仿真模型

还需要使用 Selector 元件 (在 "Simulink" → "Signals & Systems" 子模块集中) 从输出的信号中提取所要求的单路信号。三相对称交流电源采用星形联结,三路的初始相位分别设置为 0°、120°、240°。示波器可在 "Simulink" → "Sink" 子模块集中得到。

在运行仿真之后,从示波器 Scope 中得到异步电动机起动过程的 B 相转子电流、转速以及转矩的变化曲线,如图 B-7 所示。

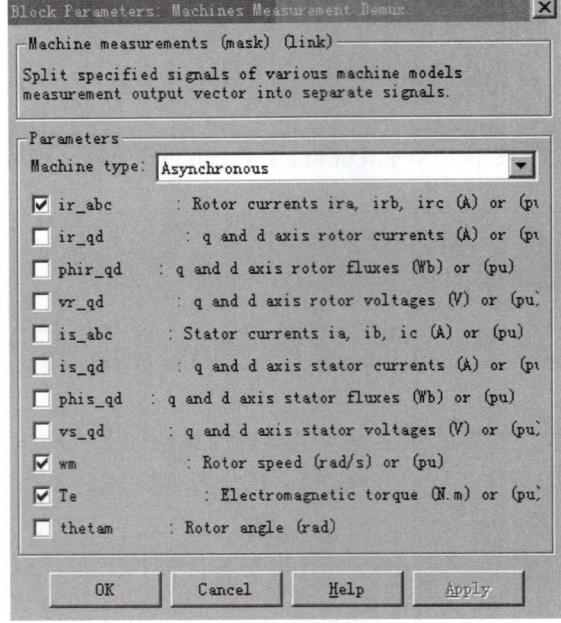

图 B-6 部分模块的参数设置

a) 测量分路器设置 b) 串联电阻设置

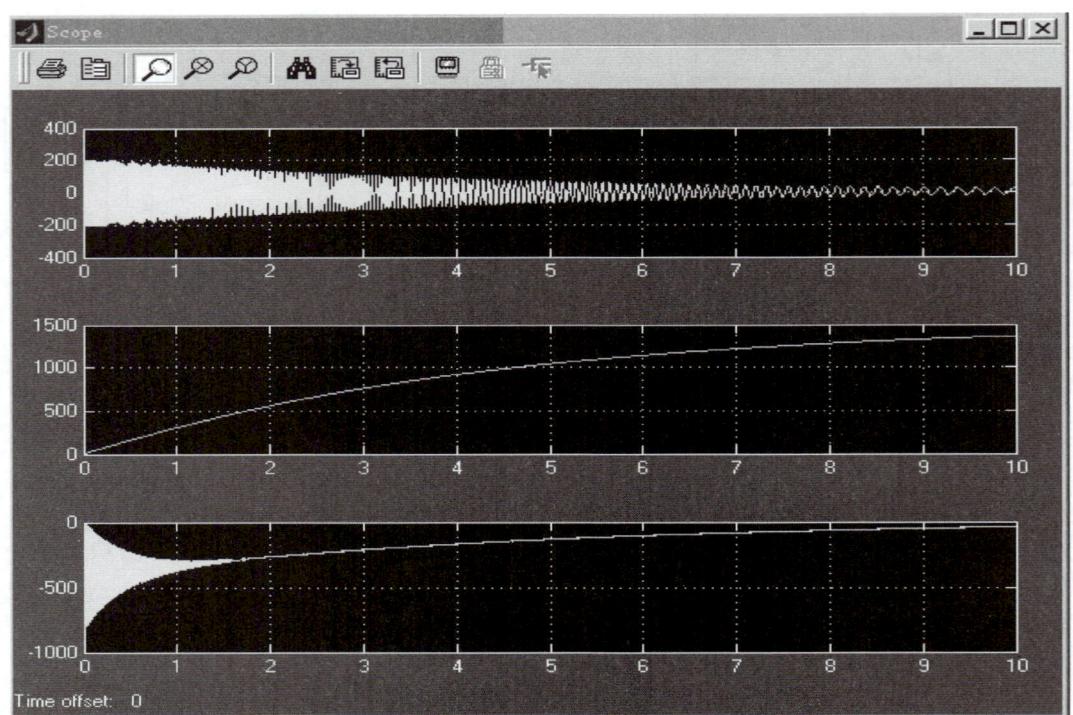

图 B-7 转子电流、转速及转矩变化曲线

从另一个示波器 Scope1 中，我们可以设置示波器水平轴的时间显示范围为 0 ~ 0.1s，以便详细观察异步电动机定子电流波形（见图 B-8）。

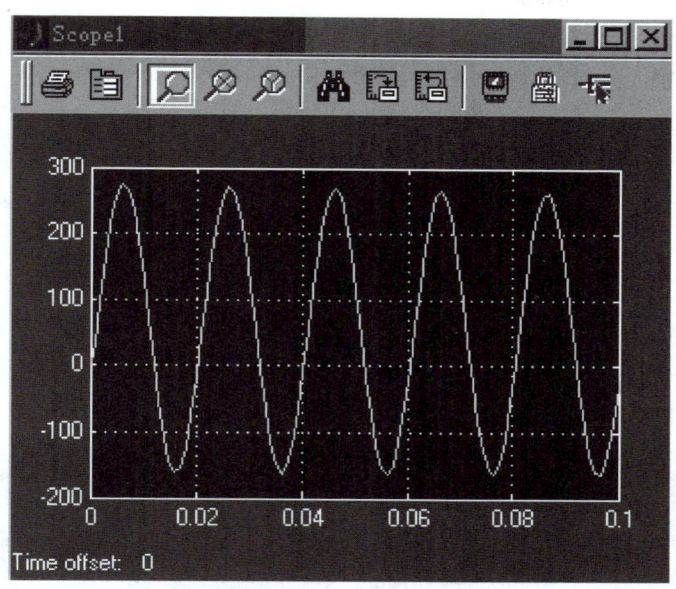

图 B-8　定子电流波形图

[例 B-4]　一台他励直流电动机电枢回路串接电阻起动，试用 MATLAB/Simulink 对其起动过程进行仿真。

解　在 MATLAB 主窗口的工具栏中，用鼠标单击 Simulink 的图标，即启动了 Simulink。出现 Simulink library browser（即 Simulink 库浏览器）窗口，在该窗口菜单中选择 "File" → "New" → "Model"，就可以建立一个新的模型编辑窗口。在此模型窗口中建立如图 B-9 所示的模型，不妨以 dcmotor 的文件名将该模型保存在 work 文件夹中。

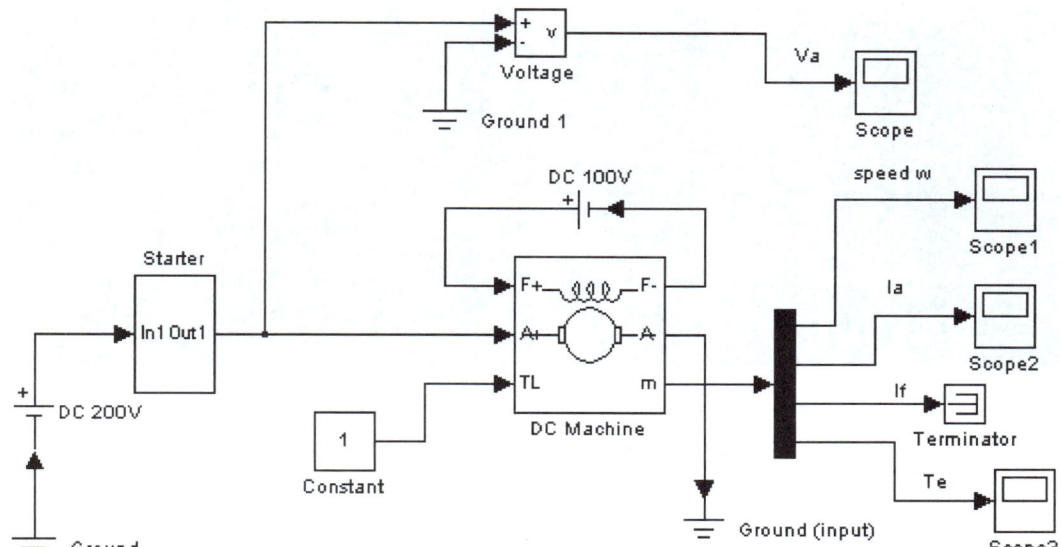

图 B-9　直流电动机电枢串接电阻起动仿真模型

用鼠标双击 DC Machine 图标，弹出对话框，可以设置直流电动机的参数。图 B-9 中的 Starter 模块，是我们封装的子模块，其内部结构如图 B-10 所示。

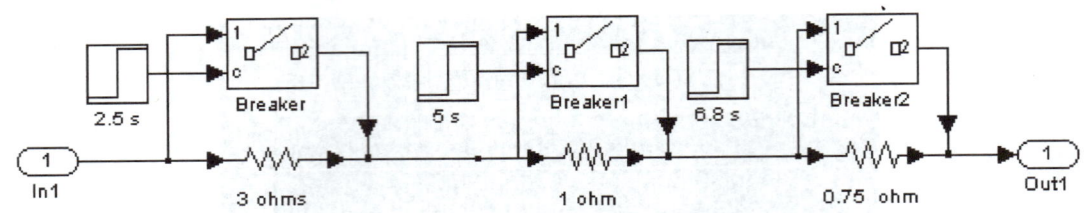

图 B-10　Starter 子模块内部结构

运行该仿真模型后，图 B-11 中的 4 个示波器曲线分别是起动过程中 0～10s，电动机的电枢电压、转速、电枢电流以及电磁转矩随时间变化的曲线。（注：转矩曲线较粗，表示其有一些振荡。）

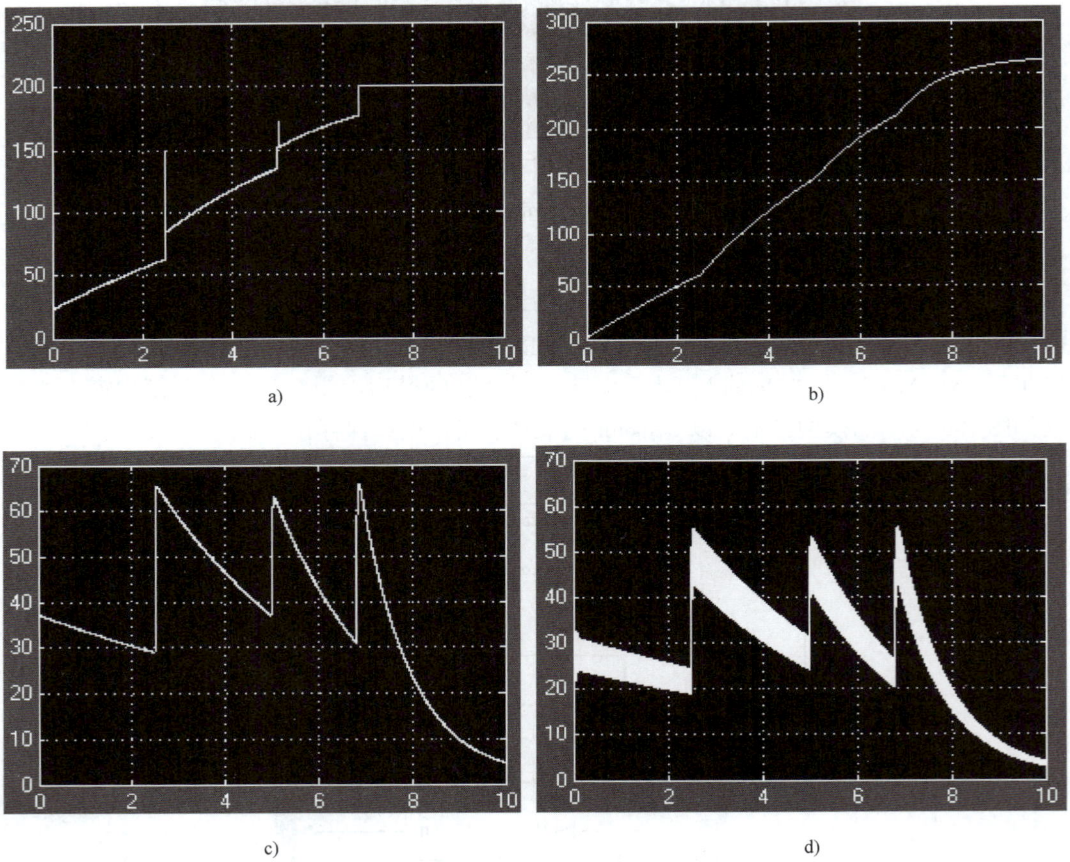

图 B-11　直流电动机起动过程各参数变化曲线图
a) 电枢电压变化曲线　b) 转速变化曲线　c) 电枢电流变化曲线　d) 电磁转矩变化曲线

需要指出：如果事先对某个特定的直流电动机的参数，精确地计算起动电阻和每级的切换时间，则图 B-11c 中的 3 次电流峰值高度应该很接近。

附 录

[例 B-5] 一台三相交流同步电机的额定电压为 440V,额定功率为 112kW,该交流同步电机的定子绕组的极对数为 2,运行在电动机方式,定子线圈连接到容量为充分大的三相交流电网中。当电动机的转速已经进入稳定运行状态时,其轴上的机械负载从 50kW 突然变为 60kW,用 MATLAB/Simulink 对负载突然发生变化时的过渡过程进行仿真。

解 根据题目的要求,首先启动 Simulink,建立一个新的模型。不妨将其命名为 synmotor,并且存放在 work 文件夹中。

在 Power System 模块集的 Machine 子模块集中,有 3 种同步电动机模块供选择。它们分别是:国际单位制基本同步电机模型(Synchronous Machine SI Fundamental)、标幺值基本同步电机模型(Synchronous Machine pu Fundamental)以及标幺值标准同步电机模型(Synchronous Machine pu Standard),如图 B-12 所示。

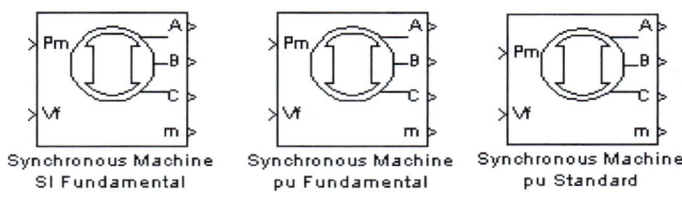

图 B-12　三种同步电机模块

在本题中我们不妨选择使用第一种模块。建立的 MATLAB/Simulink 仿真模型如图 B-13 所示。双击同步电机模块,弹出一个对话框,可以对同步电机的参数进行设置。三相交流电压源的电压峰值为 $\sqrt{2} \times 440$V,频率为 50Hz。把 Pm step 阶跃函数输入设置为在时间为 1s 的时候,电机轴上的负载功率从 50kW 突然变为 60kW。Vf 是转子的励磁电压,为一常数。

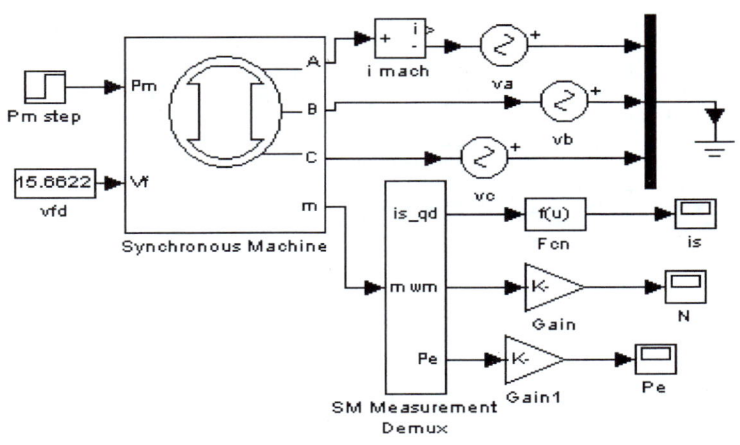

图 B-13　同步电机运行仿真模型

运行仿真之后,电机定子电流的有效值、转速、电磁功率随时间的变化曲线分别如图 B-14 所示。

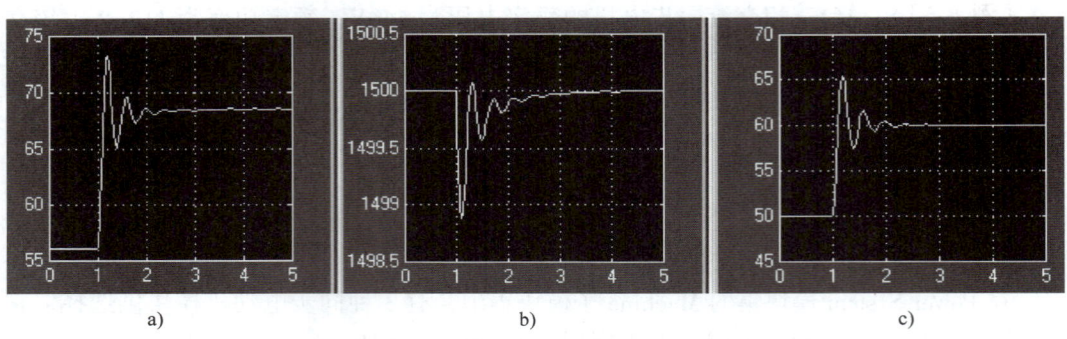

图 B-14　同步电机轴上机械负载突变的仿真曲线
a）定子电流有效值　b）转速　c）电磁功率

[例 B-6]　基于 MATLAB/Power System Blockset 建立一个晶闸管三相全控桥供电的他励直流电动机转速开环控制系统仿真模型。电动机的额定参数如下：$U_N = 220V$，$I_N = 32A$，$n_N = 850r/min$，$R_a = 0.5\Omega$，已知电动机转子以及负载的飞轮惯量总计为 $GD^2 = 49N \cdot m^2$，励磁绕组电压 $U_f = 220V$，滤波电抗器为 0.01H。当整流桥触发延迟角 α 在 7s 内从 35°变成为 0°时，观察该直流电动机在带有额定负载的情况下，电动机电枢两端电压、电磁转矩以及转速随时间变化的仿真曲线。

解　首先建立 MATLAB/Simulink 仿真模型如图 B-15 所示。

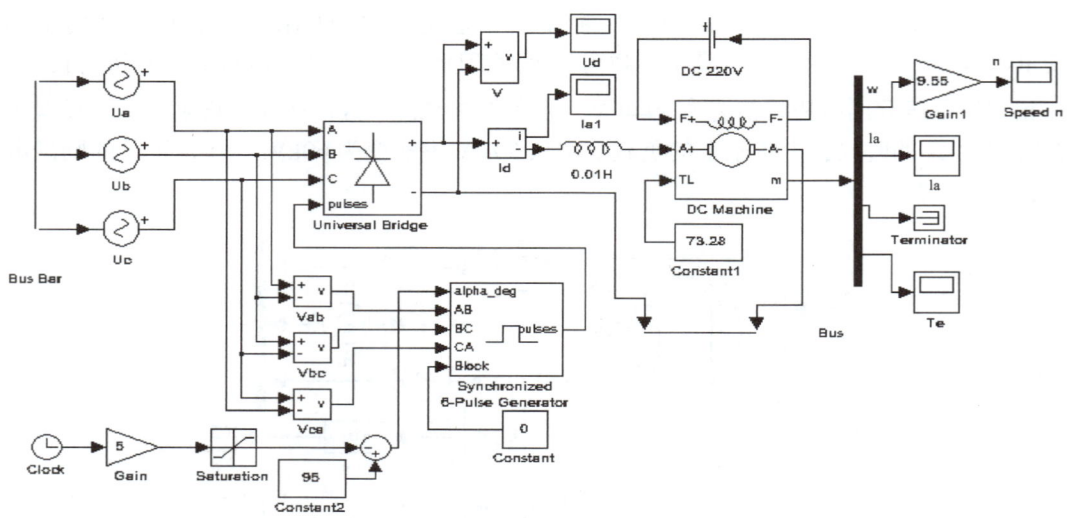

图 B-15　晶闸管三相全控桥供电的他励直流电动机转速开环控制系统仿真模型

因为三相全控桥整流电路输出的直流平均电压为
$$U_d = 2.34 U_2 \cos\alpha$$
式中　U_2——交流电源相电压的有效值；

α——整流桥触发延迟角，$\alpha = \alpha_1 - 60°$，而 α_1 为某相电压触发延迟角。

在设置三相同步触发脉冲发生器模块参数时，可以在 alpha_deg 端口设置 α_1 的值。

考虑当 $\alpha = 0$ 时，U_d 取得最大值为 $U_d = U_N = 220V$，于是

$$U_2 = \frac{220}{2.34}\text{V} = 94\text{V}$$

而相电压的峰值为

$$U_{2m} = \sqrt{2} \times 94\text{V} = 132.936\text{V}$$

因此，按照图 B-16 设置 A 相交流电压源的参数，B 相和 C 相的参数设置和 A 相基本相同，只是相角分别为 120°和 240°。

三相同步触发脉冲发生器模块和三相晶闸管整流桥模块的参数设置分别如图 B-17 和图 B-18 所示。直流电机模块参数设置如图 B-19 所示。

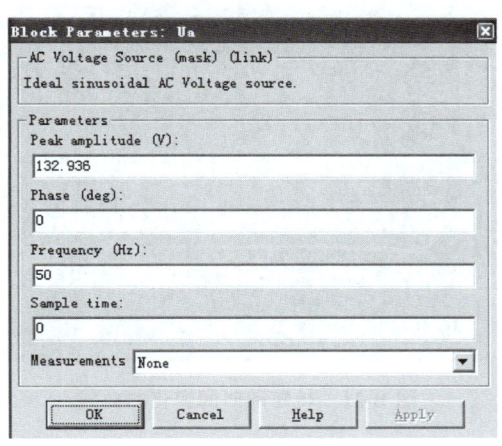

图 B-16　设置 A 相交流电压源参数 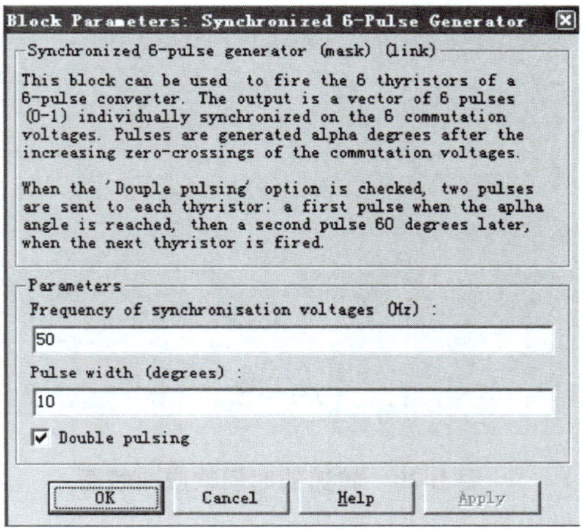　　图 B-17　三相同步触发脉冲发生器模块参数设置

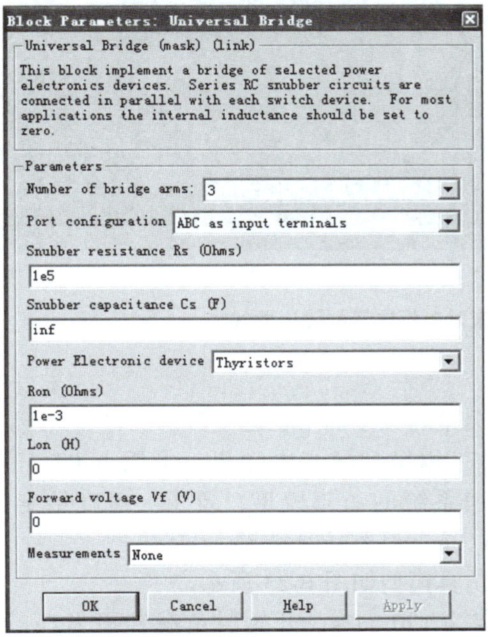

图 B-18　三相晶闸管整流桥模块参数设置 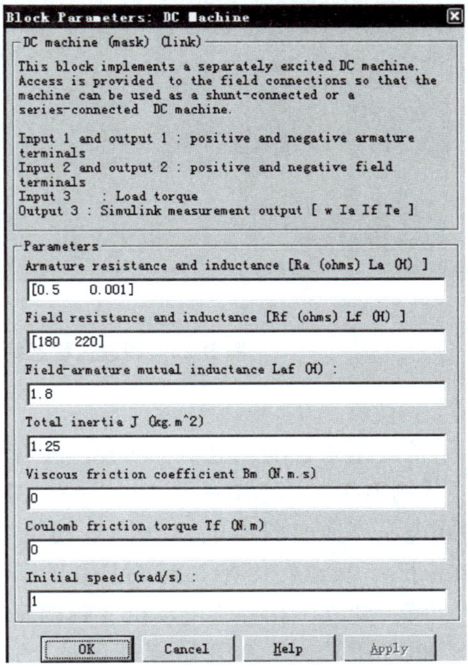　　图 B-19　直流电动机模块参数设置

因为 $C_e\Phi = \dfrac{U_N - I_N R_a}{n_N} = \dfrac{220 - 32 \times 0.5}{850} = 0.24$，$C_T\Phi = 9.55 C_e\Phi = 2.29$，电动机带额定负载转矩为

$$T_z = T_N = C_T\Phi I_N = 2.29 \times 32 \text{N} \cdot \text{m} = 73.28 \text{N} \cdot \text{m}$$

飞轮惯量为 $GD^2 = 49\text{N} \cdot \text{m}^2$，则转动惯量为 $J = \dfrac{GD^2}{4g} = \dfrac{49}{4 \times 9.8} \text{kg} \cdot \text{m}^2 = 1.25 \text{kg} \cdot \text{m}^2$。饱和非线性模块上限取 35，下限为 0。

仿真时间为 10s，仿真算法为 ode15s，结果如图 B-20 ~ 图 B-22 所示。

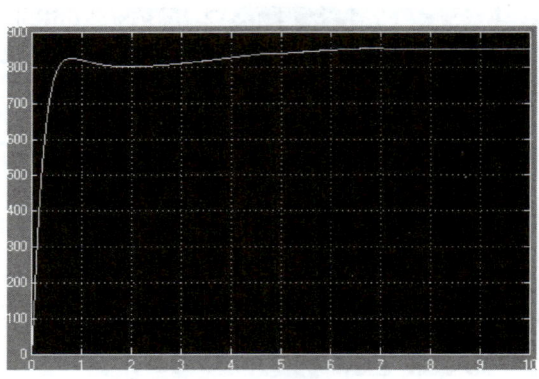

图 B-20 转速的时间响应曲线图

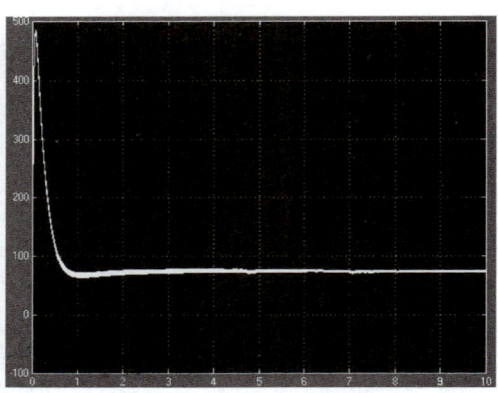

图 B-21 转矩随时间变化的曲线

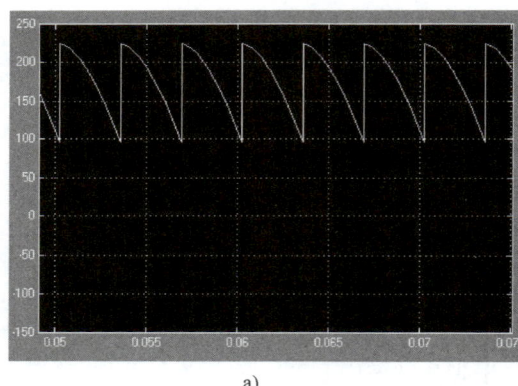

a)

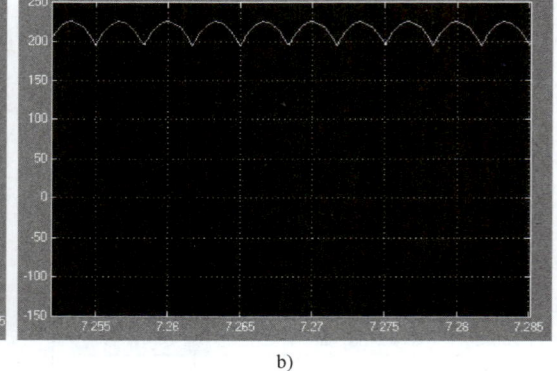

b)

图 B-22 调速过程起始时和结束时电枢电压的波形曲线

a) 起始时　b) 结束时

仿真结果显示，电动机的转速随着触发延迟角的减小而平稳地上升。

[例 B-7]　已知一台 50hp（36.8kW）的三相笼型异步电动机，采用 IGBT 三相桥式电压型逆变器供电建立该电动机变频调速系统的仿真模型，要求：速度给定为 120rad/s，负载转矩在 1.8s 时从 0 阶跃至 200N·m。观察仿真结果。

解　建立三相异步电动机变频调速系统的仿真模型如图 B-23 所示。

电动机转速从 0 开始逐渐增加，速度给定为 120rad/s。开始时负载转矩为 0，在 1.8s 时突然加到 200N·m。图 B-24 为逆变器输出的三相异步电动机 A 相和 B 相之间线

电压的波形。而图 B-25 则是细化的波形。

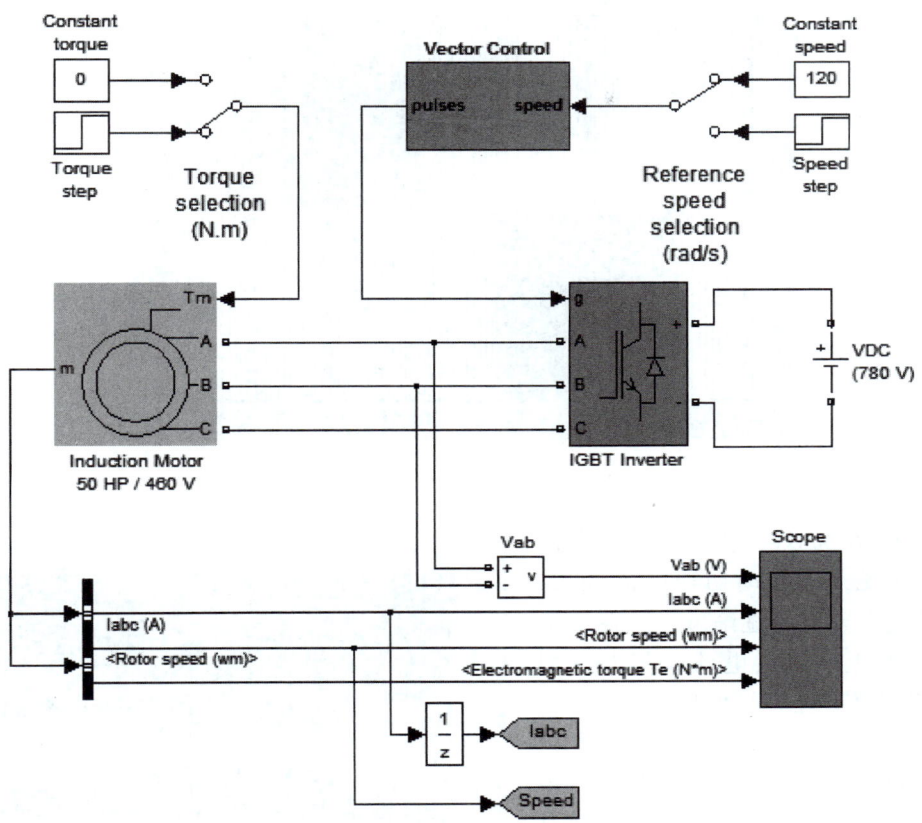

图 B-23　三相异步电动机变频调速系统仿真模型

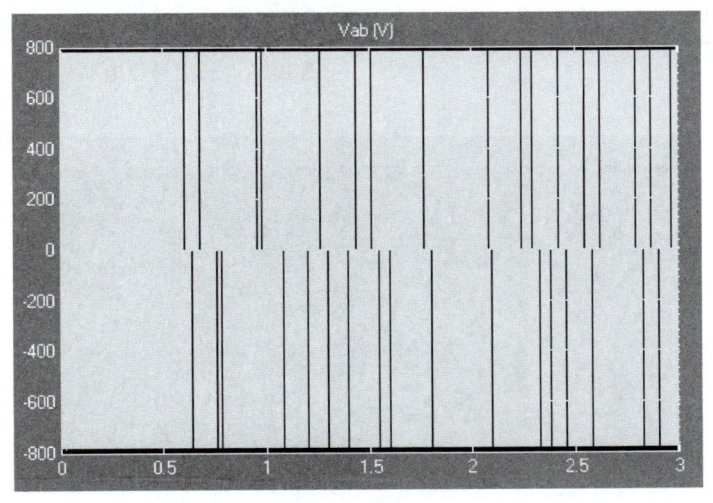

图 B-24　逆变器输出的三相异步电动机 A 相和 B 相之间线电压的波形

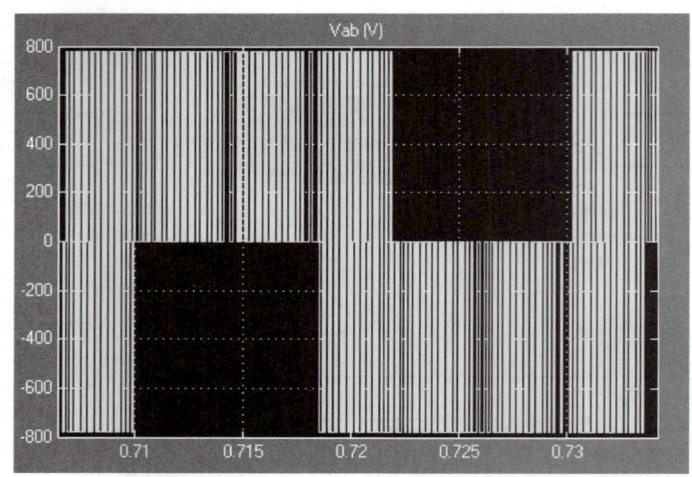

图 B-25 逆变器输出的细化的线电压波形

图 B-26 为这一过程线电流的波形图,可见,在起动初期电流较大,随着转速上升电流逐渐减小。在 1.8s 时由于加上负载,电流又增加。而图 B-27 是转速随时间变化波形,转速在起动时有一些超调,并且逐渐趋向 120rad/s 的稳态值。在 1.8s 时,由于突加负载而有所降低,然后又经过调节,逐渐又回到 120rad/s 的稳态值。图 B-28 是电动机输出电磁转矩随时间变化的波形,由于有抖动,所以看上去曲线较粗。

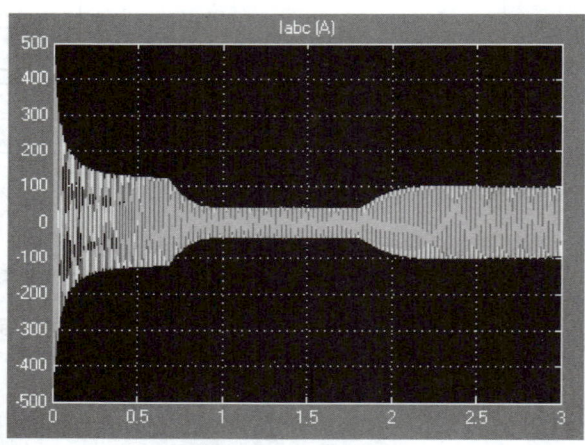

图 B-26 三相异步电动机的线电流波形

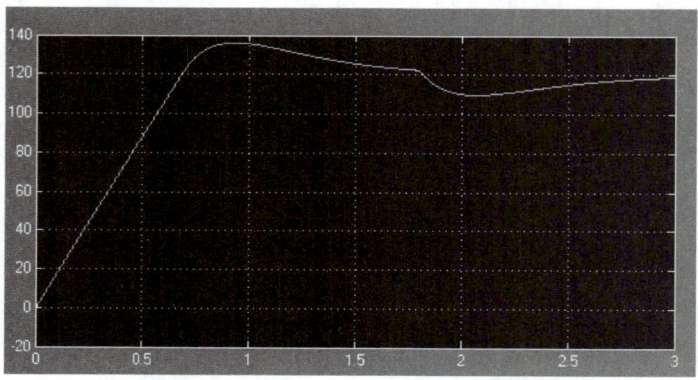

图 B-27 三相异步电动机的转速随时间变化波形

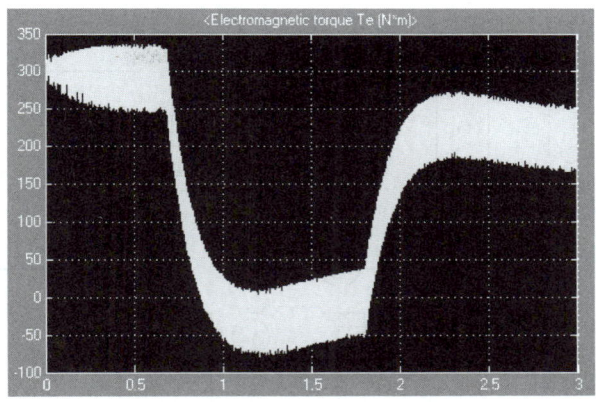

图 B-28　三相异步电动机的输出电磁转矩随时间变化波形

我们也可以比较方便地建立各种类型的直流电机、同步电机、控制电机、变压器等设备的仿真模型，还可以建立这些设备和电力电子学的器件或装置以及控制设备结合在一起所构成的系统仿真模型。MATLAB/Simulink 及其 Power System Blockset 对我们学习和研究"电机及拖动"提供了一个强大的工具。

附录 C　电力拖动教学参考实验

"电机及拖动基础"是一门实验性很强的专业基础课，这里提供几个涵盖电力拖动课程主要内容的教学参考实验，供各院校参考。

实验一　他励直流电动机在各种运转状态下机械特性的测定

一、实验目的

（1）掌握并且实验验证他励直流电动机的工作原理。
（2）掌握他励直流电机在各种运转状态下的固有特性和人为特性。
（3）熟悉他励直流电动机的各种调速方式和运行特性。

二、实验方法

电动机的机械特性是指电动机的转速 n 与电磁转矩 T_e 的关系 $n=f(T_e)$。在实验测定他励直流电动机机械特性时，由于其电磁转矩 $T_e=C_T\Phi I_a$，所以在磁通不变（$C_T\Phi$ 为常数）的情况下，电磁转矩 T_e 和电枢电流 I_a 成正比，两者仅相差常数倍。因此，对他励直流电动机在磁通不变的情况下，又可以将 $n=f(I_a)$ 曲线表示为其机械特性。另一方面，在测得电枢电阻 R_a 后，被试直流电动机的电磁转矩也可以通过公式 $T_e=9.55(I_aU_a-I_a^2R_a)/n$ 计算得到（其中 I_a 和 U_a 分别为被试直流电动机的电枢电流和电枢电压）。

为了测定他励直流电动机在各种运转状态下的机械特性，比较方便的办法是使用另外一台与其同轴联接的他励直流电机（称为负载电机）与被试电机配合来完成被试他励直流电动机的机械特性测定。需要指出，尽管负载电机有时也工作在电动状态以驱动被试电机，但是在习惯上人们都称之为负载电机。测试时可以参考使用图 C-1 所示的实验线路。

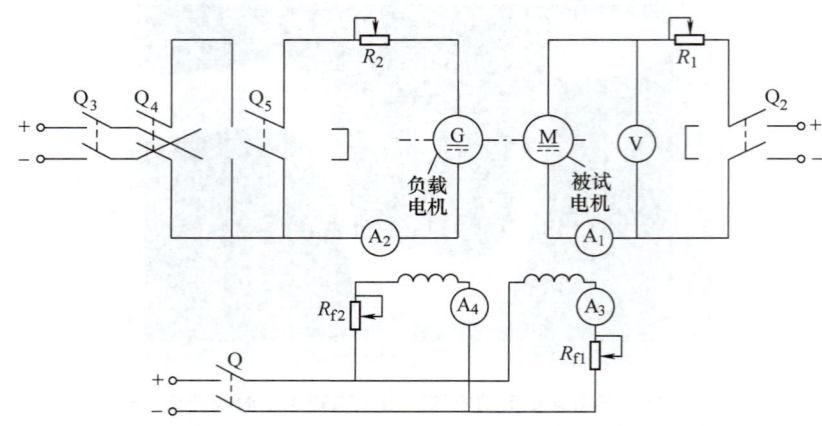

图 C-1　他励直流电动机机械特性测定实验线路

三、实验设备与仪表

(1) 他励直流电动机—发电机组　　　　　一组
(2) 电枢电路用直流电流表　　　　　　　两块
(3) 励磁电路用直流电流表　　　　　　　两块
(4) 电枢电路用可变电阻器　　　　　　　两台
(5) 励磁电路用可变电阻器　　　　　　　两台
(6) 转速表或测速仪　　　　　　　　　　一台
(7) 多量程直流电压表　　　　　　　　　一块

四、实验内容

首先，按照图 C-1 所示的实验参考线路图连接实验线路。

1. 电动运转状态下机械特性的测定

首先合上 Q_1，为两台电机的励磁绕组供电。调节 R_{f1} 和 R_{f2}，使两台电机的励磁电流达到额定值。Q_5 合向右边，使负载电机的电枢回路串接 R_2 后短接。将 R_1 调至阻值最大以限制起动电流，然后向右合上 Q_2 使被试电机的电枢回路接通电源，并且逐渐将 R_1 的阻值减小至零。这时，被试电机处于电动运转状态，其机械特性如图 C-2 中的实线所示；而负载电机工作在能耗制动状态，如图 C-2 中的虚线所示，改变 R_2 的电阻值，两台电机的机械特性分别相交于 a、b、c 和 d 点。测定被试电机在这些稳定运行点下稳定运行时的转速和电磁转矩值，将这些点连接起来，就得到被试电机在电动运转状态下的机械特性曲线。

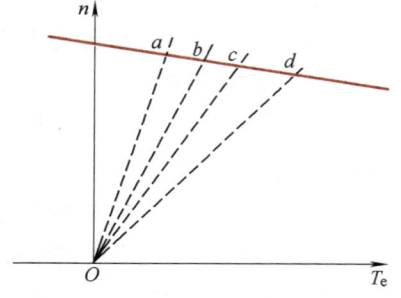

图 C-2　电动运转时机械特性测定

被试电机在电动状态下的固有机械特性（当电枢电压、励磁电流均为额定值，串接电阻 R_1 为零时的机械特性）和各种电动状态的人为特性的测定都可以采用上述方法。

2. 回馈制动状态下机械特性的测定

为了测试被试直流他励电机在回馈制动状态下的机械特性,必须使负载电机工作在正向电动运转状态(即其转动方向与被试电机电动运行时的转动方向一致)。实验前,应该已经确定 Q_4 的投向与负载电机转向的对应关系,并且标定清楚。实验时,通过控制 Q_3、Q_4 和 Q_5,以及 R_2 和 R_{f2},使负载电机和被试电机转向一致,并且负载电机的理想空载转速超过被试电机的理想空载转速。观察电流表 A_1,当被试电机的电流变为负值时(电动状态时为正值),就说明被试电机已经处于回馈制动状态。恰当地调节 R_2 和 R_{f2} 的电阻值,就可以得到如图 C-3 所示的一组用虚线表示的负载电机机械特性曲线。这些特性曲线与被试电机在回馈制动状态下的机械特性分别相交于 e、f 和 g 点。测定被试电机在这些稳定运行点下稳定运行时的转速和电磁转矩值,将这些点连接起来,就得到被试电机在回馈制动状态下的机械特性曲线。

在测定被试电机在回馈制动状态下的机械特性时,需要对负载电机弱磁,并且减小 R_2 的电阻值以提高其转速,因此,一定要注意电流表 A_2,不可使负载电机的电枢电流过大。

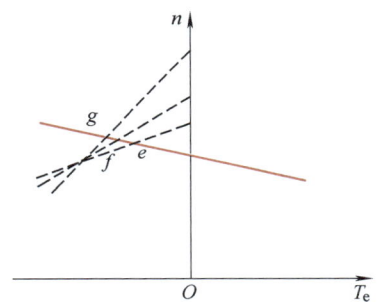

图 C-3 回馈制动运转时机械特性测定

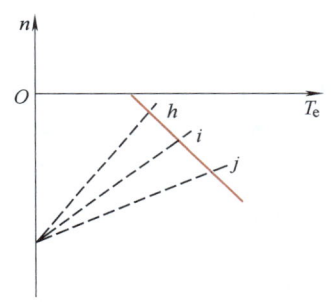

图 C-4 反接制动运转时机械特性测定

3. 反接制动状态下机械特性的测定

将 R_1 的电阻值调到较大的位置,这时被试电机的机械特性较软。为了使被试电机工作在反接制动运行状态,必须变换 Q_4 的投向,使负载电机工作在反向电动运转状态(即与被试电机在电动运行时的转向相反)。

在适当的范围内调节 R_2 的电阻值,就可以得到如图 C-4 中所示的一组用虚线表示的负载电机机械特性曲线。这些特性曲线与被试电机在反接制动状态下的机械特性分别相交于 h、i 和 j 点。测定被试电机在这些稳定运行点下稳定运行时的转速和电枢电流值,将这些点连接起来,就得到被试电机在反接制动状态下的机械特性曲线。

4. 能耗制动状态下机械特性的测定

将 Q_2 投向左边,使被试电机的电枢回路串接 R_1 后短接,被试电机工作在能耗制动状态。而负载电机工作在正向电动运转状态,调节 R_2 就可以得到如图 C-5 中所示的一组用虚线表示的负载电机机械特性曲线。这些特性曲线与被试电机在能耗制动状态下的机械特性分别相交于 k、l 和 m 点。测定被试电机在这些稳定运行点下稳定运行时的转速和电磁转矩值,将这些点连接起来,就得到被试电机在能耗制动状态下的机械特性曲线。

五、实验说明

（1）在保持励磁电流 $I_f = I_{fN} =$ 常数的情况下，完成以下实验：

1）使被测电动机 M 的电枢电压为 $U = U_N$，电枢回路串接的可变电阻器 R_1 为零，测试电动机在电动状态、发电状态及反接制动状态下的机械特性。

2）使被测电动机 M 的电枢电压为 $U = U_N$，电枢回路串接的可变电阻器 $R_1 = 10\Omega$，测试电动机在电动状态和反接制动状态下的机械特性。

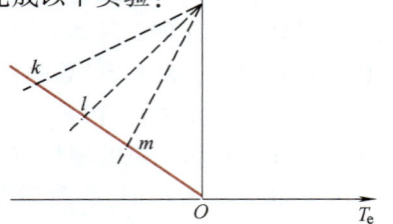

图 C-5　能耗制动运转时机械特性测定

3）使被测电动机 M 的电枢电压为 $U = 0$，电枢回路串接的可变电阻器 R_1 的电阻值分别为 $R_1 = 10\Omega$ 和 $R_1 = 5\Omega$ 时，测电动机在能耗制动状态下的机械特性。

（2）改变被测试电动机 M 的励磁电流，使 $I_f = 60\% \times I_{fN}$，测 $U = U_N$、$R_1 = 10\Omega$ 时的机械特性。

（3）测定电动机 M 的电枢电阻 R_a 的电阻值。

六、实验操作步骤

按照图 C-1 接线。

1. 电动状态下机械特性的测定

当忽略机械损耗时，可以近似认为电动机轴上的输出转矩等于电动机的电磁转矩 $T_e = C_T \Phi I_a$。他励直流电动机在磁通不变的情况下，其机械特性可以用曲线 $n = f(I_a)$ 来描述。

1）闭合开关 Q_1，使负载电机 G 和被试电机 M 通入励磁电流。

2）将被试电机 M 电枢回路串接的可变电阻器 R_1 的电阻值调至最大。

3）将开关 Q_2 向右侧电源合闸，使被试电机电枢接通电源。

4）逐步调节电动机电枢回路串接的可变电阻器 R_1 的电阻值，使电动机开始升速，运行于电动状态。

5）此时，将开关 Q_5 投向右边短路侧，使负载电机 G 作为发电机运行。

6）改变电阻器 R_2 的电阻值。测量被测试电机 M 电枢电流 I_a 及转速 n。

7）共测取 5 组数据，记录于表 C-1 中。

$$n = \frac{U_N}{C_e \Phi} - \frac{I(R_a + R_1)}{C_e \Phi}$$

测得　$n' = \dfrac{U}{C_e \Phi} - \dfrac{I(R_a + R_1)}{C_e \Phi}$

折算到 U_N 下的 n 为　　$n = \dfrac{U_N - I(R_a + R_1)}{U - I(R_a + R_1)} n'$

表 C-1　他励直流电机机械特性实验数据

序　号	1	2	3	4	5
U/V					
$n'/(r/min)$					

(续)

序　号	1	2	3	4	5
I_a/A					
n/(r/min)					

注：表中 I_a、n 为绘图用数据。

2. 发电制动状态下机械特性的测定

将可变电阻器 R_2 的电阻值调到最大的位置，合上开关 Q_1，接通两台电机的励磁电源。再将开关 Q_5 合向左边电源侧，使负载电机 G 作为电动机运转。如果这时负载电机 G 与被试电机 M 的转向一致（若转向不一致，则可改变开关 Q_4 的投向，使它们转向一致），调节可变电阻器 R_{f2} 减小励磁电流，并且调节可变电阻器 R_2，可以使负载电机转速超过被测电机理想空载转速 n_0。此时，将开关 Q_2 投向右侧电源，被试电机 M 进入发电制动运行状态。将 R_2 调至几个不同的位置，注意被试电机 M 的转速不要超过 $1.2n_N$，记录被试电机 M 电枢电流 I_a 及转速 n 的数据 4 组，其机械特性位于第二象限。

如果使用上述方法，使两台电机均为反转，则可测得电机反向回馈制动状态的机械特性，它位于第四象限。

3. 反接制动状态下机械特性的测定

使负载电机 G 反向电动运转，即应使负载电机 G 的转向与被试电机 M 电动状态的转向相反。当 R_2 设置在不同的阻值时，可以得到负载电机 G 的机械特性族，它们与被试电机 M 在反接制动状态下的机械特性曲线（R_1 的电阻值要调至相当大）分别相交于第四象限。在这些稳定运行点上，测出被试电机 M 的电枢电流 I_a 及转速 n，共读取 4 组数据，即可得到被试电机 M 在反接制动状态下的机械特性。

4. 能耗制动状态下机械特性的测定

开关 Q_2 投向左边短路侧，此时 $U=0$，可变电阻器 R_1 分别调至 $R_1=10\Omega$ 和 5Ω，这时被试电机 M 处于能耗制动状态，使负载电机 G 作电动运转。当 R_2 置于不同阻值位置时，可以得到负载电机 G 的机械特性族。它们与被测电机能耗制动状态下的机械特性曲线相交于第二象限，并且经过原点。测出被试电机 M 的电枢电流 I_a 及转速 n，共读取 4 组数据，即可得到被测电机 M 在能耗制动状态下的机械特性。

由此可见，利用一台直流电机 G 作为被试电机 M 的负载，使其运转在不同状态下，即可获得电机在不同运转状态下的机械特性。

实验二　他励直流电动机飞轮惯量的测定

一、实验目的

（1）对电力拖动系统中重要的物理量飞轮惯量的物理属性，以及它在动力学系统中的重要性有较为清楚的认识。

（2）熟悉和掌握使用自由停车法测定他励直流电动机飞轮惯量 GD^2 的方法。

二、实验方法

电动机的飞轮惯量是电力拖动系统中一个重要的物理量，它是一个在工程计算中反映电动机转子转动惯量的重要参数。

转动惯量用符号 J 来表示，单位是 $kg \cdot m^2$，是我国国家标准以及国际标准中的标准物理量。但是在工程应用中，人们习惯用飞轮惯量 GD^2（单位：$N \cdot m^2$）来表示。其中，G 是转子的重力（单位：N）；D 是转子的惯性直径（单位：m）。

两者之间的关系是：$GD^2 = 4gJ$ 或 $J = \dfrac{GD^2}{4g}$ 其中，$g = 9.81 m/s^2$ 为重力加速度。

其测定方法主要有估算法、单钢丝扭转摆动法、双钢丝扭转摆动法和自由停车法。这里只介绍自由停车法。

首先，使被测电动机运行于接近额定转速值，稳定运行后迅速切断电动机的电源，同时应用函数记录仪，或者记忆示波器，或其他设备记录电动机自由停车过程的 $n = f(t)$ 曲线，所得曲线如图 C-6 所示。

由电力拖动系统的运动方程式

$$T_e - T_z = \frac{GD^2}{375} \cdot \frac{dn}{dt}$$

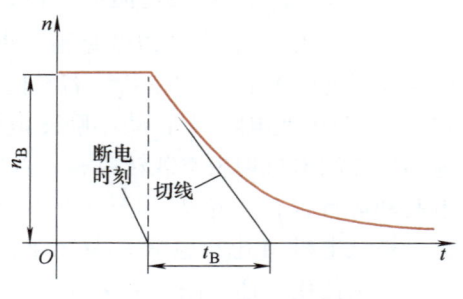

图 C-6　自由停车过程曲线

式中　T_e——被测电机输出的电磁转矩；

　　　T_z——断电时刻的电机负载转矩；

　　　n——电机的转速。

电动机在断电后自由停车时，电磁转矩 $T_e = 0$，系统运动方程为

$$-T_z = \frac{GD^2}{375} \frac{dn}{dt}$$

利用所得的 $n = f(t)$ 曲线，在曲线上一点作一条切线，从图中可见该点的斜率为 $dn/dt = -n_B/t_B$。只要试验测出电动机在该转速 n_B 下运行时的 T_z 值，即可以求出电动机转子的飞轮惯量 GD^2 为

$$GD^2 = \frac{375 T_z t_B}{n_B}$$

由于电动机输入的电功率减去电动机的铜耗和铁耗就是电动机的电磁功率 P_e，根据机电能量转换原理，有

$$P_e = T_e \omega = 9.55 T n$$

式中　T_e——电动机的拖动转矩（$N \cdot m$）；

　　　ω——电动机的角速度（rad/s）；

　　　n——电动机的转速（r/min）。当电动机稳定运行时，其转速恒定（$dn/dt = 0$），这时 $T_e = T_z$。

因此，对于直流他励电动机，可以用下式计算 T_z：

$$T_z = 9.55(U_a I_a - I_a^2 R_a)/n_B$$

式中　U_a——电枢两端电压；

　　　I_a——电枢电流；

　　　R_a——电枢电阻；

　　　n_B——断电时电动机的转速。

对于三相交流异步电动机，则可以用下式计算 T_z：
$$T_z = 9.55(P_M - p_O)/n_B$$
式中　P_M——三相交流异步电动机从电网输入的功率；
　　　p_O——定子的铜耗、铁耗以及转子铜耗之和；
　　　n_B——断电时电动机的转速。

三、实验内容

（1）按照图 C-7 所示的实验参考线路图连接实验线路。

（2）测量并且记录直流电动机的电枢电阻。

（3）测量、记录自由停车过程中转速随时间变化 $n = f(t)$ 的曲线图。

（4）测定他励直流电动机在某转速 n_B 运行时的负载转矩 T_z 值。

（5）根据函数记录仪打印输出的 $n = f(t)$ 曲线图，在曲线图上刚开始降速的位置上作切线，并且计算出飞轮惯量。

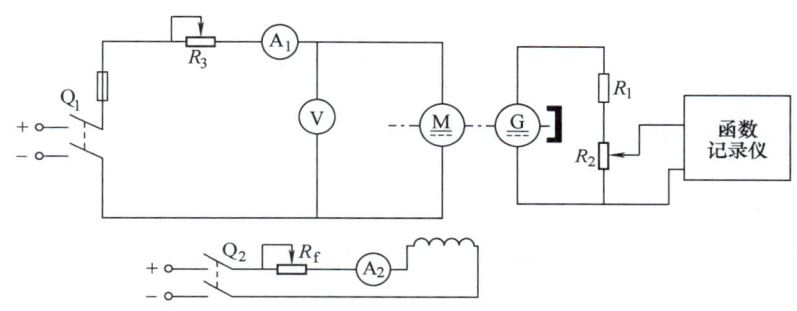

图 C-7　测定飞轮惯量试验线路

四、实验设备与仪表

（1）他励直流电动机—测速发电机组　　　　　　　　　　一组

（2）电枢电路用直流电流表　　　　　　　　　　　　　　一块

（3）励磁电路用直流电流表　　　　　　　　　　　　　　一块

（4）电枢电路用可变电阻器　　　　　　　　　　　　　　一台

（5）转速表或测速仪　　　　　　　　　　　　　　　　　一台

（6）多量程直流电压表　　　　　　　　　　　　　　　　一块

（7）函数记录仪　　　　　　　　　　　　　　　　　　　一台

五、实验说明

当直流电动机电枢电路断电，处于自由停车状态时，电动机输出的电磁转矩为零。因此，系统的运动方程式为

$$-T_z = \frac{GD^2}{375} \frac{dn}{dt}$$

为了测量飞轮惯量 GD^2，需要测量出断电瞬时的负载转矩 T_z，以及通过函数记录仪打印输出的转速下降曲线（参见图 C-6）得到断电瞬时的 dn/dt 值（即 $dn/dt = -n_B/t_B$）。

实验时，他励直流电动机在额定励磁电流下，运行于接近额定转速值并且进入稳定运行以后，则 $dn/dt = 0$，因此 $T_e = T_z$。可以用以下公式计算出 T_z 的值：

$$T_z = 9.55(U_a I_a - I_a^2 R_a)/n_B$$

将断电瞬时的 T_z 值与 dn/dt 值代入自由停车的运动方程式，按照下式可以计算出电力拖动系统的飞轮惯量（在本实验中包括电动机和测速发电机转子的飞轮惯量）：

$$GD^2 = 3581.25 t_B (U_a I_a - I_a^2 R_a)/n_B^2$$

六、实验操作方法

测量飞轮惯量的实验线路如图 C-7 所示。

1. 测量他励直流电动机电枢电阻

1）合上开关 Q_2，他励直流电动机的励磁绕组接通电源，并且调节 R_f 使励磁电流达到额定励磁电流值。

2）合上开关 Q_1，并且调节 R_3 使他励直流电动机电枢两端的电压接近额定电压，使电动机在额定转速附近连续工作 10min 以上，使电枢绕组温度达到与后续测量飞轮惯量时相近的温度。

3）断开开关 Q_1，立即用高精度的数字式万用表（选择合适的测量档位）测量电动机的电枢电阻 R_a。

2. 测量他励直流电动机电磁转矩和打印 $n = f(t)$ 曲线

1）合上开关 Q_2，他励直流电动机的励磁绕组接通电源，并且调节 R_f 使励磁电流达到额定励磁电流值。

2）合上开关 Q_1，并且调节 R_3 使他励直流电动机电枢两端的电压接近额定电压，并且等待电动机转速进入稳定状态。

3）对电枢电路两端的电压 U_a 和电枢回路的电流测量值 I_a 读数并且记录。

4）用测速仪测量电动机转速并且记录。

5）函数记录仪开始打印，断开开关 Q_1，并且用函数记录仪记录降速曲线，即 $n = f(t)$ 曲线。

6）根据函数记录仪打印输出的 $n = f(t)$ 曲线，作切线图并且测量 t_B（见图 C-6），用测速仪得到的转速值来确定图上的 n_B 值，记录纸上应该有时间刻度，可以确定 t_B。

7）略微改变 R_3 的值，重复 2）~6）的过程，读取 3 组的数据，记录在表 C-2 中。

8）计算 T_z 和 GD^2，也记录在表 C-2。3 次得到的 GD^2 值求平均值后，即为最终所求得的 GD^2，注意，这里得到的飞轮惯量值是电动机和测速发电机共同的值，通常，测速发电机的飞轮惯量很小，可以忽略不计。因此直流电动机的飞轮惯量比所求得的 GD^2 值略微小一点，要根据实际情况进行适当的修正。

表 C-2　测定飞轮惯量实验记录

序号	I_a	U_a	n_B	t_B	R_a	T_z	GD^2
1							
2							
3							
平均值							

附　录

实验三　三相异步电动机起动与调速

一、实验目的

（1）熟悉和掌握三相异步电动机的各种起动方法。
（2）熟悉三相异步电动机的各种调速方法。

二、实验预习

（1）复习三相笼型异步电动机的主要起动方法和调速原理。
（2）在工业应用中，一般多大功率以下的三相异步电动机允许直接起动？
（3）如何应用堵转实验数据求得起动电流和起动转矩？

三、实验内容

（1）三相笼型异步电动机的直接起动。
（2）三相笼型异步电动机通过晶闸管相控降压起动器起动。
（3）三相笼型异步电动机的星形-三角形（Y-△）起动。
（4）三相笼型异步电动机的自耦变压器法起动。
（5）三相绕线转子异步电动机转子绕组串入可变电阻器起动。
（6）三相绕线转子异步电动机转子绕组串入频敏电阻器起动。
（7）三相绕线转子异步电动机转子绕组串入可变电阻器调速。
（8）三相笼型异步电动机使用变频器调速。

四、实验设备与仪表

（1）三相笼型异步电动机—他励直流发电机组　　　　　一组
（2）三相绕线转子异步电动机—他励直流发电机组　　　一组
（3）测功机　　　　　　　　　　　　　　　　　　　　一台
（4）三相自耦变压器　　　　　　　　　　　　　　　　一台
（5）三相变阻器　　　　　　　　　　　　　　　　　　一台
（6）三相频敏变阻器　　　　　　　　　　　　　　　　一台
（7）晶闸管相控降压起动器　　　　　　　　　　　　　一台
（8）星形-三角形（Y-△）起动器　　　　　　　　　　 一台
（9）交流电压表　　　　　　　　　　　　　　　　　　三块
（10）交流电流表　　　　　　　　　　　　　　　　　 三块
（11）直流电流表　　　　　　　　　　　　　　　　　 两块
（12）低功率因数功率表　　　　　　　　　　　　　　 两块
（13）高功率因数功率表　　　　　　　　　　　　　　 两块
（14）变频器　　　　　　　　　　　　　　　　　　　 一台
（15）转速表或测速仪　　　　　　　　　　　　　　　 一台

五、实验说明

（1）观察各种起动设备的结构，了解它们的工作原理。
（2）观察绕线转子三相异步电动机结构，了解集电环的短路装置、举刷装置及操作方法，了解起动变阻器的结构及使用方法。
（3）绕线转子三相异步电动机的起动

1) 转子接入起动变阻器起动。
2) 转子串接频敏电阻器起动。

(4) 笼型异步电动机的起动

1) 直接起动。
2) 晶闸管相控降压起动器起动。
3) 星形-三角形起动。
4) 自耦变压器起动。

(5) 异步电动机的调速

1) 绕线转子串接电阻调速。
2) 变频调速。
3) 变极调速。

(6) 做堵转实验，确定起动电流和起动转矩。

六、实验操作方法

(一) 绕线转子三相异步电动机的起动

1. 转子串接起动变阻器起动

1) 按照图 C-8 接线，将变阻器 R_1 阻值调至最大位置，接触器 KM_1 断开，做好起动准备。

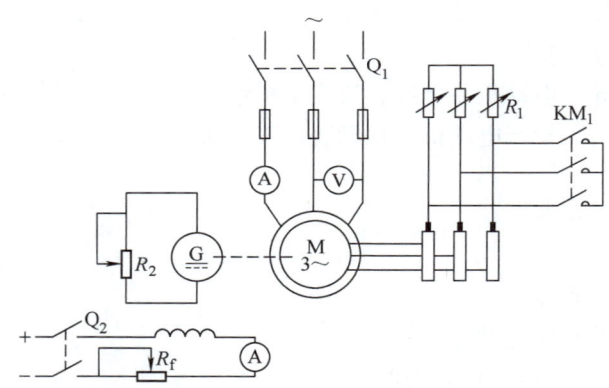

图 C-8 转子串变阻器起动

2) 直流发电机作为电动机的负载，合上开关 Q_2，并且调节 R_f 使励磁电流达到额定值，将 R_2 的阻值调至较大的位置，以使电动机带较轻的负载起动。改变 R_2 的电阻值，可以使电动机带不同的负载起动。

3) 合上开关 Q_1，电动机开始起动，观察电动机起动瞬间的电流和转速变化情况。

4) 缓慢转动变阻器 R_1 的手柄，减小起动电阻，直到起动变阻器被切除为止，KM_1 闭合，转子绕组出线端被短路，电动机进入稳定运行，起动过程结束。

5) 记录起动瞬间的电流。改变 R_2 的值重复以上起动步骤，观察并且记录起动电流。

6) 改变 R_1 的初始值重复以上起动步骤，观察起动电流初始值有何变化，并记录各次起动电流初始值。

2. 转子串接频敏变阻器起动

频敏变阻器实际上是一个铁心损耗非常大的三相电抗器。在起动过程中，由于其等值阻抗随转子电流频率的降低而减小，因此，可以实现自动改变阻抗，使电动机能够平稳地起动。频敏变阻器起动实验接线如图 C-9 所示，图中，BX 为频敏变阻器。

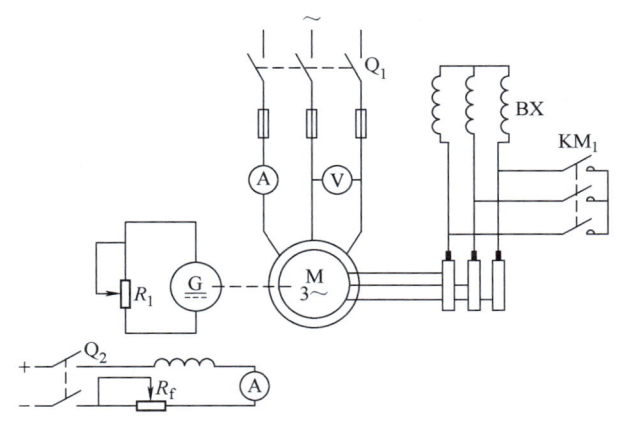

图 C-9　转子串频敏电阻起动

1）按照图 C-9 接线，接触器 KM_1 断开，转子回路中串接了频敏变阻器，做好起动准备。

2）直流发电机作为电动机的负载，合上开关 Q_2，并且调节 R_f 使励磁电流达到额定值，将 R_1 的阻值调至较大的位置，以使电动机带较轻的负载起动。改变 R_1 的电阻值，可以使电动机带不同的负载起动。

3）合上开关 Q_1，电动机开始起动，观察电动机起动瞬间的电流和转速变化情况。

4）起动过程结束后，接触器 KM_1 闭合，将频敏电阻短接。

（二）笼型三相异步电动机的起动

对于定子绕组为三角形联结的异步电动机，可采用星形-三角形起动，常用的接线方法如图 C-10 所示。

1. 直接起动（注意：功率大于 7.5kW 的三相异步电动机不允许直接起动）

1）按照图 C-10 接线。

2）直流发电机作为电动机的负载，合上开关 Q_3，并且调节 R_f 使励磁电流达到额定值，将 R_1 的阻值调至较大的位置，以使电动机带较轻的负载起动。改变 R_1 的电阻值，可以使电动机带不同的负载起动。

3）先将开关 Q_2 合向上方，使定子绕组呈三角形联结，再闭合电源开关 Q_1，直接起动电动机。

4）记录电动机起动瞬时的电流。观察直接起动的过程。

2. 星形-三角形起动

1）按照图 C-10 接线。

2）直流发电机作为电动机的负载，合上开关 Q_3，并且调节 R_f 使励磁电流达到额定值，将 R_1 的阻值调至较大的位置，以使电动机带较轻的负载起动。改变 R_1 的电阻值,可以使电动机带不同的负载起动。

3) 先将开关 Q_2 合向下方,使定子绕组呈星形联结,再闭合电源开关 Q_1,起动电动机。

4) 记录电动机起动瞬时的电流。

5) 待电动机转速升高以后,将 Q_2 拉断,再合向上方,使定子绕组呈三角形联结,电动机起动完毕。

6) 比较直接起动和星形-三角形起动这两种情况起动瞬时的电流大小。

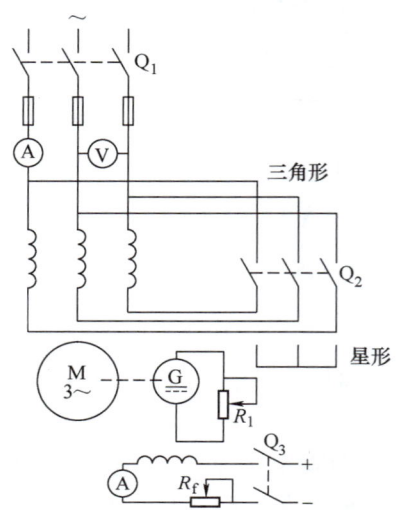

图 C-10　星形-三角形起动

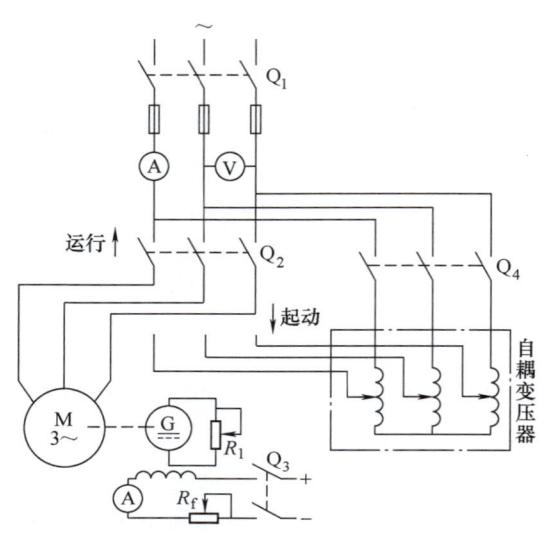

图 C-11　自耦变压器起动

3. 自耦变压器(即起动补偿器)**法起动**

1) 按照图 C-11 接线。

2) 直流发电机作为电动机的负载,合上开关 Q_3,并且调节 R_f 使励磁电流达到额定值,将 R_1 的阻值调至较大的位置,以使电动机带较轻的负载起动。改变 R_1 的电阻值,可以使电动机带不同的负载起动。

3) 首先合上 Q_1,将 Q_2 合向下方,再合上 Q_4,此时电动机由自耦变压器供给低电压(通常为电源电压的 40%~80%),从低到高调节自耦变压器的输出电压,电动机开始起动。

4) 当电动机转速接近额定转速时,将 Q_2 合向上方,再断开 Q_4,起动过程完成。

4. 三相笼型异步电动机通过晶闸管相控减压起动器起动

现在,随着电力电子技术的发展,晶闸管相控减压起动器在工厂企业中被越来越广泛地使用。这种起动器有在线式、旁路式、一拖一、以及一拖多等许多种类。晶闸管相控减压起动器的基本原理是:使用双向晶闸管串联在主电路中,通过控制触发延迟角相位来控制三相笼型异步电动机定子端的电压有效值,减压起动。在起动过程的初期,触发延迟角 α 较大,定子电压较小;随着电动机转速逐步增加,触发延迟角 α 逐渐减小,定子电压逐渐增加至额定值。旁路式起动器在起动完成以后,自动将起动器旁路掉。晶闸管相控减压起动器接线图如图 C-12 所示,定子端 A 相相电压波形如图 C-13 所示。

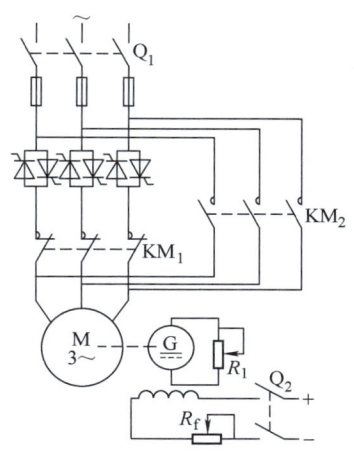
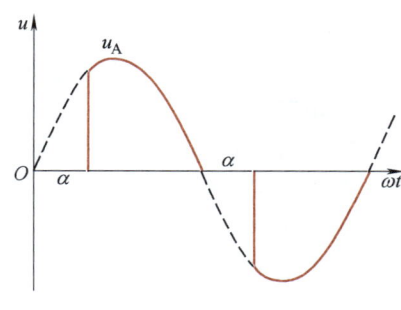

图 C-12　晶闸管相控减压起动器接线图　　　　图 C-13　定子端 A 相相电压波形

这类产品通常配有使用手册，按照使用手册接线，并且在面板上设置起动时间、起动电机台数等参数。

直流发电机作为电动机的负载，合上开关 Q_2，并且调节 R_f 使励磁电流达到额定值，将 R_1 的阻值调至较大的位置，以使电动机带较轻的负载起动。改变 R_1 的电阻值，可以使电动机带不同的负载起动。

合上 Q_1，电动机开始起动；等到起动过程结束，接触器 KM_1 动作，常闭触点断开，常开触点闭合，将晶闸管电路旁路。

（三）三相异步电动机的调速

1. 绕线转子电动机转子串接电阻调速

1）按照图 C-8 接线。注意选用的变阻器 R_1 为调速变阻器。

2）电动机带一定负载起动后，改变转子电阻，观察转速变化。

3）分别将变阻器的手柄置于阻值为调速电阻的 25%、50%、75% 和 100% 处，测出并且记录各位置时变阻器的电阻值及相应的电动机转速。

2. 变频调速

变频调速是交流电动机各种调速方式中最为理想的方法。目前，世界上各大公司都推出多种型号和规格的变频器。在需要调速的工业领域得到广泛的应用。

因为三相异步电动机的转速为 $n = (1-s)60f_1/p$，改变电源频率可以实现调速。给电动机带上一定的负载，选择恒转矩调速，保持 $U_1/f_1 = $ 常数即可以保持磁通 Φ 为常数。由低到高调节电源频率，测出 6~8 点不同频率下电动机相应的转速，并做记录。

3. 变极调速

由转速的基本关系式可见，改变极对数 p 也可以实现调速。可以用于变极调速异步电动机的定子绕组线圈往往多接出若干个抽头（见图 C-14）。改变这些抽头的连接方式，就可以改变定子绕组的极对数。

1）在单绕组多速电动机中，多采用改变绕组的接法来实现变极调速。

2）如图 C-14 所示，为了获得 2 极或 4 极磁场，可以把绕组接成双星形或三角形。

3) 在图 C-14 中，绕组引出线端点中若 1、2、3 短接，4、5、6 接电源，绕组接成双星形，则电动机形成 2 极磁场（极对数 $p=1$）。

4) 在图 C-14 中，绕组引出线端点中若 1、2、3 接电源，4、5、6 悬空，绕组接成三角形，则电动机形成 4 极磁场（极对数 $p=2$）。

5) 分别测出并记录绕组在两种接法时的转速。

（四）堵转实验

1) 按照图 C-15 接线。使用可靠的工具堵住转子。

2) 外加三相平衡降压交流电压，这个电压要掌握在堵转电流接近电机额定电流时的电压。不同规格的电机这一电压是不同的，一般在额定电压的 1/5～1/4 之间。读取堵转电压、堵转电流和堵转功率，用磅秤或者弹簧秤测量堵转转矩。

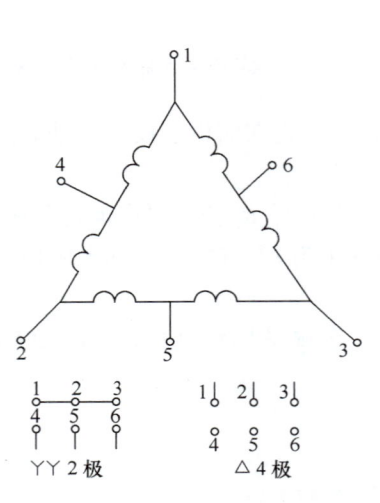

图 C-14　变极调速接线图

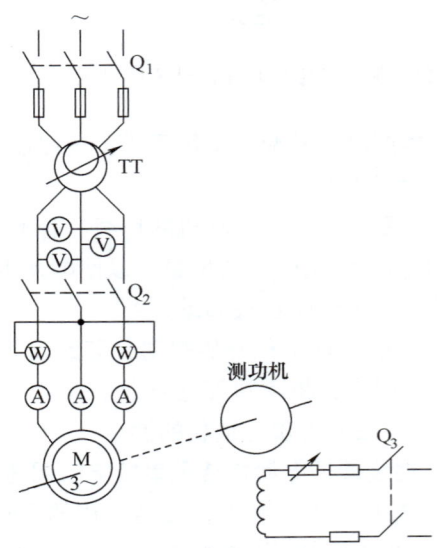

图 C-15　堵转实验接线图

3) 若无条件实测转矩，应在每点读数后紧接着测量定子热态电阻，并做记录。

4) 实验时，每次通电时间不宜过长，以免绕组过热。

5) 共取数据 3 组，记录于表 C-3 中。其中 I_k、U_k、P_k 和 T_k 分别为堵转时的定子电流、电压、功率和转矩。

表 C-3　堵转实验记录

序　号	I_k/A （平均线电流）	U_k/V （平均线电压）	P_k/kW	T_k/(N·m)	R_1/Ω 定子电阻
1					
2					
3					

七、实验报告与思考

根据实验中的观察和记录；

（1）总结三相异步电动机各种不同起动方法的优缺点。

（2）比较分析三种调速方法的优缺点。

（3）分析比较直流电动机与三相异步电动机的优缺点（从调速性能、起动性能、对环境要求、维护、可靠性、价格等各种经济技术指标讨论）。

实验四 绕线转子三相异步电动机机械特性的测定

一、实验目的

1. 通过实验，熟悉三相绕线转子异步电动机的各种运行状态。

2. 测定三相绕线转子异步电动机在电动、回馈制动、反接制动和能耗制动状态下的机械特性。

二、实验预习

1. 了解三相异步电动机机械特性的三种表达式：物理表达式、参数表达式以及实用表达式。

2. 了解三相异步电动机的固有机械特性和人为机械特性。

3. 了解三相异步电动机的各种运转状态。

三、实验内容

1. 测定三相异步电动机电动运行以及回馈制动状态时的固有机械特性。

2. 测定绕线转子三相异步电动机转子回路串接电阻时的电动运行以及反接制动运行时的机械特性。

3. 测定三相异步电动机转子回路串接电阻、定子绕组加直流励磁电流时，运行于能耗制动状态下的机械特性。

四、实验方法

电动机的机械特性是指电动机的转速 n 与拖动转矩 T_e 的关系 $n=f(T_e)$。为了测定绕线转子三相交流异步电动机在各种运行状态下的机械特性，也需要用一台与其同轴的他励直流电机作为负载电机来配合，才可以比较容易地测定被试异步电动机在各种不同运行状态下的机械特性。由于交流异步电动机的机械特性是非线性的，为了使负载电机特性与被试电机机械特性有良好的配合，要求为负载电机电枢供电的直流电源的电压是可变的。这个可变电压的直流电源有许多种选择，可以采用传统的电动机—直流发电机组，也可以采用半导体相控变流装置。测试时可以参考使用图 C-16 所示实验线路。一般地，如果没有输出电压可变的直流电源就无法测定完整的异步电动机机械特性。如果要测定完整的异步电动机固有特性，为了避免电机电流过大，一般需要用感应调压器将三相对称交流电压降低至额定电压的 30%，测得的转矩则为额定电压时转矩的 9%。若需要换算成额定电压下的固有特性，转矩值要除以 0.09。

在实验前，要确定被试异步电动机的电动运转时正转动方向与负载电机正向电动运转时的转向一致，并且标定清楚（Q_6 向右投时，两台电机电动运转时正转动方向一致）。如果不一致，可以将三相交流电源的任意两相对调。实验过程一般按照回馈制动状态—电动状态—反接制动状态以及能耗制动状态的顺序进行。

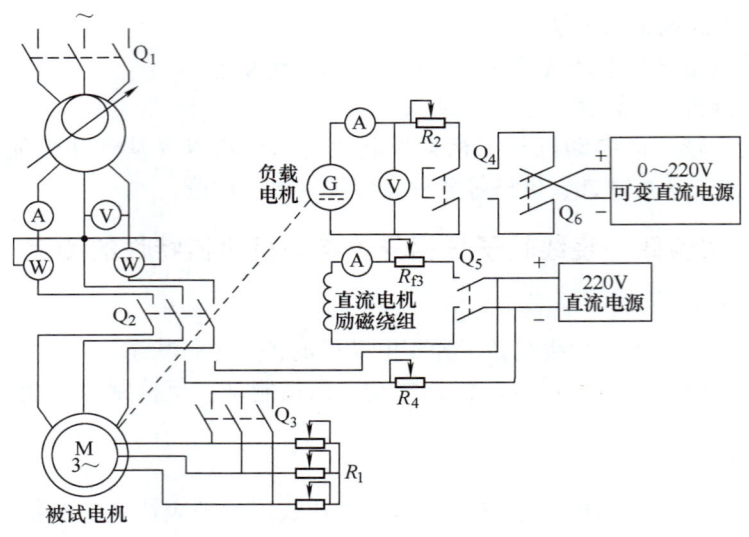

图 C-16　测定三相绕线转子异步电动机机械特性参考实验线路

在实验过程中，可以使用转速仪测量转速。在忽略被试电机和负载电机的空载损耗 p_0 的前提下，近似认为被试电机的电磁转矩与负载电机的电磁转矩相等。因此，通过公式 $T_e = 9.55(I_a U_a - I_a^2 R_a)/n$ 计算得到（其中 I_a 和 U_a 分别为负载电机的电枢电流和电枢电压）。在本节最后，将说明如何考虑 p_0 的影响，并且对所测得的异步机机械特性曲线进行修正。

1. 回馈制动运转状态下机械特性的测定

将开关 Q_3 闭合使异步电动机转子回路短路。将开关 Q_5 合上，使负载电机的励磁回路通电，并且调节 R_{f3} 以使负载电机的励磁电流达到额定值。开关 Q_4 和 Q_6 投向右边使负载电源为负载电机电枢供电，负载电机开始带着被试电机转动。开关 Q_2 投向上方，并且将开关 Q_1 合上，异步电动机定子接通三相交流电源，在实验前已经确定这两台同轴相连的电机转向是一致的。恰当地调节负载电机的电枢电压、电枢回路的电阻 R_2 和励磁回路的电阻 R_{f3}，使负载电机的转速高于被试电机的同步转速。这时，被试电机工作在回馈制动运转状态，其机械特性如图 C-17 中的实线所示；而负载电机工作在正向电动运转状态，如图 C-17 中的虚线所示，两台电机的机械特性分别相交于 a、b、c 点。测定被试电机在这些稳定运行点下稳定运行时的转速和负载

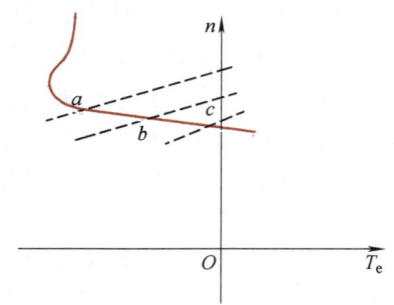

图 C-17　回馈制动运转时机械特性测定

电机的电枢电压和电流并计算出电磁转矩，将这些点连接起来，就得到被试电机在回馈制动运转状态下的机械特性曲线。

2. 电动运转状态下机械特性的测定

在回馈制动特性测定完成后，调节可变直流电源的输出电压和电枢回路的电阻 R_2，使负载电机的转速低于被试电机的同步转速。这时，被试电机工作在电动运转状态，其

机械特性如图 C-18 中的实线所示；而负载电机工作在发电制动运转状态（可以通过半导体变流装置将电能回馈给电网），其机械特性如图 C-18 中的虚线所示，改变可变直流电源的输出直流电压及电枢回路的电阻 R_2，两台电机的机械特性分别相交于 d、e、f、g、h、i 点。再将开关 Q_4 投向左边使负载电机工作在能耗制动运转状态，两台电机的机械特性分别相交于 j 点。测定被试电机在这些稳定运行点下稳定运行时的转速和电磁转矩，将这些点连接起来，就得到被试电机在电动运转状态下的机械特性曲线。

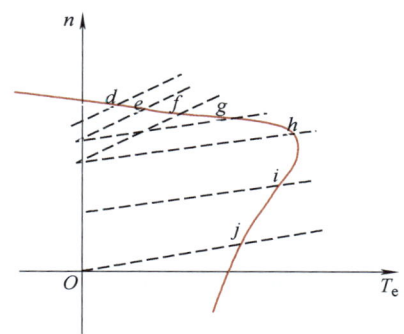

图 C-18 电动运转时机械特性测定

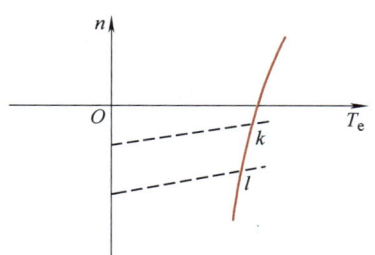

图 C-19 反接制动运转时机械特性测定

3. 反接制动运转状态下机械特性的测定

将开关 Q_4 投向右边、Q_6 投向左边，使负载电机工作在反向电动运转状态。其机械特性如图 C-19 中的虚线所示。这时，被试电机工作在反接制动运转状态，其机械特性如图 C-19 中的实线所示。改变可变直流电源的输出直流电压或电枢回路的电阻 R_2，两台电机的机械特性分别相交于 k、l 点。测定被试电机在这些稳定运行点下稳定运行时的转速和电磁转矩，将这些点连接起来，就得到被试电机在反接制动运转状态下的机械特性曲线。

4. 能耗制动运转状态下机械特性的测定

将开关 Q_2 投向下方，通过直流电源在被试电机的定子绕组中建立直流磁场。将 Q_3 断开，转子绕组串接电阻 R_1。这时，被试电机工作在能耗运转状态，其机械特性如图 C-20 中的实线所示。将开关 Q_4 投向右边、Q_6 也投向右边，使负载电机工作在正向电动运转状态，其机械特性如图 C-20 中的虚线所示。改变可变直流电源的输出直流电压或电枢回路的电阻 R_2，两台电机的机械特性分别相交于 m、n 和 p 点。测定被试电机在这些稳定运行点下稳定运行时的转速和电磁转矩，将这些点连接起来，就得到被试电机在电动运转状态下的机械特性曲线。

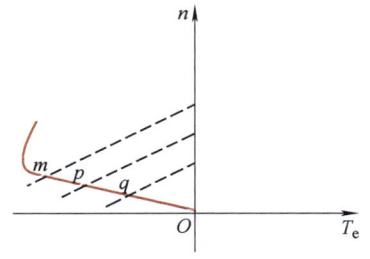

图 C-20 能耗制动运转时机械特性测定

5. 对实验结果进行修正

在以上所讨论的机械特性测定方法中，我们忽略了被试异步电动机（用 AM 表示）—负载直流电动机（用 DG 表示）机组中的空载损耗 p_0，因此需要对以上测定的结果进行修正，才能够得出最后的被试异步电动机的机械特性。

（1）测定空载转矩曲线 $n = f(T_0)$ 为了将机组空载损耗 p_0 对应的空载转矩 T_0 考虑

进去,需要测定 T_0 的曲线。设被试异步电动机及负载直流电机在轴上输出功率时,其值为正。二者的代数和为空载损耗 p_0。则可以得到 $P_{AM} + P_{DG} = p_0$ 或 $P_{AM} = p_0 - P_{DG}$,其中 P_{AM} 为被试异步电动机 AM 的电磁功率,而 P_{DG} 为负载直流电机 DG 的电磁功率。

而
$$T_e = \frac{9.55 P_{AM}}{n}; \quad T_{DG} = \frac{9.55 P_{DG}}{n}; \quad T_0 = \frac{9.55 p_0}{n};$$

所以
$$T_e = \frac{9.55}{n}(p_0 - P_{DG}) = \frac{9.55}{n}[p_0 - (U_a I_a - I_a^2 R_a)]$$

式中　T_e——被试电机的电磁转矩（N·m）;

　　　U_a——负载电机的电枢端电压（V）;

　　　I_a——负载电机的电枢电流（A）;

　　　R_a——负载电机的电枢电阻（Ω）;

　　　n——AM—DG 机组的转速（r/min）;

　　　p_0——对应于某转速 n 的空载损耗（W）。

如图 C-21 所示,被试电机的机械特性曲线 1 和空载转矩曲线 2 的交点为 A 点,对应的转速为 n_A,被试电机的同步转速为 n_s。

其中,空载转矩曲线 2 可以按照以下办法测定:断开被试电机的电源（开关 Q_2 放置在中间位置）,用负载电机单独带动 AM—DG 机组,调节电枢电压和电枢电阻以得到不同的转速,测量其电枢电压 U_a 和电枢电流 I_{a0},则 $T_0 = 9.55(U_a I_{a0} - I_{a0}^2 R_a)/n$。

测量 n_A 可以按照这样的办法:先断开负载电机的电源（开关 Q_4 放置在中间位置）,由被试电机单独带动机组转动,转速达到稳定时即为 n_A。

(2) 对被试电动机机械特性进行修正

当 $n > n_s$ 时,被试异步电动机工作在回馈制动状态。此时,负载电机工作在电动运转状态,其轴上输出功率,除了克服空载损耗外,还要提供给被试电机。

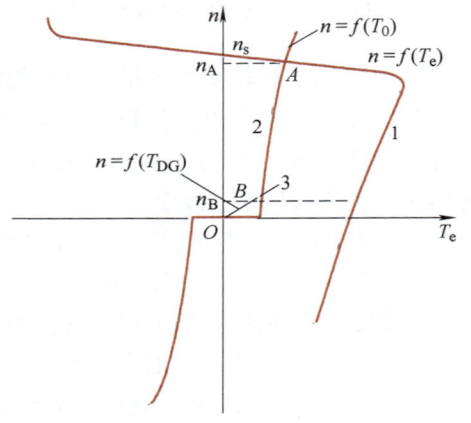

图 C-21　异步电动机的机组空载特性和机械特性

当 $n_s > n > n_A$ 时,被试电机工作在电动运转状态,轴上输出功率。此时,负载电机仍然工作在电动运转状态,其轴上输出功率。两台电机输出的功率共同克服空载损耗。

当 $n = n_A$ 时,被试电机工作在电动运转状态,它轴上输出的转矩刚好克服空载转矩。此时,负载电机工作在理想空载状态,其电枢电流为零。

当 $n_A > n > n_B$ 时,被试电机工作在电动运转状态,其轴上输出功率除了克服空载外,还有一部分机械功率传送给负载电机。此时,负载电机工作在回馈制动运转状态。

当 $n = n_B$ 时,被试电机工作在电动状态,而负载电机工作在能耗制动状态。

当 $n_B > n > 0$ 时,被试电机仍然工作在电动状态。而负载电机的电枢电压为负值,电枢电流也为负值,转速为正,所以负载电机工作在反方向上的反接制动状态。

当 $n < 0$ 时,机组的旋转方向改变,被试电机工作在反接制动状态,因而它从轴上

输入机械功率。而负载电机工作在反向的电动状态，它从轴上输出的功率提供机组的空载损耗和被试电机轴上的输入，此时其电枢端电压以及电枢电流皆为负值。

当被试电机处于能耗制动状态时，将从转轴上输入机械功率，此时负载电机工作在正向电动状态。此时，它从轴上输出的功率也承担机组的空载损耗和被试异步电机轴上的输入。

总结以上对各种不同情况的分析，考虑到在不同的情况下，分别由哪一台电机输出机械功率负担了空载转矩，对实测的被试电机机械特性进行修正，就可以得到正确的结果。

五、实验设备与仪表

1. 三相绕线转子异步电动机　　　　　　　　　　　　一台
2. 直流发电机（作负载用）　　　　　　　　　　　　一台
3. 交流电压表　　　　　　　　　　　　　　　　　　一块
4. 交流电流表　　　　　　　　　　　　　　　　　　三块
5. 低功率因数功率表　　　　　　　　　　　　　　　两块
6. 高功率因数功率表　　　　　　　　　　　　　　　两块
7. 可调压直流电源　　　　　　　　　　　　　　　　一台
8. 转速表或测速仪　　　　　　　　　　　　　　　　一个

六、实验操作方法

（一）三相绕线转子异步电动机固有机械特性的测定

1. 电动状态下固有机械特性的测定

1）开关 Q_3 闭合将异步电动机转子回路短路。

2）开关 Q_5 合上，直流发电机的励磁电路通上直流励磁电流。

3）调节 R_3 的电阻值，使励磁电流达到额定值，则此时直流发电机的磁场磁通量为额定值。直流发电机的电枢电流与轴上的电磁转矩成正比，忽略机械损耗等，可以近似地认为直流发电机的电枢电流 I_d 与异步电动机轴上输出的电磁转矩 T_e 成正比（两台电机的机械轴相连）。

4）开关 Q_4 也投向左边将直流发电机的电枢回路短路。

5）开关 Q_2 投向上方，异步电动机定子接通三相交流电源。

6）调节电枢回路的电阻 R_2 的电阻值，可以改变电枢电流的大小，也就可以改变异步电动机轴上负载转矩的大小。

7）测量直流发电机的电枢电压 U_d、电枢电流 I_d 以及异步电动机的转速 n，共测取 5 组数据，记录于表 C-4 中。

表 C-4　异步电动机电动状态机械特性实验数据

序　号	1	2	3	4	5
U_d/V					
I_d/A					
n/(r/min)					

注：表中 I_d、n 为绘图用数据，并且 I_d 的值应限制在一定的范围之内，使异步电动机的电磁转矩不超过 $1.2T_N$。

2. 回馈制动（发电）状态下固有机械特性的测定

1）开关 Q_3 闭合将异步电动机转子回路短路。

2）开关 Q_5 合上，直流发电机的励磁电路通上直流励磁电流。

3）调节 R_3 的电阻值，使励磁电流达到额定值，则此时直流发电机的磁场磁通量为额定值。

4）开关 Q_4 与 Q_6 均投向右边使直流电源为直流发电机供电，并且观察直流发电机作电动运行时的转向与异步电动机的转向是否相同，如果不相同，则改变开关 Q_6 的投向，使它们转向相同。

5）开关 Q_2 投向上方，异步电动机定子接通三相交流电源。

6）调节电枢回路的电阻 R_2 的电阻值，使直流发电机的转速超过异步电动机的同步转速，这时异步电动机运行在回馈制动（发电）状态下。

7）测量直流发电机电枢电压 U_d、电枢电流 I_d 以及三相异步电动机的转速 n，共测取 5 组数据，记录于表 C-5 中。

表 C-5　异步电动机回馈制动状态下机械特性实验数据

序　　号	1	2	3	4	5
U_d/V					
I_d/A					
$n/(r/min)$					

注：表中 I_d、n 为绘图用数据，I_d 为负值表示直流电机运行在电动状态下，并且 I_d 的绝对值应限制在一定的范围之内，使异步电动机的电磁转矩绝对值不超过 $1.2T_N$。

（二）三相绕线转子异步电动机转子串接电阻运行于电动以及反接制动状态时机械特性的测定

1）开关 Q_3 断开将异步电动机转子回路串接电阻 R_1，并且调节 R_1 的电阻值达到较大的值，以使异步电动机的机械特性较软。

2）开关 Q_5 合上，直流发电机的励磁电路通上直流励磁电流。

3）调节 R_3 的电阻值，使励磁电流达到额定值，则此时直流发电机的磁场磁通量为额定值。

4）开关 Q_4 与 Q_6 均投向右边使直流电源为直流发电机供电，并且观察直流发电机作电动运行时的转向与异步电动机的转向是否相同，如果相同，则改变开关 Q_6 的投向，使它们转向相反。

5）将 R_2 的电阻值调到最大。

6）开关 Q_2 投向上方，异步电动机定子接通三相交流电源，开始正向运转。

7）逐渐减小直流发电机电枢回路的电阻 R_2 的电阻值，被测异步电动机轴上的负载转矩逐渐增加，转速也随之逐渐下降，这时三相异步电动机运行在电动状态下。当转速下降至零，接着又开始反转，这时异步电动机运行在反接制动状态下。

8）测量直流发电机的电枢电压 U_d、电枢电流 I_d 以及异步电动机的转速 n，共测取 5 组数据，记录于表 C-6 中。

表 C-6　三相异步电动机转子串接电阻时电动运行和反接制动状态下机械特性实验数据

序　号	1	2	3	4	5
U_d/V					
I_d/A					
n/(r/min)					

注：表中 I_d、n 为绘图用数据，I_d 的绝对值应限制在一定的范围之内，使异步电动机的电磁转矩绝对值不超过 $1.2T_N$。

（三）异步电动机运行于能耗制动状态时机械特性的测定

1）开关 Q_3 断开，将异步电动机转子回路串接电阻 R_1。

2）开关 Q_5 闭合，直流发电机的励磁电路通上直流励磁电流。

3）调节 R_3 的电阻值，使励磁电流达到额定值，则此时直流发电机的磁场磁通量为额定值。

4）开关 Q_4 与 Q_6 均投向右边使直流电源为直流发电机供电。

5）开关 Q_2 投向下方，异步电动机定子接通直流电源，为能耗制动建立磁场。

6）这时直流发电机作电动运行，调节 R_2 的电阻值，改变直流发电机的转速。而异步电动机处于能耗制动状态。

7）测量直流发电机电枢电压 U_d、电枢电流 I_d 以及三相异步电动机的转速 n，共测取 5 组数据，记录于表 C-7 中。

表 C-7　异步电动机能耗制动状态下机械特性实验数据

序　号	1	2	3	4	5
U_d/V					
I_d/A					
n/(r/min)					

注：表中 I_d、n 为绘图用数据，电阻 R_1 的电阻值不可过小，使异步电动机的电磁转矩绝对值不超过 $1.2T_N$。

实验五　电轴系统示范实验

一、实验目的

1. 通过电轴系统的示范实验，加强学生对电轴系统的感性认识；
2. 熟悉 3 种不同类型电轴系统的工作原理及其应用。

二、实验预习

阅读本书第十三章有关电轴的内容。

三、实验内容

电轴系统又称为同步旋转系统，它可以通过电气联系而不是机械联系实现两台绕线转子异步电动机同步旋转。电轴系统主要有 3 种类型：带有辅机的电轴系统、带有公共可变电阻器的电轴系统和带有公共变频装置的电轴系统。

为简便起见，仅做带有公共可变电阻器的电轴系统示范实验。该电轴系统的接线图如图 C-22 所示。

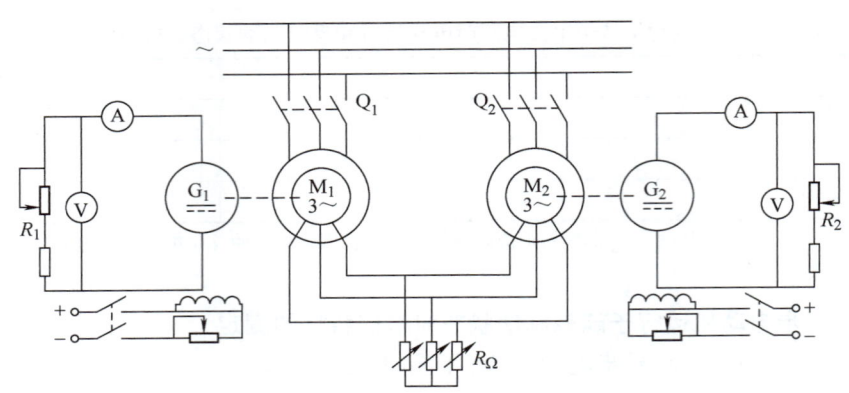

图 C-22　带有公共可变电阻器的电轴系统

四、实验设备与仪表

1. 三相绕线转子异步电动机—他励直流发电机组　　　两组（规格相同）
2. 直流电压表　　　　　　　　　　　　　　　　　　两块
3. 直流电流表　　　　　　　　　　　　　　　　　　两块
4. 三相可变电阻器　　　　　　　　　　　　　　　　一台
5. 转速表或测速仪　　　　　　　　　　　　　　　　两个

五、实验操作方法

1. 首先按照图 C-22 接线，构成电轴系统。

2. 作为负载的直流发电机 G_1 和 G_2 的励磁绕组接通直流电源并且使励磁电流达到额定值。

3. 将公共转子回路中的电阻 R_Ω 阻值调至最大，并且将 R_1 和 R_2 也都调至最大，然后将 Q_1 和 Q_2 闭合，两台异步电动机开始起动运行。

4. 起动过程结束后，电动机转速恒定，这时测量两组电动机的转速，可以看到它们的转速是相同的。将电阻 R_Ω 阻值调至恰当位置。

5. 这时，将 R_1 阻值减小，可以看到 G_1 的电枢电流增加。对于 M_1 来说，其轴上的阻转矩增加了。但是，对于 M_2 来说，其轴上的阻转矩并没有变化。这时，再次测量两组机组的转速，可以看到，它们的转速都有所下降，而且仍然是相同的。也就是说，该电轴系统保持同步。

6. 再将 R_1 阻值调回最大值，然后，减小 R_2 的阻值。这时，与刚才的情况相似，两组机组的转速都有所下降，但仍然是相同的。

附录 D　电机及拖动常用图形符号

名　称	图形符号	名　称	图形符号
直流	━━━	机械连接	━ ━ ━ ━
交流	∼	接地	⏚

附　录

（续）

名　　称	图形符号	名　　称	图形符号
保护接地		示波器	
机壳接地		温度计	 θ
导线一般符号		转速表	 n
多根导线（如3根）的单线表示	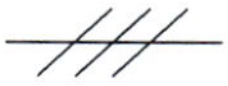	接触器常开（动合）主触点	
连接点	●	接触器常闭（动断）主触点	
端子	○	电动机起动器一般符号	
可拆卸端子	∅	星形-三角形起动器	
电阻器		可调压的单相自耦变压器	
可调电阻器	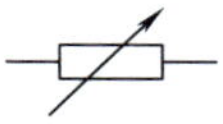	单相感应调压器	
带滑动触点的电阻器	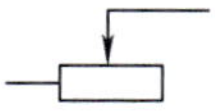	三相感应调压器	
电容器		可调压的单相自耦变压器	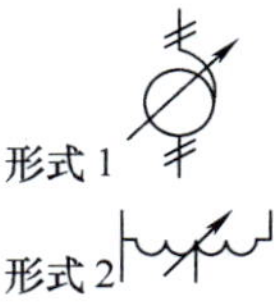 形式1 形式2
可调电容器		单相自耦变压器	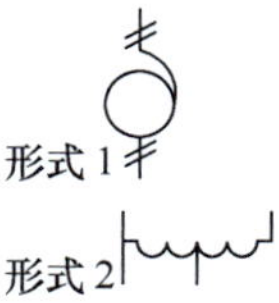 形式1 形式2
电压表	 Ⓥ	熔断器	
功率表	 Ⓦ	开关一般符号	
无功功率表	 var	多极开关（如3极）单线表示	
功率因数表	 cosφ	电感器、线圈、扼流圈	
频率计	 Hz	带磁心的电感器	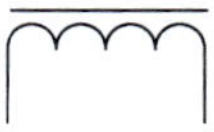

(续)

名称	图形符号	名称	图形符号
带磁心连续可变电感器		直流测速发电机	TG
换相绕组或补偿绕组		交流测速发电机	TG
串励绕组		直线电动机	M
并励绕组		步进电动机	M
二级管		永磁直流电动机	M
晶闸管		三相笼型异步电动机	M 3~
晶体管		三相绕线转子异步电动机	M 3~
整流器			
多极开关（如3极）多线表示		永磁直流测速发电机	TG
信号灯、指示灯	⊗		
电流表	A	三相永磁同步电动机	MS 3~
直流电动机	M		
直流发电机	G	星形联结的三相自耦变压器	形式1 形式2
交流电动机	M		
交流发电机	G		
直流伺服电动机	SM	星形-三角形联结三相变压器	
交流伺服电动机	SM		

下册部分习题参考答案

第八章

8-1 （1）转动部分 $GD_a^2 = 6.76\text{N}\cdot\text{m}^2$，直线运动部分 $GD_b^2 = 0.302\text{N}\cdot\text{m}^2$

系统总飞轮惯量 $GD^2 = GD_a^2 + GD_b^2 = (6.76 + 0.302)\text{N}\cdot\text{m}^2 = 7.062\text{N}\cdot\text{m}^2$

（2）重物吊起时 $T_z = 56.2\text{N}\cdot\text{m}$；重物下放时 $T_z' = 22.45\text{N}\cdot\text{m}$

（3）空钩吊起时 $T_{z0} = 16.1\text{N}\cdot\text{m}$；空钩下放时 $T_{z0}' = -12.88\text{N}\cdot\text{m}$

8-2 （1）折算到电动机轴上的系统总飞轮惯量 $GD^2 = 293.19\text{N}\cdot\text{m}^2$，负载转矩 $T_z = 316\text{N}\cdot\text{m}$

（2）$P = 11\text{kW}$

（3）$T = T_{z0} + \dfrac{GD^2}{375}\dfrac{dn}{dt} = 788.2\text{N}\cdot\text{m}$

第九章

9-1 （2）$n = 1535.78\text{r/min}$；（3）$I_a = 14.32\text{A}$

9-2 $n = 808.82 - 12.9T$

9-3 （1）$I_a = 20.1\text{A}$。当 $R_\Omega = 0.5R_a$ 时，$n = 643\text{r/min}$；当 $R_\Omega = 1.5R_a$ 时，$n = -973.8\text{r/min}$

（2）$n = -1670.5\text{r/min}$

（3）$n = -977\text{r/min}$

9-4 （1）$n = 3250 - 7.2T$ （2）$n = 3250 - 64.9T$ （3）$n = 3250 - 194.5T$

（4）$n = 1625 - 7.2T$ （5）$n = 4062 - 11.244T$

9-5 （1）$n = n_N = 3000\text{r/min}$ （2）$n = 1623\text{r/min}$ （3）$n = -1628\text{r/min}$

（4）$n = 1375.3\text{r/min}$ （5）$n = 3749.5\text{r/min}$

9-6 （1）$R_\Omega' = (3.85 - 0.38)\Omega = 3.47\Omega$

（2）1）在额定电压下，电枢电路串接电阻 $R_{\Omega 1} = 10.24\Omega$

2）降低电枢两端电压（在此仅计算 $U = 0.5U_N$ 的情况） $R_{\Omega 2} = 6.62\Omega$

3）能耗制动 $R_{\Omega 3} = 3\Omega$

4）电枢电压降低且反接，回馈制动 $U = -182.6\text{V}$

（3）$n = -2325.7\text{r/min}$

9-7 （1）$n = -1188.67\text{r/min}$ （2）$R_\Omega = 2.166\Omega$，$T = 264\text{N}\cdot\text{m}$

(3) $R_\Omega = 13.087\Omega$，$T = 173.2\text{N}\cdot\text{m}$，$P_1 = 22\text{kW}$，$P_2 = -10.9\text{kW}$（负号表示电机轴上输入的功率），$\Delta P_2 = 33.7\text{kW}$

9-8 能耗制动时应串接的电阻值 $R_\Omega = 1.625\Omega$；反接制动时应串接的电阻值 $R_\Omega = 3.7\Omega$

9-9 (1) $I_{st}/I_N = 15.8$ (2) $R_\Omega = 0.64\Omega$

9-10 $R_{\Omega 1} = 0.3714\Omega$；$R_{\Omega 2} = 0.7224\Omega$；$R_{\Omega 3} = 1.405\Omega$

9-11 各段电阻：$R_{\Omega 1} = 0.3933\Omega$；$R_{\Omega 2} = 0.6647\Omega$；$R_{\Omega 3} = 1.108\Omega$；

各段电阻切除时的瞬时转速为：$n_3 = 662.4\text{r/min}$；$n_2 = 1050.2\text{r/min}$；$n_1 = 1282.8\text{r/min}$

9-12 (1) $n = 800\text{r/min}$，$I_a = I_N = 40\text{A}$ (2) $n = 950.8\text{r/min}$，$I_a = 48.89\text{A}$

9-13 (1) 对于最高转速的机械特性（弱磁调速），静差率为 $\delta = 9.13\%$

(2) 对于最低转速的机械特性（调压调速），静差率为 $\delta = 27.78\%$

9-14 (1) $I_a = 309\text{A}$，$n = 1224\text{r/min}$ (2) $I_a = I_N = 103\text{A}$，$n = 1500\text{r/min}$

9-15 (1) 当静差率为 $\delta = 20\% = 0.2$ 时，调速范围为 $D = 3.1$

(2) 当静差率为 $\delta = 30\% = 0.3$ 时，调速范围为 $D = 5.3$

9-16 (2) 此时电动机处于停转状态，静差率为 $\delta = 100\%$

(3) 可以设计一个转速负反馈闭环控制系统

9-17 (1) $m = 3$，各分段电阻为：$R_{\Omega 1} = 0.112\Omega$、$R_{\Omega 2} = 0.238\Omega$、$R_{\Omega 3} = 0.5\Omega$

(2) 总起动时间为 $t_{st} = 1.526\text{s}$

9-18 (1) 这两种情况制动时间是一样的，$t_T = 0.1876\text{s}$

(2) 1) 对于位能负载：$n = [-1897(1 - e^{-t/0.443}) + 1000e^{-t/0.443}]\text{r/min}$；

$I_a = [24.86(1 - e^{-t/0.443}) - 62e^{-t/0.443}]\text{A}$

2) 对于反作用负载：$n = [-234.8(1 - e^{-t/0.443})]\text{r/min}$；

$I_a = [-24.86(1 - e^{-t/0.443}) - 31.9e^{-t/0.443}]\text{A}$

第十章

10-1 (2) $R_f = 0.76\Omega$ (3) $R_f = 0.424\Omega$ 或 0.106Ω

(4) $R_2 = 0.0224\Omega$、$R'_2 = 0.064\Omega$、$k = 1.695$、$R_1 = 0.056\Omega$、$X = 0.325\Omega$、$X_1 = X'_2 = 0.5X = 0.163\Omega$、$X_2 = 0.057\Omega$、$I_0 = 53.64\text{A}$、$X_m = 3.886\Omega$

10-2 (1) $R_{fA} = 0.4475\Omega$ (2) $R_{fB} = 2.3\Omega$ (3) $n_C = -618\text{r/min}$

(4) $n_D = -649.7\text{r/min}$

10-3 $R_f = 9.923\Omega$

10-4 $R_f = 4.344\Omega$

第十一章

11-1 转子每相各段起动电阻为：$m = 4$、$R_{\Omega 1} = 0.0479\Omega$、$R_{\Omega 2} = 0.0896\Omega$、$R_{\Omega 3} = 0.1676\Omega$、$R_{\Omega 4} = 0.3134\Omega$

11-2 $R_{\Omega 1} = 0.1193\Omega$、$R_{\Omega 2} = 0.2724\Omega$、$R_{\Omega 3} = 0.6219\Omega$

下册部分习题参考答案

11-3

引入的电阻的级数	转子的平均总电阻/Ω	转子各相总电阻/Ω			各相的分段电阻/Ω		
		A 相	B 相	C 相	A 相	B 相	C 相
7	1.134	0.756	1.134	1.701	—	—	1.197
6	0.756	0.756	1.134	0.504	—	0.798	—
5	0.504	0.756	0.336	0.504	0.532	—	—
4	0.336	0.224	0.336	0.504	—	—	0.355
3	0.224	0.224	0.336	0.149	—	0.237	—
2	0.149	0.224	0.099	0.149	0.518	—	—
1	0.099	0.066	0.099	0.149	—	0.033	0.083
0	0.066	0.066	0.066	0.066	—	—	—

11-4 $R_{\Omega 1} = 0.0396\Omega$、$R_{\Omega 2} = 0.0634\Omega$、$R_{\Omega 3} = 0.1014\Omega$、$R_{\Omega 4} = 0.1622\Omega$、$R_{\Omega 5} = 0.2595\Omega$、$R_{\Omega 6} = 0.4152\Omega$；转子每相串接总的电阻为：$R = R_{\Omega 1} + R_{\Omega 2} + R_{\Omega 3} + R_{\Omega 4} + R_{\Omega 5} + R_{\Omega 6} = 1.05\Omega$

11-5 （1）设定子为Y联结：$R_{st} = 1.929\Omega$

（2）设定子为△联结：$R_{st} = 6.06\Omega$

11-6 $R_f = 2.07\Omega$

11-7 $R_{st} = 9.85\Omega$、$I'_{st} = 21.25A$

11-8 $X_{st} = 12.76\Omega$、$I'_{st} = 19.8A$

11-9 时间继电器的整定时限为：$t_T = 2.88s$

11-10 （1）第一级起动：$\Delta W_1 = 30226J$，第二级起动：$\Delta W_2 = 30226J$；

$$\Delta W = \Delta W_1 + \Delta W_2 = (30226 + 30226)J = 60452J；$$

（2）第一级起动：$\Delta W_1 = 13433.6J$，第二级起动：$\Delta W_2 = 3358.4J$

第三级起动：$\Delta W_3 = 30226J$；而 $\Delta W = \Delta W_1 + \Delta W_2 + \Delta W_3 = 47018J$

可见，三级起动比二级起动能量损耗要小一些。

11-11 （1）$\Delta W = 362708J$

（2）$\Delta W_1 = 30226J$，$\Delta W_2 = 90677J$；$\Delta W = \Delta W_1 + \Delta W_2 = 120893J$

（3）$\Delta W_1 = 30226J$，$\Delta W_2 = 3358.4J$，$\Delta W_3 = 40301J$；

$$\Delta W = \Delta W_1 + \Delta W_2 + \Delta W_3 = 73885.4J$$

（4）$\Delta W_1 = 30226J$，$\Delta W_2 = 3358.4J$，$\Delta W_3 = 3358.4J$，$\Delta W_4 = 10075.2J$；

$$\Delta W = \Delta W_1 + \Delta W_2 + \Delta W_3 + \Delta W_4 = 47018J$$

11-12 （1）一级起动 $\Delta W = 212788.7J$

（2）二级起动 $\Delta W_1 = 53197.2J$，$\Delta W_2 = 53197.2J$；

$$\Delta W = \Delta W_1 + \Delta W_2 = 106394.4J$$

（3）一级反接制动 $\Delta W = 425577.3J$；$\Delta W = 638366J$

（4）二级制动 $\Delta W_1 = 53197.2J$，$\Delta W_2 = 159591.5J$；

$$\Delta W = \Delta W_1 + \Delta W_2 = 212788.7J$$

11-13 （1）一级能耗制动 $\Delta W = 212788.7J$

（2）二级制动 $\Delta W_1 = 53197.2J$，$\Delta W_2 = 53197.2J$；

$$\Delta W = \Delta W_1 + \Delta W_2 = 106394.4J$$

第十二章

12-1 （1） $n = 826\text{r/min}$

12-2 （1） $n = 1728\text{r/min}$，$T'_N = 121.583\text{N} \cdot \text{m}$，$P'_N = 22\text{kW}$；

12-3 （1） $n = 1440\text{r/min}$，$T'_N = 145.92\text{N} \cdot \text{m}$，$P'_N = 22\text{kW}$；

12-4 （1） $n_1 = 1445\text{r/min}$ （2） $n_2 = 1409.25\text{r/min}$ （3） $n_3 = 995\text{r/min}$

第十三章

13-1 $T_1 = 53.05\text{N} \cdot \text{m}$，$T_2 = -19.05\text{N} \cdot \text{m}$，$n_1 = n_2 = 929.18\text{r/min}$

13-2 $n = 1525\text{r/min}$，$T_1 = 12.33\text{N} \cdot \text{m}$，$T_2 = 14.42\text{N} \cdot \text{m}$，$T_1 + T_2 = T_z$

13-3 （1） $n = 285\text{r/min}$ 或 $n = -285\text{r/min}$；

（2） $n = -540\text{r/min}$ 或 $n = -1930\text{r/min}$

13-4 （1）辅机顺磁场方向旋转时：辅机 BM_1 轴上输出功率为 $P_2 = 2.06\text{kW}$，主机 M_1 由电网输入功率为 $P_{M1} = 7.19\text{kW}$，辅机 BM_2 轴上的功率为 $P'_2 = -2.06\text{kW}$，主机 M_2 由电网输入功率为 $P_{M2} = 7.19\text{kW}$，辅机 BM_1 由电网输入功率为 $P_1 = 3.09\text{kW}$，辅机 BM_1 转子输出功率为 $sP_1 = 1.03\text{kW}$，辅机 BM_2 的定子功率为 $P'_1 = -3.09\text{kW}$

（2）辅机逆磁场方向旋转时：辅机 BM_1 的定子功率为 $P_1 = -3.09\text{kW}$，辅机 BM_1 转子功率为 $sP_1 = -5.15\text{kW}$，辅机 BM_2 的定子功率为 $P'_1 = 3.09\text{kW}$

第十四章

14-1 $P_z = 53.9\text{kW}$，$P_N > P_z$，而且电动机额定转速 $n_N = 980\text{r/min}$ 与水泵转速相近，因此该电动机能用。

14-2 （1）介质温度为 $\theta_0 = 25℃$ 时，$P = 1.165P_N$，由于额定电压不变，所以又有 $I = 1.165I_N$

（2）介质温度为 $\theta_0 = 45℃$ 时，$P = 0.939P_N$，由于额定电压不变，所以又有 $I = 0.939I_N$

14-3 （1）环境温度 $\theta_0 = 50℃$ 时，$P = 8.745\text{kW}$

（2）环境温度 $\theta_0 = 25℃$ 时，$P = 11.63\text{kW}$

14-4 由于 $T_{dx} < T_N$，因此电动机发热及过载能力的校验均可通过。

14-5 他扇冷式与自扇冷式均不能通过。对于他扇冷式 $\theta_0 = 36.8℃$，对于自扇冷式 $\theta_0 = 31.9℃$。

14-6 因为 $P_{dx} > P_N$，所以发热校验可以通过。

14-7 $T_{dx} = 50.05\text{N} \cdot \text{m}$，由于 $T_{dx} < T_N = 72.95\text{N} \cdot \text{m}$，所以发热校验通过。

14-8 采用自扇冷式时，因为 $P_{dx} > P_N$，所以发热校验不能通过。
采用他扇冷式时，因为 $P_{dx} > P_N$，所以发热校验也不能通过。

14-9 $P = 15.47\text{kW}$，因为 $P < P_N = 16\text{kW}$，所以发热校验可以通过。

14-10 设采用 $ZC\% = 25\%$，则 $P = 30.2\text{kW}$，因为 $P_1/P = 41.6/30.2 = 1.38 < 2$（电动机的过载能力），所以可以选择 $ZC\% = 25\%$、$P_N = 31\text{kW}$ 的电动机。

14-11 由于 $T < T_N = 146.9\text{N} \cdot \text{m}$，所以发热校验可以通过。
而 $\dfrac{T_1}{T_N} = \dfrac{1.6T_N}{T_N} = 1.6 < K_T = 2.9$，因此过载校验也可以通过。

14-12　因为 $P_N = 14\text{kW} > \dfrac{P_g}{K'_T} = \dfrac{18}{2.268}\text{kW} = 7.94\text{kW}$，所以过载能力校验可以通过。电动机能发出的起动功率为 $P_{st} = 0.9^2 K_{st} P_N = 22.68\text{kW}$，由于 $P_{st} > P_{zst}$，起动能力校验也能够通过，所以可以采用第二台电动机。

14-13　$N = 198$ 次/h

14-14　$GD^2 = 30373\text{N}\cdot\text{m}^2$，由于 $T_{dx} = 2103\text{N}\cdot\text{m} < T_N = 2131\text{N}\cdot\text{m}$，所以电动机的发热校验可以通过。

而电动机最大允许转矩为 $T_{max} = 0.85 K_T T_N = 3985\text{N}\cdot\text{m}$。由于 $T_1 < T_{max}$，所以过载校验也可以通过。

参 考 文 献

[1] 顾绳谷. 电机及拖动基础 [M]. 4版. 北京：机械工业出版社，2009.

[2] 唐海源，张晓江. 电机及拖动基础习题解答与学习指导 [M]. 2版. 北京：机械工业出版社，2010.

[3] 杜世俊，唐海源，张晓江. 电机及拖动基础实验 [M]. 北京：机械工业出版社，2007.

[4] 杨兴瑶. 电动机调速的原理及系统 [M]. 2版. 北京：中国水利电力出版社，1995.

[5] Timothy J Maloney. Modern Industrial Electronics [M]. 4th ed. Upper Saddle River：Prentice Hall Inc，2001.

[6] Adrian Biran，Moshe Breiner. MATLAB 5 FOR ENGINEERS [M]. Middlesex County，Massachuse tts：Addison Wesley Longman Ltd，1999.

[7] Stephen J Chapman. MATLAB Programming for Engineers [M]. Pacific Grove：Brooks/Cole Publishing Company，2000.

[8] 薛定宇，陈阳泉. 基于 MATLAB/Simulink 的系统仿真技术与应用 [M]. 北京：清华大学出版社，2002.

[9] Theodore Wildi. Electrical Machines，Drives，and Power Systems（英文影印版）[M]. 5th ed. 北京：科学出版社，2002.

[10] Timothy J Malney. Modern Industrial Electronics（英文影印版）[M]. 4th ed. 北京：科学出版社，2002.

[11] 张晓江，黄云志. 自动控制系统计算机仿真 [M]. 北京：机械工业出版社，2009.

[12] 刘竞成. 交流调速系统 [M]. 上海：上海交通大学出版社，1984.